雷达组网协同运用技术

丁建江　周　芬　吕金建
邵银波　许红波　向　龙　著

国防工业出版社

·北京·

内 容 简 介

本书研究了雷达组网协同运用的军事需求、关键技术、集成应用等内容，突破了协同运用概念开发、敏捷组网、闭环管控、预案设计、人机决策、动态评估等关键技术，探索了这些关键技术的工程应用，取得了协同运用需求、概念、机理、模型、方法、流程、预案、要求等系列成果，在理论上提升了雷达组网协同运用基础理论系统性、关键技术成熟度和实战应用支撑力，奠定了组网协同探测群研制与运用的战技基础。

本书可供预警领域装备论证与设计、试验与鉴定、作战运用等人员参考，也可作为有关专业研究生教材。

图书在版编目（CIP）数据

雷达组网协同运用技术／丁建江等著. -- 北京：
国防工业出版社, 2025. 7. -- ISBN 978 - 7 - 118 - 13647 - 0

Ⅰ. TN974

中国国家版本馆 CIP 数据核字第 2025B4E842 号

※

国防工业出版社出版发行

（北京市海淀区紫竹院南路 23 号　邮政编码 100048）
雅迪云印（天津）科技有限公司印刷
新华书店经售

*

开本 710×1000　1/16　插页 2　印张 28　字数 490 千字
2025 年 7 月第 1 版第 1 次印刷　印数 1—1500 册　定价 139.00 元

（本书如有印装错误，我社负责调换）

国防书店：（010）88540777　　书店传真：（010）88540776
发行业务：（010）88540717　　发行传真：（010）88540762

序一

在雷达组网技术发展过程中，早期组网概念聚焦在雷达装备部署成网与信息融合汇集态势两方面。随着新型有源相控阵预警雷达的普及，雷达组网被赋予了协同运用新内涵。特别是在面对强敌临空高超和极度隐身等空天新威胁及敏捷化、复杂化、智能化的立体突防新能力的新形势背景下，联合作战也给雷达组网协同赋予了新使命。新内涵与新使命要求快速转变观念、柔化预警网、敏捷构建组网协同探测群、创新协同运用战法、提升装备协同能力，亟待在雷达组网协同运用理论、技术与工程应用上有新的突破。

丁建江教授团队紧贴上述军事需求与未来新型空天威胁，聚焦"优化决策难、敏捷组网难、翔实预案难、精准管控难"等现实难题，在2017年出版的《雷达组网技术》基础上持续深化与创新发展，开展了雷达组网协同运用前瞻理论、作战概念以及关键技术等方面的基础性研究，实践了关键技术的工程应用，形成了《雷达组网协同运用技术》专著，有以下显著特点。

（一）创新实践了从基础理论、作战概念、关键技术，到装备应用的全链路研究思路，系统回答了"协同运用如何促进生成空天预警新质战斗力"问题。新型预警网要具备协同运用敏捷性，能主动制造协同探测复杂性，灵活闭合杀伤链网，生成空天预警新质战斗力；本质上是对预警体系资源深度挖掘、优化配置和创新转化的过程，归根结底依赖于敏捷组网与协同运用等新概念的开发、新技术的突破、新装备的运用与新战法的持续创新，是一个系统性工程。

（二）对组网协同运用作战概念开发、敏捷组网设计、资源闭环管控、协同预案设计等多项技术进行了详细阐述，提出了协同运用的"四个创新"，包括协同运用基本方法创新、多类多层闭环创新、多环节预案创新，以及人机融合决策创新。"四个创新"为系统解决"协同四难"等现实难题提供了理论方法和技术途径。

（三）既有"概念创新、机理制胜"的正向驱动，又有"源于实践、指导实践"的反向激励，双向聚焦实战实效，在关键技术工程化与体系集成实施中加速空天预警新质战斗力的生成与迭代。同时，从关键技术的应用举例，到协同运用技术集成的典型案例，具有较强的可操作性，在解决实际应用问题的基础上，提升了协同探测基础理论的系统科学性与关键技术的工程实用性。

总之，《雷达组网协同运用技术》贯穿"技术和战术紧密融合，人员与装备共同成长"的先进理念，集聚军事研究人员、装备研发和使用人员等不同视角的共同智慧，是一部研究雷达组网协同运用的优秀力作。相信该书的出版，将进一步丰富和完善雷达组网协同探测理论，为预警领域部队指战员、装备科研人员等深刻理解雷达组网协同、精准实施组网协同、有效发挥协同潜能提供借鉴和指导，共同促进空天预警新质战斗力快速生成。

中国工程院院士 陈𝑒𝑠

2025 年 2 月 5 日

序二

　　近年来，雷达组网技术得到了快速发展，不仅在技术创新和突破上取得了显著成果，而且在技术应用、网络化和智能化等方面也取得了重要进展。然而，在雷达组网系统实际运用过程中，作战效能始终未达预期。原因方方面面，但很重要的一点是，长期以来，人们大多高度关注信号与信息处理、信息融合等具体算法，但对相对宏观的组网协同运用技术关注还不够、研究还不深入，导致组网协同效能难以有效发挥。因此，迫切需要转变研究理念与思路，自顶向下加强雷达组网协同运用技术研究和应用，突破资源闭环管控、协同预案设计等关键技术，推进人机协同、机机协同、人人协同，从而有效提升雷达组网的效能，使其在复杂战场环境下发挥更大的作用。

　　丁建江教授团队长期从事雷达组网理论与技术研究，先后承担我国首型雷达组网装备论证、首次战略预警推演等重大任务，敏锐觉察制约协同效能发挥的关键痛点问题，围绕雷达组网协同运用技术与应用这一问题聚力攻关，形成了创新性的理论与技术成果，并据此总结凝练成了《雷达组网协同运用技术》专著，对于促进雷达组网领域的发展具有重要意义，该书具有以下三个鲜明特征。

　　1. 突出协同运用基础理论创新。厘清了协同运用与协同探测、雷达组网与敏捷组网等重要概念内涵和相互关系，开发了组网协同作战概念，深化发展了"案控融"（预案＋控制＋融合）组网协同探测闭环技术体制，建立了协同运用"人人、人机、机机"等多类多层虚实闭环，提出了基于制胜机理的"群案策"（资源群＋预案库＋决策树）组网协同运用闭环模型，取得了协同运用需求、概念、机理、模型、方法、流程、预案、指标等基础性和体系性成果，形成了一套雷达组网协同运用基础理论。

　　2. 突出协同运用关键技术创新。研究紧扣"群案策"制胜机理进行技术创新，重点突破敏捷组网设计、资源闭环管控、协同预案设计、人机决策融合等多项关键技术。多维度揭示了组网协同运用闭环特性，探索了探测资源池服务化设计方法，提出了协同预案设计流程，创建了人机决策融合模型，使指战员获得了组网形态与预案的决策优势，也获得了人机深度融合的行动优势，最终获得协同探测预警信息优势，提升协同作战效能。

3. 突出协同运用方法创新。提出了"以决策为中心、以预案为主线、以管控为重点、以资源为基础、以效能为目标"的协同运用方法，"基于预警任务优化决策、基于战场条件敏捷组网、基于协同预案精准管控、基于情景研判快准微调"的协同运用流程，为促进预警装备协同运用提供了合理可行的方法论。同时，还创新实践了"基础理论研究—概念建模开发—关键技术突破—效能仿真推演—典型应用验证"研究新途径。

《雷达组网协同运用技术》立足学科前沿、紧贴协同作战、注重战技融合，系统论述了雷达组网协同运用技术及其应用，系统性与创新性强。该书的出版，既为科研人员提供了协同运用前沿思想、概念、方法与技术等理论参考，也为部队指战员提供了急需的装备协同运用实践指导，还可作为相关专业研究生教材。

中国科学院院士

2025 年 1 月 6 日

前　　言

　　二十余年来，研究团队一直聚焦雷达组网协同探测与协同运用主题，系统性研究基础理论、关键技术、工程化应用、试验评估、作战运用等多方面内容。本书是雷达组网协同运用技术及应用研究的总结，先就几个总体问题在前言中做必要性阐述。

　　本书必要性分析。本书必要性可从以下几方面分析理解。

　　第一，空天新威胁牵引预警装备协同运用。随着智能化战争形态与军事强国空天新威胁的快速发展，制胜核心要素权重从兵力数量、火力强度、信息质量向优化决策明显倾斜。以决策中心战等理论为指导的空天新威胁，正逐步实施敏捷空天突防，呈现明显的智能、分布、动态、集群、复杂等新特征。这种敏捷突防与传统预警作战方式产生了巨大的技术和战法代差，这种代差使预警方难以实时准确预测研判空天战场态势，影响预警作战有效决策与实施，传统预警网的实战能力在决策层几乎被清零。

　　第二，单雷达探测资源与探测能力有限要求协同运用。新型相控阵预警监视雷达具备了广域监视、精确跟踪、准确识别、直接制导等多项功能，在广域搜索监视的基础上，可兼顾精确跟踪和识别，甚至直接闭环信火杀伤链网。典型问题是单雷达探测资源有限，同时使用广域搜索、精确跟踪、准确识别、直接制导等功能时探测资源有限，使用冲突明显。破解此问题的有效方法是区域组网与资源协同运用，组网协同运用就是要解决组网探测群资源的优化使用，协同完成广域搜索、精确跟踪、准确识别、直接制导等作战任务，提升组网探测群资源的利用率与协同探测综合效能。

　　第三，新技术推动协同运用。基于简单管控与简单预案的早期组网探测系统，虽然实现了一定条件下的点航迹融合、甚至原始信号融合，但受当时雷达技术水平、协同运用技术、智能化技术与综合认知等多方面的制约，协同探测资源管控能力总体较弱，特别是雷达工作模式与信号参数的精细化协同运用能力，存在"优化决策难、敏捷组网难、翔实预案难、精准管控难"（本书后续简称"协同四难"）等战技新难题，严重制约了早期组网探测系统应对空天突防新威胁的敏捷性、灵活性与适应性，协同探测的复杂性与探测潜能难以有效发挥与挖掘，难以预警监视敏捷化、复杂化与智能化的空天新威胁。随着相控阵雷达、人工智能等新技术的快速发展，解决"协同四难"具备了战技条件。

基于上述分析理解，亟须开发雷达组网协同运用作战概念，探寻协同运用方法，突破雷达组网协同运用的关键技术，系统性解决"协同四难"等战技瓶颈，提升雷达组网协同探测作战运用的敏捷性、灵活性和适应性，快速生成组网区域协同探测能力，提升探测群资源综合利用率。

概略研究过程。本书紧扣雷达组网如何协同运用主题，聚焦雷达组网协同运用关键技术及应用重点，依托军委科技委创新特区、装备发展部等10多个预研资助项目，基于战略预警科研条件与预警作战仿真推演系统，历时近二十年，按照协同运用"需求概念牵引—关键技术支撑—集成应用验证—综合效能提升"的研究思路，重点研究了雷达组网协同运用军事需求、作战概念、制胜机理、关键技术、集成应用及发展情况等内容，覆盖了雷达组网协同运用需求、概念、技术、装备、应用、效能等新域新质预警战斗力生成全链路中主要要素与条件，突破了协同运用概念开发、敏捷组网、闭环管控、预案设计、人机决策、动态评估等关键技术及工程化应用，取得了包括协同运用需求、概念、机理、模型、方法、流程、预案、指标、要求、建议等体系性与系列性成果，并进行了仿真推演与实装使用验证，全链路打通了雷达组网协同运用作战概念开发、实现、验证与运用的战技环节，为雷达组网协同探测群的研制与运用提供了战技指导。

涉及的重要概念。研究中厘清了雷达组网、协同探测、协同运用、敏捷组网等重要概念内涵及相互依存关系，为本书内容编排与逻辑性奠定了基础。协同运用是研究组网探测群实施协同探测的最优对策，决策探测群最优组网形态与管控预案，最佳利用探测资源，来适应空天新威胁智能化、敏捷化与复杂化的突防，实现空天目标匹配探测，获得最大的协同探测效能。雷达组网可理解为框架性与基础性，是以硬件为主体的，为实现协同运用与协同探测提供一个资源管控闭环架构和平台，支持"人人、人机、机机"闭环构建，为互联互通互操作奠定硬件基础；协同探测是提升综合探测效能的重要技术途径，按照决策的探测资源管控预案，实时控制各雷达资源协同完成探测任务；敏捷组网就是依据探测任务快速灵活构建协同探测群，是实现并体现协同运用效能的有效途径，能支持组网协同探测群挖潜增效。所以，敏捷组网与协同运用两者紧密一体，本书就如何实施敏捷组网协同运用、如何提升雷达组网协同运用综合探测效能与资源利用率展开重点研究。

本书创新点。本书创新了"以决策为中心、以预案为主线、以管控为重点、以资源为基础、以效能为目标"的协同运用基本方法，揭示了协同运用的优势原理、制胜机理、闭环特征与基本逻辑，为系统性解决协同运用"协同四难"等战技新难题，提供了有效的技术途径和方法，使协同探测群具备了"决策优化、组网敏捷、预案翔实、管控精准"等协同运用能力及"设变、知变、应变、求变"智能化博弈能力，能实现"基于预警任务优化决策、基于战场条件敏捷组网、基于协同预案精准管控、基于情景研判快准微调"的智能化协同探测，获得协同运用敏捷性，对敌制造协同探测复杂性，生成空天预警威慑力，提升了复杂空天场景的预警情报质量与探测资源利用率，这就是协同运用效能与增量，具备了与强敌空天突防同代竞争的条件。综合这些关键技术的研究，从协同运用体系的视角归纳总结成如下技术创新点。

第一，协同运用方法创新。揭示了协同运用制胜机理与优势原理，新建了"群案策"（资源群＋预案库＋决策树）制胜机理模型，提出了"以决策为中心、以预案为主线、以管控为重点、以资源为基础、以效能为目标"协同运用方法。"资源群"支撑了基于探测任务和战场条件的敏捷组网，是基本条件之一，是硬实力；"预案库"支撑了探测资源精准管控，是基本条件之二，是软实力；"决策树"支撑了正确实施，是根本保障，是综合实力。所以，要实施雷达组网协同运用，要构建好探测群（探测资源管控闭环），要设计好资源管控预案，要能正确地决策，这就要人机决策融合。揭示的"群案策"三要素之间的逻辑关系与互相作用，使指战员获得了组网形态与管控预案的决策优势，也获得了资源精准管控的行动优势，最终获得协同探测的预警信息优势，同时，协同运用也制造了预警探测可变性和灵活性。所以，提出的协同运用方法是本书研究的总牵引与总指导，是组网探测群协同运用的基本遵循和指导，是本书技术创新之一。

第二，协同运用闭环理论创新。揭示了协同运用闭环特征，构建了多类多层多粒度闭环模型，提出了协同探测群软硬件闭环设计要求。雷达组网探测群协同运用中闭环无处不在、层层嵌套、软硬关联、虚实相间，主要包括"人人、人机、机机"等之间闭环：①深化细化了"案控融"（预案＋控制＋融合）组网协同探测技术体制闭环及实现方法，表达了"机机"管控闭环特征，能牵引协同探测群的设计与技术改进；②新建了"群案策"（资源群＋预案库＋决策树）组网协同运用制胜机理闭环模型，表达了"人机"协同逻辑闭环特征，牵引协同探测群人机决策融合的实施；③建立了探测资源深度管控闭环模型，支持整机、功能、参数三级不同管控粒度的实现，闭环管控的对象是各组网雷达，闭环管控的内容是多雷达探测资源，闭环管控的依据是资源管控预案，闭环管控的手段是控制指令与时序，闭环管控特点是智能化实时精准；④提出了人机决策融合原理、功能、作用等系列闭环模型及流程，表达了"人机"协同实施流程的闭环特征；⑤提出了"人人、人机、机机"等软硬件闭环设计的思路、方法和要求，指导探测群协同装备研制；⑥提出了敏捷组网所需的"网络架构柔性化、构群要素一体化、探测资源服务化"的设计要求、方法与流程，指导预警网架构设计建设。所以，协同运用闭环理论是研究其他章节的基本点，是探测群研制与协同运用的基本遵循，是本书技术创新之二。

第三，协同运用预案创新。揭示了资源管控预案与协同运用其他要素的内在机理及交互关系，确立了预案在协同运用制胜机理中的主线地位和作用，提出了管控预案的设计方法、实现途径与工程应用流程。管控预案的设计、选择、执行、微调和优化等环节贯穿组网探测群协同运用全流程。预案由指战员设计，由融控中心系统—辅助决策形式自主推送，由指战员最终决策，由组网雷达执行。由装备人工智能和指战员人类智慧共同赋能的预案，是连接物理域、信息域、认知域/社会域等领域的载体，是指战员分配探测资源认知思想的优化对策与协同探测战法，是协同探测战术与技术紧密结合的产物，深刻表达了指战员与装备、战术与技术、平时与战时等多层次交互关系，体现了"多域融一"、人机决策深度融合的"决策中心战"特点，没有预案难以搞好探测资源精准控制与协同。所以，管控预案是实施组网协同运用的主线，是实施精准管控的依据和遵循，是本书的技术创新之三。

第四，协同运用决策创新。揭示了人机融合决策制造协同探测复杂性的机理，确立了人机融合决策在协同运用制胜机理中的中心地位和作用，提出了协同探测群人机决策融合的基本方法、原理模型与实施流程等。在人机决策融合过程中，指战员人类智慧与装备人工智能需要进行互相赋能、共同感知、共同理解、迭代优化等迭代闭环与复杂交互的过程，确保装备数据处理速度和精确性，及最终决策的有效性，既体现了指战员与协同群体决策智能，也表达了指战员与装备共训练、同优化、共成长的要求。通过人机决策融合，组网形态与预案选择优化决策更加快捷和有效，多雷达资源协同更加灵活与敏捷，给敌方空天突防增加了更大的不确定性和复杂性，即制造了预警探测的复杂性，也就能应对敌方敏捷性、灵活性与复杂性的空天突防新威胁。所以，人机融合决策是协同运用方法的中心要素，是制造预警探测复杂性的源头，是本书技术创新之四。

研究成果作用。取得的雷达组网协同运用创新成果，为系统性解决"协同四难"等战技新难题，提供了理论方法和技术途径，可有效支持组网装备战技融合与协同运用战法创新，牵引和指导探测群研制与技术改进，提升协同探测群的决策优化、组网敏捷、预案翔实、管控精准等智能化协同运用能力，实现"基于预警任务优化决策、基于战场条件敏捷组网、基于预案精准管控、基于情景快准微调"的智能化协同探测。一方面，协同运用技术能提升组网区域发现概率、跟踪精度、数据率、识别率等情报质量，以及探测资源的综合利用率，支持信火链路的闭合，解决预警作战现实难题；另一方面，协同运用技术支持预警作战的转型发展与战法创新，使预警网具备"设变、知变、应变、求变"智能化博弈能力，与强敌空天突防同代竞争。所以，"决策优化、组网敏捷、预案翔实、管控精准"也成为本书的亮点与关键词，其本质是基于组网协同探测的复杂性、灵活性、敏捷性等智能化新特性，来应对空天突防的复杂性、灵活性、敏捷性。

与《雷达组网技术》的关系。总结早期研究成果，2017 年出版了国内第一本《雷达组网技术》专著。该书由王小谟院士作总序、张光义院士作序，是"十二五"国家重点出版规划项目，由国家出版基金资助，国防工业出版社出版。该书揭示了雷达组网获得探测效能机理，突破了雷达组网探测的有关基础性关键技术，提出了"案控融"基本技术体制，初步探索了预案设计与运用方法，支撑了雷达组网探测效能的生成，是雷达组网领域基础性专著。该书出版近十年来，有效推动了雷达组网技术和装备的发展，促进了预警领域新质战斗力的生成。本书主要聚焦雷达组网协同运用技术，这些技术往往与指战员密切有关，如：资源群敏捷构建技术、管控预案设计技术、人机决策融合技术、实时感知与动态效能评估技术等。实现这些技术需要指战员参与，需要指战员去理解、设计、研判、实施、决策等，这就体现了协同运用战技、人机紧密铰链新特征。显然，协同运用技术超越协同探测技术，是协同探测技术的拓展和延伸。协同运用技术需要在雷达组网平台的基础和条件上来研究，能更好地支持空天目标的协同探测。研究协同运用技术就是为了系统性解决"协同四难"，解决雷达组网协同探测能力短板，提升协同探测群敏捷、适应、智能等实战新能力，提升协同探测群的敏捷性、灵活性和适应性，更好地保障协同探测，更能预警空天新威胁的敏捷和复杂突防。所以，本书定名为《雷达组网协同运用技术》，是《雷达组网技术》的持续深化与创新发展，《雷达组网技术》是基础。

综上所述，《雷达组网协同运用技术》及创新成果，在理论上提升了组网协同运用基础理论系统性、关键技术成熟度和实战应用支撑力，奠定了雷达组网协同探测群研制与运用的战技基础，推动了预警领域科学技术进步，在实际应用上也挖掘和释放了四代多功能相控阵雷达资源捷变的灵活性，提高了雷达探测资源管控的精准度，并给敌方制造了协同探测复杂性，生成空天预警威慑能力。

本书内容选择与章节设计。基于上述考虑，本书章节设计共分为 9 章，其中以 6 项关键技术为重点，包括第 2 章作战概念开发技术、第 3 章资源群敏捷组网设计技术、第 4 章资源闭环管控技术、第 5 章管控预案设计技术、第 6 章人机决策融合技术和第 7 章动态效能评估技术。

本书是教研团队综合研究成果，由空军预警学院丁建江、周芬、吕金建、邵银波、许红波、向龙联合撰写。撰写主要工作如下：丁建江设计本书的总体架构、编制主体目录，撰写内容简介、前言、第 1 章和第 6 章，审阅修改全稿，组织多次讨论，提出整书修改完善的意见；周芬撰写第 5 章、第 8 章，承担汇总、统稿、标准化等大量的工作；吕金建撰写第 4 章；邵银波撰写第 2 章和附录；许红波撰写第 7 章、邵银波、许红波撰写第 9 章；向龙撰写第 3 章。本书也参考并吸收研究团队成员叶朝谋、邰文星、李陆军、段艳红、张晨等博士的部分研究成果。

在项目研究与本书撰写过程中，得到国家基金委、军委联合参谋部、军委装备发展部、军委科技委、空军参谋部、空军装备部、空军预警学院等预研项目的资助；得到中科院毛二可和王永良两位院士，工程院王小谟、张光义、贲德、吴曼青、陈志杰、刘永坚、费爱国、何友、吴剑旗、龙腾等院士的悉心指导，提出了指导性建议；中国工程院陈志杰院士和中国科学院王永良院士还为本书专门撰写了序。在作战概念演示验证系统研制和应用验证试验中，得到了预警部队指挥员和军事技术专家的指导，深化、细化和优化了协同运用作战流程、预案、规则和策略等成果；在装备研制与仿真推演中，得到中国电科集团马林首席科学家、周琳首席专家等一大批工程技术人员的大力支持。本书参考国内外多名专家学者的早期研究成果。本书的出版得到了国防工业出版社的大力支持，在此一并表示衷心感谢。

由于雷达组网协同运用的特殊性与复杂性，加上研究团队水平与能力所限，对协同运用概念、机理、技术、战术等核心要素理解深度与实践应用广度还不够，书中难免有不妥之处，本书也只能是空天预警装备协同运用的开篇，期望起到抛砖引玉的作用；另外，雷达组网协同运用军事需求、装备智能化水平与实际应用也在不断发展之中，本书中有关内容需要不断发展，研究也需要不断深化，热忱欢迎读者提出建议、指导与批评指正，以斧正今后的研究。

作者

2025 年 1 月 16 日于武汉

目　　录

第1章 绪 论

突出雷达组网协同运用的战技特殊性，本章综合性与概略性地研究了生成雷达组网协同运用新域新质预警战斗力所需的核心要素，主要包括协同运用需求、协同概念、装备形态、闭环模型、协同方法、运用流程等。在透彻分析面临的空天新威胁、传统预警网存在的技术局限性、探测群协同运用的新需求及缩小差距总体思路的基础上，全面辨析厘清了协同运用、雷达组网、敏捷组网、协同探测等概念内涵差别及依存关系，分析了协同运用装备基本形态与设计要求，建立了协同运用总体、优势、制胜、方法、管控等基础模型，提出了"以决策为中心、以预案为主线、以管控为重点、以资源为基础、以效能为目标"的协同运用基本方法，梳理了敏捷组网协同运用基本流程与闭环特征，概略描述了支撑协同运用要突破的概念开发、敏捷组网、闭环管控、预案设计、人机决策、动态评估等智能管控关键技术及作用，宏观总结了研究成果、应用效果与未来发展等，为后续各章详细论述提供了研究总体架构与逻辑关系。

本书创新成果不仅提升了组网协同探测基础理论系统性、关键技术成熟度和作战运用支撑力，为系统性解决"优化决策难、敏捷组网难、翔实预案难、精准管控难"等协同运用四大战技新难题，提供了有效的技术途径和方法，还可提升组网协同探测群的"决策智能、组网敏捷、预案翔实、管控精准"等协同运用能力，实现"基于预警任务优化决策、基于战场条件敏捷组网、基于协同预案精准管控、基于情景研判快准微调"的智能化协同探测。特别的是，能支持预警装备战技融合与协同运用战法创新，解决传统防空预警网与早期组网系统存在的主要战技瓶颈，提升组网区域发现概率、跟踪精度、识别率等核心情报质量，以及探测资源的综合利用率，获得单雷达独立探测难以得到的组网探测效能，促进和生成雷达组网协同运用新域新质探测能力，涌现空天预警威慑力。

1.1 协同运用必要性

在新一轮大国竞争时代，随着国家安全需求、智能科学技术、新型作战理论和概念等多方面的发展[1-3]，军事强国空天新威胁突防呈现明显的复杂化与智能化特点，把复杂化、敏捷化与智能化作为空天突防新武器与新能力[4]。例如，美国陆军的"多域战"、美国空军的"作战云"、美国海军的"分布式作战"、美国国防高级研究计划局的"马赛克战"、美国国防部的"联合全域作战"等作战新概念逐步深化与验证应用，空天突防制胜核心要素权重从目标数量、火力强度、信息质量向优化决策明显倾斜。空天新威胁全面综合了"尽摧毁、强干扰、大空域、多目标、全隐身"等新突防能力，再加上基于情景智能决策的灵活突防方式，制造了多组合、高复杂、强对抗、高动态、全时空、不确定、不稳定的空天敏捷突防场景。这种敏捷空天突防，对雷达静态部署、固定联网与独立探测的传统预警，产生了巨大的技术代差，这种技术代差严重制约了雷达组网协同运用战法创新与能力生成，强敌空天新威胁几乎可"穿透"传统防空预警网。

基于简单管控与简单预案的早期组网探测系统[5]，虽然实现了一定条件下的点航迹融合甚至原始信号融合，但受传统预警网僵硬架构与固定部署、雷达独立探测与联网能力较差的约束，也受当时协同运用技术与认知的制约，作为协同探测资源的能力总体较弱，特别是雷达工作模式与信号参数的精细协同运用能力，还存在着"构群变群不够灵活、协同作战筹划不够高效、战中预案微调不够快捷"等作战问题，严重制约了雷达组网协同探测能力，影响组网协同探测的敏捷性、灵活性、适应性，反导、反临、反隐、反巡等预警模式转换与兼顾不够灵活快捷，对弱小目标探测跟踪、复杂场景抗毁重组、多任务敏捷变群等核心预警能力凸显不足，已难以应对空天新威胁的动态性、灵活性与复杂性，空天预警实战能力堪忧。究其原因，存在"优化决策难、敏捷组网难、翔实预案难、精准管控难"等协同运用技术瓶颈。迫切要求传统空天预警网改造升级与换代，必须具备智能化灵活敏捷的应变能力，利用智能化与自主系统等新技术，来适应战争和对手之变，据此催生了预警装备敏捷组网与协同运用等新概念开发与运用，牵引着空天预警网建设需求不断发展，推动着预警探测新概念、新技术、新装备与新战法持续创新。

1.1.1 空天新威胁牵引预警新需求

科技之变、战争之变、对手之变，"三个之变"促使战争形态演变、战争领域拓展、战争目标转变、战争影响扩大，引发了空天威胁突防的新变化。空天新威胁呈两大类（显性、隐性），在两域（信息域、物理域）六维（陆、海、空、天、网、电）立体突防，呈现复杂化、敏捷化与智能化特点，对空天预警概念、架构、装备、战法、能力等带来了新挑战，提出了新需求。具体新威胁、新挑战与新需求有如下几方面。

一是智能化战争新形态的快速发展。随着美国战略布局转向大国竞争，美军认为其面临多样化且复杂的空天威胁。国土和战区空天防御要求一体化预警部队能够完成弹道导弹、隐身飞机、临空高超声武器、巡航导弹、无人机、火箭弹、火炮和迫击炮等空天目标的防御，并且要适应不断变化的新威胁与空天混合突防方式。此需求持续推动美军作战概念不断更新演变，在使命、动因、重点等方面出现了根本性的变化和创新，战争形态从"单领域、有人化、中心化"向"全球化、协同化、分散化、欺骗化"转变。以决策中心战等理论为指导的马赛克战等新样式日益成熟，新的作战理论和概念、装备和技术、力量编成、条令条例、战法流程等具有明显的智能化特征，空天新威胁突防的动态性与敏捷性，明显提升了雷达和指战员对空天突防感知和研判的复杂性，造成对空天新威胁的预测、研判与决策能力严重下降，突防复杂性效能正在逐步生成，复杂性制胜特征更加明显，制造的战争代差与非对称性会越来越大。从美国现有的空天突防概念与装备看，协同作战飞机由概念逐步转向实装，将会发挥规模优势、载荷优势、机动优势、分布优势等，有可能是未来非对称空天突防的具体运用和发展方向。2023 年 7 月，在美国空军防务智库米切尔研究所针对协同作战飞机作战运用问题进行了推演，设计 2030 年的西太地区作战场景，重点研究了协同作战飞机的作战概念、发展方向等内容，验证了协同作战飞机的协同概念与运用模式，提出了协同能力需求[6]。例如，火力攻击、电子干扰、侦察监视、通信中继、辅助决策等协同飞机混编搭配，共同组成空中作战体系，不仅多架飞机协同作战增加体系的韧性，弱化空中节点，提高抗毁能力，而且多架外形以及雷达特征相似的飞机在一起执行作战任务，将会使对手决策困难，拦截资源开支剧增。此外，协同作战飞机往往作为先头部队，首先干扰和压制对手一体化防空系统，用数量优势和低成本优势抵消对手的主场优势，进一步消耗对手有限的防御能力。这种理念实际上就反映出美国第三次抵消战略背后的逻辑，也就是发展非对称作战能力，抵消对手的战场优势。要求新型空天预警网在作战概念、装备技术、战法训法、力量编成、条令规则等方面，实现敏捷组网对抗敏捷突防、智能预警对抗智能突防、复杂预警对复杂突防、快速预警决策对抗快速突防决策，与军事强国在未来空天作战上无明显的概念、技术和装备代差。

二是空天作战环境更加复杂和残酷。战场上逐渐增多的传感器和武器系统以及越来越快的决策速度，都是战争复杂性呈指数增长而非线性增长的证据。

在空天目标大规模突防前,"网络攻击 + 毁伤打击 + 强电磁干扰"三部曲首先开幕,而且往往"三曲并凑"。第一部曲是网络攻击,堵塞网络、遮断通信、并释放假情报,造成通信传输不畅、假情泛滥、态势难统、决策难作、指控不灵。第二部曲,通常实施精确制导武器和反辐射导弹的大面积毁伤打击,通常用经典的"三剑客"(HARM + MALD + JSOW)进行防空压制,也会采用新型高性能武器,如增程反辐射导弹(HARM - ER、AGM - 88E),微型空射诱饵干扰机(MALD - J),增程联合防区外武器(JSOW - ER、AGM - 154C),使固定部署的雷达站、地空武器与指控中心受到大面积毁伤,更进一步地智能化导弹协同攻击,使毁伤效能进一步扩大。第三部曲,再由数量足够的下一代干扰机、EA - 18G、F - 16C/J 等对剩余雷达进行全方位全频段大功率噪声干扰压制,进一步造成对手空天预警网生存困难、覆盖不严、雷达功能不全、探测能力严重降级。需要特别注意的是,军事强国打的是富裕仗与代差仗,绝不是几枚导弹与几架干扰机进行防空压制,还有战斧系列巡航导弹与战术弹道导弹饱和打击,联合防区外空地导弹(JASSM、AGM - 158C)、高超声速导弹(ARRW、AGM - 183A)等最新防空压制武器。此外,无人机及蜂群都携带"亮云"(Brite Cloud)消耗性有源诱饵作为电子战有效载荷,电子和实体诱饵与真实目标的特征高度相似,全时空伴随,能对雷达发起侦察、干扰、欺骗、打击等综合攻击。总之,防空压制复杂性和残酷性会大大超出传统空战典型场景,因为军事强国采取的原则是"彻底瘫痪与彻底解除"。基于平时完整空天预警网、固定部署、静态联网、单雷达独立探测的作战预案与训练成果,难有应用机会,平时的空天预警能力难以呈现。要求预警网架构柔化、预警装备能快速机动、敏捷重组、信火贯通,提升开战预幕中的生存能力,创新在不完整空天预警网、不完善通信网、不确定战场目标及复杂干扰环境等条件下的协同探测预案,快速支持"地—地""地—空""空—地"等信息火力杀伤链常态化闭合。

三是空天新威胁突防方式更加多样。多类多种空天新目标呈现高低、快慢、密集、真假等灵活组合,样式复杂,变化更加快捷动态,小编队,分散隐蔽,有人—无人机编队协同,忠诚僚机,基于任务包模式的智能协同与自主突防方式。这种复杂空天突防,充分发挥了军事强国高速、隐身、远程、精确等特点与技术优势,实现多领域、多层次、多时段的协同作战,提高了作战效率和效果,同时降低作战风险和损失,增加了空天突防的突然性和灵活性,对对手防空体系形成有效的压制和突破,使对手预警变得异常被动。例如,穿透性制空(PCA)平台、穿透性情报侦察(PISR)平台、穿透性电子战平台(PEA)、低成本无人机等联合突防。一般利用 PCA 和 PEA 护航，由穿透性 PISR 无人机（如 RQ – 170/180 等）穿过对手的防空系统进行深入侦察，为隐身战斗机（F – 22、F – 35 等）或轰炸机（如 B – 21、B – 2、B1 – B 等）提供战场态势数据，再由 MQ – 9A、"暗鹰"等无人机进行后续的战场损伤评估和目标再打击。这实际是有人机与无人机的协同作战，有人战斗机还可以借助无人机雷达掩护自身行动，混淆视野，提高自身的生存能力。另一方面，通过网络产生的假情报和假宣传，隐蔽企图，迷惑敌方，运用欺骗式分布作战，产生真假混合、特性相似目标，势必造成对手难以正确预先侦察与预判态势，搞不清军事强国空天突防的作战企图，影响预警决策的时效性、准确性与有效性，极大压缩了空天预警的时间和空间。要求新型空天预警网防空反导预警多功能一体，能快速准确研判空天战场突防态势，基于人机智能融合正确快速决策，基于战场条件敏捷组网，实时转换防空、反临、反导等预警模式，基于预案实施精准与灵活的探测资源管控，实现快聚快散、精控深融的智能化协同探测。

四是空天新威胁反探测和反识别性能日益提升。空天突防新目标极度隐身、全频段隐身、全方位隐身等新性能快速发展，如 RQ – 180 长航时高空隐身侦察机、B – 21 隐身轰炸机、下一代空中主宰（NGAD）与下一代空中优势（NGAS）战斗机等，几乎清零了传统单雷达预警监视能力，甚至颠覆了雷达探测和识别原理，基于单雷达独立探测与静态固定联网的传统防空预警网实战能力明显降维，发现、跟踪、识别和制导等综合情报质量明显降低。要求新型空天预警网探索组网协同探测新概念，深度挖掘和发挥组网协同优势，通过多雷达组网协同来破解单雷达"单打独斗"的探测瓶颈与局限。

五是新型侦察手段和方式更加先进。黑客、间谍卫星、战略战术侦察机等新型侦察手段，通过网络、电子、光学、红外等多维度的持续侦察，日常侦察更加频繁，更加难防。一方面，侦察推测对手预警装备部署位置、指挥关系、值班模式、情报流转方式、传输格式、时空频信号特征等，评估预测对手空天预警能力；另一方面，侦察获得的雷达信号特征也用于开发或升级已方雷达告警接收机、侦察机、干扰机、诱饵、反辐射导弹以及训练模拟器等。要求新型空天预警网有强大的综合抗侦察能力，在承担日常监视任务时，主动抗侦察，主动迷惑对方；战时实施智能电磁迷雾与多维防护，使军事强国日常侦察难以发挥作用，战时陷入侦察干扰决策困境，浪费干扰资源，降低干扰效能。

六是新型地海强杂波带来雷达信号数据处理新难题。城市高层建筑群、风力发电机群、大面积太阳能板、跨海大桥、不断增多的特高压传输线等强地杂波，再加上阵地周边新遮蔽及多径效应越来越多，严重制约对低慢小等无人机及蜂群目标的探测、跟踪和识别能力。要求新型空天预警网在重点区域具备低空组网综合探测群，包括雷达多覆盖搜索、高精度跟踪和初步识别，光学红外验证识别等多传感器，在强杂波环境中能尽远发现、精确跟踪和准确识别无人机及蜂群目标。

上述六方面空天新威胁，基本上是显性的。除此以外，还有网络空间、电磁空间、认知领域等"非接触式"的隐形威胁。隐形空间对抗具有多维多样、隐蔽无序、疆域模糊、平战一体、技术制胜、军民混合等作战特点。从近几场冲突看，隐形威胁运用越来越常见，其不拘泥于某一特定方式，而是根据不同对手、不同强度，灵活运用不同空间、不同手段组合发力，形成利于己方的战略态势或者空天突防优势，逐渐成为大国角力博弈的重要战场，是一种新型战争形态。

针对上述空天新威胁，可归纳如下预警新需求：

（1）要提高协同认知，建立敏捷组网协同运用观念。空天新威胁突防的复杂性推动了空天预警制胜机理转变的，在概念上要摒弃单雷达单打独斗的落后观念，倡导敏捷组网。在空天预警网架构、通信网络体系、部署方式与雷达装备联网功能上，要柔化僵硬的预警网架构，机动部署雷达装备与通信网络，提升雷达互联互通互操作能力，要能支持敏捷组网及战法运用，基于探测任务灵活构建组网协同探测群。搞透组网协同运用制胜机理，准确识变、科学应变、善于求变，牢牢掌握未来空天预警的主动权。

（2）要重新认识与排序预警能力。预警能力需求与清单是牵引预警装备研制的第一要素，随着空天预警制胜机理的变化，预警能力重要度需重新认识与重新排序。①空天预警网网络安全能力，扛得住网络进攻与饱和堵塞，滤除虚假信息，能可靠实时传输指控与预警情报信息；②日常协同抗侦察能力，电磁迷雾隐真示假，迷惑对方，保护己方；③协同抗毁生存能力，扛得住强敌多轮强毁伤打击；④敏捷组网与任务规划能力，能灵活应对复杂化、敏捷化与智能化的空天突防场景；⑤协同抗强烈复杂的电磁综合干扰能力，包括主瓣、副瓣、分布式综合电磁干扰；⑥目标全、距离远、定位准、属性清的探测能力，能全域探测卫星、弹道导弹、巡航导弹、隐身飞机、临空目标、低慢小无人蜂群、火箭弹等非合作高威胁空天目标；第七是常态化直接闭合信火铰链能力，在复杂战场环境中生成满足火控信息质量要求的情报，预警信息直接进入火控通道，常态化闭环信火链路。与传统空天预警网相比，单雷达单打独斗的探测能力重要度排序下降，多雷达敏捷组网的协同探测能力重要度凸显，空天新威胁与空天预警网博弈示意如图 1-1 所示。

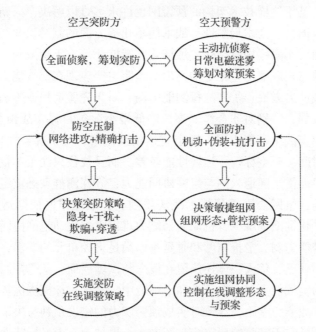

空天突防方　　　　　　空天预警方

图 1 – 1　空天新威胁与空天预警网博弈示意

（3）要尽快生成协同预警实战能力。在平时预警能力上，具备较强抗侦察能力，能严密预警监视重点区域及重要事件。在战时预警能力上：①要能抗住第一波超强毁伤打击；②通过敏捷组网能应对复杂化、智能化与敏捷化的空天突防，敌变我变；③对空天全域、多类多种目标匹配探测；④与拦截武器的紧密铰链，常态化直接闭环信火链路。在战法创新上，聚焦探测资源管控预案的设计、推演与训练研究，探索智能化雷达兵能力需求与智能化预警网建设等难题。

1.1.2　缩小技术与能力差距必须协同运用

基于"赛其（SAGE）"理念构建的传统防空预警网架构，在日常预警监视能力上的特点是：①常规空中目标探测能力较强，基于先验情报对确定性空天目标预警能力较强，特别对常规空中飞机目标预警探测能力突出，能提供较为稳定的空中态势，能满足日常指挥决策需求；②基于固定阵地承担既定预警探测任务能力较强，雷达工作较为稳定，通信网络较为畅通，维修保障备件、设备、人员较为充足；③基于单雷达探测战术战法规则较多，成熟性较好，指战员训练较有素。但对破解"隐身、低空、电磁干扰、毁伤打击"等早期空天"四大威胁"，在架构、装备、功能等方面还存在技术局限与能力差距，难以有效解决，基于这样技术架构的预警网也许永远难以解决空天新威胁，这就是作战概念陈旧性、技术局限性与战术简单化等方面的制约。

当今，面对军事强国复杂化、敏捷化与智能化等空天新威胁，传统空天预警网技术局限与实战能力差距更加突出。差距主要表现在实战能力方面和技术代差。在实战能力方面：①实战探测能力弱，对无先验情报或不确定性空天目标预警能力较弱，特别对非合作"高快隐低慢小"等目标实战预警能力较弱；②战场机动与实战生存能力弱，固定雷达站抗侦察、抗干扰、抗打击能力弱，机动时架撤时间、时空标校、运输性能较差，而且往往只注重单雷达的机动过程，不注重机动雷达随遇入网与组网协同能力；③探测群动态重组、灵活变阵与管控能力弱，组网协同探测战术战法规则少，敏捷组网协同运用管控预案少，人机一体化推演训练少，机动通信能力难以支撑机动组网协同作战；④灵活支持杀伤链能力弱，情报精度和时延难以满足火控单元的要求，互联互通互操作格式标准缺乏，信火一体还停留在概念与试验层面，基于探测群情报灵活支持杀伤链的实战能力弱。在日常和平环境中，常规目标探测优势往往会掩盖预警监视的实战能力差距，导致对实战预警能力的错误预判与决策。在技术代差方面，主要是空天突防的新概念与新方式，再加上空天目标特性的发展，常规飞机单批单架突防时代不复存在，军事强国已把复杂化、敏捷化与智能化作为空天突防的新武器与新能力，与树状固定和静态不变的空天预警网产生了巨大的技术代差。

主要原因分析如下：①对复杂化、敏捷化与智能化的空天新威胁认知不足，经常把传统预警网固定、静态、全状态对常规飞机的预警能力认知为实战能力，造成指导理论与运用观念的局限；②单雷达独立探测的作战概念、战法规则、条令条例等惯性思维持续，制约敏捷组网协同运用战法创新实践，诸如敏捷组网协同主动抗侦察、协同抗复杂综合电磁干扰、协同抗毁生存、协同搜索跟踪、协同识别、协同制导等策略预案严重缺乏，倡导多时的组网协同探测、防空反导预警一体、信息火力一体等新概念还难以落地实施、常态化运行；③预警装备部署、网信体系与信息流程的技术局限，面对复杂化、敏捷化与智能化的空天新威胁突防，支持敏捷性与灵活性的技术架构明显不足，"设变、知变、应变、求变"博弈能力较弱，难以因变制变；④雷达与融控中心设计研制分离的技术局限，传统雷达是航迹情报产生器，雷达工作独立，架构封闭，融控中心以融合航迹情报为主体，管控雷达探测资源能力明显偏弱，难以实施灵活与精准的敏捷组网与资源管控。

一句话，军事强国空天新威胁灵活突防与基于单雷达独立探测、固定联网与静态部署的传统预警网产生了巨大的技术代差，制约了新域新质实战预警能力生成,这与现实社会中"病毒快速变异,固定式疫苗难有大作为"的道理类似。

1.1.3 挖掘新雷达潜能与闭合杀伤链需要协同运用

新型二维有源相控阵预警监视雷达,具备了广域监视、精确跟踪、准确识别、直接制导等多项功能,在承担广域搜索监视任务的基础上,可兼顾精确跟踪和识别,甚至直接闭环信火杀伤链等任务。但典型问题是单雷达探测资源有限,同时使用广域搜索、精确跟踪、准确识别、直接制导等功能时探测资源有限,探测资源同时冲突明显。另外,承担精确跟踪、准确识别与直接制导等任务时,探测资源开支较广域搜索大许多,而且跟踪和识别的目标容量也非常有限。作为预警雷达,广域搜索是主体功能,需要全空域连续预警监视多型多类空天目标。如何解决广域预警监视任务与精确跟踪、准确识别、直接制导等任务之间的探测资源同时使用矛盾,是探测资源管控预案必须解决的当务之急。

破解此问题的有效方法是区域组网与资源协同运用,组网协同运用就是要解决组网探测群所有探测资源的优化使用,共同完成组网区域内广域搜索、精确跟踪、准确识别、直接制导等任务,提升组网探测群资源的利用率与协同探测效能。例如,作为美国陆军防空反导能力建设的基础性项目,美国陆军"一体化防空反导作战指挥系统"(IBCS)采用模块化、开放式和可扩展的总体架构,能够将战场空间所有可用的传感器、杀伤器集成到通用火控网络上,实现闭环管控,跨联合网络生成决策质量的火控数据,不但可增强态势感知能力,更有效地管理作战资源,还能够促成联盟合作伙伴的协同互操作,以及当前系统与未来系统的集成,是支撑美国联合全域指挥控制的重要系统。在2022年11月的作战试验中,IBCS系统引导"爱国者"拦截弹成功拦截了巡航导弹靶标,而此次试验却并未使用"爱国者"雷达,充分证明了IBCS系统架构的灵活性和防空反导杀伤链路构建的敏捷性。2024年7月,美国陆军防空和导弹防御传感器(LTAMDS)和IBCS,与美国海军的标准导弹-6(SM-6)武器跨域集成,协同运用,基于LTAMDS数据,用IBCS来引导SM-6交战,有效提升了远程探测、识别和拦截的一体化能力。目前,波兰已经选择将IBCS系统作为防空反导的核心系统,未来随着更多美军盟友采购该系统,美国及其盟友的防空反导互操作和网络集成能力将得到大幅提升。

1.1.4 协同运用是提升预警能力的有效途径

针对上述空天新威胁与传统预警网技术局限的代差矛盾,基于固定静态传统防空预警网架构、作战概念与战术战法，一味追求单雷达性能，是难以彻底解决空天新威胁，必须系统性探寻预警总体思路与具体方法，解决预警网怎么建与怎么用等科学问题，突破关键技术与工程应用难题。采用"体系对体系、复杂对复杂、敏捷对敏捷、智能对智能"的总体思路，依据"敌变我变、与敌对口，先敌求变、高敌一筹"战略原则。在作战概念认知、预警网架构、探测资源管控方式、装备技术与条令条例等多方面需要全面转型升级，缩小技术差距，创新预警装备组网协同运用战术战法，从智能化协同探测群协同运用起步，整体推进智能化预警网的建设与协同运用，实现空天突防与空天预警的同代竞争。

在作战概念认知与顶层建设上，要充分认识到军事强国空天新威胁给传统空天预警网带来的严重性，厘清空天威胁突防复杂性增长动因，论证智能化预警网能力需求与量化清单；落实到具体装备研制中，更需要体系定位、能力清单与性能指标；在协同战术与战法方面，要创新组网协同运用战术、训法战法与条令条例，尽快建立组网协同运用机制。

在预警网架构设计与装备研制层面：①柔化预警网顶层架构，支持敏捷组网；②倡导智能化探测群一体化组网设计，具备敏捷组网及互联互通互操作能力；在新型雷达设计上，具备架构开放、软硬件解耦、战术应用软件App化、硬件功能模块化等支持敏捷组网协同运用的功能，实现雷达探测资源标准化、网络化、透明化和可控化；在传统雷达换装多功能相控阵雷达的基础上，实施管控资源、接口格式等标准化技术改造；融控中心系统设计要具备人机智能融合、辅助决策建议、管控预案设计等智能化功能，体现出"敏捷、精控、细算、体系"特征的智能化战争内在机理，获得基于决策优势的敏捷效能和增量；③在协同运用关键技术层面，要突破概念开发、闭环管控、预案设计、动态评估与人机融合等支持协同运用所需的智能管控关键技术，提供智能化探测群所需的决策优化、组网敏捷、预案翔实、管控精准等智能管控能力；④在条令条例等机制建设方面，要在实兵实装演练中不断检验与优化完善。

在探测方式上，转型与升级可分步实施，从单雷达探测为主尽快转型到组网探测为主，从普通的组网探测升级到组网协同探测，从组网协同探测上升到基于任务和情景的敏捷组网与协同运用，从敏捷组网协同运用再升级到智能化雷达兵智能化探测。与之探测方式转型对应，不同的探测方式对应不同的资源管控方式和预案。对新型多功能单雷达，既要随弹道导弹、临空高超声速、隐身飞机、巡航导弹等空天目标变化，快速转换雷达工作模式和参数，又要随警戒、引导、制导等情报保障任务转换雷达模式和工作参数。对组网协同探测群，随空天目标、探测任务与协同方式的变化，要基于管控预案精准管控各组网雷达的探测资源。对未来智能化预警网，对多雷达资源管控更加灵活、组网更加敏捷。所以，全面深化研究雷达组网协同运用技术并推广应用十分迫切。能应对军事强国复杂化、敏捷化与智能化等空天新威胁，提升空天预警实战探测能力。

1.1.5 新型作战概念中的协同运用

随着科学技术与战略安全需求的发展，美军新型作战概念层出不穷[7]，并在持续演变与优化发展，这是战争形态由机械化时代迈向信息化、智能化时代的重要标志。20 世纪 90 年代以来，美军提出并实践了多维度中心战概念，在牵引战争准备和军事行动中起到了显著的作用。

美军在传统的平台中心战、计划中心战、人口中心战等作战概念基础上，先后提出网络中心战、行动中心战、知识中心战、决策中心战、社会中心战等不同维度的中心战概念，不断推动作战概念创新与实践。具体说明如下：①网络中心战概念于 1997 年提出后，美军将建设 C4ISR 系统作为推进军事转型的核心，开展各作战要素的精准协同，到 1999 年科索沃战争时，美军侦察卫星即可直接向 B – 2 战略轰炸机座舱传送情报；②决策中心战概念于 2019 年 12 月提出后，在 2020 年 1 月定点清除苏莱曼尼的行动中，美军即实现了战略决策和战术行动的无缝衔接与完美结合；③美军持续开展的 F – 35 隐身战斗机与无人机协同作战研究和演示验证，主要协同对象有：无人机蜂群、忠诚僚机、多层次分布式无人机、MQ – 9 "死神" 无人机等。这种新型的协同作战突防模式，能有效弥补 F – 35 隐形战斗机机腹内置弹药量有限的弊端，极大提高作战效率，增强作战能力和适应性，扩大对敌方的威慑和攻击效果，达成战役和战术目的。

综合美军中心战发展验证情况看，决策中心战比较有效、应用比较广泛、未来发展比较期待。社会中心战在目前俄乌冲突中崭露头角，政治、经济、金融、文化、舆论等社会要素与军事要素联合参战。无论在哪个中心战，作战活动都同时发生于物理域、信息域和认知域，作战过程也都包含感知、判断、决策和行动四个基本环节，但决策中心战呈现人机更加紧密融合的快速闭环循环，精准协同起了核心作用，是作战空间中心的再转移和作战维度的再升级，是分布式海上作战、多域战、全域战等作战概念的重要内涵，也是对其他中心战概念的进一步深化。关于美军协同运用与协同探测技术的发展路线详见本书附录。

中心战概念的演变，变的是形式和表征，不变的是理论基础和协同本质，加深的是协同内容与精准程度。从美军中心战概念的发展与实践可获得启示：①协同在美军多维度中心战概念实践中发挥了巨大作用，协同运用理论和方法已经成为中心战行动的指南，可作为雷达组网协同运用的理论参考；②要实现对预警装备从宏观指控到实时时序精准控制的转化，自然离不开精准协同，可作为协同闭环、协同预案、协同流程等内容的设计参考。美军空天新威胁敏捷突防以决策制胜为理论基础，智能化预警网建设与运用也应该以决策制胜为理论基础，来指导目前敏捷组网协同探测与未来智能化雷达兵的建设。组网协同探测作战运用概念的建模与开发技术将在第 2 章详细介绍，概念与技术集成应用将在第 8 章详细介绍。

为了解决网络中心战在强敌对抗环境下的战术通信网络受限问题，DARPA 开展了决策中心战的研究，马赛克战[13]作为决策中心战的一种新作战样式，将各种作战功能要素打散，利用自组织网络将其构建成一张高度分散、灵活机动、动态组合、自主协同的"杀伤网"，进而取得体系对抗的优势，能够比对手更快、更有效地做出决策。通过在作战前和作战中动态地组合和重组部队，提升部队的灵活性和适应性，同时给予对手更大的复杂性和不确定性。自第二次世界大战结束以来，美军为了应对外部强敌、夺取军事竞争中的优势地位，共提出过三次抵消战略。第一次抵消战略诞生于 20 世纪 50 年代，美军为了应对苏联常规军事力量的规模优势，提出以核武器技术优势抵消常规军事力量优势的军事战略。随着苏联核武器快速发展，美军第一次抵消战略效果并不理想。第二次抵消战略诞生于 20 世纪 70 年代末期，美军总结越战中的经验教训，提出了以精确制导武器、隐身飞机等先进武器装备为标志的第二次抵消战略。通过将各类传感器和武器平台进行组网互联，使美军的体系作战能力大幅提升，第二次抵消战略比较成功，美军逐渐构建了以网络中心战主导的作战体系。第三次抵消战略诞生于 2015 年前后，美军提出以自主系统、人机协同以及作战辅助系统等为依托的第三次抵消战略。随着中俄等对手综合国力的提升，美军正在逐步失去在第二次抵消战略中确立的技术优势，隐身能力、精确导航、网络化传感器等军事技术已经扩散到对手。美军为了持续保持优势，特别是有代差的绝对优势，必须重新设计军力和作战方式，改变传统以消耗为主的作战理念，依靠对抗环境下的决策优势提升己方的作战能力。以决策为中心的作战概念可以利用人工智能和自主系统等新技术，创造一种新的作战样式，就如同当年将隐身飞机和精确制导技术与远程打击作战样式相结合一样，发挥新技术的作战效能。

1.2 协同运用相关概念及关系

厘清协同运用概念与雷达组网、协同探测、敏捷组网等概念内涵差别及依存关系，既有助于理解本书的研究内容、方法及成果，也有利于成果转化应用及深化研究。

1.2.1 协同运用概念

"协同"一词与"组网"一样广泛，在军事运用中，一般指作战协同，在1997版与2011版"军语"中都有较明确的定义[8]，是各种作战力量共同遂行作战任务时，按照协同计划在行动上进行的协调配合。按规模，可分为战略协同、战役协同和战斗协同；按参战力量，分为诸军兵种部队之间的协同，诸军种、兵种内各部队之间的协同，各部队与其他作战力量之间的协同等。传统的协同方式方法，是事先计划协同与战中电话协同，存在协同速度慢、协同精准性差等缺陷，属于概略性协同，只适用于作战力量的宏观协同与实时性要求较低的战场环境，难以应用于装备层面的精准实时协同。例如，最经典的是步炮时间协同、各种火炮火力协同等，协同的目的是确保各种作战力量协调一致地行动，发挥整体作战效能。按照协同对象与粒度，协同可按多个维度分类。单位/作战单元层面协同，跨战区、军种、兵种、部队、作战单元之间的任务协同，发挥各作战单元的能力优势，实现联合作战；装备任务/功能/参数层面协同，多域多类预警装备、陆海空天预警装备、地面异地多雷达装备之间协同，发挥和利用各自预警装备的独到功能和区域优势，实现优势互补。所以，协同运用是一种针对多要素联合作战的有效组织方法，不同的作战环境、不同的协同要素，其协同的要求与方法差别较大，所需的支撑技术差别也较大。反之也可这样理解，现代智能化等新技术，支撑了新的协同运用方法，决定了新的协同战法，产生新的战斗力。

美军描述作战协同有 3 个词，即 cooperation、coordination 与 synergy。cooperation 强调团队合作，coordination 强调一个整体中个体基于一致的策略，达成协调的结果及能力，synergy 是 cooperation 和 coordination 两者兼有之意，即合作与协调，一般用在复杂自适应作战系统。在美国陆军 1986 年《作战纲要》中，用了 coordination；美国海军 CEC 协同交战能力中用了 cooperation。CEC 由协同交战处理器融合来自舰队内各平台所有传感器的量测数据，并通过自动栅格锁定、自动识别和航迹相关处理，生成复合跟踪航迹和复合识别数据库，为武器系统提供满足火控要求的单一综合空情图（SIAP）。2016 年来，美国空军与联合参谋部发展局（J－7）《联合作战跨域协同》报告中升级用了synergy 一词[9]，2017 年美国海军在跨域协同海战中也开始用 synergy 一词[10]，实际上是提升了协同管控的内容和方式、实时性与精准性等协同性能。最近，美军在实施分布式作战、多域作战、马赛克战等新型作战概念时，依托协同探测技术的支撑，不断提升协同技术成熟度，协同内涵向装备深层发展，并加快协同探测群研发与运用，其本质内涵探测资源协同，技术途径是通过资源管控闭环。依据公开资料，本书附录综述了美军新型作战概念中协同探测技术的发展路线，表述了美军协同作战的宏观思想、概略方法与原则，体现了作战概念的转型与发展。但在公开资料中难见美军预警装备协同探测与运用的详细资料。

目前在 2011 版"军语"中对雷达组网探测群协同运用无解释。协同运用是对预警作战全过程中多个任务进行组织。进一步研究理解雷达组网协同运用新内涵为：依据多样化任务与战场条件，指战员快速决策"任务—探测群形态与管控预案"对应关系（任务规划表），据此敏捷构建协同探测群，精准控制群内时频能等探测资源，深度融合探测信息，获得协同探测综合效能，并给突防方制造协同运用复杂性，有效支持决策、目指与火控等作战行动。其特点是探测群依据任务能快建快转快散，实现动态任务规划，追求多任务协同完成。需要说明的是：①协同运用过程覆盖在整个协同作战各环节，包括战前准备、临战决策、战中实施与预案微调、战后复盘总结等；②多任务形式主要包括协同抗侦察、协同抗干扰、协同抗毁伤、协同探测等任务；从探测空天目标全过程看，主要包括协同搜索、协同跟踪、协同识别、协同制导、协同交战等协同探测环节；从探测空天目标看，隐身飞机、弹道导弹、临空目标、低慢小等空天目标协同探测；③尽管协同运用要组织多任务，但核心任务仍然是协同探测；④实现协同运用还需要技术支撑，是本书后续要深化讨论的概念开发、敏捷组网、闭环管控、预案设计、人机决策、动态评估六大关键技术。

1.2.2　雷达组网概念

文献［5］已对区域雷达组网作了较完整的定义，这里不再赘述，补充一些新的认识与理解。区域雷达组网是对区域内异地部署的，不同体制、功能、频段、精度、数据率的单一雷达进行协同运用，基于探测任务构建组网协同探测群，对多雷达探测资源实施实时管控与探测信息集中融合，相当于一部具有高精度、高数据率、高抗干扰性能的"基于预案闭环管控的大雷达"，具有"分布式"部署与"协同探测"的特征，具备复杂电磁环境的体系对抗能力、非合作目标的集群探测能力以及指挥引导的优质情报保障能力，可有效克服目前各单雷达独自探测所带来的性能局限和资源浪费，实现对空天新威胁匹配探测，能提高组网区域的雷达情报质量，即探测源头情报质量，也能提高组网协同探测群的探测资源利用率。

从作战使用的视角看，防空预警雷达构建的组网协同探测群，一般选择

2 部以上、异地部署、空域相互覆盖、互联互通的雷达进行组网，组网区域往往比较小，主要承担战术级预警监视任务，可理解为部队营级规模或更小规模。对反导预警雷达组网来说，空域覆盖规模可大可小，取决于战略反导还是战术反导预警，至少要满足多雷达交接引导。从作战运用视角看，区域雷达组网是一种综合集成运用方法，组网探测群是协同运用战术与协同探测技术交融的平台，可看成雷达兵作战的基本战术单元，基于任务和战场条件敏捷构建协同探测群，实施敏捷组网协同探测。从基本功能组成上看，组网协同探测群包含了雷达动态接入与优化部署、探测资源实时管控、探测信息集中融合处理、情报按需分发服务等分系统。

1.2.3　敏捷组网概念

通俗理解，敏捷就是具备比对手更快、更灵活的能力，如调动部队、改变装备部署、调整装备工作模式参数的能力。所以，敏捷就是要快速、灵活。目前在 2011 版"军语"中对敏捷组网也无解释，本书作者研究认为，敏捷组网就是依据探测任务与战场条件快速灵活构建协同探测群，来快速应对不断变化的空天战场环境，获得优质空天预警情报。主要内涵可以从作战流程与协同运用闭环构建来理解。

1. 从协同运用作战流程看：①基于临战既定探测任务与可能的先验情报，优化决策组网形态与资源管控预案，快速构建组网协同探测群，来匹配探测灵活变化的空天新威胁，承担组网区域多样化预警探测任务，提供组网区域要素完整、定位精准与属性明确的优质预警情报，满足联合作战多样化预警情报保障需求；②基于战中目标、环境、装备等预警要素快速变化，通过智能感知与人机决策融合、快准决策预案实施流程与分叉点走向，来适应空天新威胁的灵活变化；③基于探测任务与战场环境的变化，快速重组与调整预案，缩短构群时间与调整周期，满足新任务的探测需求。

2. 从协同运用闭环构建看，也可进一步理解敏捷组网的内涵。①敏捷组网能支持"感知变化—效能评估—微调决策—资源管控"的自主或监督协同运用闭环构建；②敏捷组网能支持"战前准备充分—临战构群快速—战中调整灵活—战后反馈优化"的人在回路的协同运用闭环构建；③敏捷组网能支持"灵活变群—构群散群快速"的协同运用闭环构建，缩短变群时间，提高快聚快散效能，适应探测任务的变化。敏捷组网概念内涵中综合了灵活、重组、协同、管控、决策、预案等战技新特点，在实战应用中，敏捷组网的主要难点是"任务选群、临战定群、战中变群"，能敏捷适应任务、目标、装备和环境等要素的快速变化。

近年来，军事强国向敏捷作战快速转型，利用人工智能（AI）和自主技术提升联合作战的敏捷性。例如，2020 年美国空军在《空军未来作战概念 2035》中将敏捷作战定义为[1]：应对既定挑战，迅速生成多个解决方案并在多个方案之间快速调整的能力，要加强灵活机动的多种作战能力。据此美国空军进一步细化提出了实现敏捷作战需要具备灵活性、快速性、协调性、平衡性和融合性等五个特征。美军认为，预判敌方的行动决策，是联合作战环境情报准备的根本目的。美军通过建立敌方模型，来描述对手理论上或常规情况下可能采取的作战样式，通过建立事件矩阵来提前判断敌方将要采取的行动，通过制造对手必须面对的多重困境来扰乱对手的决策周期，从而实现作战敏捷性。又例如，2021 年美国空军又发布《敏捷作战部署》（ACE）条令说明 1 – 21[2]，重点描述"分解—重组—聚合"的作战思想、技术框架与实现途径，支持敏捷作战与任务式指挥控制，主要表现在敏捷部署、敏捷指挥、敏捷重组、敏捷通信、敏捷加油、敏捷起降、敏捷改装、敏捷培训等多个方面。牵引了敏捷侦察吊舱、敏捷干扰波形、电子战软件敏捷升级等项目的研制与运用。为了实现敏捷作战，美国空军在大力推进"先进作战管理系统"（ABMS）的同时，加快了战术作战中心的升级与敏捷作战部署，如雷达控制报知中心（CRC）。所以，针对已逐步实战化的空天新威胁敏捷突防，新一代预警网必须具备敏捷组网、快聚快散的变群能力。

1.2.4　协同探测概念

目前，在 2011 版"军语"中对协同探测也无明确解释。参照文献［5］对雷达组网探测系统的定义，本书作者进一步研究认为，协同探测是依据构建的探测群与选择的探测资源管控预案，实时控制各组网雷达探测资源，融合各组网雷达获得的探测信息，生成组网区域的综合情报，满足决策与火控的作战需求，完成指定的一项探测任务。协同探测是提升雷达组网探测群综合探测效能的重要技术途径，能解决单雷达探测难以解决的战技瓶颈，如抗迎头隐身与抗主瓣干扰等现实难题，具有多资源协同换探测效能的技术特征。需要说明的是，在管控探测资源的同时，也需要同步管控融合算法与参数，使探测资源协同管控的层级、粒度和内容等与融合算法对应，实现资源管控与融合算法匹配，获得协同效能。

协同探测必须对群内可用的探测资源进行闭环管控，闭环管控是资源管控的有效方法，是协同探测的重难点。闭环管控的对象是各组网雷达，闭环管控的内容是多雷达探测资源，闭环管控的依据是决策选择的资源管控预案，闭环管控的手段是控制指令与时序，其特点是智能化实时精准管控。闭环管控的资源内容越细，难度越大，获得的协同效能可能越大，从目前看，雷达时、空、频域实时高精度同步控制在实战环境中相对较难。

1.2.5 概念关系小结

总结 1.2 节有关概念研究，表 1-1 与图 1-2 总结梳理了协同运用概念与雷达组网、协同探测、敏捷组网概念核心内涵及相互关系，据此梳理出如下关系：雷达组网可理解为框架性与基础性，是以硬件为主体的，为实现协同运用与协同探测提供一个资源管控闭环架构和平台，为互联互通互操作奠定硬件基础；协同探测是提升综合探测效能的重要技术途径，按照决策的组网形态与探测资源管控预案，敏捷组网并实时控制各雷达资源，协同完成指定的探测任务；敏捷组网就是依据决策的组网形态，快速灵活构建协同探测群，是应对空天新威胁与提升预警效能的有效途径，能支持组网协同探测群挖潜增效。

表 1-1 有关概念内涵与关系对照表

	雷达组网	协同探测	协同运用	敏捷组网
基本内涵	对异地部署的，不同体制、功能、频段、精度、数据率的单一雷达，构建任务探测群，实施多雷达探测资源实时管控，实现协同探测	按照决策的探测资源管控预案，实时控制各雷达资源，融合各组网雷达获得的探测信息，生成组网区域的综合情报，完成指定的一项探测任务	对预警作战全过程中多个任务进行协同，依据任务能快建快转快散探测群，实现动态任务规划，追求多任务协同完成	快速灵活构建协同探测群，是应对空天新威胁复杂化、敏捷化与智能化突防的有效方法
相互关系	协同探测与协同运用硬件条件	生成协同探测效能	更好支持协同探测	实现协同运用的有效途径
特点	雷达集群作战模式	"案控融"闭环技术体制，体现"机机"关系	"群案策"制胜模型，体现"人机"融合关系	雷达集群敏捷作战模式

所以，协同运用概念范畴超越协同探测，协同运用需要在雷达组网探测群基础和条件上来实施。研究协同运用技术就是为了解决"优化决策难、敏捷组网难、详实预案难、精准管控难"等组网协同运用战技新难题，提升协同探测的敏捷性、灵活性和适应性。这也是本书《雷达组网协同运用技术》名称来源的主要原因，是在《雷达组网技术》基础上的持续深化与创新发展。

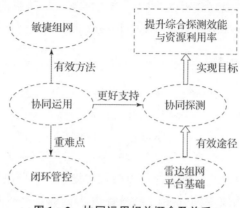

图 1-2　协同运用相关概念及关系

1.3　协同运用装备基本形态及要求

组网协同装备是组网协同运用的主要物质基础，是实施组网协同运用作战的依托，本节介绍组网协同运用所需典型装备的组成架构、功能特征及设计宏观要求等基本内容，有助于理解典型装备在协同运用中的作用，并据此提出典型装备一体化设计与运用要求。

1.3.1　协同运用装备组成架构

从作战全过程看，组网协同装备可看成由两大部分组成，实装探测群实体与映射实装探测群的数字孪生体，基本组成架构如图 1-3 所示。组网协同探测群是协同运用作战的实体，承担多样化的协同探测任务。数字孪生体承担预案设计与一体化训练等任务，为协同探测群提供仿真验证过的预案与训练有素的指战员，支持探测群实战应用。

图 1-3　协同运用装备组成架构

数字孪生体映射了实装探测群的架构、硬件、软件、数据库、模型、规则等，是一个实体，具备预案设计、仿真评估、推演训练、试验验证、复盘分析等作战支撑功能，支持协同探测管控预案设计仿真、战法创新、一体化推演训练、作战研讨、复盘分析等协同运用作战活动，特别是能展示指战员与预案设计、选择、执行与微调等多个环节的实施过程，解决协同运用作战全过程中预案实施重难点问题，是协同探测作战运用不可或缺的支持工具，早期称作组网作战仿真推演系统，也曾称组网作战平行系统、影子系统等。基于数字孪生技术可应用于战场环境的想定、模拟和更新，可应用于指挥控制的观察、判断和决策，实现指战员决策与资源管控行动的快速交互，验证人在回路的协同运用流程。数字孪生战场环境能够在作战筹划、作战演练、作战行动中提供一致的数据，确保信息的一致性，使部队能够在同一张地图上作战，经数字孪生体研究验证的模型、算法、预案、流程、规则、策略等成果可直接移植到实际的融控中心系统进行实战化应用，而且具有缩短开发时间、降低作战运用风险的明显优势。

1.3.2 探测群基本组成

探测群（DG）是雷达组网智能化协同探测群的简称，属于智能化战斗群的一种。探测群的核心装备主要由两部分组成，一是智能化融合与控制中心系统（IFCCS），简称融控中心系统（FCCS）；二是被组网的智能化雷达，简称组网雷达（NR）或雷达（R），如图1-4所示。FCCS承担探测资源闭环管控与探测信息融合的任务，是智能管控与融合的核心。

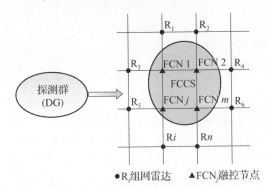

●R组网雷达 ▲FCN融控节点

图1-4 协同探测群基本组成示意图

在实际探测群中，FCCS中一般由多个融控节点（FCN）组成，节点软硬件配置与融控功能相同，异地部署，使用时可有主从之分，按组网形态决策承担组网雷达融控任务，灵活使用，快聚快散，实现"无中心"的协同探测，类似美国海军协同交战管理系统（CEC）有多个协同交战处理器，也类似美军雷达控制报知中心（CRC）。组网雷达（NR），是FCCS管控的对象，目前典型代表是多功能二维相控阵雷达，具有波束指向瞬时调度、工作模式灵活动态、信号调制灵活多变的特点，能够在雷达时间线上对多目标进行同时调度，为FCCS实时管控奠定物质基础。在实际应用中，基于探测群任务，NR的种类、数量与部署点位由组网形态决策中决定，在同一个雷达站可有多部不同频段和功能的雷达，也可有光学、红外、电磁侦察等异类传感器。通过分布—集中控制机制，由指定的 FCN 对异地分布式部署的 NR 进行敏捷组网构群。例如，在图 1 – 5 中，融控节点 FCN 1 临时获得集中控制权，敏捷构建新的任务探测群（图中虚线部分），协同管控异地分布式部署的组网雷达 NR 1、NR 2、NR 3，实现协同探测，承担指定区域的防空反导预警任务。这种敏捷组网构群模式，具有机动组网、随遇入网、功能小网、快聚快散等灵活特征，灵活快捷转换与兼顾反导、反临、反隐、反巡、反无等多样化预警模式。

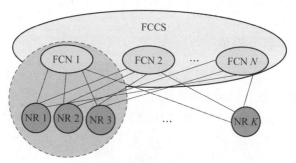

图 1 – 5　协同探测群快聚快散示意图

1.3.3　探测群能力特征

随着雷达组网协同探测概念与探测群装备的发展，探测群发展可划分为 4 个阶段：早期的连通阶段、正在大力发展的协同阶段、初步体现的群体智能阶段、未来体系智能阶段。其中，连通阶段和协同阶段又可归入初级 AI 时代，群体智能阶段和体系智能阶段则可归入高级 AI 的发展阶段，其能力特征与发展阶段相对应。连通阶段以雷达联网与航迹情报综合为主要目的，对应早期的雷达情报处理系统；协同阶段以实时协同管控雷达探测资源为主要手段，实现空天新威胁的匹配探测；群体智能表现在探测群装备与指战员共成长，即智能化探测群，智能化雷达兵的作战单元；体系智能阶段表现在智能化预警网，整网的装备与指战员智能融合、战技结合。协同探测群能力特征主要表现在"决策优化、组网敏捷、预案翔实、管控精准"等多方面，能实现"基于预警任务优化决策、基于战场条件敏捷组网、基于预案精准管控、基于情景快准微调"的智能化协同探测，其本质是基于组网协同探测的复杂性、灵活性、敏捷性等智能化新特点，来应对空天突防的复杂性、灵活性、敏捷性。决策优化，即人机决策融合贯穿于协同探测作战全过程，包括平时空天新威胁预测建模、战前空天态势分析研判、临战组网形态与管控预案选择、战中管控预案微调、战后复盘分析与优化完善等，最难是人机融合实时感知预测空天新威胁可能的变化，最优决策组网形态与最优选择管控预案，特别在不确定条件下的预测研判与决策选择，实现"先敌求变、高敌一筹"；组网敏捷，基于人机融合决策的组网形态与管控预案，实施敏捷组网重构与按案管控，构建所需要协同探测群与探测模式，实现"敌变我变、与敌对口"的高水平高强度对抗；预案翔实、管控精准，针对空天新威胁与灵活多样的组网形态，都备有合理可行有效的管控预案，按照选择的管控预案，实时控制多雷达工作模式和参数等探测资源，在空间生成所需要的探测电磁场与迷雾电磁场，实现雷达最优接收处理与融控中心系统最优信息融合，提升雷达组网协同探测群的实战效能。下面从作战任务、功能特点、作战流程、架构开放等多个视角来进一步理解探测群的主要能力特征。

从作战任务看，探测群在组网区域能提供一张综合的"通用态势图"，包含情报、目标、环境、装备等核心要素，支持预警、目指、火控等指挥决策，并按任务需求分解生成多种"专用图"。①生成宏观决策的整体预警情报态势图，支持各层级指挥员指挥决策；②生成满足重点区域或重点目标指示的情报态势图，保障拦截作战的时间窗口；③生成满足地空或空空拦截作战情报质量的单一综合空情图，预警情报直接支持地空或空空火力拦截，直接快速闭环杀伤链网；④生成探测资源使用态势图与探测威力覆盖图，支持预警指挥员合理决策探测资源；⑤组网区域的电磁分布态势图，支持抗干扰决策优化；⑥组网区域军事目标及重要民用目标分布图，支持指挥决策。

从功能特点看：①具备临战任务驱动与快速适应的能力特征，快速转换防空、反临、反导等预警模式，支持基于探测任务的最优组网与战中敏捷重组；②具备人机智能决策深度融合的能力特征，支持装备辅助决策建议与指战员HW（人类智慧）情景决策的深度融合，实现前台指战员基于辅助预案的快速决策，选择合理的组网形态与管控预案；③具备对探测资源精准管控的能力特征，基于构建的管控闭环与选择的预案，实现对探测资源的精准管控。

从作战流程看：①具备战前预案翔实设计和推演的能力特征，支持基于可能想定全面设计合理可行的预案（簇或集），并开展针对性一体化推演训练；②具备临战前基于战场态势感知研判的预案选项及优先级建议的能力特征，确定组网形态、雷达工作模式参数、信息融合方式与传输网络等，支持管控预案实施；③具备战中动态评估探测效能与情景变化来微调预案的能力特征；④具备战后详细分析与预案优化归档的能力特征，基于记录数据复盘协同探测过程与预案效能。

从架构开放看：具备软硬件架构开放能力特征。在硬件方面，网络、雷达、融控中心系统都具备硬件模块化与开放条件。在软件方面：①具备了模型、算法、预案、规则等内核便捷的可扩展架构；②具备了空天目标和环境自动感知、深度学习理解、状态研判与态势预测、辅助决策建议等智能化管控的软实力；③具备了战术应用软件便捷升级能力，特别是支持智能技术升级应用。

总之，探测群具备"敌变我变，与敌对口，先敌求变，高敌一筹"的协同运用能力特征。

1.3.4　探测群敏捷构建

依据探测任务，文献［5］按照协同对象和层级来构建协同探测群，把探测群构建分成任务级、参数级、信号级三类，分别协同各组网雷达的任务、工作参数和信号。这种分法在实际协同运用中存在交叉，就是信号协同是参数协同的一种，从使用视角看不够清晰。文献［11］按照资源管控对象和粒度来构建协同探测群，将协同探测群构建分成整机级、功能级与参数级三类。整机级协同就是任务级协同，基本类似。例如防空、反临、反导预警任务，再例如，高空隐身目标预警、低空低慢小目标预警等等。功能级协同就是在同一任务中，搜索、跟踪、识别等功能的协同。例如，前置雷达区域搜索、后置雷达跟踪识别，前后雷达交接引导。参数级协同包含文献［5］中的参数级与信号级。这样分类方法管控层次更加清晰，更便于实际实施，协同运用与资源管控更加便捷，指导探测群装备设计更加明确。整机级协同，可获得空天目标的航迹与点迹，以实施多雷达航迹融合为主，点迹融合为辅；功能级协同，可分步获得航迹、点迹与原始 IQ 回波数据，可实施分层的探测数据融合，一般点迹融合为主，航迹融合为辅，IQ 回波数据融合要看通信网络条件；参数级协同，以获得原始 IQ 回波数据为主，实施信号级融合。构建的整机级、功能级与参数级协同探测群如图 1-6、图 1-7 与表 1-2 所示。

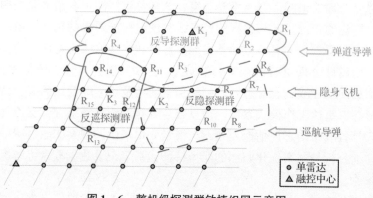

图 1-6　整机级探测群敏捷组网示意图

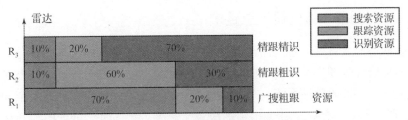

图 1 – 7 功能级探测群敏捷组网示意图

表 1 – 2 参数级探测群敏捷组网示意

雷达	载频	脉宽	带宽	重频	信号形式	…
R1	f_{11-1a}	τ_{11-1d}	Δf_{11-1h}	F_{11-1n}	LMF NLMF 各种编码 …	
R2	f_{21-2b}	τ_{21-2e}	Δf_{21-2j}	F_{21-2m}		
R3	f_{31-3c}	τ_{31-3g}	Δf_{31-3k}	F_{31-3q}		
…	…	…	…	…		

在图 1 – 6 中，融控节点 Ki 与雷达 Rn 构成临时任务探测群，快聚快散，承担区域预警任务。基于空天目标探测任务，管控对象和粒度是雷达整机，由指定的融控节点与组网雷达敏捷构建反导、反隐、反巡等整机级专项任务探测群，并快速转换雷达工作模式。在图 1 – 7 中，管控对象和粒度是雷达搜索、跟踪、识别、制导、抗主瓣干扰等主要功能，敏捷构建协同搜索、协同跟踪、协同识别等功能级探测群，合理分配雷达搜索、跟踪和识别资源，实现多雷达协同搜索、协同跟踪、协同识别等功能。在表 1 – 2 中，管控对象和粒度是多雷达频率、信号形式、带宽、脉宽等雷达主要参数，敏捷构建发射信号参数级探测群，实时控制多雷达的频率、信号、带宽、脉宽等参数，使其在时空频域按预案同步探测，生成主动抗干扰迷雾、目标匹配探测与环境自适应感知三者并举的空间电磁波束群。

需要特别说明几点：①功能群和参数群通常是在专项任务群中虚拟，可以理解为虚拟群，也就是通俗所说的瞬时功能网、小网、子网等，可在脉内、脉间或脉组间快速转换，按任务优先级快聚快散，满足复杂空天环境下多类空天目标的探测需求；②探测群融合内容有航迹数据、点迹数据与 IQ 原始回波数据等，融合算法和参数的管控与探测群的管控同步，融合算法和参数管控也是探测资源管控的一部分；③没有考虑实际通信网络与地形对探测群互联互通互操作的制约，如通信网络与地形受制约，探测群构群的敏捷性、自由度与综合探测效能会受到影响。

1.3.5　探测群一体化设计总要求

组网协同装备一般指组网雷达、融控中心系统与数字孪生体三部分，探测群一体化设计范围主要涉融控中心系统与组网雷达。探测群是一个典型军事情景深度认知与资源管控系统，是一体化设计的难点。一体化设计需要全面考虑"云边端"的技术架构，并突出辅助决策支持架构。"端"可理解为各组网雷达，"边"可理解融控节点或融控中心系统，"云"可理解为上级指控中心信息处理系统，这是支持协同运用互联互通互操作实施的硬件。

美军对大国竞争时代的情报、监视和侦察（ISR）信息系统，新提了14条智能化设计新要求[12]，如：要比对手思考深、节奏快、机动强；要快速辅助决策，OODA节奏比对手更快；用机器速度去提升速度和精确性，用人的介入去确保有效性，快速提供决策级的信息和打击级的目标数据。可以看到，美军ISR系统实现了从过去信息融合为主，转型到以资源管控为主的设计理念，明确了以快速辅助决策为主的决策优势技术途径，突出了人机智能融合，强化了人在智能管控闭环中的作用，具备了灵活机动、动态组合、自主协同的智能管控能力，为美军马赛克战[13]等新概念的实现，提出了ISR信息系统智能化设计的新要求。美军基于数字孪生技术和系统的智能化训练一直与智能化装备同步，以AI、虚拟现实与增强现实等技术为核心的智能化孪生训练系统正逐渐成为美军训练研究的主流[14]，并涵盖不同军种的士兵训练、无人装备训练、航母等主战装备的相关训练、人—机协同训练，以及复杂作战环境下的模拟训练等多个层面。比较典型的系统有超现实虚拟综合训练环境（STE）系统、新型实战训练仿真（eBullet）系统、人脑活动与AI结合的人—机组队训练系统等，美军在智能化训练方面的研究工作值得各国借鉴学习。

智能管控与传统传感器管理的差别，主要在管控方法、内容、自主程度与实时性，及资源管控的粒度和深度等方面，核心差别体现在智能上，这对组网雷达、融控中心系统一体化设计提出了新要求，期望解决早期组网装备各自设计、难以敏捷组网构群的难题。本书从组网敏捷化、决策智能化与操作使用便捷化等多个视角，对探测群的组网雷达与融控中心系统提出了一体化设计总要求。文献［15］提出了协同闭环与预案设计的宏观要求，也就是支持敏捷组网与协同运用的硬件和软件，也称作"协同硬件"与"协同软件"需求。在功能设计层面：①要求融控中心系统与组网雷达全面感知，实时处理感知大数据，准确提取信息特征，精准估计各类参数，研判空天目标和环境态势，自主提出辅助决策建议，并依据优先级规则进行排序；②设计好组网雷达及标准化探测资源池，支持灵活控制；③设计好融控中心系统及互联互通互操作接口，支持构建灵活的多层次闭环，具备敏捷组网能力；④设计出合理、可行、有效、齐备的资源管控预案及预案库，支持资源精准管控；⑤雷达具备敏捷转换天线阵形、探测体制、工作模式、信号参数等可变能力，包括雷达天线机械和电子变阵，有源/无源、双/多基地、相控阵/MIMO、防空/反导等探测体制快速转换，探测/侦察/抗扰/等工作模式敏捷转换，波束极化/频段/波形/照射时间/照射空间等参数灵活变化，支持雷达探测资源被预案精准管控；⑥设计好人机决策融合所需的 AI 模型、算法、规则等内核，要求 AI 内核全面、模型准确、预案翔实、规则明确、机制严密、数据库合理；⑦要求孪生体具备预案设计、仿真评估、推演训练、试验验证、复盘分析等作战支撑功能。在人机交互与融合层面，按指战员的需要设计出友好的人—机界面，解决好人机空间与时间突出矛盾，降低对人的体力、生理和心理压力。

总结起来一句话，组网协同装备设计与使用特点是"全面一体化"，探测群一体化设计要突出"云边端"技术架构与辅助决策支持架构，融控中心系统一体化设计要破解全面感知与快速辅助决策建议推送难点，雷达一体化设计要破解探测资源标准化、网络化、透明化和可控化难点，既要改进单雷达独立设计的理念和方法，又要实现组网协同运用，全面解决传统雷达独立设计与独立使用难以预警空天新威胁的现实难题。

1.4 协同运用闭环原理及基础模型

OODA 闭环模型已在武器装备研制与作战运用中获得广泛应用，产生了显著的作战效能。雷达组网协同运用装备研制与作战运用自然离不开 OODA 闭环基本模型。本节从多个维度来探讨协同运用闭环基本原理和基础模型，从交互的维度建立"人人、人机、机机"协同总体闭环模型，从效能维度建立优势和制胜协同闭环模型，从实施维度建立协同方法闭环模型，从资源使用维度建立资源管控闭环模型；这些基础模型揭示了协同运用优势原理、制胜机理、闭环特性与逻辑关系等，有助于理解协同运用作战概念，有助于突破协同运用关键技术，有助于解决优化决策、敏捷组网、精准管控等协同运用现实难题。

1.4.1 协同总体闭环

从人机交互的维度看，雷达组网协同运用作战活动都需要指战员参与，由人在回路实施设计、研判和决策活动。协同运用技术和战术往往与人有关，主要是涉及指战员参与设计、推演、感知、研判、决策等运用环节。例如：预案设计推演技术、人机决策融合技术、实时感知与动态效能评估技术等，这些技术中都存在"人机"协同交互、反馈、迭代的多层闭环形式。除"人机"协同闭环外，协同运用中还存在"人人"、"机机"深度协同闭环，而且"人人、人机、机机"三种闭环深度互相交互。

人机协同则是指指战员与装备之间的交互协同，提供人机操作和决策交互的友好界面，也就是本书第6章要重点讨论的人机决策融合，基于指战员的感知、理解、研判和决策，对装备的辅助决策建议进行最终决策，选择协同运用的组网形态和管控预案，再由装备执行，共同完成任务或达成目标。这种协同方式充分利用了机器的计算、存储、处理等能力，可以提高工作效率和准确性。人机协同的优势在于充分发挥了机器的计算和自动化能力，同时减轻了人的工作负担和提高工作效率，更适合承担事实性和价值性的任务。

人人协同是指各级指战员之间的协同，通过交流、协商、分工等方式，共同完成任务或达成目标。这种协同方式强调指战员的主观能动性和创造力，需要指战员之间的合作和配合，提供人人互相信任、理解和配合的协同运用环境。人人协同的优势在于可以利用多样化的思维和经验，可以充分发挥指战员的判断力、创造性和灵活性，同时也能够增进战斗团队凝聚力和合作能力，更适合承担需要强调创造力和团队合作的任务。

机机协同是指融控中心系统与各组网雷达之间的多层次协同，提供资源管控闭环通路。基于协同预案、规则、策略等，实现对空天环境的联合感知、对各组网雷达资源的实时控制、对探测信息的集中融合。机机协同的优势在于可以高速处理大量数据和执行重复性工作，减少人为干预和错误的可能性，更适合承担需要高效率和精确性的任务。随着AI和技术的发展，机机协同的应用越来越广泛，特别是在大数据处理和自动化生产领域，但人人协同、人机协同仍然是不可替代的，特别是在需要人的主观判断和人类价值观参与的复杂作战任务中。

1.4.2 协同优势闭环

网络中心战"多域融一"理论建立了从自物理域、信息域到认知/社会域的作战链路，将信息域视为制胜领域，掌握信息优势为占据作战优势的前提。组网探测群是成功应用网络中心战"多域融一"理论和技术的一种典范工程，文献［16］详细分析了雷达组网的理论基础，即物理域、信息域、认知/社会域"多域融一"，提出了"预案＋控制＋融合"（简称"案控融"）协同探测闭环技术体制，实现了"多域融一"的协同探测，使组网探测资源紧密协同，实时控制。但组网探测群在物理域为雷达兵作战提供的仅仅是一个技术平台，是一个具备雷达兵协同作战条件的技术框架，需要指战员在认知域运用雷达兵协同战术与战法，设计出探测资源优化管控预案，工程化应用到组网探测群中，支撑协同探测，这就是协同运用的核心与任务。所以，雷达组网"多域融一"的理论基础也适用于雷达组网协同运用。

进入21世纪以来，随着战争形态的演变和作战方式的不断变革，美军发现传统意义上的网络中心战越来越难以适应战场实际，决策中心战概念在此背景下应运而生。所谓决策中心战，就是基于AI等先进技术，通过对作战平台的升级改造、分布式部署实现多样化战术，在保障自身战术选择优势的同时，向敌方施加高复杂度，以干扰其指挥决策能力，在新维度上实现对敌的压倒性优势。决策中心战则超越了物理域和信息域，直接作用于认知域。认知域为制胜领域，即战争制胜域由物理域、信息域向认知域转变。作战的指挥方式从单纯依靠信息知识的人力决策演变为装备智能辅助下的人机融合决策，人机交互的方式从简单的信息交互向人类智慧（HW）与AI的深度融合演变，作战的制胜因素从获取知识优势向获取决策优势转变，强调在认知领域作战，依靠决策优势获得作战优势，快速正确决策是决策中心战的制胜机理。辅助决策、人机决策融合、优化决策，是决策中心战制胜的技术方法和途径[17]。

针对动态、复杂与不确定的空天新威胁，协同运用制胜的核心途径是资源管控预案，获得组网协同运用优势原理的核心要素是快速正确决策，优势获得、转化及所支撑的主要闭环如图1-8所示。

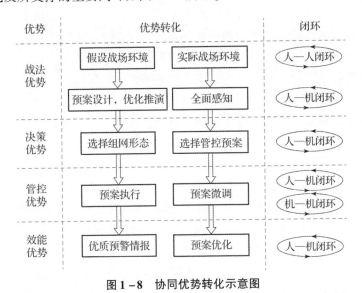

图1-8 协同优势转化示意图

获得优势原理的主要步骤如下：①通过人人闭环的集成研讨与人机闭环的预案设计、评估和优化，生成战前可用管控预案或战法，使指战员认知域与社会域的认知优势转化为管控预案优势；②基于战前对任务、敌情、我情等要素的全面感知与分析理解，参考装备辅助决策建议，通过人机闭环快速正确决策组网形态与闭环管控预案，生成决策优势；③基于选择的组网形态与管控预案，通过机机闭环，精准管控组网雷达的探测资源，生成资源精准管控的行动优势，协同有关雷达匹配探测空天新威胁，释放协同效能，获得高质量空天预警情报；④如果空天新威胁发生变化，基于动态效能评估结果，通过人机闭环实时研判与即时决策，快速生成预案微调计划，再由装备执行，适应空天威胁的新变化，获得对空天新威胁的高质量预警情报，获得效能优势，这个过程也可称作协同战术微调；⑤一旦协同探测任务结束，通过人机闭环，基于数据实施复盘分析，评估人机决策有效性，优化实施过的预案，这就闭合了优势原理。综上，这是组网协同探测实施"决策优势—行动优势—信息优势"的生成途径与原理。

1.4.3 协同制胜闭环

制胜机理是对客观规律的揭示，也是作战制胜规律的内在反映。揭示具有组网协同运用自身特色的制胜机理，分析协同制胜的主导因素，建立协同制胜模型，探索实现协同制胜的方法与途径，是重要的研究基础。不同的作战环境、不同的时空条件等，其制胜机理并不相同，面对高动态、高复杂、高不确定性的空天新威胁，其制胜机理也在不断变化中。例如，认知决策制胜，数据算法制胜，资源集群制胜等。协同运用制胜主导因素、制胜形式、制胜方法、制胜途径会不断变化与发展，制胜主导因素由大功率探测主导向智能化协同探测主导转变，制胜形式由单雷达探测向预警网整体协同转变，制胜方法由单打独斗探测粗放释能向分布式探测精确释能转变，制胜途径由探测个别目标向扰乱敌突防体系转变，这些都需要不断的研究挖掘与正确运用，这也是协同运用制胜的新发展。

依据文献［5］"案控融"组网技术体制，早期雷达组网系统，虽然具备了点迹信息集中融合与资源实时控制的技术特征，但认知域/社会域的要素作用较小，人机决策融合功能缺失，智能化能力明显偏弱，应对智能化空天新威胁突防能力较弱，这是造成"优化决策难、敏捷重构难、周密预案难、精准管控难、深度融合难"的主要原因。为解决这些难题，首先需要具备支持协同运用敏捷组网条件，即探测群敏捷构建所需的资源，以变对变，以敏捷对敏捷，快速转换多样化探测任务，解决战场适应性难题；其次需要具备支持协同运用的资源管控预案，对敏捷重组的协同探测资源进行精准控制，实现匹配探测；最后需要具备正确与快速决策的能力，以复杂对复杂，保证协同探测群形态与预案匹配空天新威胁。所以，"资源（群）、预案（库）、决策（树）"是协同运用制胜的主导要素，"资源群＋预案库＋决策树"构成了协同运用制胜机理三要素闭环模型，简称"群案策"闭环模型，原理如图1-9所示。这个闭环模型的三要素，与"多域融一"中的"域"一一对应，即物理域中的资源群、信息域中的预案库、认知/社会域中的决策树。

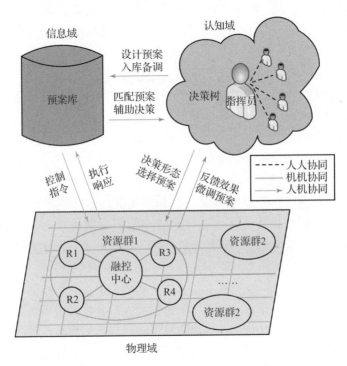

图1-9 "群案策"制胜机理闭环模型

三要素"资源群、预案库、决策树"主要作用分析如下。

资源群即探测群内部可控的探测资源集合，也可理解为资源池。基于探测任务与战场环境敏捷构建的探测群，其群内部的探测资源主要由组网融控中心系统与各组网雷达组成。资源群是实现探测资源闭环管控的基本通路，是全面支持互联互通互操作的操控平台，是实施人机决策融合的条件，是实施敏捷组网的基本架构与物质基础，是装备设计与协同运用的基本遵循，是让预警网"活"起来与"柔"起来的前提，是协同探测群敏捷构建的硬件基础，具体内容可参见第3章敏捷组网设计技术。基于这些资源构建的通路，实现探测资源闭环管控,具体内容可参考第 4 章资源闭环管控技术。

预案库,即多个预案之集合。预案是协同管控探测群内探测资源的方案,简称为管控预案,有时也简称为协同预案或探测预案等,尽管名称有差异,其核心内涵是一样的,不同的名称可满足不同环境的语境。协同预案是连接物理域、信息域、认知/社会域等领域的载体,是指战员分配探测资源认知思想的优化对策与协同探测战法,是协同探测战术与技术紧密结合的产物,是组网协同作战任务规划的输出成果,深刻表达了指战员与装备、战术与技术、平时与战时等多层次交互关系,体现了"多域融一"、人机深度交互的智能化特点,也是融控中心系统辅助决策的对象,是指战员最终决策的重要内容,是融控中心系统集中精准管控的依据,预案设计技术可参考第 5 章。

决策树,即人机决策融合实施的动态过程及生成的优化决策。这个优化决策也称作人机融合决策,是基于组网融控中心系统推送的辅助决策,指战员综合态势多要素的考虑,最终决策的组网形态与管控预案。人机融合决策使组网协同探测群更加灵活和更加智能,组网形态与预案选择优化决策更加快捷与有效,给敌方空天突防增加了更大的不确定性和复杂性,扰乱敌方空天突防预案及侦察、干扰、摧毁的临战决策。人机决策融合技术可参考第 6 章。

所以,资源群支撑了基于预警任务和战场条件敏捷组网,是基本条件之一,是硬实力;预案库支撑了探测资源精准管控,是基本条件之二,是软实力;决策树支撑了组网协同运用的正确实施,保障分叉点不走弯路或错路,是综合实力。所以,要实施雷达组网协同运用,要构建好资源群,要设计好资源管控预案库,要有正确的决策树,这就要人机决策融合。资源群、预案库与决策树三要素互相作用,使指战员获得了组网形态与管控预案的决策优势,也获得了资源精准管控的行动优势,最终获得协同探测的预警信息优势,这就是敏捷组网协同运用的优势原理,即敏捷效能,也是敏捷组网协同运用的决策制胜重要因素,能有效应对高复杂、强对抗、高动态、多时空、不确定、不稳定的空天新威胁,同时给予敌方更大的预警动态性、复杂性和不确定性,对消敌方非对称优势。

1.4.4 协同方法闭环

图 1-10 给出了敏捷组网协同运用决策、预案、管控等几个核心要素之间的逻辑关系,共同表达了敏捷组网协同运用基本方法、基本逻辑与闭环特性,可理解为协同运用方法闭环模型。对照图 1-10,从预案、决策、管控、资源、效能多个维度来理解协同运用作战全过程。

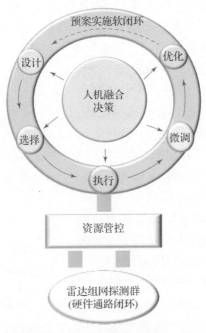

图 1 – 10 协同运用方法闭环模型

从预案维度理解，需要实施预案设计、选择、执行、微调与优化等多个闭环环节，预案贯穿战前、战中、战后等作战全过程，起主导作用，是主线。从决策维度理解，不确定性是战争复杂体系的固有特征，在预案设计、选择、执行、微调与优化多个环节中，都需要指战员参与和决策，这就使预案承载了指战员协同运用的思想灵魂与战法，决策的正确与否、预案针对性、组网形态适应性等都会影响资源管控的精深程度，也就影响协同运用和探测的综合效能，所以指战员决策是中心，确保实施过程正确走向。从资源管控维度理解，有了正确的决策与预案，就要依据预案对探测资源实施精准管控，就是对各组网雷达的探测资源进行实时、协同的控制，这是获得协同探测得益的根本保障。从资源维度理解，探测资源群是被管控的对象，是敏捷组网的主要内容，是基础和依托。从效能维度理解，正确决策的组网形态与优选的预案确保了探测资源精准管控，不仅获得优良的探测效能，还能提升探测资源利用率。综上所述，敏捷组网协同运用基本方法是："以决策为中心、以预案为主线、以管控为重点、以资源为基础、以效能为目标"。这个方法也深刻表述了协同运用的优势原理、制胜机理、闭环特征与基本逻辑，具备了应对复杂化、敏捷化与智能化的空天新威胁突防的理论基础。

进一步分析理解图 1 – 10，其中存在多类多层次的交叉、嵌套、复杂的闭环关系，可从设计、指挥、使用多个层面进行梳理。从协同运用核心要素与基本逻辑来梳理，主要闭环有：①预案设计、选择、执行、微调与优化的"预案"闭环，其中还包括预案设计、预案优选、预案微调等内嵌闭环；②从融控中心系统到各组网雷达、再到融控中心系统的探测资源"管控"闭环，其中包括任务、功能、参数不同层级管控的内嵌闭环；③人机交互、融合、相互作用与一体化训练迭代的"决策"闭环，其中包括人机共同训练成长和优化的内嵌闭环；④以探测综合效能与资源利用率为优化目标的"效能"闭环，其中包括静态/动态与综合/单项效能评估闭环，如图1-11所示。此外，还有融控中心指战员与各组网雷达指战员"人人"交互闭环，牵引协同运用战法创新与预警装

图 1-11　协同运用中
闭环交叠特性示意图

备技术改进的"升级"闭环，特别是 AI 内核升级内嵌闭环等。

从图1-11可以看出，"闭环交叠特性"是协同运用战技特征，充分表达了组网协同运用对敌制造协同探测复杂性的科学性、原理性和可行性，也表明要搞好组网协同运用需要智能技术的支持。在雷达组网协同探测群装备设计、构建与运用中都要注重"闭环交叠特性"，特别是指战员要更加注重探测群闭环构建、预案设计、人机决策融合等协同运用的核心环节。

1.4.5　协同管控闭环

资源管控是雷达组网、协同探测、协同运用的核心内容，是"人人、人机、机机"闭环的具体形态之一，可有多类型、多层次、多粒度、多要素软硬件模式；管控闭环是实现探测资源闭环管控的基本通路，涉及组网融控中心系统、各组网雷达、各级指战员，涉及各作战环节，涉及硬件和软件，也涉及通信网络；管控闭环支撑了基于预警任务和战场条件的敏捷组网，是基本条件，是硬实力，是组网装备工程实现与指战员作战实践的重难点，管控闭环建模及模型可见本书第4.5节。

需要注意的是，管控闭环与闭环管控概念的联系和差别。闭环管控就是基于管控预案，对组网多雷达探测资源实施实时管控，是实施协同运用决策的具体方式，即先进典型的管控方式。传统管控模式是开环的、粗浅的，也非实时的。雷达组网协同运用对探测资源管控必须是闭环的、精准的、实时的。主要环节有：①实时感知空天战场环境；②监视各组网雷达工作状态和有关参数；

③研判探测效能与执行任务情况；④基于管控预案实时控制各组网雷达的工作模式和参数，满足协同探测对资源的控制要求。从感知、监视、研判，到资源控制，构成资源管控基本闭环，实现探测资源闭环管控，这是 OODA 理论在资源管控闭环中的典型应用。在雷达组网协同作战运用过程中，管控的对象是各组网雷达，管控的内容是多雷达探测资源，管控的依据是决策选择的资源管控预案，管控的手段是控制指令与时序，管控的特点是智能化实时精准管控。

1.4.6　协同闭环特征

总结 1.3 节闭环模型研究，可总结得到协同运用闭环特征，雷达组网探测群协同运用中闭环无处不在。多样多类多层闭环互相交叉、彼此交叠、层层嵌套、虚实相间、软硬关联，相互组合构成复合闭环，为实现智能人机交互、精准资源管控、深度信息融合等协同功能提供了基本条件或闭环通路，给协同探测带来了构群敏捷性与效能增长点，对组网装备设计与运用提出了新要求，这也是不同于其他预警作战运用的特点。

（1）提出的"人人、人机、机机"协同闭环，可认为是总体闭环，在协同运用理论中起牵引和指导作用，可支持人机要素的互相信任、理解、配合和反馈，为协同探测群设计与运用提供技术指导。

（2）深化细化的"案控融"组网协同探测闭环技术体制，表达了"人人、人机、机机"管控闭环特征，能牵引协同探测群的设计与技术改进。

（3）提出的"群案策"组网协同运用制胜机理闭环模型，进一步表达了"人人、人机、机机"闭环特征，把人机智能融合技术深入到每个要素中，牵引协同探测群人机决策融合的实施，实现人机共成长。

（4）提出的"以决策为中心、以预案为主线、以管控为重点、以资源为基础、以效能为目标"协同运用方法闭环，表达了"人人、人机、机机"等多类多层虚实闭环，即实施敏捷组网协同运用的基本流程。

综上所述，闭环既是协同运用的普遍现象，又是技术基础，更是底层逻辑。闭环理论和方法不仅提供了组网协同运用的总体指导和思路，也为破解概念开发、敏捷组网、闭环管控、预案设计、人机决策、动态评估等关键技术奠定了战技基础，为后续各章节有关研究思路做牵引。

1.5　协同运用基本流程及闭环特点

传统协同运用方法一般由会议、计划与命令实施，存在协同速度慢、协同精准性较差等缺陷，一般只适用于作战力量的宏观协同与实时性要求较低的战场环境，既难以应对临时变化的空天突防场景，更难以应用于实时性与精准度要求较高的传感器协同，特别不适合于类似雷达探测信号参数的实时控制。本节从人在回路、基于预案等多个维度，分析雷达组网协同运用基本流程，揭示其包含的闭环特征。首先以人在回路视角研究协同运用闭环流程，其次研究预案在协同运用全流程中主线作用，再次研究探测群协同生成电磁迷雾波束群的流程，最后分析评估以预案为核心的美军 C2BMC 协同控制 TPY – 2 雷达模式和参数的流程及有效性。从中总结出预警装备协同运用流程的核心要点与闭环特点。

1.5.1　人在回路的协同运用闭环流程

图 1 – 12 从作战任务、作战过程、预警五要素 3 个维度描述了人在回路的多雷达组网协同运用闭环流程。

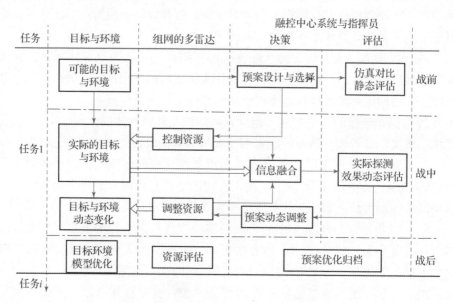

图 1 – 12　人在回路的协同运用闭环流程

从任务维度看，流程依据任务优先级选择某个任务实施，依次执行单个任务，当完成本任务后转入下一任务，流程的闭环特点是任务之间敏捷转换，也就灵活快捷构建任务探测群，探测群依据任务变阵及变阵时间可参阅敏捷组网的有关概念。从作战过程维度看，流程分成战前任务规划与选择使用、战中效能评估与预案微调决策、战后预案优化完善 3 个层次描述。从任务、目标、环境、装备、人员预警五要素看，任务由上级指挥所下达，由本级融控中心指挥员实施完成，下级雷达指挥员配合，两级指挥员与雷达要密切监视和感知战场目标环境的变化，在自动效能评估的基础上，指挥员决策协同探测预案是否需要调整。在图1-12中可以细分出"上下级指挥员闭环"、"融合控制闭环"、"感知决策闭环"、"任务规划评估优化闭环"、"人机智能融合闭环"等，这些细分的闭环可能相互交叉。

从图1-12中还可以看出，以"战前管控任务规划推演训练—临战管控预案决策选择—战中效能评估和管控预案调整—战后管控预案优化完善"为主线来完成某一作战任务，是一个闭环运用流程。指战员的HW体现在管控预案的设计、选择、调整和优化环节，装备AI体现在给指战员提供认知结果、动静态评估、决策建议等方面，AI需要装备内部模型、算法、规则等内核支持。所以装备人机决策融合也是以"管控预案"为中心，进行作战筹划，在"管控预案"选择和调整上开花结果。即：目标和环境等战场感知是前提，任务规划是基础，指挥决策是核心，协同控制是关键，最终实现组网探测资源的高效协同。

从协同运用流程可进一步得到"指战员、预案、闭环"三者关系：由指战员负责指挥决策，由装备负责控制实现，由AI负责赋能，使指战员更能有效地作出正确决策，利用人机智能融合产生新质战斗力。在组网协同探测群作战运用中，指战员在管控闭环流程实施的走向分叉点起决策作用，预案是实现协同探测核心灵魂，探测资源管控闭环是实现协同探测硬件条件，这与美军的决策中心战概念类似。所以，预案可以理解为是人机智能融合过程的载体，人机智能融合在预案上得到体现和实现，是人机智能融合在组网协同探测中的落地应用，也为未来深化研究指明了方向。

1.5.2 基于预案的协同运用闭环流程

基于"以决策为中心、以预案为主线、以管控为重点、以资源为基础、以效能为目标"的协同运用基本方法，考虑一般作战时间序列，组网协同运用的典型作战闭环全流程如图1-13所示，主要包括3个阶段6个显性作战环节，即设计准备阶段的平时设计、战前筹划、临战决策环节，战中实施阶段的开战实施与战中微调环节，战后总结阶段的研讨优化环节等。在设计准备阶段要完成基于假设想定的预案设计与训练、基于宏观作战任务的筹划与仿真评估等流程；在战中实施阶段要完成基于明确作战任务的组网形态和管控预案的最优决策、基于预案的精准管控、基于情景的快准微调等流程；在战后总结阶段要完成基于作战数据复盘、研讨和优化等流程。

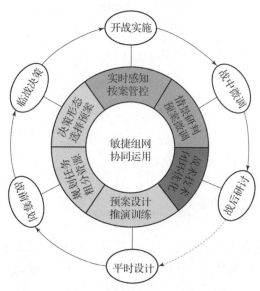

图 1 – 13　基于预案的组网协同运用闭环流程

第一阶段，战前预案设计与推演训练。战前预案设计与推演训练，促进指战员与装备在智能化方面同步成长。平时是战争设计的主动阶段，基于作战需求与要应对的空天新威胁，依托数字孪生体，全面设计未来组网协同探测优化对策，包括敏捷组网的形态、策略、模式与预案等内容，提出装备数量、能力与部署的要求，仿真分析可能获得的效能与制约因素，生成针对性组网形态和预案库，并开展从融控中心系统到雷达的概略性一体化推演训练，提升部队的适应性与灵活性。平时设计工作依托数字孪生体在作战实验室与训练室实施，这就是战斗在实验室打响的意义。通过设计研究，验证敏捷组网协同探测作战概念的理论可行性与有效性，探索概念实施的智能管控需求、战技难点与边界条件等，检验协同探测闭环管控、预案流程、人机决策融合的可操作性，指控和信息流程合理性，信息交互接口和格式实用性等内容。战前筹划是基于宏观探测任务全面准备和优化环节，概略选择敏捷组网形态及所需装备和预案，细化所组雷达探测任务，生成细化任务时序甘特图与波束群空间扫描图，细化多雷达协同搜索、跟踪、识别、制导的控制时序，避免探测资源冲突。此外，提出对部署形式与通信网络等方面的具体要求，开展从融控中心系统到雷达的针对性一体化推演训练，继续熟练人机决策融合操作。临战决策是基于明确作战任务继续细化优化战前筹划的内容，明确各作战要素及任务，决策最优组网形态、选择组网融控中心系统与雷达型号数量、明确部署地点与实施预案等，生成控制指令。据此构成专用协同探测群，并依托探测群开展人机决策融合一体化实装训练，遍历可能的敏捷组网形态和预案，熟悉人机交互环节，使人机融合一体，实现人机共成长、共认知与共决策。

第二阶段，战中预案实施与微调训练。依托敏捷组网的探测群，依据选择好的预案实施资源管控，进行组网协同探测，并实时监视感知空天目标、环境和装备等要素的变化，动态评估探测效能与资源开支，决策实施预案是否需要微调。基于情景研判快准微调预案是目前组网协同探测的难点，难在战场情景的正确研判与预案的准备。影响情景正确研判的主要要素有：①探测动态效能评估结果；②实时感知的空天态势；③预警装备资源开支情况与健康状态；④通信网络稳定性；⑤不完整性与不确定性的严重程度。

第三阶段，战后研讨优化，持续升级。通过作战过程复盘与数据分析研讨，既支持预案"设计—使用—评估—优化"战术闭环，也支持装备"运用—评估—升级"技术闭环。首先评估指战员实时决策的准确性及决策流程合理性，已使用的组网形态与预案，探寻问题，达到优化流程、预案及预案库的目的；其次全面评估并优化影响智能化能力的人机决策融合内核质量，包括装备预置的模型、算法、规则和门限等技术内核，指战员设置的作战规则与触发机制等作战运用内核；最后评估闭环管控逻辑架构的有效性，及雷达被控资源的可控性，提出改造技术建议。所有这些评估结果反馈给探测群，实现装备软件与预案战法同步优化升级、指战员共同进步提高，闭合了指战员在预案设计、选择、执行、微调与优化的回路。

总结上述协同运用流程各环节，进一步说明了预案在协同运用闭环流程中起主线与灵魂作用，体现了协同运用流程的闭环特征。

1.5.3 协同生成电磁迷雾波束群的流程

雷达组网协同探测群在承担多样化探测任务之时，必须兼顾抗复杂主副瓣有源强电磁干扰，这几乎是难以规避的，也是预警探测领域现实难题之一。如何发挥协同探测群多雷达时空频丰富的资源及二维有源相控阵雷达波束扫描灵活捷变的优势，主动给敌方干扰系统生成复杂的电磁迷雾波束群，这是探测群协同运用流程中的重要环节，也是制造协同探测复杂性的能力，体现了协同探测群的智能化水平。

依据管控预案精准控制，探测群要分时或同时生成多样化扫描波束，波束类型主要包括：①协同群内多雷达生成满足多样化空天目标协同探测需要的探测波束，承担空天目标截获、跟踪、识别和制导等任务，这些波束时空频域参数可同步或异步，随多雷达协同模式变化；②二维有源相控阵雷达抗侦抗扰抗毁波束，掩护真正的探测波束，通常以掩护脉冲或掩护子阵等形式来实现，这些掩护波束通常与探测波束在时空频域参数上有严格的协同关系，使生成的电磁迷雾更加复杂；③多雷达定时或不定时的感知波束，时刻感知空天环境的变化；④掩护主雷达的模拟激励源（也称之为"假雷达"）产生的电磁波束，包括牺牲或非牺牲式诱饵、雷达模拟器等设备。所有这些波束由管控预案协同控制。四类波束协同，综合构成电磁迷雾波束群，即四类波束协同组成迷雾群。这是协同探测群智能化主动抗干扰的具体表现，原理示意如图 1 - 14 所示。

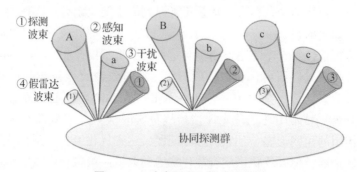

图 1 - 14　波束群灵活捷变示意图

多类波束协同组迷雾群的原理如下：在管控预案精准控制下，探测群不仅要产生多样化空天目标匹配探测波束、针对多侦察体制的抗侦抗扰抗毁波束、适应多类型环境感知的感知波束，更要综合成对敌方干扰系统的复杂的电磁迷雾波束群，可干扰敌方侦察设备，制造比单雷达更复杂的抗干扰电磁迷雾，降低对探测群的综合干扰和毁伤效能。特别是通过脉间假脉冲与同步假子阵等示假隐真掩护技术，以及多假辐射信号等造势欺骗技术，使敌方侦察空间辐射信号的数量密度增加、辐射信号准确性和清晰度下降，造成组网区域局部空间复杂电磁迷雾，并长期伴随探测波束群；反过来，灵活捷变的探测和感知波束群也进一步增加了抗侦抗扰抗毁波束群的复杂度，致使敌方侦察干扰设备难以快速正确识别波束参数，难以赶上探测波束参数实时变化，难以闭合侦察干扰的决策回路，会明显降低干扰和毁伤效能；更进一步，电磁迷雾还有可能触发敌方飞机的告警设备，给敌方飞行员制造紧张气氛导致错误操作。所以，波束智能管控技术制造的综合电磁迷雾，迷惑了敌方侦察、干扰与摧毁设备，扰乱了早期侦察建模与预案，迟滞和影响了突防现场决策，降低了侦察、干扰、摧毁等装备效能，在复杂干扰环境下能有效完成反导、反隐、反临、反巡、反无等多样化预警任务。这种拒复杂电磁干扰于雷达天线外，是探测群主动抗雷达主瓣干扰的有效方法，是波束群智能管控的重难点，也是探测群智能管控效能亮点与增长点。需要特别说明的是，生成的电磁迷雾效能难以直接快速反馈和闭环，只要探测群面临的主副瓣电磁干扰没有中断情报，就认为电磁迷雾起到了作用，因为主瓣干扰对单雷达是致盲的；如果面临的主副瓣电磁干扰非常强烈，很有可能电磁迷雾的作用不大，也就是资源管控预案设计有差距，探测群主动抗侦抗扰能力没有有效发挥。

针对探测群探测任务剖面，图 1-14 中波束扫描顺序与驻留时间由管控预案决定，例如 A-①-(1)-B-②-C-③-a-…扫描时序。预案设计不仅要考虑波束群探测感知单项功能与综合电磁迷雾兼容的特殊需求，更要考虑灵活捷变制造复杂性的特殊需求，流程设计考虑主要有：①主动抗侦抗扰抗毁电磁迷雾长期伴随，探测群充分利用群内多雷达丰富的时空频域资源优势以及有源相控阵雷达扫描波束参数敏捷变化的优势，通过空间捷变、波束捷变、波形捷变、频率捷变技术，实现多雷达频率、脉宽、带宽、重频、调制形式、极化方式等波形参数的脉内或脉间捷变，使多雷达空间扫描波束的参数、指向、形状和驻留时间等性能快速和协同变化，给敌方侦察设备制造了混沌的长期伴随的空间电磁迷雾，即复杂难辨的抗侦抗扰抗毁波束群；②生成灵活变化的、匹配空天目标的探测波束群，智能管控探测波束时空频脉内或脉间捷变，既能满足空天宽域分布多类多种目标匹配探测的需要，又能满足抗侦抗扰抗毁的要求，按决策预案精准管控完成搜索、跟踪、识别、制导等子任务所需的探测资源；③生成满足多类多种环境智能感知的波束群，为匹配探测与辅助决策提供支持。

举例说明，针对蓝军随队干扰机主瓣干扰压制下战略隐身轰炸机携带高超声速导弹突防的场景，指战员首先要基于隐身突防任务，决策组网协同探测群的形态与资源管控预案，随任务进程适时组成反隐、反临、抗主瓣干扰等协同探测子群，并虚拟截获、跟踪、识别、制导等功能子群。反隐协同子群远程远域截获、跟踪并识别战略隐身轰炸机，初判战略企图，提供整体预警态势，严密监视机弹分离过程；截获高超声速导弹目标后，迅速调整雷达高数据率跟踪资源，同时生成反临子群，连续高数据率精准跟踪并识别高超声速导弹，预测导弹落点，给拦截武器提供高质量火控信息，支持高超声速导弹拦截；再要基于随队主瓣干扰，组成信号级融合抗主瓣干扰子群，应对可能出现的复杂主瓣干扰。战中，实时感知隐身飞机、高超声速导弹和主瓣干扰的即时变化情况，快速决策选择交接引导、分区跟踪、序贯识别、外部信息制导等协同预案策略，快聚快散反隐、反临、抗主瓣干扰协同子群，敏捷转换雷达工作模式和波形参数，提升了探测资源利用率与探测效能。从上述扫描波束群灵活捷变的案例可以看出，只要探测群闭环（硬件）具备条件，管控预案（软件）准备足够完备，指战员基于对空天战场态势的感知研判，就可实现敏捷组网，预警复杂化、敏捷化与智能化的空天目标，就可解决探测资源有限与多样化波束群扫描的冲突，提高探测效能与资源利用率。

从这个波束群生成案例的流程可以看出：需要闭环管控技术来实现波束管控闭环。

1.5.4　C2BMC 控制 TPY－2 雷达资源流程

指挥控制、作战管理与通信（C2BMC）系统是美军一体化弹道导弹防御系统（BMDS）作战指控的神经中枢，不仅是连接其传感器和拦截武器的重要桥梁，也是系统内红外预警卫星、早期预警雷达、紧密跟踪识别雷达等传感器协同运用的管控中心，具备指控、预警、拦截、通信一体化反导作战能力。TPY－2 雷达是反导预警与火控的主要传感器，对 TPY－2 雷达探测资源的实时控制是美军一体化弹道导弹防御系统的特色之一，有关 C2BMC 系统组成、主要功能、发展过程等可参阅有关公开资料[18]，类似文献较多，这里不再累赘。本节重点分析评估 C2BMC 基于预案协同控制 TPY－2 雷达工作模式与参数的实施流程与有效性，为弹道导弹预警链与打击链一体化协同运用提供参考。

C2BMC 对传感器管控，其架构大致分成三级，如图 1－15 所示。在这个三级架构中，其管控特点明确了对各传感器的控制权限，具体如下。全球司令部级 C2BMC 节点相当于国家指挥当局和战略司令部，该级节点不直接参与具体的传感器管控，更多的是对下层节点的牵引和指导。作战司令部级 C2BMC 节点相当于各大战区司令部、区域作战司令部、基地或特定指控中心，主要从指挥层面对所属的 BMD 防御要素和通用传感器进行管控。红外预警卫星 DSP/SBIRS 和 AN/TPY－2（FBM）雷达是作战司令部级 C2BMC 节点管控的通用传感器，部署于全球不同地方的 5 部 AN/TPY－2（FBM）雷达，其管控权限仅属于其特定的作战司令部级 C2BMC 节点，视战场情况由作战司令部级 C2BMC

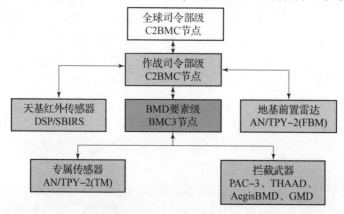

图 1－15　C2BMC 管控传感器的三级架构示意图

节点指定。专属传感器指 BMD 防御要素内部的专用传感器，如：宙斯盾系统（Aegis BMD）内的 AN/SPY – 1D 雷达、末段高空区域防御系统（THAAD）内的 AN/TPY – 2（TM）雷达和地基中段拦截系统（GMD）内的 UEWR 雷达与 SBX 雷达，以及爱国者 – 3（PAC – 3）系统内的 MPQ – 53 雷达等。此类传感器的管控权限仅属于对应的 BMC3 指控单元。

在这样的架构之下，依靠其强大的一体化通信能力和信息处理能力，C2BMC 可以对各个传感器节点获取的目标跟踪数据和态势数据进行收集、处理和融合，为不同级别、不同地区的指挥官提供统一的一体化作战视图，从而支持不同层面武器系统使用的协同决策。自从 2004 年 C2BMC 指控概念及系统应运而生，一举打破了 Aegis BMD、PAC – 3、THAAD 和 GMD 等防御系统长期相互独立、分散割裂的局面。在 C2BMC 的支持下，原本分散在国家导弹防御（NMD）系统和战区导弹防御（TMD）系统内的信息与火力等防御资源被高度集成于单一系统之下，使得传感器与武器系统的使用更加灵活优化，作战信息的获取更加准确全面，作战指挥与决策的实施更加高效，探测资源闭环管控更加顺畅，从而使 BMDS 系统的防御能力得到了成倍的拓展。

对传感器实施一体化管控，要求传感器系统自身和传感器系统之间应该针对潜在的作战场景、目标、信息和事件提前定制应对策略、计划、措施、协议，从而在实战中自动化和智能化地完成协同探测任务的组织实施和突发情况的处置。AN/TPY – 2（FBM）雷达通常会根据上级指挥官的防御意图和优先级[19]，在战前利用大量的时间进行作战筹划并制作资源管控预案，如图 1 – 16 所示。

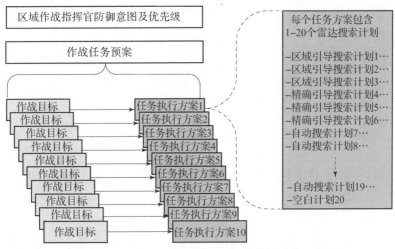

图 1 – 16　AN/TPY – 2（FBM）雷达管控预案示意图

资源管控预案是根据任务给定的导弹发射区域和弹道来拟制的，通常一个资源管控预案中包含 1 到 10 个任务执行方案，分别对应既定的作战目标。其中，每个任务执行方案都是由一系列基于威胁目标的探测活动（跟踪、识别和信息收集等）构成的，它是对作战行动的顶层设计，也是雷达资源管理的重要依据。一般情况下，每个任务执行方案将包含 1 到 20 个雷达搜索计划，这些搜索计划提前定义了雷达捕获目标所需搜索的空域范围和执行搜索任务时的工作参数，并且每个雷达搜索计划的制定都是针对某类目标和某类场景的最大截获概率来进行的。

根据目标指示信息的有无和精确度，雷达搜索计划将被进一步细分为 3 类，并定义不同的空域搜索范围，设置雷达工作模式与参数，如图 1 – 17 所示。首先，当无目标指示信息支援时，AN/TPY – 2（FBM）启动自主搜索计划（ASP），主要用于敏感地区的搜索监视，由于缺乏目标指示信息，ASP 计划通常定义了多个搜索扇区，尽可能获得理想的探测概率；其次，当有早期预警信息引导时，C2BMC 下达区域引导搜索计划（FSP），通常是根据 SBIRS 系统的概略引导信息来制定的，FSP 计划通常只定义一个小范围的搜索扇区，并采用集中式的搜索波束来获得最大化的截获性能；最后，当将精确目标引导信息支援时，C2BMC 下达精确引导搜索计划（PCSP），根据前置传感器提供的目标航迹来制定，可以在雷达资源受限条件下显著提高雷达的搜索截获性能和效率。得益于 Aegis BMD 等前置传感器的精确引导信息，PCSP 计划定义的搜索扇区较 FSP 进一步缩小，从而极大地节省了雷达资源。

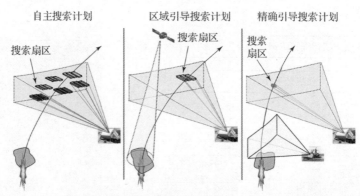

图 1 – 17　在管控预案控制下 AN/TPY – 2（FBM）雷达工作模式示意图

另一方面，雷达搜索计划将提前定义雷达搜索空域即搜索扇区的参数，包括每个搜索扇区的距离搜索范围、俯仰搜索范围、方位搜索范围和雷达能量资源分配等。其中，雷达能量资源分配涉及的参数有：搜索信号脉冲宽度、搜索帧周期和搜索时序（即搜索扇区的优先级）等。可以看出，正是因为 ANTPY – 2

（FBM）雷达在战前进行了大量周密和细致的任务规划活动，形成了系统完备的资源管控预案，才使其有限的雷达资源发挥出了最大化的探测性能，并在实际作战中为 C2BMC 节点及整个防御系统提供强大的作战响应能力、任务执行能力、环境适应能力和应急处置能力。除了 AN/TPY – 2（FBM）雷达以外，AN/SPY – 1 雷达、UEWR 雷达、SBX 雷达、LRDR 雷达、HDR – H 雷达、SBIRS 系统应该也将制定并使用周密规划的探测资源管控预案。

从这个案例可以看到，要实现 C2BMC 节点对 AN/TPY – 2（FBM）雷达工作模式和参数的远程管控，必须设计好资源管控预案与管控流程，构建好合理的管控闭环。

1.5.5 流程闭环特征

总结 1.5 节协同流程的研究，可以得到雷达组网协同探测群协同运用流程闭环特殊性的有关结论，也就是协同运用流程的闭环特征，这是传统雷达兵战术和战法的创新发展。

（1）总结协同运用作战闭环流程，预案在协同运用中起到主线与灵魂作用。战前预案生成、临战预案选择、开战预案执行、战中预案微调与战后预案优化等作战环节都要指战员参与，构成多类多层"人机"闭环，需要人机决策融合。这既是协同运用闭环特征，也是智能化雷达兵的基本特征。

（2）扫描波束群灵活捷变与功能相互兼顾，可同时实现主动抗侦抗扰电磁迷雾、空天目标匹配探测与环境自适应感知等功能，兼顾多任务探测，解决资源有限与多样化波束群扫描的冲突，提高协同探测效能与资源综合利用率。

（3）美军 C2BMC 对 TPY – 2（FBM）雷达探测资源控制的案例表明，基于预案可远程实时精准控制雷达的工作模式与参数，能有效满足反导预警链多预警装备协同搜索截获、连续跟踪与正确识别等作战环节，提高反导预警情报质量，增加拦截时间窗口，实现远程发射与远程交战，拓展拦截距离，提高拦截效率。

（4）针对可能出现的空天新威胁与灵活的突防方式，战前假设的空天场景难以穷举，战前设计的有效预案总是有限的，可综合预案基本模块、协同基本策略、指战员临机决策等核心要素，临时组合或自主生成预案。

1.6 协同运用核心关键技术及作用

技术决定着战术的高度，牵引战术的发展和创新，科技奠定着未来的广度。突破协同运用的关键支撑技术，能支持雷达组网协同运用战术和战法创新，提升预警新质新域战斗力。反过来也一样，先进灵活的战术需要技术与装备的支撑。文献［20］分析了敏捷组网对智能管控技术的需求。在观念转型方面要重视作战概念开发及战斗力生成全链路原理方法的研究，设计好组网协同运用作战概念；在预警网结构建设方面要设计好柔性架构与装备一体化组网能力，便捷构建所需要的管控闭环，支持基于探测任务实施敏捷组网；在协同运用软实力方面，要设计好管控预案，支持探测资源精准管控；在人机融合层面，要解决装备 AI 内核完备性、准确性、自学习性、可扩展性等难题，使装备辅助决策建议尽量快速正确，支持人机决策融合。所以，需要研究解决协同运用概念开发、敏捷组网、闭环管控、预案设计、人机决策、动态评估等支持协同运用所需的关键技术，如图 1 - 18 所示。解决好这些关键技术，可提供智能化探测群所需的概念指导、柔性架构、管控闭环和预案、优化决策等智能化协同运用条件。为实现"以决策为中心、以预案为主线、以管控为重点、以资源为基础、以效能为目标"的敏捷组网协同运用奠定战技基础，解决雷达组网作战运用中的"协同四难"等战技新难题，也为组网装备研制与协同运用提供技术指导。这些也是建设智能化雷达兵的关键技术。

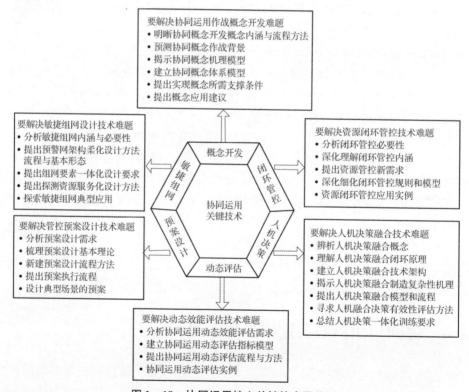

图 1 - 18　协同运用核心关键技术及关系

1.6.1 协同概念开发技术

随着新军事革命的深刻演变和科学技术的迅猛发展，以往自由创新、自然成长的装备技术发展模式，已无法满足将创新力尽快转化为战斗力的迫切需求。基于作战概念的主动设计模式成为重要途径。通过协同运用作战概念的开发，为协同运用技术发展提供了前瞻理论和具象目标牵引。

雷达组网协同运用作战概念开发就是要描述概念内涵、设计概念模型、探索概念实施方法与途径、演示概念实施流程、评估概念有效性等作战研究及其应用全过程。雷达组网协同运用概念开发技术，重点是要突破支撑雷达组网协同作战概念设计、评估、试验与应用等开发全过程的模型、流程、方法与手段等难题，即解决协同运用概念开发技术"是什么、怎么建、怎么用"等问题，从而为预警探测作战指挥与体系设计人员提供协同运用概念开发的基本流程、科学方法与示范模板等。具体研究内容包括：①明确协同运用概念开发的概念内涵、基本流程与方法；②预测协同运用作战背景，主要包括战争形态演变、作战需求变化、装备发展和技术支撑等；③揭示协同运用作战概念机理模型，主要包括基本原理、制胜机理、技术机理等；④建立协同运用概念体系模型，主要包括构想协同运用视图、典型应用场景、具体行动任务与关键环节；⑤围绕推动和支撑协同运用概念落地应用，提出概念实现所需的作战能力、关键支撑技术和可行技术体制，从而将预警作战需求、技术发展创新与部队运用联系起来，牵引预警装备及其关键技术研发，促进协同探测战斗力的快速闭环生成。

围绕以上研究内容，本书突破了协同运用概念模型化及应用等方面的难题，提出了基于"技术与制胜"机理双牵引的作战概念研发新流程，揭示了组网协同运用作战概念的"多域融一"基本原理、"探测群＋预案库＋决策树"制胜机理、"预案＋控制＋融合"技术机理，新建了预警协同运用典型作战概念体系模型，梳理了实现作战概念所需的支撑条件与技术，并提出了一种实现该作战概念的"节点灵活＋智能融控"技术体制。研究成果为智能化预警网建设提供了协同运用作战概念的机理模型、体系模型、概念演示软件、需求清单等，可有效支撑空天预警装备体系顶层规划论证和正确决策。

1.6.2 敏捷组网设计技术

为应对复杂多变的战场环境和日益增多的各类时敏空天目标威胁，预警网需要做到敏捷组网。所谓敏捷组网，就是通过对预警网内的众多探测资源及其拓扑构型进行最优化组合与配置，形成以完成协同探测任务为目标的一个有序的、动态变化的协同探测群，从而提升目标信息的精确性，最大化体系协同探测的信息增量。

敏捷组网技术重点突破"装备难入网、资源难管控、群网难重构"三大难题。主要研究内容包括：①在分析预警网敏捷组网基本概念内涵的基础上，明晰其构建思路与基本形态；②研究提出敏捷组网的总体设计方法，为后续体系设计的细化等提供理论指导；③从组网装备、探测资源和体系架构三个方面进行研究，提出具体的设计思路、方法与流程；④采用已设计开发的敏捷组网技术，对某个低空预警监视网进行敏捷构群，作为其他监视网敏捷组网设计的范例参考。

基于上述研究内容，本书界定了敏捷组网的基本内涵，提出了其构建思路以及基本形态，并给出了"组网装备一体化、探测资源服务化、体系架构柔性化"三要素设计方法：①从协同探测装备、融控中心系统和基础网信设施三个层面阐述组网装备一体化设计要求，为实现组网装备节点的快聚快散提供技术支持；②提出一种以"透明化、归一化、虚拟化"为主要特征的探测资源服务化设计方法，为实现协同探测资源的全网共享和灵活跨域管控提供技术支撑；③基于"自上而下以任务需求为导向"和"自下而上以能力匹配为导向"的双向设计思路，提出一种预警网柔性架构的设计方法与流程；④为实现预警网的敏捷重构提供实现途径。此外，基于上述的敏捷组网关键技术研究，设计开发了一种基于低空突防目标协同探测任务需求的预警网敏捷构群示例，为其他形态的敏捷组网提供参考范例。本书对敏捷组网的基本概念、构建思路、基本形态、设计方法、流程以及范例的研究，为预警网协同运用中的"群案策"奠定了理论与技术基础。

1.6.3 资源闭环管控技术

针对复杂动态战场环境和多样化探测任务，资源闭环管控就是对雷达组网协同探测群的资源依据预案实施实时控制，最优化完成探测任务，提高综合探测效能与资源利用率。在雷达组网协同运用中，资源管控起着非常重要的作用，管控对象是协同探测群中的各组网雷达，管控内容是多雷达探测资源，管控方式是闭环模式，实施资源闭环管控的载体是管控预案；换句话说，通过管控将协同运用硬基础（协同探测群实体）与协同运用软智慧（预案）联系起来，构成了"资源群＋预案库＋决策树"制胜机理的实现途径。

资源闭环管控技术重点要突破组网协同探测闭环管控的内容、规则、模型和方法等难题。主要研究内容包括：①要在组网资源管控需求的基础上，进一步分析协同运用对探测资源管控的新需求；②要清晰界定探测资源深度管控的概念和内涵，明确探测资源闭环管控的目标；③要梳理探测资源闭环管控的内容，探索探测闭环资源管控规则制定的流程、方法和应用，为后续触发预案提供可数学模型化的条件；④要构建探测资源闭环管控模型与方法，为具体实施协同资源闭环控制提供基本遵循。

围绕以上研究内容，第 5 章分析了组网协同运用对探测资源闭环管控的精细化、敏捷化、自动化、智能化新需求；界定了探测资源深度管控的概念、内涵和目标；分三类（单装、中心、其他）三阶段（战前、战中、战后）梳理了探测资源闭环管控的具体内容；在确定闭环管控规则制定的原则与一般流程基础上，提出了闭环管控规则的三段式形式化描述方式以及基于任务的管控规则数学建模方法，给出了闭环管控规则应用过程；结合敏捷组网技术中的共享资源池概念，从闭环管控粗粒度到细粒度，构建了基于资源池的整机级、功能级、参数级闭环管控模型。此外，本书还从单装与中心、战前静态与战中实时两个维度，通过三个具体场景下的资源闭环管控规则建模过程与管控要点梳理，给出了探测资源闭环管控的示例。本书对探测资源闭环管控需求、对象、内容、规则、模型、方法、流程的多角度研究，为实现预警网"精、准、深"协同探测资源闭环管控程度提供了理论基础和技术条件，为实现协同运用奠定物质基础。

1.6.4　管控预案设计技术

管控预案设计过程中既有指挥员思想的总结、抽象、量化、模型化等，又有计算机系统的解读、计算、推理、输出等，是"认知/社会域、物理域、信息域""多域融一"的综合表现过程。生成的预案是随着物理域"目标、环境、装备"具体条件变化而变化的，在作战流程中表现为指战员采取的某种优化对策，在计算机中表现为组网体系探测资源协同工作的模型、命令、时序、波形等。预案的好坏直接影响协同探测效能，研究预案设计技术是适应军事与技术形势不断变化的现实需求。

管控预案设计技术重点要突破组网协同探测资源管控预案设计的模型、方法和流程等难题。主要研究内容包括：①要在剖析组网协同探测预案设计原理的基础上，厘清预案与资源管控、预案与体系探测效能之间的关系，找到预案设计的核心问题；②要提出组网协同探测预案设计的一般流程和实现环节中的具体方法，为构建组网协同探测预案库提供方法指导；③探索并规划组网协同探测预案在执行过程中的组成要素、执行方式、触发机制、匹配规则、更新条件、实现流程等细节，提供预案工程化应用指南与建议，不仅要为预案工程化全面实现奠定技术基础，而且要为实现灵活、实时、预案式探测资源管控提供有效的预案，为构建未来预警网智库提供协同探测预案库、智能化决策规则库、智能化协同探测知识库等子库的初步框架。

围绕上述 3 个方面的研究内容，本书建立了模拟决策认知的预案设计原理模型、预案与协同探测效能的动态关系模型；提出了基于约束条件与效能最优的预案设计流程，及包括总体设计、装备任务规划、模式参数设置、预案效能评估四个环节的具体方法和算法；探索了协同探测预案工程实施规则与方式，提出了基于"事件触发＋规则匹配"的预案实施流程；并给出了协同搜跟、协同识别两个典型预案设计详细过程。专著提出的预案设计流程方法，以及依据该流程设计实现的系列预案，是协同运用中的灵魂所在，在实装和仿真系统中都得到了检验，为构建预警协同探测预案库既提供了"鱼"，又提供了"渔"，为后续的预案库建设奠定了良好的基础，解决了协同运用中"案"的生成、实施方法与范例问题。

1.6.5　人机决策融合技术

针对复杂化、敏捷化与智能化的空天新威胁，人机决策融合技术重点要突破人机决策融合的基本原理、闭环模型、技术架构、实施流程等难题，探索人机决策融合技术制造协同探测复杂性的可能性与有效性，寻求人机融合决策的有效性综合评估的方法和模型，建立人机决策融合技术在雷达组网协同探测群中应用实施的流程模型，梳理人机一体化训练要求。人机融合决策能使组网协同探测群更智能与灵活，组网形态与预案选择优化决策更加快捷与有效，给敌方空天突防增加了更大的不确定性和复杂性，扰乱敌方空天突防预案及侦察、干扰、摧毁的临战决策。人机决策融合技术为解决人在回路的快速正确决策与资源管控奠定基础，既能支持协同运用战法创新与实施，也能使协同探测群对敌生成协同探测复杂性，使雷达兵更加智能。

通过研究人机决策融合原理、模型、方法、流程等内容，分析人机决策融合的必要性，理解人机决策融合的闭环原理，建立人机决策融合技术架构，提出人机决策融合模型和流程，探索人机融合决策有效性评估方法，寻求人机融合决策对敌制造协同探测复杂性的可能性，可为破解组网协同探测群人机决策融合工程实施难题奠定技术基础。得到主要研究结论如下：①融合决策既能快速高精度连续处理大量逻辑问题，又能处理情感、价值、观念等非逻辑问题，能用 AI 提升数据处理速度和精确性，用 HW 确保决策的有效性，体现了人机群体决策智能；②人机决策融合处理环节相互交叠，存在 HW 与 AI 互相赋能、指战员与装备共同感知、HW 与 AI 迭代优化等人机迭代闭环和复杂交互过程，要求指战员与装备共训练同优化，支持指战员与装备共成长，提升优化决策速度与正确率，避免盲目性；③提出的基于人机决策融合的临案选择与预案微调的模型和流程，具有"空天威胁假设与实际感知一体、组网雷达与融控中心系统一体、装备感知与指战员理解一体、预案战前设计与战中微调/战后优化一体、静态与动态效能评估一体"的"人人、人机、机机"闭环等战技特征，在复杂空天作战场景多变快变灵活变条件下，实现协同运用预案"优选快调"；④人机融合决策使组网协同探测群更智能，能给敌方空天突防增加更大的复杂性和不确定性，扰乱敌方空天突防方案及侦察、干扰、摧毁的决策。

1.6.6 动态效能评估技术

动态效能评估技术是协同运用中的重要环节。由于现代作战目标的复杂性、快速性、远程打击等特性，预警情报需要具有即时性，相应的实时评估就显得尤为重要。而信息化、智能化的迅猛发展，战场瞬息万变，时间资源紧张，需要快速决策，作战中对预案进行实时调整。因此，研究动态效能评估技术是协同运用的重要支撑。

现有的效能评估方法多针对最终完成给定任务的程度进行静态效能评估，而未对作战过程中随着空天突防目标、环境、装备及预案等预警要素的变化进行动态效能进行评估。动态效能评估技术主要研究内容包括：①剖析动态评估的概念内涵，理解动态评估的本质；②要研究科学合理的评估指标体系，确定指标计算模型；③要探索动态评估的流程和方法，奠定动态效能评估的理论基础。通过研究协同运用动态效能评估，突破预警装备组网协同探测全要素作战效能评估验证的技术难题，为协同运用提供效能评估的依据。

通过动态效能技术研究，界定了动态效能评估的概念、总结了发展现状，分析了协同运用动态效能评估的需求；构建了协同运用动态评估的指标体系，给出了指标计算模型；探索了协同运用动态评估流程和方法，主要有战前的仿真推演实时对比评估与战中的实时评估。战前仿真推演实时评估，检验预案的合理性、有效性与人机结合性，实时比较多预案的效能与应用边界，提供优化的辅助决策预案。战中实时评估是在战中即时评估综合协同探测效能，实时得到协同探测效能与资源利用率，为战中预案微调决策提供即时依据，也为实现协同运用资源管控、预案设计、决策融合等提供了即时依据和重要支撑。

1.7 协同运用研究成果及应用

通过对组网协同运用技术的系统性研究，已取得了包括雷达组网协同运用需求、概念、机理、视图、模型、方法、流程、预案、指标、要求、建议等体系性与系列性成果。这些成果逐步凝练成一套雷达组网协同运用基本理论，从应用的视角可将成果分类成"四个一"，即：一个理论框架、一个作战概念、一个技术套件、一个战术套件。理论框架主要包含概念体系内涵、组网探测理论、协同运用理论等内容；作战概念包含军事需求、概念视图、制胜机理、运用机制等；技术套件包含技术体制、模型算法、设计要求等；战术套件包含仿真想定、协同预案、运用流程、工具软件等。初步应用表明，这些成果不仅奠定了雷达组网协同运用战技基础，解决了部分雷达组网协同运用的现实难题，也将继续牵引组网协同运用的深化研究与发展。总之，这些成果应用广泛，作用明显，效果显著。

1.7.1 奠定协同运用研究基础

遵循"边研究边应用边验证、再深化再应用再验证"的发展原则，先期取得的协同运用研究成果，经多维度应用验证，组网协同运用基础理论系统性、关键技术成熟度和实战应用支撑力逐步成熟，为全面解决组网"协同四难"提供了一套协同运用基础理论和技术体系，特别在认知引领、方法指导、案例示范、发展牵引等方面作用明显。

（1）认知引领作用。研究取得的协同运用军事需求、作战概念与制胜机理等认知方面成果，可为牵引预警网架构建设与预警装备研发、促进协同探测观念转型、推动有关协同探测条令修订与机制建立、加快协同探测指控流程优化、指导部队协同运用探索实践等方面奠定了思想性、认知性、指导性和牵引性等方面的战技基础，对高层机关首长做出科学决策与广大基层指战员快速观念转型和具有重要的支撑作用，为解决预警网"怎么建、怎么用"等科学问题、认清协同运用认知论方面的态势奠定基础，具有认知前瞻性特征。

（2）方法指导作用。研究取得的协同运用作战概念、闭环管控、预案设计、人机决策、动态评估等方法和流程，为实施协同运用奠定了基础性、先导性、示范性和支撑性等应用理论与技术基础，创新了"以决策为中心、以预案为主线、以管控为重点、以资源为基础、以效能为目标"的敏捷组网协同运用基本方法，揭示协同运用本质特征与基本逻辑，解决了协同运用方法论与路线图等技术难题，直接支持解决雷达组网作战运用中的"协同四难"等战技新难题，也为组网装备研制与协同运用提供技术指导，初步解决了协同运用方法论方面的难题，具有方法指导性特征。

（3）案例示范作用。通过对组网协同运用作战概念开发、实现、验证与应用等整个作战链路的研究，所取得的协同运用典型预案与实施流程，展示了以预案设计、选择、执行、微调与优化为主线的敏捷组网协同运用"灵魂"

作用，为指战员协同运用战法创新设计、预案设计仿真、一体化推演训练、人机决策融合、实兵实装应用提供了典型示范与指导，也为其他作战概念的开发应用提供了典型示范，具有技术示范性特征。

（4）发展牵引作用。研究取得的预警网柔化架构、智能化雷达兵建设需求、组网装备发展路线图与一体化设计要求、模型算法工程应用建议等方面成果，可为未来智能化预警网建设发展、装备软硬件扩展升级、协同云作战实施和优化奠定建议性、指导性、牵引性、发展性等方面的应用理论与技术基础，对未来空天预警装备体系建设和协同运用具有长期指导和牵引作用，也为继续深化研究指明方向，具有技术推动性与牵引性特征。

1.7.2 解决协同运用现实难题

取得的协同运用研究成果支持了观念转型、支撑了决策优化、实施了敏捷组网、获得了翔实预案、实现了精准管控、创新了效能评估等，已逐步应用于空天预警装备立项论证与工程研制、空天预警体系仿真推演演示、空天预警作战实验室建设与教学、实兵实装演练等，逐步解决了协同运用中与人密切相关的现实难题，可实现"基于预警任务优化决策、基于战场条件敏捷组网、基于协同预案精准管控、基于情景研判快准微调预案"的智能化协同探测。

（1）明晰协同概念。通过协同观念转型，明晰了协同作战概念，有效解决了协同探测作战概念认知理解不清不透的现实难题，支持了顶层设计和决策，促进了协同探测战法自主创新，牵引了预警装备研制与运用。逐步明晰和优化完善的组网协同探测作战概念及模型，通过概念演示和展示、专题学术报告、专著和论文等多种形式，对组网协同运用达成了统一的认识。特别是认清了组网协同运用的"多域融一"基本原理与"资源群＋预案库＋决策树"协同运用制胜机理等技战术难题，实现了从单雷达单打独斗观念到多雷达协同运用的快速转型，促进了协同运用战法自主创新，支持了空天预警装备体系顶层规划量化论证和机关决策模式。为现役预警网与装备的技术改进、融控中心工程化研制及智能化预警网建设，提供了可行的技术路线和指导，与目前先进的大型相控阵单雷达比，还具有分布式探测、捷变重组灵活、柔性好、生存能力与抗干扰能力强的优点，军方应用效果良好。

（2）支撑决策优化。人机决策融合是目前前瞻性技术难题，表达了探测群经指战员作战运用的综合智能和协同作战运用的水平与战斗力大小。基于管控闭环的人机决策融合方法与基于预案的人机决策融合作战流程，表达了人机、战技、平战紧密结合的制胜过程。指战员的 HW 体现在管控预案的设计、优化、训练、选择、调整等环节，装备 AI 体现在智能感知与大数据处理、动静态效能评估、决策建议等方面，AI 需要装备内部模型、算法、规则等内核支持。探测群人机决策融合体现在临战组网形态和实施预案的优化决策选择、战中基于情景预案微调决策上，贯穿预案设计、优化、选择和微调多个环节中，进一步体现决策为中心与决策制胜的机理。所以，提出的人机决策融合方法和流程，为有效解决协同运用人机深度交互难题奠定了技术基础。

（3）实施敏捷组网。提出的协同架构、硬件、软件、规则与训练等一体化设计要求，奠定了敏捷组网所需要的技术基础，支持敏捷组网协同运用，同时也牵引了探测群装备的智能化技术改造与研制。"协同架构"一体化设计要求能软化预警网结构，能支持敏捷组网实施与探测群灵活变形；"协同硬件"一体化设计总要求，能规范统一雷达与融控中心系统的接口、格式和协议等，帮助设计师对管控概念理解一致，开放雷达管控结构，支持标准化、格式化、网络化与透明化雷达控制资源池，奠定精准管控基础。"协同软件"一体化设计要求，能标准化目标、环境和装备等多要素多粒度模型，支持各层级探测资源管控任务规划和预案形态模块化设计，规范各级指战员指挥决策、精细化控制、人机智能融合等方面的机制和内容；"协同训练"一体化设计要求，能支持多层次的一体化协同训练，主要包括从低层次操作到任务规划训练、从雷达到融控中心系统的一体化协同训练、从实验室基于数字仿真器/半实物仿真到实兵实装训练、从单预案效能推演评估到多预案同时推演比较、从预警装备协同运用到空天预警装备体系建设发展推演评估、从预警系统到与其他系统联合训练等。一体化设计总要求有效解决预警网架构固定、装备设计独立、雷达各自封闭、训练孤立等制约敏捷组网的现实难题，在装备应用效果优良，需求牵引与技术指导作用明显。

（4）获得翔实管控预案。探测资源管控预案是探测群"最或缺、最薄弱、最需要加强"的现实难题，已有预案往往不够详细与实用，针对性较差。基于实装探测群映射的数字孪生体与典型想定生成系统，基于约束条件与效能最优的预案设计流程，基于"事件触发＋规则匹配"的预案实施流程，基于典型场景的协同搜跟、协同识别两个典型预案设计详细过程，为预案设计和应用奠定了物质、方法、流程与案例等多方面的技术基础，提供了范例。为预案设计、选择、微调与优化实施全流程提供了参考，通过人机融合把指战员的主动性和智慧、先进算法技术等深度融合到协同探测预案中，在预案中体现战技深度融合与人机深度交互。更进一步看，为今后系列化、详细化、实用化预案生成奠定了技术基础，为构建协同运用预案库既提供了"鱼"，又提供了"渔"，为后续的预案库建设奠定了良好的基础，能解决协同运用中管控预案的生成、实施方法与范例问题，为协同运用战法创新设计提供核心内容——预案。

（5）实现资源精准管控。资源管控有粗粒度的雷达整机，也有细粒度的雷达参数，管控的难度与精准性主要体现在细粒度的参数实时控制上。基于决策选择的管控预案，在敏捷构建探测群的闭环上，按照资源管控方法，依案对多雷达探测资源（资源池与资源条）进行实时控制，分别实现整机级、功能级、参数级资源精准控制。精准控制有以下多方面内涵：①对单雷达单资源控制的精准性，如频点、脉宽和带宽等波形参数；②对单雷达多资源联合控制，如探测模式、波束扫描范围、探测波形、信号数据处理算法等多个资源条进行实时控制，如探测任务快速转进或兼容，再如抗侦抗扰电磁迷雾波束群敏捷变换；③对异地部署多雷达协同控制时序的精准性，资源变换时空频等误差小于规定的要求，满足双多基地、MIMO 等探测体制信号级融合的要求；④对组网雷达进行整机级任务式管控，具体管控参数由雷达本身确定。所以，资源群、预案库与决策树，即"群案策"三要素，支持了探测资源精准管控，能改进和优化传统雷达兵预警战法简单、宏观和粗放的现实难题。

（6）创新动态效能评估。在雷达兵作战运用中，效能评估是不可或缺的重要环节，传统的效能评估工作往往是静态的，如战前预测与战后复盘分析，在战中往往难以实施，而且与作战运用全过程联系也不够紧密。在雷达组网协同运用中，需要战中实施探测动态效能评估，提供预案微调的参考依据，支持微调预案。所以，探测动态效能评估的指标、模型、方法与流程需要创新。首先评估指标与模型，在雷达组网协同运用中要重点考量协同探测综合探测效能与资源综合利用率，即协同运用带来的增量，而不是单一的探测性能指标。所以，要考虑多要素的影响与制约，建立综合探测效能与资源综合利用率评估指标模型。其次评估方法与流程，战中动态评估，存在真值缺少与时效性要求高等难题，模型复杂度、参数不确定性、计算耗时等问题都必须考虑，选用主要效能前后实时对比法是比较实用的方法。

（7）综合探测效能与资源利用率动静态评估是组网协同运用作战流程中的重要支撑环节，也是技术难点。预案设计选择微调与优化实施全流程、组网形态优化和重组、一体化训练推演等环节都需要动静态效能评估支持。基于建立的综合探测效能与资源利用率评估模型、提出的效能评估方法、设定的重要度与优先级排序规则，开展效能动静态综合评估；基于问题式驱动、前后台多预案对比、快慢停多镜头展现与专题研讨的推演评估流程，为开展协同运用推演提供了具体方法指导，并优化完善了协同运用效能多要素评估模型簇，为组网协同探测效能评估提供了系统的评估指标体系。特别通过一体化试错性推演训练，设置多样化预警要素的不确定性，降低预案局限性与脆弱性带来的风险，规避预案极度精细与实际实施之间不合理做法，使指战员"心明动案"，始终由指战员把握决策制胜的关键因素，确保协同探测作战效能，有效解决协同作战概念演示、协同策略与预案验证、一体化协同训练等方面的效能评估难题。

通过上述现实难题的解决，使组网协同探测群具备了"决策优化、组网敏捷、预案翔实、管控精准"能力特点，也成为本书的亮点与关键词。决策优化：即人机决策融合贯穿于协同运用作战全过程，包括平时军事强国空天新威胁预测建模、战前空天态势分析研判、临战组网形态与管控预案选择、战中管控预案微调、战后复盘分析与优化完善等，最难的是人机联合实时感知预测空天新威胁可能的变化，最优决策组网形态，选择管控预案，特别是在不确定条件下的预测研判与决策选择，实现"先敌求变、高敌一等"；组网敏捷：基于人机融合决策的组网形态与管控预案，实施敏捷重构与按案管控，构建所需要的协同探测群与探测模式，实现"敌变我变、与敌对口"的高水平高强度对抗；预案翔实、管控精准：针对空天新威胁与灵活多样的组网形态，备有合理可行有效的管控预案，按照选择的管控预案，实时控制多雷达工作模式和参数等探测资源，生成所需要的探测电磁场与迷惑电磁场，实现雷达最优接收处理与融控中心系统最优信息融合，提升雷达组网协同探测群的实战效能。

1.7.3　牵引智能化雷达兵建设

智能化雷达兵是新概念，目前没有明确定义。综合几种典型观点，有几种倾向性理解与描述：①仅指人，即雷达部队的各级指战员，通过培训来提升指战员的智能化指控能力；②单指装备，即智能化雷达与智能化融控中心等，通过装备的智能化来提升雷达兵智能作战能力，目前主要体现在操控层面，有助于提升研判与操控的质量，降低操控强度，减少操控错误；③包含人与装备两个要素，是人与装备紧密铰链的综合体，但还难以描述清楚人与装备的关系。作者研究认为，智能化雷达兵是指战员与装备深度融合的作战力量，包括人与装备两个基本要素，可基于探测任务敏捷构建的快聚快散的基本作战单元，生成应对空天新威胁的优化决策、战法和策略等智能战法，是指战员与装备共同成长、互相理解、互相信任、互相支持、共同决策的智能群体，能应对强对抗、高动态、多时空、不确定、不稳定的极度复杂空天突防环境，具备了"敌变我变，与敌对口，先敌求变，高敌一等"的战技特点，提供要素完整、定位精准与属性明确的优质情报。据此，预警作战可实现"基于预警任务优化决策、基于战场条件敏捷组网、基于协同预案精准管控、基于情景研判快准微调"的智能化探测。

　　智能化雷达兵的制胜核心要素与基本条件主要如下：①要正确认清军事强国空天新威胁复杂化、敏捷化与智能化特点，探寻到智能预警、敏捷组网、快速决策的总体思路和方法，这是观念转型，是顶层思想条件；在智能化战争样式快速发展的今天，美军也在不断改革教育与训练方式，实现全军观念转型，适应未来复杂性、不确定性和敏捷变化的战争形态；②准备有丰富、翔实、周密的针对性战法，这就要设计好装备 AI 内核与探测资源管控预案，这是软实力条件；③规划好结构合理的预警网柔性架构，支持预警装备敏捷组网；④要研制好智能化探测群，设计好从融控中心到各雷达的探测资源管控闭环，提供互联互通互操作基本通路，这是硬件平台条件；⑤开展指战员与装备联合的多层次一体化推演训练，解决好人机决策融合战技难题，并把人机智能融合技术深入到每个要素中，生成智能决策优势。上述观念、架构、闭环、预案、决策构成了智能化雷达兵的核心五要素，缺一不可。其中，"资源群 + 预案库 + 决策树"构成了智能化雷达兵建设的基本要素，闭环支撑了基于预警任务和战场条件敏捷组网，是基本条件；预案支撑了探测资源精准管控，是基本保障；决策支撑了正确实施，是根本保障。三要素联合使指战员获得了决策优势，也获得了人机深度融合的行动优势，最终获得探测信息优势，这就是智能化雷达兵的优势原理，即智能化效能，也是智能化雷达兵的决策制胜机理，能有效应对高复杂、强对抗、高动态、多时空、不确定、不稳定的空天新威胁，同时给予对手更大的复杂性和不确定性，抵消对手非对称优势。这些都是给智能化雷达兵赋能的要素。

　　随着雷达组网协同探测概念与探测群装备的发展，探测群发展可划分为 4个阶段：早期的连通阶段、正在大力发展的协同阶段、初步体现的群体智能阶段、未来体系智能阶段。其中，连通阶段和协同阶段又可归入初级 AI 时代，群体智能阶段和体系智能阶段则可归入高级 AI 的发展阶段，其能力特征与发展阶段相对应。连通阶段以雷达联网与航迹情报综合为主要目的，对应早期的雷达情报处理系统；协同阶段以实时协同管控雷达探测资源为主要手段，实现空天新威胁的匹配探测；群体智能表现在探测群装备与指战员共成长，即智能化探测群，智能化雷达兵的作战单元；体系智能阶段表现在智能化预警网，整网的装备与指战员智能融合、战技结合，即智能化雷达兵。所以，相比传统雷达兵，智能化雷达兵综合了决策优化、组网敏捷、预案翔实、管控精准等战技新特点，最大的智能特征是人机智能融合，深度融合了指战员 HW 与装备 AI，生成支撑智能化探测的人机融合智能，支持决策优势。这种智能特征主要体现在多雷达组网协同探测的体系上，与传统的单雷达使用已有本质区别。从探测过程小闭环看，具备了空天目标和环境自动感知、深度学习理解、状态研判与态势预测、辅助决策建议等智能化探测软实力，能支持"全面感知—准确研判—微调决策—资源管控"的人在回路的自主闭环探测。从预警作战全流程大闭环看，具备了战前针对性准备充分、临战基于任务组网敏捷、战中基于情景预案调整灵活、战后反馈优化的人机智能融合的探测能力。所以，协同运用需求、概念、机理、技术、模型、方法、流程、预案、指标、要求、建议等系列成果将继续牵引智能化雷达兵的建设。

智能化雷达兵的作战运用至少需要智能化装备与高素养人才两个核心要素，也需要智能化作战的高质量 AI 内核支撑。对指战员智能化能力要求主要包括：①要熟悉融控中心系统与雷达 AI 详细设计，全程参与装备 AI 设计，特别是作战运用有关规则、触发机制、优先级排序、资源管控界面、训练分系统等；②要熟悉多功能相控阵雷达工作模式及可控资源的参数，奠定管控预案设计的基础；③要设计管控预案，并开展仿真、推演一体化训练，明白人机决策融合的过程与人机编组，熟悉每种预案使用边界与可能效能，做到"案实效明"，即预案翔实可用、效能和边界清晰；④战后全面评估优化用过的形态、预案、策略、规则及装备 AI 内核等的有效性，实现装备、软件、内核、预案、人员同步优化与升级。综上所述，要求指战员"八会"，即会设计、会推演、会训练、会感知、会研判、会决策、会优化、会升级，人机融合一体、人装共成长。新型指战员是预警作战的精兵，是引领未来预警力量建设的中坚。

智能化雷达兵的主要装备至少包括智能化探测装备与智能化训练装备。建设智能化雷达兵的关键技术，主要是研制与运用智能化探测群的关键技术，在预警网顶层要设计好柔性技术架构，支持基于探测任务实施敏捷组网；在智能管控层面，要设计好管控闭环与预案，实现探测资源精准管控；在人机决策融合层面，要解决装备 AI 内核完备性、准确性、自学习性、可扩展性等难题，使装备辅助决策建议尽量快速正确。所以，需要研究解决柔性架构规划、管控闭环构建、管控预案生成与人机决策融合等关键技术，提供智能化探测群所需的柔性架构、管控闭环、预案内核与优化决策等智能化管控能力。

总之，智能化雷达兵需要指战员与装备共同成长、互相理解、互相信任、互相支持、共同决策，具备"设变、知变、应变、求变"智能化博弈能力，这是智能化雷达兵对指战员的特殊要求，也是区别于传统雷达兵的地方。

1.8　研究内容与方法

针对组网协同运用理论前瞻、技术复杂、内容繁多、战技融合、人机融合、集成应用等研究难点，本书各章研究内容与方法初步安排如下。

1.8.1　研究内容

本书研究内容覆盖了协同运用的"军事需求—作战概念—技术验证—装备应用—能力生成"战斗力生成全链路中主要要素，如图 1 – 19 所示。

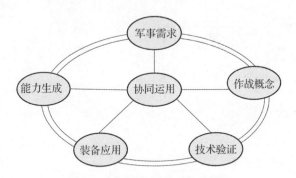

图 1 – 19　研究内容覆盖范围

针对空天新威胁、预警新需求、出现的新问题与存在的新差距，提出了雷达组网协同运用作战新概念，按照协同运用"需求概念牵引—关键技术支撑—集成应用验证—综合效能提升"的逻辑思路，探索系统性解决"协同四难"的总体新方法与具体新途径，努力回答好"面对空天智能威胁复杂问题，智能化预警网怎么建怎么用"等科学问题，研究突破协同运用概念开发、敏捷组网、闭环管控、预案设计、人机决策、动态评估等关键技术，并采用数字与推演仿真、一体化训练与实兵实装演训等多种手段，验证关键技术与协同运用流程的合理性、可行性与有效性，提出组网装备一体化设计、组网形态与优化部署、系统一体化训练、协同运用典型流程等工程实现技术要求和建议，研究内容模块与逻辑设计如图 1 – 20 所示。

研究取得的需求、概念、机理、技术、模型、方法、流程、预案、指标、要求、建议等系列成果，可提升了雷达组网协同运用基础理论系统性、关键技术成熟度和作战运用支撑力，为系统性解决"优化决策难、敏捷组网难、翔实预案难、精准管控难"等协同运用战技新问题，提供了有效的技术途径和方法，提升协同探测群的"智能决策、敏捷组网、翔实预案、精准管控"等协同运用能力，为实现"基于预警任务优化决策、基于战场条件敏捷组网、基于协同预案精准管控、基于情景研判快准微调预案"的协同探测奠定全面基础。

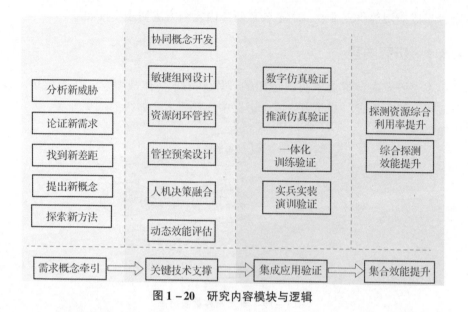

图 1 - 20 　研究内容模块与逻辑

1.8.2　研究方法

借鉴美军先进作战概念研究思路，并综合考虑空天预警装备体系协同运用现状与未来发展需求，创新实践了"基础理论研究—概念建模开发—关键技术突破—效能仿真推演—典型应用验证"技术研究新途径。在基础理论研究方面，围绕现代化战争设计与战技紧密融合的交叉理论，包括装备论证、军事运筹、优化决策、网络中心战、AI、信息融合等；通过协同运用作战概念及模型研发，明确协同运用作战概念视图、内容、方法、流程等，厘清实现协同探测所需的战技条件，牵引装备立项论证；通过协同运用关键技术突破，解决核心技术难题，推动装备研制与运用；通过效能仿真推演，进一步优化协同运用预案、流程与方法；通过典型应用验证，进一步促进关键技术工程化与实用化，并验证有效性。

针对每一项需要突破的关键技术，采用了"从技术研究到应用验证"的"V 型双线九环节"关键技术突破新方法。根据系统工程方法论，将每个关键技术的具体研究过程划分为九个环节或步骤，如图 1 - 21 所示。九个步骤连贯起来呈现出"V 字形"的特点，可以形象地描述为"V 型双线九环节"法。其中，V 形的左边是具体关键技术的研发过程，由前四个步骤组成，包括分析作战需求，明晰概念机理，设计模型流程，提出应用建议。V 形的右边是关键技术通过多种应用进行验证的实现，由后五个步骤组成，主要包括概念演示、仿真评估、样机应用、演习应用、综合推演。V 形的左边设计线输出模型群、预案库、算法库、想定库、数据库，并对工程实现的仿真工具、研发工具、架构工具等提出具体的要求；V型左边输出支撑了V型右边多种形式的应用验证。V形的起点是由作战需求牵引的要解决的难题，V形的右侧通过多种形式多个环节的验证给出解决难题的对策，达到生成或提升体系作战能力的目的，满足新时期作战需求，整个技术突破过程形成了一个动态的研究闭环，丰富发展了协同探测关键技术研究方法论。

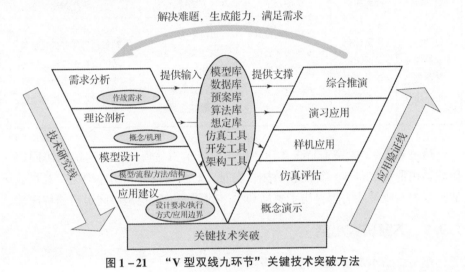

图1-21 "V型双线九环节"关键技术突破方法

1.9 研究小结

通过本章的概略性研究，可总结得到雷达组网协同运用的必要性、研究方法、技术途径、制胜机理、决策模型、实施流程、能力特征等核心要素，这些结论可作为后续各章研究基础与牵引，支持深化研究。

1.9.1 协同运用特色小结

与单雷达预警作战使用相比，多雷达组网探测群的协同运用具有多方面的特征特点，如表1-3总结所列。协同探测群作为"体系装备"，本身具备决策优化、组网敏捷、预案翔实、管控精准的能力特征，采用"以决策为中心、以预案为主线、以管控为重点、以资源为基础、以效能为目标"的协同运用基本方法，基于"敏捷组网、人机决策、闭环管控、协同预案、人机融合、动态评估"等赋能技术的支撑，实施"基于预警任务优化决策、基于战场条件敏捷组网、基于协同预案精准管控、基于情景研判快准微调"的智能化协同运用流程，协同探测群整体最大作战特征是敏捷性与复杂性，能敏捷构群，快聚快散，获得了协同运用敏捷性，给敌方制造了协同探测复杂性，破坏或延缓突防方决策和行动，获得并维持己方的预警决策优势，提升空天目标协同探测能力。

表 1-3　协同运用总结

战技特征	能力特征	赋能技术	方法特点	流程特点
复杂性 敏捷性 智能化 体系化	决策优化 组网敏捷 预案翔实 管控精准	敏捷组网设计 资源闭环管控 管控预案设计 人机决策融合 动态效能评估	以决策为中心 以预案为主线 以闭环为依托 以管控为重点 以效能为目标	基于预警任务优化决策 基于战场条件敏捷组网 基于协同预案精准管控 基于情景研判快准微调

透过表 1-3 现象，能够看到，相比传统单雷达使用，雷达组网协同探测作战运用群更加科学、智能、敏捷、实时，对预案设计和闭环构建，对指战员战技素养与决策能力都提出了更高和更严的要求，这也是协同运用的特殊性。

1.9.2　本章研究小结

概略总结本章研究情况，可得到如下基本结论。

（1）空天新威胁的最大突防能力表现在复杂化、敏捷化与智能化，强敌综合具备了尽摧毁、强干扰、大空域、多目标、全隐身等新型空天突防能力，再加上基于情景智能决策的灵活突防方式，制造了多组合、强对抗、高动态、全时空、不确定、不稳定的复杂空天突防环境，复杂性成了天空新威胁突防的新能力。传统防空预警网最大的技术局限是单雷达独立探测、僵硬架构、固定联网与静态待战，敌变我不变，敌复杂我简单，敌灵活我固化，预警方往往难以研判空天目标突防方式、类型、数量与威胁程度，难以快速找到匹配探测之良策，错失预警的最佳窗口，用传统预警网来预警灵活突防的空天新威胁，实战能力几乎难以生成，面临巨大的空天"穿透"风险，亟待探寻新的组网协同概念、破解协同探测技术瓶颈、研制新的协同探测装备、探索新的协同运用战法，以应对日益多元化的空天新威胁。

（2）早期组网系统虽然具备了点迹信息集中融合与资源实时控制的技术特征，但认知域/社会域的要素考虑较小，任务规划、资源管控等指控软件设计较差，人机决策融合功能缺失，智能化能力明显偏弱，应对智能化空天新威胁突防能力较弱，这就是造成组网协同运用"协同四难"的主要原因。通过突破协同概念开发、敏捷组网设计、资源闭环管控、协同预案设计、人机决策融合、动态效能评估等关键技术，来解决"协同四难"，实现"基于预警任务优化决策、基于战场条件敏捷组网、基于协同预案精准管控、基于情景研判快准微调"的智能化协同探测。在概念、装备和战法等方面与强敌未来作战基本处于同代竞争，无明显代差，能实现敌变我变，敌复杂我也复杂，敌灵活我也灵活，甚至先敌求变。所以，敏捷组网协同运用是应对强敌复杂空天新威胁敏捷突防的有效方法和途径。

（3）研究中抓住了资源群、预案库与决策树三个特色重点，也是本书主要创新点，这也是不同于其他预警作战运用的特色，资源群构建、预案库设计、决策树生成都离不开与人的交互。通过研究，多维度揭示了组网协同运用闭环特性，分析了协同运用所需的"人人、人机、机机"等多类多层虚实闭环，构建了探测资源闭环管控方法和模型，创建了"群案策"协同运用制胜机理闭环模型，梳理了管控预案设计方法和流程，探索了人机决策融合方法，总结了"以决策为中心、以预案为主线、以管控为重点、以资源为基础、以效能为目标"的协同运用方法与逻辑关系。上述所有成果，使指战员获得了组网形态与预案的决策优势，也获得了人机深度融合的行动优势，最终获得协同探测的预警信息优势，这就是敏捷组网协同运用的优势原理，即敏捷效能与增量。

（4）实战实施雷达组网协同运用的典型装备是探测群，它是人、机、环境高度融合的新型军事情景认知智能系统，具备决策优化、组网敏捷、预案详实、管控精准等智能化作战能力与特征。从环境感知到决策博弈，是智能战斗群的一种，是雷达兵战术应用的智能体，是实现协同运用作战概念的基本战术单元，可作为未来智能化预警网建设的智能化探测群示范，是智能化雷达兵建设的物质基础，体现了"敏捷、精控、细算、体系"智能化特征的内在机理。

总之，雷达组网协同运用，不仅是解决传统四大空天威胁的有效途径，更是破解强敌复杂化、敏捷化与智能化等空天新威胁的有效途径，促进和生成雷达组网协同运用新域新质探测能力，涌现空天预警威慑力，适应战争和对手之变。

参考文献

[1] Deborah Lee James，Mark A. Welsh III. Air Force Future Operating Concept [R]. Washington：View of the Air Force in 2035，2015.

[2] U. S. Air Force Doctrine Note 1 – 21. Agile Combat Employment [R]. Washington：U. S. Air Force，2021.

［3］ 陈士涛，孙鹏，李大喜. 新型作战概念剖析［M］. 西安：西安电子科技大学出版社，2019. 10.

［4］ Karako T，Dahlgren M. Complex Air Defense［R］. Washington：CSIS，2022.

［5］ 丁建江，许红波，周芬著. 雷达组网技术［M］. 北京：国防工业出版社，2017.

［6］ Mark A. Gunzinger，Lawrence A. Stutzriem，Bill Sweetman. The Need for Collaborative Combat Aircraft for Disruptive Air Warfare［EB/OL］.［2024 - 02 - 01］https：//mitchellaerospacepower. org/wp - content/uploads/2024/02/The - Need - For - CCAs - for - Disruptive - Air - Warfare - FULL - FINAL. pdf.

［7］ 杨继坤，鲁培耿，齐嘉兴. 美军作战概念演进及其逻辑［M］. 北京：电子工业出版社，2022.

［8］ 全军军事术语管理委员会. 中国人民解放军军语［M］. 北京：军事科学院出版社，2011.

［9］ Paul E. Bauman. Cross Domain Synergy in Joint Operations［R］. Washington：U. S. J - 7 Future Joint Force Development，2016.

［10］ Steven Huckleberry. Cross Domain Synergy Using Artillery in the Fight for Sea Control［R］. Washington：Joint Military Operations Department，2017.

［11］ 丁建江. 预警装备组网协同探测模型及应用［J］. 现代雷达，2020，42（12）：13 - 18.

［12］ John R. Hoehn，Nishawn S. Smagh. Intelligence，Surveillance and Reconnaissance Design for Great Power Competition［R］. Washington：CRS，2020.

［13］ Bryan Clark，Daniel Patt，Harrison Schramm. Mosaic Warfare：Exploiting Artificial Intelligence and Autonomous Systems to Implement Decision - Centric Operations［R］. Washington：CSBA，2020.

［14］ Jacqueline M. Hames，Margaret C. Roth. Virtual Battlefield Represents Future of Training［EB/OL］.［2019 - 05 - 01］. www. militaryspot. com/news/virtual - battlefield - represents - future - training.

［15］ 丁建江. 组网协同探测闭环与预案的设计［J］. 雷达科学与技术，2021，19（1）：7 - 13.

［16］ 丁建江. 概论雷达组网多域融一预案工程化［J］. 现代雷达，2018，40（1）：1 - 6.

［17］ 刘伟. 人机智能融合 - 超越人工智能［M］. 北京：清华大学出版社，2021.

［18］ 邰文星，丁建江，李赣华. C2BMC 中传感器协同探测与资源管控技术研究［J］. 现代雷达，2020，42（12）：33 - 39.

［19］ Headquarters Department of the Army. AN/TPY - 2 Forward - Based Mode（FBM）Radar Operations［EB/OL］.［2012 - 05 - 06］. http：//www. train. army. mil.

［20］ 丁建江. 敏捷组网对智能管控技术的需求［J］. 现代雷达，2023，45（6）：1 - 7.

第2章　协同概念开发技术

随着新军事革命的深刻演变，作战能力生成途径也从过去的"基于威胁"或"基于能力"的被动应对模式，演进到"基于概念"的主动设计模式。开展雷达组网协同运用概念开发研究，其根本出发点正是适应时代发展，以主动设计、体系协同来应对未来空天预警作战的复杂性、不确定性。

研究雷达组网协同运用作战概念（以下简称协同概念）开发技术，重点是要突破雷达组网协同作战概念创意、设计、评估、试验与应用等开发全过程的模型、流程、方法与手段等难题，即解决协同运用概念"是什么、怎么建、怎么用"等问题，从而为预警探测作战指挥与体系设计人员提供协同运用概念开发的基本流程、科学方法、模型框架与示范模板等，为预警新质战斗力生成提供理论和技术支撑。具体包括：①明确协同运用概念开发的概念内涵、基本流程与方法；②预测协同运用作战背景，主要包括战争形态演变、作战需求变化装备发展和技术支撑等；③揭示协同运用作战概念机理模型，主要包括基本原理、制胜机理、技术机理等；④建立协同运用概念体系模型，主要包括构想协同运用视图、典型应用场景、具体行动任务与关键环节；⑤围绕推动和支撑协同运用概念落地应用，提出概念实现所需的作战能力、关键支撑技术和可行技术实现体制，从而将预警作战需求、技术发展创新与部队运用联系起来，牵引预警装备及其关键技术研发，促进协同探测战斗力的快速闭环生成。

2.1　协同概念开发基础

协同概念开发，首先必须厘清相关概念内涵，明确概念基本流程，掌握概念开发现状。

2.1.1　协同定义与理解

著名科学家、哲学家托马斯·库恩认为，"科学革命"的实质就是"范式的转换"。在战争由机械化逐步向信息化、智能化转变的过程中，研究思考空天预警装备发展，同样面临从追求"单装性能"到追求"体系效能"的范式的转变，协同运用作战概念提供了一个崭新的视角。

美国兰德公司 2002 年研究报告《信息时代作战效能的度量——网络中心战对海军作战效果的影响》中对"协同"的定义："协同是指参加作战的各部分为了达到共同的目标而一起努力工作的过程。"《中国军事百科全书·战术分册》对"协同"的定义为："协同是指诸军兵种、部队为遂行共同的战斗任务，在统一的指挥下，根据统一的意图和计划协调一致的战斗行动，又称协同动作"。美军认为，跨领域协同"可以通过综合运用所有域的能力，创造优势窗口，帮助己方部队占得先机，置敌于多重困境，实现既定目标"，"是解决反介入与区域拒止威胁（A2/AD）的首先方案"，并被 2012 版《联合作战顶层概念：联合部队 2020》（CCJO）列为"核心要素之一"。"管理巨匠"杰克·韦尔奇认为协同力是一种具有变革意义的力量，最重要的协同是让使命、行动和结果协同起来。2011 年版《中国人民解放军军语》对"协同"是这样定义的："作战协同的简称。各种作战力量共同遂行作战任务时，按照统一计划在行动上进行的协调配合。按规模，分为战略协同、战役协同和战术协同；按参战力量，分为诸军兵种部队之间的协同，诸军种、兵种内各部队之间的协同，各部队与其他作战力量之间的协同等。目的是确保各种作战力量协调一致地行动，发挥整体作战效能"。

上述概念从不同角度很好地阐述了协同的丰富内涵。无论哪种概念，均明确指出：协同是实现共同目标、发挥整体作战效能的关键，均有 3 个基本要素。一是共同目标。协同是为了完成好共同的使命任务，这是协同作战的前提和出发点。目标统一是构建协同作战体系的基本原则之一。二是多个实体。传统主要包括不同军种、不同兵种的实体。其中不同军种协同，支撑联合作战不同兵种协同，支撑合同作战。信息化作战条件下，还包括体系的不同个体或要素、陆海空天网电不同领域力量等实体，其中，不同要素协同，支撑体系作战；不同领域协同，支撑跨域作战。三是协调行动。各部分协调一致行动，发挥整体作战效能。

深刻理解协同，有以下三点值得关注：

1. 作战协同遵循协同科学原理

从协同论角度来看，德国科学家赫尔曼·哈肯认为：任何复杂系统，当在外来能量的作用下或物质的聚集态达到某种临界值时，子系统之间就会产生整体效应或集体效应，即协同作用；序参量以"雪崩"之势席卷整个系统，掌握全局，主宰系统演化的整个过程。协同论最初被应用来解决自然科学的相关问题，后逐渐被应用到社会科学、信息科学、军事学研究领域。从协同论视角，协同过程中可以实现以下四种原生功能：①整体构造，即使语义信息只有片言只语，只表述部分属性，它激活人们对系统的整体和宏观的理解；②竞争除错，临界转换阶段，多个潜在的序参数之间有竞争，有缺陷的候选序参数便竞争出局；③同步节奏在有不同频率的震荡、摇摆、波动过程中，代表序参数和役使原则的活动形式可以带节奏，产生同步效果；④记忆联想，收到语义信息的因头或暗示后，人们能调动记忆中的相关部分，填补没有表达的空白，完成对相关系列的理解。

战争作为人类社会最为复杂的社会活动，依然遵循很多基本的协同原理，主要有：①整体效应原理，不同于自然科学由个别变量起到关键作用，使协同达到期望值；作战成效如何，取决于多个参量（因素），如作战目标、作战力量、作战信息、作战行动、时间、空间、指挥、保障等；它们共同决定或影响作战行动的有序性和整体性；毛泽东指出："战争的全部基本要素，不是残缺不全的片段；是贯穿于双方一切大小问题和一切作战阶段之中的，不是可有可无的"；不少战斗可能仅仅因为一个原因而失败，而没有一场战斗是由于一个原因而胜利的；整体效应，不仅在于要素（序参量）不能或缺，还在于他们的有机联系；在于诸要素的普遍联系性特别是上下贯通性，以及正在快速发展的网络连通性；也在于动态联系、全程作用；②主导支配原理，在作战协同的众多要素中，力量是基础、目的是牵引、信息是纽带；③自组织原理，诸参战力量依据一定的协同规则，以一定的协同关系为杠杆，并通过对协同方式方法的综合运用，可以建立起一种相互制约和自觉规范的系统调控机制；④干扰失序原理，指由于各种环境因素的干扰，特别是系统外的破坏性因素的干扰，使得协同有序状态被破坏或失去；⑤强制有序原理，协同论认为，系统的运行由序参量主导，受环境变量制约，还有一类参量——控制参量，对系统的运行和系统效能产生干预作用；也就是说，有序可以由自组织形成，也可因它组织形成；作战协同行为如果出现某种有序状态，在相当程度上是由于指挥调控作用引起的。

2. 协同是现代体系作战的首要基础

从作战视角，协同是信息化作战的基础。兵之胜负，不在众寡，而在分合。联合作战理论研究的是军种间的协同作战理论，合同作战研究是某军种内部兵种之间的协同作战理论，体系作战研究的是某作战体系内各要素之间的协同作战理论。不论是联合作战、合同作战，还是体系作战，均包含协同作战，协同理论是联合作战、合同作战乃至体系作战的基础。俄罗斯专家认为：以前我们缺乏明确的"协同"定义，在陆海空三军中都是用自己的方式来确定作战协同，带有分歧的作战协同对战争实践影响很深。糟糕的作战协同或者没有效果的作战组织，或许是成为俄罗斯两次车臣战争中局部失利的主要原因。俄军军事专家亨利·列耶尔曾明确阐述协同的本质是：力求将己方强点对准敌人弱处，依靠优势，摆脱不利。

从作战实践来看，协同的效果有：①共享信息，想实现军事目标并顺利完成任务，就需要有一个共同认识基础，并且指挥员对各级的态势有动态发展的评估，对于战场上变化的形势及时准确定下决心，并快速下达命令到各参战部队进行行动应对；②增加机会，要进行协同计算，提前与空军、陆军、海军等建立紧密的协同关系，如此才能灵活应对可能突发的情况；③消除冲突，友军的火力可能更甚于敌；如1943年7月14日，美英联军在西西里岛作战时，由于空降部队、地面部队和海军部队没有按计划进行行动协同，一个带着伞兵旅的运输机分队准备向姆洛基·波尔克机动，却遭遇到了己方舰载高射炮兵和部分英国第8军的火力打击，结果造成11架飞机被击落，其余则被打散，迅速丧失了战斗能力，本来完美隐蔽的空降行动就此结束。1993年1月16日，俄军在阿布哈兹作战时，高射炮兵部队的"山毛榉"导弹击中A-40"信天翁"飞机，导致乘机的时任阿布哈兹空军司令员阿列克·强邦殉职。1995年，第一次车臣战争突击格罗兹尼的时候，苏-25飞机误击了第104图拉空降师的开进纵队，造成超过50名空降人员伤亡。

3. 协同是众多新型作战概念的核心要义

协同是很好的作战思想，但传统作战体系并不能很好地支持实现这一思想。传统作战体系由多级指挥机构、指挥人员、武器装备在统一的使命目标驱使下形成许多条独立多级的指挥线，这是机械化战争的产物。但在协同作战思想指导下，传统独立多级指挥不适应新的作战样式，因此需要新的运行机制，分布式作战体系应运而生。美军原参联会主席理查·德迈尔斯将军在2005年4月的《联合部队季刊》提出，美军"需要将军事竞争力从联合作战向一体化协同作战转变"；2006年，美军在《四年一度防务评审》中指出，未来联合部队将从"需要互相协同减少摩擦的联合作战转向一体化协同作战转变"。2009年，美国空军参谋长施瓦茨、海军作战部长拉夫黑德联合签署备忘录，提出"空海一体战"作战概念。美军于2012年1月17日正式颁布1.0版"联合作战进入概念"（Joint Operational Access Concept），首次提出"跨域协同"（cross domain synergy，出现27次）作战思想，并称其为联合作战进入概念的"中心思想"（the central idea），并要求在开发"空海一体战""强行进入作战""沿岸作战"等下位作战概念中贯彻这一思想，成为美军开发联合作战概念的新基础。随后，美军颁布了《美国陆军和海军陆战队的跨军种概念：实现并维持进入》《联合作战顶层概念：2020 年联合部队》《空海一体战：军种协作应对反介入和区域拒止挑战》等文件，继续推广和发展"跨域协同"作战思想；威廉·O·奥多姆、克里斯托弗·D·海斯等作者，在《联合部队季刊》等刊物发表《跨域协同：促进联合》等文章，深入探讨"跨域协同"作战思想。2013 年 12 月，美国国防部发布《联合的一体化防空反导：2020 年构想》政策指南，要求美军一方面寻求能力上的横向集成，另一方面要求在政策、战略、战术和训练上的纵向集成，鼓励盟友构建可与该国系统实现互操作的一体化防空反导系统，"合并、融合、开发和利用各种来源和分类的信息，提供给美军"；2015 年 1 月，美国国防部宣布以"全球公域介入和机动联合"取代"空海一体战"作战概念。联合全域作战（JADO）是美军最新提出的作战概念，旨在陆、海、空、太空和网络空间的 5 个战争领域展开新型的协同作战，与全球性竞争对手在各种烈度的冲突中竞争；2020 年 2 月，美国参联会副主席约翰·海顿表示，JADO 是美军未来整体预算的重点，将赋予美军无法比拟的作战优势，美军应努力实现该概念，以在未来冲突和危机中无缝集成该能力，有效指控全域作战。可以发现，从联合作战到一体化协同作战设想、进而到空海一体战、全球公域协同、全域协同，横向协同范围越来越广，纵向协同层次越来越深，但核心要义仍是协同。

2.1.2　作战概念定义与理解

"作战概念"是由美军专属名词"battle concept"直译而来，最早由 20 世纪 80 年代初时任美国陆军教育训练司令部司令的唐·史塔瑞（Donn A Starry）上将正式提出并使用。从汉语字面上理解，"作战概念"就是"作战的概念"，即用于概括现实或预测未来作战特有属性的表述。1997 版与 2011 版"军语"中虽没有明确提出"作战概念"这一名词，但有一系列相关或相近的概念，如联合作战、作战类型、作战形式、作战样式、作战方法等。从各军种作战部队的角度看，狭义的"作战概念"从意义上接近"作战模式"或"作战方式"，属于作战理论研究的范畴，符合美军最初从军种基层发展起来的"battle concept"的含义。随着新军事革命的深刻演变，作战能力生成途径也从过去的基于威胁或基于能力的被动应对模式，演进到基于作战概念的主动设计模式。"battle"一词逐步被"operational 或 operating"代替，而"battle concept"也相应地被"operational concept"或"operating concept"代替。

各国对作战概念的理解不尽相同，即使欧美国家也略有不同。如法国"将概念定义为一份说明该做什么的文件"，美国和英国"更倾向于说怎么做"。相对而言，美军作战概念更成体系。美军 2016 版《JP1 - 02 国防部军事及相关术语辞典》定义为"一种清楚、简洁表达联合作战指挥者目的意图，以及如何利用可获得的资源进行实现的口头或图表的陈述"；《联合作战概念开发流程》认为"是对未来作战行动的一种设想，描述了一名指挥官如何运用军事艺术和科学，以运用必要的能力来应对未来的军事挑战"。美国空军《空军作战概念开发》中，明确定义为："空军作战概念是空军最高层面的概念描述，是指通过对作战能力和作战任务的有序组织，实现既定的作战构想和意图"。美军正在重塑联合概念体系，2021 年版为 3 层：①为联合作战顶层概念（CCJO）、联合战争概念（JWC）；②为应对中国、俄罗斯等"2 + 3"威胁的联合作战行动概念（JOC）；③为针对具体任务提供解决方案和能力需求的支撑性概念，主要为作战概念（CONOP）、运用概念（CONEMP）。空军工程大学韩琦、李卫民团队认为：作战概念是在未来某一特定的时空条件下，针对某一类作战问题，研究其本质和规律，提炼出共性特点并加以抽象概括，进而指导这一作战问题的解决。

我们认为，所谓作战概念，是指针对未来作战问题，在探究制胜机理的基础上，概括描述具体对策和运用方法，揭示其实现条件支撑，从而为实现预期作战构想提供指导。

作战问题、策略方法、条件支撑是作战概念的三大要素。其中，作战问题是概念开发起点，应准确研判客观存在的主要威胁，厘清承担的使命任务，明确有待解决的关键问题；策略方法是概念开发核心，要针对对手强弱点，设计策略战法，确定可行方案；条件支撑是落点，要针对作战概念，提出作战能力需求，并落实到力量、装备、训练等不同领域。

2.1.3 协同运用作战概念开发定义与理解

2.1.3.1 协同运用作战概念定义

作者认为，雷达组网协同运用作战概念，是通过语言、图表、模型等形式，对雷达组网协同运用想定、意图、构想、架构、流程、方法与策略的一种可视化表达。其开发的目的是通过对雷达组网协同作战任务、作战能力、作战活动和体系要素的有序组织，从而提高预警探测信息质量和体系生存能力。

雷达组网协同运用作战概念核心理念是：基于闭环和预案对多雷达资源进行实时协同控制，对辐射信号进行协同、对探测信息进行融合，从而获得单雷达探测难以得到的效能，提高预警网在复杂空天环境下对非合作目标探测、跟踪、识别，以及反侦察、反干扰、反摧毁等能力。基于闭环与预案构建的组网协同作战群是实现协同运用作战概念的基本单元，相当于"一部基于预案控制的电磁武器"，能实现"按任务灵活组网、按预案敏捷控制"的协同探测、协同反侦察、协同反干扰、协同反摧毁以及其他协同作战，具备"敌变我变，与敌对口，先敌求变，高敌一筹"的战技特点，可为未来智能化预警网和电磁空间武器装备体系建设奠定技术基础。

2.1.3.2　协同运用作战概念建模

作战概念建模是作战概念开发的核心环节，也是概念开发的核心技术。作战概念建模过程，就是建立概念模型的过程。

美国国防部体系结构框架（DoDAF）对模型的定义是："模型作为一种模板，以易于理解的格式来组织和显示数据"，并进一步定义："当以此方式收集和呈现数据的时候，其结果就称为视图"。按照这个定义，可以将视图理解为数据实体或实例。美国空军提出的综合定义方法（IDEF）对模型的定义是："不管以何种形式，只要 M 能回答有关实际对象 A 的所要研究的问题，就可以说 M 是 A 的模型"。这个定义揭示了模型的本质，尤其是打破了对模型的狭隘理解，模型是不限于形式的。IDEF 对模型的定义可以理解为等同于 DoDAF 所说的"视图"，是"数据"而不是"组织和显示数据的模板"。在基于模型的系统工程领域，概念模型是描述系统相关知识的模型，是对系统需求、性能、功能、结构、行为等诸多物理和信息属性综合描述的一种蓝图。

协同运用作战概念建模，就是协同运用作战概念的具体化、形象化，就是协同运用作战概念的一种数据模板、一种视图、一种表现形式，以易于理解的格式来组织和显示协同运用作战概念。

具体说来，协同运用作战概念建模主要包括机理建模和体系建模，其输出结果分别为协同运用机理模型和协同运用体系模型两类。

（1）协同运用机理模型主要是描述协同运用作战概念的原理性、基础性模型。其实质是提出作战概念构想，并将概念的核心思想、基本原理进行概略性、具体化描述，通常有基本原理模型、制胜机理模型、技术机理模型等。

（2）协同运用体系模型重点描述的是作战概念涉及的体系组成、基本要素、主要行动等。实际中，往往结合具体作战场景，描述协同运用目的、基本想定、体系组成与概念视图、协同运用内容与方法、协同得益、协同支撑条件等具体性、应用性模型。

协同运用需要用模型来表述作战概念，用模型来指导装备设计和作战运用。合理可行的预警装备组网协同运用作战概念模型，既能满足重点地区空天预警协同运用战斗力快速生成的急需，也能满足今后战略预警装备体系智能技术发展和应用的长远需求。

总之，明晰作战概念，就是要明确协同运用作战概念的基本原理、技术机理、技术体制、制胜机理、协同内容和方法、实现协同所需技术条件与技术途径、产生的协同效能及评估方法等。不仅要回答好为什么要协同、为什么能协同、如何协同、协同得益、协同条件等一系列问题，更要为协同运用作战概念在预警装备研制与运用中提供指导；使机关、部队、研究院所等相关人员牢固建立协同运用作战概念，对组网协同运用达成统一清晰的认识，支持从单雷达单打独斗观念到多雷达协同运用的快速转型和正确决策，提升顶层的决策力、牵引力和指导力。

2.1.4 协同运用作战概念开发流程

与一般作战概念相比，协同运用作战概念研发具有其固有的独特性：①战技融合性，作为一种作战概念，显然它离不开作战设计；但同时它又与预警装备使用密切相关，协同运用作战概念研发必须基于装备技术特点，必须基于装备作战使用概念；②体系性，协同运用是一种典型的体系作战概念，必须综合考虑空天预警作战体系的方方面面、各个要素、各个环节。鉴于以上特点，提出一种基于技术与制胜机理双牵引的协同运用作战概念开发新流程，可以分为军事需求分析、机理模型探究、体系模型构建、支撑条件分析、概念试验评估、典型应用推广和融入作战体系七个环节，如图 2 - 1 所示。

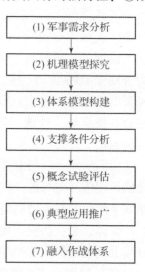

(1) 军事需求分析
(2) 机理模型探究
(3) 体系模型构建
(4) 支撑条件分析
(5) 概念试验评估
(6) 典型应用推广
(7) 融入作战体系

图 2 - 1 协同运用作战
概念开发流程

（1）军事需求分析。明确作战概念制定任务，预测概念作战背景，完成威胁需求分析，构想协同运用体系愿景。阶段产品主要是军事需求清单、初步作战想定。

（2）机理模型探究，即机理建模。描述支撑协同运用作战概念创新的基本原理、技术机理、制胜机理、技术体制等基础性模型。阶段产品主要是作战概念基本思想或基本原理、制胜机理和技术实现机理。

（3）体系模型构建，即体系建模。针对典型任务，依据机理模型，设计体系协同运用模型。主要描述协同运用目的、要素、关系、内容、方法、流程、得益、支撑条件等体系构建和运用的方方面面。重点明确协同运用基本目的、体系架构、流程方法，以及概念实现的能力需求和技术需求。阶段产品主要是协同运用需求、协同运用总体视图、协同运用内容与方法等。

（4）支撑条件分析。在前述设计论证的基础上，总结能力需求，确定支撑概念模型实现所需的关键要素和支撑技术。阶段产品主要为能力需求清单、技术需求清单、支撑要素清单等。

（5）概念试验评估。协调相关部门和单位，开展概念演示、广泛研讨，形成概念共识、概念评估结果阶段产品主要是概念共识、概念演示片、仿真评估系统、概念评估结果等。

（6）典型应用推广。推动作战概念进入条令条例，制定并执行概念应用计划，开展典型场景应用、关键技术产品应用。阶段产品主要是作战概念试行规定、关键技术产品样机。

（7）融入作战体系。能力研发计划被应用流程接受，融入实际作战体系。阶段产品主要是作战概念条令、战法训法、典型装备（系统）。

作战概念要应用到装备研制与作战运用，必须有具体的模型参考。唯有通过采用文字、视图、表格、公式、框图、视频等方式，来设计多层次、多粒度、多维度、多形式的概念模型，才能指导协同运用作战概念要应用落地。因此，在作战概念研发过程中，核心环节是作战概念建模，其关键在于针对多样化探测任务、多种探测场景、多类型的空天目标与预警装备，用多要素、多粒度的模型来描述协同运用作战概念机理、关系、内容、方法等。具体说来，在上述七个环节中，机理建模与体系建模两个环节最难也最重要，即首先要揭示预警装备协同运用作战概念技术与制胜机理，研究机理建模方法与流程，并建立机理模型；再研究作战概念体系建模的方法与流程，建立基于多样化预警探测和对抗任务的协同运用作战概念的体系模型。

可以发现，协同运用概念开发流程实际是基于技术与制胜机理双牵引的新流程。同时也是一种典型的"需求愿景—概念创新—体系创新—应用创新"的体系设计与实现过程，基本逻辑是自顶向下的建构。实际开发过程中，也可以从下到上进行搭建。

2.1.5　协同运用作战概念开发现状

世界军事强国非常重视作战概念对装备发展和战斗力生成的牵引作用。美军尤其重视，将作战概念研究作为应对未来战争的首要环节，发展新型装备也往往从作战概念开始。我军对作战概念研究方兴未艾。

1. 理论研究方面

近年来提出的很多新型作战概念中都包含协同运用概念思想。如 2014 年美国海军开始提出的"分布式作战"作战概念，强调将各个作战平台的各种资源（如传感器、武器和指控系统）等进行深度共享（信号级铰链），并通过面向任务的自适应动态结构重组，从而产生新的作战能力或大幅提升装备体系的原有作战效能。2016 年美国陆军提出的"多域战"作战概念，强调打破各军兵种编制、传统作战领域之间的界限，最大限度利用空中、海洋、陆地、太空、网络空间、电磁频谱等领域的联合作战能力，以实现同步跨域协同、跨域火力和全域机动，夺取物理域、认知域以及时间域方面的优势。"马赛克战"（Mosaic Warfare）是 DARPA 于 2017 年 8 月提出的新型概念，强调集中应用高新技术，利用动态、协调和具有高度自适应性的可组合力量，用类似搭积木的方式，将低成本、低复杂度的系统以多种方式链接在一起，建成一个类似"马赛克块"的作战体系，从而实现作战体系从传统静态的"杀伤链"到动态的"杀伤网"的转变。2021 年 3 月，美国参联会主席马克·米利签署全新的联合战争概念——"扩展机动"，核心要义是通过在每一个作战域的协同机动、效能聚合，使联合部队具备主宰性的决策优势、机动优势，从而震慑和击败大国竞争对手。

分析近年来作战概念，我们可以发现，这些作战概念均通过协同将分布的、多域的功能进行聚合，且均以协同运用为核心环节。与传统作战协同概念相比，已经发生了深刻的变化：①协同目标发生变化，传统单域"杀伤链"向多域/跨域"杀伤网"转型，使任意武器平台可跨域获得任何传感器的信息，更高效地制定决策和实施打击；②协同层次发生变化，从单一的编队协同，向单装分布资源协同、编队协同、体系系统等多层次协同转变；③协同功能发生变化，从同平台、同类型、同型号传感器协同，向多平台、多类型、多种类传感器、综合功能、同时多功能转变；④协同模式发生变化，从固定模式、预先规划的协同，向以任务为驱动的资源动态组织、灵活多变、按需集成模式转变；⑤协同内容发生变化，从目前的功能级协同向资源级协同转变，通过资源合理重组，在有限资源条件下，提供更多更强功能；⑥协同底层架构发生变化，随着各种系统实现软硬件的集成融合，传统 C^4ISR 体系有望精简为"传感器、网络和人工智能"体系，整个作战体系甚至成为"预警监视—打击"网。这些作战概念蕴含的协同运用思想、内容和方法，为我们开展协同运用作战概念开发提供了很好的借鉴与参考。

在作战概念开发流程方面。美军作战概念出发点主要针对联合作战问题，站在联合作战角度看作战使用方式和装备发展需求；落脚点主要是针对能力差距或能力缺陷，提出能力的改进方向或提升方法上，首先是非装备解决方案，其次才是装备解决方案。经过长期实践，美军形成了相对完善的作战概念研究流程与规范，从概念设想到项目响应、实装演练、体系应用，环环相扣、相互反馈，形成了良性的闭环研究回路。

2. 概念建模方面

在作战概念建模方面。为便于作战概念落地，世界各国高度重视作战概念建模，将作战概念具象化、规范化表达。21 世纪初，为了应对系统复杂性和创新设计，人们提出基于模型的系统工程（MBSE）。相对于前期基于文件的系统工程方法（DBSE）而言，能以系统模型方式形式化表达系统复杂交互作用。曹晓东等人定义的概念建模就是构建概念模型的过程，而概念模型是对真实世界的第一次抽象，是构建后续相关模型的基本参照物。韩琦等人认为概念建模是对真实世界相关知识的第一次抽象描述，目的是方便不同领域人员对知识的一致性理解和交流；概念建模为设计建模提供认识基础。常用的建模语言和方法主要有：Petri 网、统一建模语言（UML）、SysML、OPM、集成计算机辅助制造定义（IDEF）、DODAF 等。其中，Petri 网是 1962 年 Carl Adam Petri 在其博士论文中首次提出，被认为是所有流程定义语言之母，具有图形显示清晰和数学分析严谨的特点，比较适用于描绘出作战过程中的体系内部运行机理。UML 诞生于 20 世纪 90 年代，是一种面向对象语言，采用视图和文字的表达方式，吸取了许多面向对象建模语言的长处，但该语言对非计算机专业的人员使用起来比较麻烦。SysML 于 2001 年诞生，该语言对 UML 语言进行了扩展，增加了强大的系统工程功能，可以对更广泛的系统进行建模，并记录系统设计的所有方面。OPM 是由以色列 Dov Dori 教授提出的一种将对象与过程视为同等重要的通用系统建模方法，于 2015 年被国际标准化组织采纳为 ISO/PDPAS 19450 标准，名称为《自动化系统与集成——对象过程法》（Automation systems and integration Object – Process Methodology）。但 OPM 成为国际标准时间相对较短，因此在作战概念建模应用还不如 UML 和 SYSML 广泛。IDEF 是 1981 年美国空军制定的集成化计算机辅助制造（ICAM）这一工程的概念建模方法，已经从 IDEF0、IDEF1 发展到 IDEF14 的系列方法，概念建模中经常使用的是 IDEF0、IDEF1X 和 IDEF3 等。DoDAF 源于 20 世纪 90 年代美军构建作战指挥综合信息系统，已成为加拿大、英国和北约构建国防信息系统体系遵循的标准，在作战概念建模中得到广泛认可与应用，可为作战概念开发提供规范、指导原则、规划方案、视图模型及产品说明等，从而有利于不同系统间的集成与交互。同时，OPM 和 SysML 作为 MBSE 两大核心语言，各有优缺点，一般认为，OPM 更能反映系统整体和不同层次概念，较适合概念创意与设计早期阶段；SysML 功能强大而丰富，更适用于后期的详细设计阶段。

3. 概念应用方面

为推进协同作战概念落地，美军往往进行系统化的项目布局，同时，也有效牵引了装备技术研发。以"马赛克"作战概念为例，据不完全统计，相关项目超过 40 项。在体系架构方面，美军 2018 年 7 月启动了"自适应杀伤网"（ACK）项目，旨在基于智能化辅助决策技术，通过不同作战领域中自主和最优化选择传感器、武器/平台和射手，自适应构建杀伤网；2020 年，又提出发展分解/重构（Decomp/Recomp）项目。在指挥控制方面，美军 2019 年 5 月启动了"空战演进"（ACE）项目，旨在通过训练人工智能来处理视距内的空中格斗，飞行员能够将动态空战任务委托给驾驶舱内的无人、半自主系统，进而使得飞行员能成为指挥多架无人机的真正意义上的指挥官。在通信网络方面，2020 年美军启动了"基于信息的多元马赛克"（IBM2），旨在研发网络和数据管理工具，用于自主构建跨域网络和管理信息流，以支持动态自适应效果网。基础技术方面，从目标识别、感知、瞄准、地理空间、后勤保障等方面启动了一系列技术研究。

美军同时还开始了演习演练和实战化进程。目前，美军已多次在军演中进行了多域战作战演练。美国陆军能力整合中心（已转隶陆军未来司令部，更名为未来与概念中心）的年度"统一探索"研究和实验，为探索机器人与自主系统实战化运用提供了有力保障，如"统一探索 2018"的一系列活动直接促成《实战化运用机器人与自主系统支持多域作战白皮书》的形成。在多域战概念实践推动方面，太平洋司令部（2018 年 5 月更名为印度太平洋司令部）走在前面，其前任司令哈里·哈里斯在 2017 年 5 月就明确要求所属部队将多域战概念纳入后续演习中。2018 年，多域战概念在该司令部全年训练中进一步得到体现，如在"2018 环太平洋演习"中，为了击沉目标舰船，美国太平洋陆军部队从岸上发射一枚海上打击导弹。美国空军于 2019 年 4 月宣布"先进战斗管理系统"（ABMS）支撑多域指挥作战的新愿景，计划每四个月进行一次实验、并不断演进；第四次演习试验于 2020 年 12 月 9 日举行，美军 F-22A 和 F-35A 两型第五代战斗机克服了长期以来的互联互通限制，首次以安全的数字式"语言"实现了作战数据多源共享，美国海军陆战队的 F-35B、美国空军的 F-22A 和 F-35A 首次与号称"一号可消耗武器"（attritableONE）的

XQ - 58A "战神女婢" 低成本可消耗无人机一起飞行。

美军作战概念最直接应用是得到各军兵种响应、甚至进入条令条例。如对于分布式作战概念，美军各军兵种均积极响应，各自提出了适用于本军兵种的分布式作战概念，即 "空中分布式作战" "航空航天战斗云" "海上分布式杀伤" "分布式防御" 等。对于 "多域战"，2016 年 11 月 11 日，多域战概念被写入美国陆军新版的《作战条令》；2017 年 2 月 24 日，美国陆军与海军陆战队发布《多域战：21 世纪合成兵种的演变》（1.0 版多域战概念文件）白皮书，成为美国陆军的正式作战概念；2018 年 12 月 6 日，美国陆军训练与条令司令部发布作战概念文件 TP 525 - 3 - 1《2028 多域作战中的美国陆军》（1.5 版多域战概念文件），多域战概念正式转变为多域作战新版概念。

近年来，国内作战概念研究方兴未艾。与美军相比，国内还没有形成完善的作战概念研究体系和规范的研究过程。美军作战概念研究从国家战略指导、联合作战需求出发，更关注于如何克敌制胜、提升能力，本质是作战设计。国内作战概念研究从某种意义上来讲，前期大多集中在型号装备作战使用研究，以及大量的美军作战概念分析研究上。与美军侧重于研究全局性、战略性、体系性问题不同，国内作战概念研究更侧重于局部性、使用性、过程性问题研究。近年来，举行了系列作战概念创意大赛，开发了系列顶层概念并在部队试用、应用。但研究成果总体说来仍偏少，且由于过于注重保密，缺乏深入研讨，更缺乏部队广泛实践，对战斗力牵引作用仍有待于进一步发挥。

本书作者团队长期关注国家战略需求，紧跟科学技术发展前沿，注重从深层次把握技术机理与制胜机理，开展了一系列协同运用作战概念建模，与相关单位长期互动、迭代交流，进行了多次相关概念演示，并组织了全国首次本领域战略推演和多个系统应用，有力带动了雷达组网协同运用作战概念研究。

2.2　协同概念开发背景预测

一般来说，作战概念背景预测分析可以从战争形态演变、面临军事问题、前沿技术支撑和军事应用价值等方面出发，阐述该作战概念的背景条件、必要性和紧迫性。开发雷达组网协同运用作战概念，需适应体系作战发展的需要，是应对空天威胁目标发展的需要，是创新预警装备发展模式的需要，是牵引雷达技术未来发展的需要。

2.2.1　现代战争形态演变

近年来，随着人工智能、网络对抗、电磁战和高超声速武器等技术的迅猛发展，以及各国作战概念的快速创新，新的战争形态已崭露头角，突出表现为体系、分布、跨域、协同等标志性特征。美军据此提出一系列新型作战概念，如"联合全域作战""分布式作战""马赛克战""导弹齐射""云作战""无人机蜂群作战""算法战"等；俄罗斯也提出了"格拉西莫夫战术""侦察—火力战""指控瓦解""统一雷达场"等一系列新型作战概念。对此，习主席讲话指出，现代战争发生了深刻变化，这些变化看上去眼花缭乱，但根本的是战争的制胜机理变了。通过雷达组网协同运用作战概念开发，深入探究协同运用制胜机理和技术机理，深刻把握空天预警体系建设与运用规律，进一步树立"体系观"，推动空天预警架构由"平台中心"到"体系中心"的转变；进一步树立"协同观"，推动雷达装备运用由"单装为主"到"协同一体"的转变；进一步树立"精确观"，推动雷达管控由"基于语音命令的粗放指挥"到"基于预案的精确管控"的转变；进一步树立"态势观"，推动决策由"直觉为主"向"基于态势信息判别"的转变；进一步树立"融合观"，推动情报信息由"兵种为主"到"跨域融合"的转变。

2.2.2　空天威胁目标发展

预警目标和预警装备的矛盾运动是预警体系发展的内在动因。近年来，随着现代科学技术的快速发展，空天打击武器呈现迅猛发展势头。弹道导弹和隐身飞机等传统空天进攻武器更新换代，高超声速武器、高度自主化的无人系统、空间武器、赛博武器等颠覆性技术日渐成熟；世界各国更加注重体系的构建，如美军提出"第三次抵消战略"，拟充分利用在无人作战、远程和隐身空中作战、水下作战，以及复杂系统工程方面的独特优势，将各种不同的、部署在全球各地的武器平台联结在一起，形成全球监视打击网络。未来空天预警装备体系要生存发展，必须同时实现对隐身飞机、弹道导弹、巡航导弹、无人机等各种威胁目标的有效探测，并且能有效对抗电磁、网络等各种武器的软干扰与硬摧毁，从而满足现代体系作战任务需求。显然，任何单个雷达装备均无法有效应对，必须依托雷达网进行体系协同作战。然而，当前雷达网普遍面临"强个体、弱体系"问题，网络结构僵化、智能较低，体系效能很容易出现"断崖式"下降；同时，预警装备体系还面临强链接关系的难题，预警作战的成败，往往由指挥决策的成败、拦截的成败、反击的成败共同决定。因此，必须开展雷达组网协同运用作战概念研究，聚焦强敌作战需求，加大对手研究、复杂战场研究，充分掌握对手装备技术性能、部队战术和战场环境特点，构想大规模、复杂作战想定，研发针对性预警手段和战法；要搞清雷达组网协同运用体系架构、内容流程、规则策略等，加强体系架构柔性设计，强化传感器和平台的多样性与一体化设计，促进各类探测系统、指挥系统、武器平台尽快联合成有机整体，有效提升体系一筹划、精准调控各类预警资源能力；要大力提升预警体系协同抗干扰、协同抗毁能力、敏捷反应能力，确保在任何攻击下仍能生存、并持续拥有必要的预警能力。

2.2.3　预警装备发展模式创新

我国传统预警装备发展通常采取两种思路：①基于对手威胁装备战术技术性能，进行针对性、反应式设计；②基于现有技术能力集成设计，结合个别前沿技术预测设计。这两种思路很多时候都是"外军发展什么，我们跟着发展什么"，本质上均是基于现实的被动性、叠加式设计，导致了当前预警装备体系发展两大弊端：①军事需求牵引不足，难以面向未来战争和作战样式前瞻性设计、难以面向复杂场景针对性设计，从作战设计视角研发预警装备；②体系整体设计不足，难以沟通作战和装备、装备与装备各要素之间的联系，从体系设计视角规划装备发展。特别是近年来，我国很多技术处于领跑、并跑阶段，原有"跟着走"模式不可继续。未来，随着高新技术的快速发展，诸多技术眼花缭乱、层出不穷，各种技术的可选择性大大提高，基于对手威胁进行设计很容易缺项漏项、陷入被动应对困境；基于技术能力设计可能缺乏重点、陷入太多方案选择困境。迫切需要开展雷达组网协同运用作战概念研发，采用"基于概念"的主动作战设计的新模式，创新装备体系建设思路，将战略指导与部队能力发展、装备发展联系起来，作为体系转型建设的引擎和设计未来装备的逻辑起点，发挥全局性、顶层性、导向性作用；找准对手弱点，发挥我们优势，形成我们独特的作战概念，牵引我们走自主创新、非对称的装备发展道路，从而打破传统多重覆盖、以量取胜的装备发展模式，发展"精干顶用"的新型空天预警装备体系，推动预警力量从数量规模型向质量效益型转变，并逐步形成与强敌抗衡的能力。

2.2.4　预警领域科学技术发展

国内外发展历史表明，空天预警体系建设作为世界各国战略重点建设工程，对高新技术及其产业发展具有巨大牵引和带动作用。当前，空天预警装备正向软件化、多功能一体化、分布式网络化、智能化、无人化、太空化等方向发展，既需要大数据、人工智能、云计算等底层技术支撑，又需要作战概念设计、需求分析、体系设计、任务规划等顶层技术支撑，还需要预警装备优化部署、资源管控、预案设计、作战规则设计、智能决策等各种软、硬条件使能技术支撑。迫切需要开展雷达组网协同运用作战概念研究，梳理协同运用实现所需各种要素，明确并解决支撑协同运用实现的基础理论、重大科学问题与核心关键技术等需求，尽快形成战略共识，加强顶层设计，明确战略目标、确定重点方向、明确发展路径，一体化规划布局原始创新、应用创新、军民融合创新相关项目研究、条件平台建设和成果转化应用工作，从而促进预警领域科学技术尽快进装备、出效益。

2.3　协同概念机理模型

探究协同运用作战概念内在机理，建立机理模型是目前的技术难题。我们从协同运用作战概念的基本理论与原理出发，充分考虑协同运用"多、快、控、融、算"等战技特点，依照作战概念"基础、战术、技术"三类模型逐步递进与深化建模方法，来揭示协同运用的技术与制胜机理，提出实现协同探测群的技术体制，并建立对应机理模型，这对指战员深刻理解协同运用作战概念具有重要的指导和帮助作用。

2.3.1　"多域融一"协同运用基本原理模型

在各种作战概念、制胜机理的背后，网络信息体系条件下作战有一条深层次原理始终在发挥作用，即"多域融一"技术原理。无独有偶，美军虽然没有提出"网络信息体系"概念，但却是网络中心战（NCW）、作战云、联合信息环境等一系列具备网络中心、信息主导和体系支撑特征等作战概念的提出者与实践者。

1972年，奥地利著名科学哲学家首次提出除了物理世界、精神世界外，还存在第三个世界，独立的思想世界或知识世界，"一旦被创造出来之后，就有了不依赖于人的思想的独立性"。美军提出"网络中心战"概念时，将现代作战体系分成了3个域，即"物理域、信息域、认知域"；后来，逐步发展成四个域，即"物理域、信息域、认知域、社会域"。我们认为，这四个域是比较符合网络信息体系的客观特征的。其中，物理域是各种有形资源及作战对象、作战环境等客观存在的事物，是体系作战效能的发生地。信息域是信息生成、受控和共享的领域。认知域是感觉、认识、信念和价值存在的领域，是指战员根据理性认识进行理解和决策，涉及指挥员的理念、知识、思想、认知等，包括领导能力、指挥意图、部队士气、部队凝聚力、训练水平、作战指挥经验和水平、态势感知以及条令、战术、技术和流程等因素。社会域与认知域相互高度依存，在指战员独立认知的基础上，支持指战员进行便捷交互、共同理解、共享感知、协同决策等社会认知活动。

在预警装备协同探测体系中，物理域主要包括各组网雷达、通信网络、组网融控中心系统等设备，对应的可控探测资源包括组网雷达的选择、部署、工作模式和参数设置等。信息域主要包含与预警态势信息生成、处理、分发、传递、防护、存储、共享等相关的活动。认知域强调指战员对探测资源预案的设计与运用调整能力，以及对上级任务与预警态势的理解能力。社会域强调指战员从独立认知到共享感知、共同理解、协同决策的社会认知过程。物理域的探测资源管控、信息域的融合处理、认知域的预案设计和实施等活动构成了雷达组网协同运用的核心技术。

在实际体系作战中，多域是密不可分的，而且只有通过多域紧密协同和融合，才能使体系作战更加灵活和柔软，才能面对更加复杂和快速变化的作战环境，产生体系战斗力增量，达到提升体系作战效能的根本目的。在团队前期著作《雷达组网技术》中，给出了"多域融一"基本原理模型，描述了多域融合产生体系战斗力增量的基本原理：共享感知发生在信息域与认知域的重叠部分，促进战法和战术创新，即多雷达协同运用战法创新；物理域与认知域重叠产生时间压缩，促进协同与同步，实现协同作战，即协同运用战法实施；物理域与信息域交叠产生精确部队，即优质预警情报或态势。多域融合越紧密，战斗力增量越多，体系作战效能越大，最理想状态就是多域融一、产生最大战斗力增量。从这种意义上来讲，"多域融一"同时也是一种理想的目标或愿景模型。

2.3.2 "群案策"协同运用制胜机理模型

认识和把握战争制胜机理，是研究战争的逻辑起点，是作战设计的基点。所谓制胜机理，是打胜仗的道理、规律、路径以及方式方法，是针对特定作战对手，在特定的地理、社会环境下使用特定力量的取胜之道。制胜机理 = "作战路径及理由 + 优势原理"，其重点在于界定打击敌人的路径。我们认为，探究发现制胜机理，主要是指根据对手作战体系特点、作战逻辑规律，找准红方力量运用的指向以及积聚力量的方式方法。其核心关键在于：明确协同运用目标和重点指明"力量方向"、有效集聚各种资源提升"力量大小"，从而在提升红方体系作战效能的同时，有效打破对手作战逻辑，确保克敌制胜。

美军近年来大力发展隐身飞机、高超声速武器，提出"联合全域作战""导弹齐射""无人机蜂群作战""算法战"等一系列新型作战概念，其深层次的逻辑在于，认为我军很难探测发现这些空天进攻武器，即使发现，也不过是"惊鸿一瞥"或"手忙脚乱"，来不及在有效时间内形成预警闭环，更难形成打击闭环。

因此，未来我军预警联合作战的根本出发点和落脚点在于，及时探测发现目标，并在对手有效规避前完成预警闭环、打击闭环。研究发现，运用"资源群＋预案库＋决策树"（简称为"群案策"）机理模型有望实现高效闭环、克敌制胜，如图1-9所示。即通过人机协同决策，基于任务敏捷构建探测资源群，优选、微调和迭代优化预案，进而快速形成预警闭环与打击闭环，从而有效提升雷达网实战效能。

在"群案策"机理模型中，资源群是基础，实现基于任务敏捷组网；预案库是依据，支撑了探测资源精准管控；决策是核心，支撑了正确实施。资源群、预案与决策三要素互相作用，使指战员获得了组网形态与优选预案的决策优势，也获得了资源精准管控的行动优势，最终获得协同探测的预警信息优势，从而能有效应对强对抗、高复杂、不确定的威胁目标和环境。其中，决策，即人机智能融合的决策，是在装备系统辅助决策的基础上，指挥员最终选择决策，生成执行方案。具体说来，是预警指战员基于融控中心系统建议的辅助决策，综合态势多要素的考虑决策，决定组网形态与待执行预案。人机智能融合决策既发挥了装备系统内机器计算、智能算法等逻辑处理优势，又发挥了指战员理解、思考、直觉等非逻辑的优势，从而快速选出相对优化的预案，实现"1＋1＞2"的效果。需要注意的是，人机决策融合不仅仅是做出简单选择，更需要实施一系列人机交融迭代的与人机长期训练的过程。

基本的作战制胜过程如图2-2所示，以连接物理域、信息域、认知域、社会域等领域的"载体"——预案为"核心"，通过人人闭环促进社会域认知域融合，获取决策优势；人机闭环促进认知域、信息域与物理域协同，获取行动优势；最后通过机机闭环实现物理域的探测效能释放，获取信息优势。也就是说，通过平时规划预案、推演优化预案，军地多方协同、人人闭环，汇聚多方智慧、集聚体系效能；战时人机闭环协同决策，临机选择预案、调整预案、实施预案，大大缩短决策时机、行动反应时间，做到即时决策、实时反应、零时释放体系效能，有望及时发现目标、预警目标、报知目标，实现预警作战胜利。

整个制胜过程具体又可以分为6个关键环节：①通过完备预案集支持预案优选，确保预警作战决策优势；②通过人在回路的管控闭环来实施预案，确保预警行动优势；③通过信息融合表征预案效果，确保预警信息优势；④通过推演评估优化验证预案，确保预案高效可行；⑤通过人机智能融合升级预案，确保体系效能持续提升；⑥通过架构柔化保障预案，确保敏捷构群。

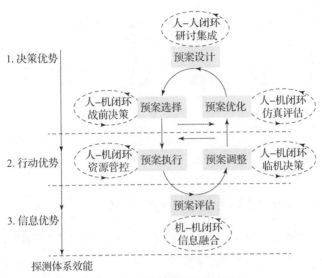

图 2 - 2　协同运用制胜过程

2.3.2.1　完备预案集支持决策优选优势

"快"胜"慢"是现代信息化战争制胜的普遍机理。诚如美国空军传奇人物约翰·博伊德上校早就提出：保障胜利的关键在于维持一个比敌人更快的 OODA 循环。预警作战的胜利同样需要更快完成 OODA 循环，必须比对手预想的更早发现，比对手更快决策，比对手更快行动，比对手更快改变，这是战争获胜的根本机理。目前，空天预警快速行动的瓶颈主要在于判断和决策环节。通过平时周密的筹划，设想各种可能场景，提出各种针对性预案。随着预案设计技术的发展，以及在实践过程中预案的不断完善、逐渐周密，将推动决策从基于主观判断到预案选择的转变，从常态人工监管到意外处置转变，极大缩短判断和决策时间，极大提高科学性、正确性；大部分时间，预警装备自动选择方案、自动调度资源、自动调整架构、自动运行方案，决策、调度和行动环节也逐渐向光速匹配，从而实现统一筹划、实时调度的全光速跨域协同运用方式。

整个制定预案的过程是多方参与、集聚智慧的过程，原理如图 2 - 3 所示。一开始往往根据首长决策指示，由机关和院校提出初步预案构想，进而由军队机关、院校、装备承制单位共同完成初步预案设计，并展开作战推演，在实验室迭代完善预案，然后通过装备试验、作战训练，形成最终确定的优化预案。

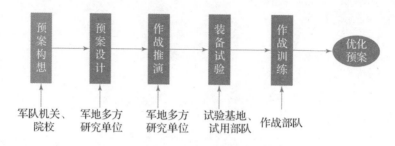

图 2 - 3 预案制定概略过程

2.3.2.2 管控闭环实施预案生成行动优势

站在空天预警体系使命任务的视角看，协同运用的整个闭环是由大小双重管控闭环实施预案而成，原理如图 2 - 4 所示。其中，大闭环为防空反导联合作战闭环：预警、武器、指控闭环。其使命任务是：①给各级指挥机关实时提供全面准确的空天预警态势情报，支持机关首长决策；②给各种拦截武器提供实时精确的引导信息，支持拦截武器打击空天威胁。基于指控和武器的需求，优化分配各传感器的探测任务，实现装备体系的协同作战。大闭环回路：作战需求分析→协同预案设计与调整→传感器协同探测→信息生成发布。小闭环为协同探测的核心闭环：预警中心与多传感器闭环。其使命任务

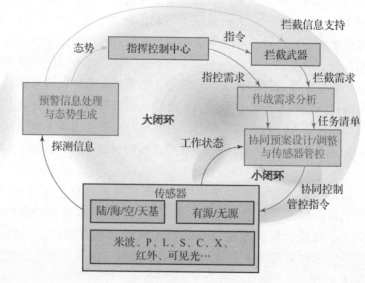

图 2 - 4 "双重闭环"协同运用示意图

是：针对多类多种空天威胁，预警体系为了完成上级赋予的警戒、引导、指示、监视等多项大任务，以及搜索、截获、跟踪、识别等小任务，就要优化调整多类多种传感器，实现多传感器协同探测，合理分配探测资源。基于实时探测数据，对传感器资源进行协同控制，适应快速变化的复杂场景，实现空天目标匹配探测。小闭环回路：传感器参数监控→协同预案实时调整→传感器协同管控→传感器目标探测。

不同于传统仅仅在情报产生后进行协同，如图 2-5 所示，基于预案，新型预警网可以实现在协同探测的每个管控环节协同，如图 2-6 所示，通过全流程的闭环优化，确保预警行动优势。根据空天安全需求牵引，研究协同运用概念模型，牵引协同运用能力生成；依据"料敌从严、预计从宽"原则，提前研发制定协同探测预案，并通过作战试验、训练，完善形成各种作战方案，做到有备无患。战时基于匹配方案展开协同探测，优选融合算法、实时调度资源，并及时评估威胁目标、战场态势和红方装备情况进行优化调整，确保信息服务质量。其中，协同运用概念模型研发是基本导向，负责"构想"，牵引协同运用体系能力生成与提高。预案设计是核心依据，负责"精算"，贯穿于平战时、前后台、上下级、左右方，涉及全流程、全系统、全要素。态势感知是作战核心活动，负责"看"，感知威胁、分析威胁、预测威胁，获取信息优势。资源管控是精细执行，负责"干"，具体落实协同运用方案。效能评估负责"评"，为预案调整和资源管控提供直接依据。

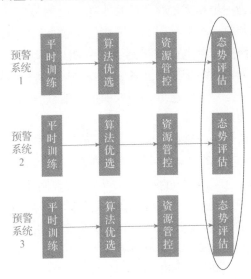

图 2-5　传统"并列链式"协同运用管控流程

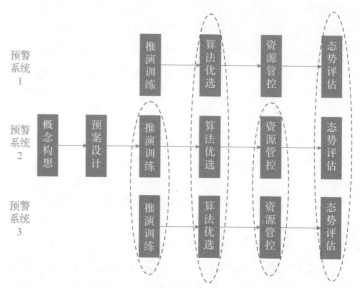

图 2-6　新的"统一规划、分步实施"协同运用管控流程

2.3.2.3　信息融合表征预案效果

传统上，我军预警作战还是以陆基预警为主，空基、天基、海基为辅。随着全球化的发展和科学技术的进步，陆地、海洋、空中、太空和网电空间逐步融合，已经发展成为一个相互依存、唇亡齿寒的"跨域空间"。客观要求我军预警作战行动，必须打破军兵种限制、无缝衔接多个战区空间，协同各类预警作战要素，发挥陆海空天网电多域传感器综合能力。基于预案进行信息融合，可综合利用陆海空天电网多型探测装备，对威胁目标进行多域融合感知，确保实时、准确掌握战场态势。信息融合获取的情报信息质量，是预案实施效果的最直接、最客观的表征。

传统并列链式信息融合流程如图 2-7 所示。与之不同的是"全流程"协同运用信息融合流程，如图 2-8 所示，主要包括以下流程：

（1）协同搜索。主要解决目标的尽早尽远发现问题，应尽可能变"被动等"为"主动搜"预警模式。综合利用侦察监视、信息对抗等手段获取的目标区域早期动向意图情报、打击征候和战场环境情报，确定最佳预警探测方案，及时调度控制预警装备，从而尽早尽远发现目标。

（2）协同跟踪。主要是解决目标穿越不同传感器探测空域时的连续跟踪问题，包括确定交班传感器的引导信息和引导方式、接班传感器的搜索截获方式。通过各类预警装备间的互相协助和引导交接，在不降低系统整体探测性能

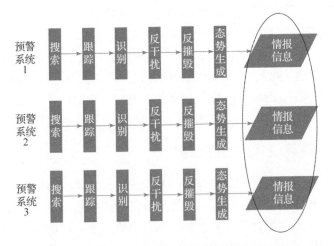

图 2-7　传统"并列链式"协同运用信息融合流程

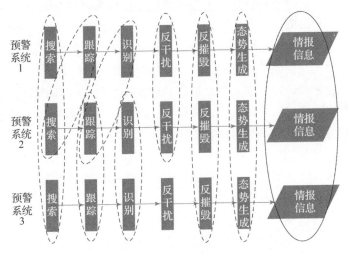

图 2-8　新的"全流程"协同运用信息融合流程

的条件下，单一的平台或装备可集中更多的资源尽快对重点区域进行监视或对重点目标进行捕获和跟踪，从而优化和提升体系整体的探测效能。

（3）协同目标识别。通过多部预警装备对目标的多角度多维度观测，可以获得更加丰富的目标运动特征、RCS 等特征信息，经过综合处理研判，从而有效提升对目标识别置信度。

（4）协同反干扰。单一雷达的抗干扰能力有限。在干扰环境下，通过多站部署和多频段预警装备互相配合，特别是对抗干扰策略进行统一控制管理，可以有效提升体系抗干扰能力和目标探测能力。

（5）协同反摧毁。综合运用体系内各种反电子侦查、告警、干扰和拦截等各种技术措施，保护预警系统免遭来袭反辐射武器摧毁。

（6）信息火力协同。预警装备体系根据拦截或打击武器的发射、碰撞等信息需求，在合适的时间点向其提供合适的目标信息，从而大幅提升武器交战效能和交战成功率，对反导或反击作战提供全程的预警信息支持。另外，还有协同搜跟、序贯识别等，对不同装备的不同环节进行交接引导、信息融合等。

2.3.2.4　推演评估优化验证预案

预警装备组网协同运用推演评估是基于作战仿真模拟的评估，是指用建模仿真技术建立预警装备组网协同运用仿真模型并进行仿真实验，从实验过程中得到系统数据，经过统计处理后得到指标评估值。推演评估是预案设计的重要一环，可以帮助军事人员拟制预案。同时，还可以用来检验方案，是预案实施前的必要环节。通过推演评估，可以对体系作战预案进行全方位的检讨，发现方案中可能存在的问题，及时修正、优化预案。推演评估实践过程中，以实战要求为标准，针对典型协同运用场景，设计动态评估指标体系，开发集成仿真系统，开展"人在回路"的闭环式、实战化推演，进行客观、准确评估；通常需要对作战方案进行多次反复的推演，以查找不足，提出解决办法，最终形成尽可能最佳的、可用的预案或作战规程。

协同运用体系推演评估遵循以下4个原则：

（1）客观性原则。效能评估是针对仿真推演客观存在的预警探测作战活动进行的，评估的项目根据作战目的、作战需要和作战过程设计，考核的指标和评估的方法要考虑仿真实际。

（2）完备性原则。从预警探测系统整体的角度出发，主要从作战角度考虑所有可能的重要信息，对构成预警探测系统的各项指标进行多方面考虑，以全面反映协同运用后整个体系的作战效能。

（3）合理性原则。效能评估要合理设置评估参数，突出重点。指标体系的大小应适宜，明确各描述参数的内涵，排除指标间的相容性，保证评价的合理性和科学性。

（4）可行性原则。效能分析所建立的模型，应满足量化计算的可行性，否则，即使使用了科学、合理的效能评估模型，也因无法计算而得不到系统效能的评估结果。

2.3.2.5　人机智能融合升级预案

必须指出的是，在充分利用预案设计、资源管控、信息融合、人工智能、大数据等各种先进自动技术的同时，并没有降低对指挥管理人员的要求，而是提出了更高的要求。预案，首先是人工设计的预案。正如美军《通过任务指挥提升 ISR 行动敏捷性》研究报告指出：ISR 敏捷性的三大支柱是：准备、预期（达成共同理解）、战备，均由指挥管理人员牵头实现。我们认为，这其实也是对预案不断的优化过程。其中，准备工作主要是建设有凝聚力的团队、完成初步预案设计。预期工作主要是接受谨慎的风险、达成共同的理解，选择确定预案；并提前部署体系资源，全面整合协调预警信息流程、管控流程。战备主要是采取行动以快速适应不断变化的条件，优化预案，确保灵活支持指挥员的需求。

事实上，必须通过指战员的人类智能与整个组网协同运用系统的人工智能的融合，让协同运用系统或者新型相控阵雷达在作战运用中不断升级形成新的预案、甚至获得更强的智能。预警装备全面感知目标、环境、其他装备等可感知的概况，获得大数据；预警装备基于设计师和指战员战前设置的预案，经初步认知获得如点迹、识别特征等有价值的信息，再经综合认知，获得如航迹情报、识别结果、调整预案、操作指南、抗干扰策略和维修等精细化预案升级建议。这些决策建议往往带有优先级、预测效能、可信度等边界条件，为预案优化和实际操作提供指南。另外，各层次指战员也全面感知可能的先验知识，并理解多样化作战任务及其优先级，获得决策支持信息。所有建议经指战员的综合考虑，生成上报的综合态势与威胁评估，以及本级实施的多类型预案决策等。也就生成了比单一机器或人类智能更优的新预案甚至要强的新智能。

具体说来，空天预警组网协同探测系统作战过程就是体现人机智能融合过程，会构成新的闭环。首先，人要把正确的作战观念、价值取向、任务优先等赋予机器，构成机器人工智能的基本内核，机器在认知和建议中体现人的意图，丰富的决策建议支持人的决策正确性与时效性；其次，人在机器全面感知、大数据处理与模板匹配等多方面支持下，进行实时正确决策，决策选择机器提供的建议；最后，人的深思熟虑与最终决策不仅支持作战任务的完成，还可再次优化机器内部的预案、算法、规则和模型等人工智能内核，实现决策中心战。预警装备处理的数据、信息和提出的建议，指战员采纳的决策建议，表达了预警装备人工智能与指战员人类智能融合过程，生成的智能就称人机融合智能，两者智能融合越好，预警装备的智能就越强。表达了预警装备经指战员作战运用的综合智能，也就表达装备作战运用的水平、能力和效能，人机融合智能的高低就表达了战斗力大小。所以，人、机、环境系统之间的交互是智能生成的根，是机器人工智能的源泉，人机密不可分，在技术上构成人机智能融合的新闭环，即"智融闭环"，是组网协同探测群制胜机理在智能化上的体现与增长点，深化研究人机智能融合方法非常必要。

2.3.2.6 架构柔化保障敏捷构群

"敏"胜"僵"是现代信息化战争的重要制胜机理。现代化的预警网结构必须能够进行实时架构柔化、敏捷适应、富有弹性，在战斗中如果一个节点被摧毁或者隔离于网络的其他部分，那么单个节点可以与其他节点、甚至直接与上一级或总部取得联系，确保实现更无缝的数据共享与信息支持；任务分配更加灵活，可以根据不同任务需求自动调整资源分配，确保任务高效完成。从体系运用的角度来说，体系组成要素之间的连接关系、信息交换能力影响作战筹划、计划以及作战实施、体系的物理结构是影响体系能力的重要因素。通常来说，体系的作战能力与OODA环密切相关。网络信息体系架构敏捷适应最典型的表现是OODA环的敏捷适应。体系中各组成要素网络化后，各组成要素之间能够根据需要灵活建立连接，使得体系中可以构建的OODA环增加，OODA环的组成和结构灵活变化，适应不确定作战环境和任务。OODA环组成和结构的灵活性增加的优势体现在：①提供更多的OODA环，使得作战方案上存在更多的选择；②在对抗环境下，当某个OODA环出现断裂时，可以通过重构OODA环，完成作战任务；③当体系面临不确定任务时，体系可根据任务需求，敏捷构建新的OODA环，满足需求适应任务变化。

具体说来，要做到协同运用架构敏捷适应，有以下要求：

（1）要满足整个预警网内多种协同运用结构并存与转换的要求。在整个预警网内要求多个任务级、参数级、信号级协同探测结构并存，而且随探测任务快速敏捷重组。体系由按照组网互联互通互操作接口协议规范设计的传感器、基层融控节点、高层融控节点组成，都部署在基于网信架构的栅格网络上，构成整个预警扁平化网络。

（2）要保证每个协同节点结构快速重组为协同探测群。在日常值班模式时，各基层节点按编制组网所属雷达进行探测，组网结构按编制给定，是静态固定的，控制和探测信息流方向是明确的；在作战任务驱动时，按照协同机制，基层节点按任务可快速跨区跨域动态灵活重构所需雷达，按任务构成新的组网协同探测群，并按既设的协同探测预案进行协同探测，通过各级节点对多雷达探测资源的灵活控制，来完成给定的探测任务。当探测任务发生变化时，组网的雷达数量、协同的预案、工作模式和参数随之变化，实现从"按编制不变探测"到"按任务灵活而快速变化的协同探测"的转变，使预警网具备了战场环境感知灵敏、按任务组网捷变、基于预案决策快速准确等方面特点，随着节点智能化算法和软件的逐步升级，预警网的智能化程度会越来越高，智能化探测能力会越来越强。

（3）保证新设计的预警网架构与现役架构兼容。现役预警网体系架构按照"单雷达分别探测 + 大网集中处理情报"的基本原理和出发点设计，这种架构预警网具有战术应用与管控简单、情报处理量与通信需求量小、技术攻关与装备研制成本低廉等的突出优点，新架构应按照新老兼容、分区实施、平稳转换、逐步升级的原则进行设计。

2.3.3　"案控融"协同运用技术机理模型

为具体实现"群案策"制胜机理，可采用"案控融"（预案 + 控制 + 融合）协同运用技术实现机理模型，如图 2 - 9 所示。

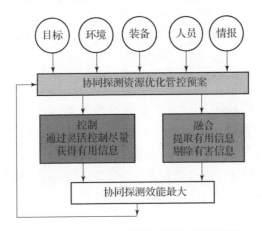

图 2 - 9　"案控融"协同运用技术机理模型

模型中，预案是"物理域、信息域、认知域、社会域""多域融一"的集成工具，如图 2 - 10 所示，是"目标、环境、装备、人员、情报"预警五要素的集中体现；是实现探测资源灵活、实时、预案式优化管控的保障，是预警装备组网协同运用实现效能最大化的基本依据；是指战员认知域思想工程化的第一步，是实现指战员思想和战法的软件，是探测技术与战术紧密结合的产物，工程化预案可给指挥员带来决策方案丰富性、决策正确性、决策时效性等方面的优势；是当今预警装备与预警中心系统最薄弱、最需要加强的内容。

"控制"与"融合"是实现"协同运用预案"两个必需技术途径。通过"控制"，灵活使用探测资源，尽可能获得目标的有用信息；通过"融合"，提取目标的有用信息，剔除有害信息，获得目标的优质情报；如何进行灵活的"管控"与"融合"，由协同运用资源管控"预案"来实施，不同的探测任务、目标和环境以及所用的预警装备，协同运用预案与控制内容也各不相同。

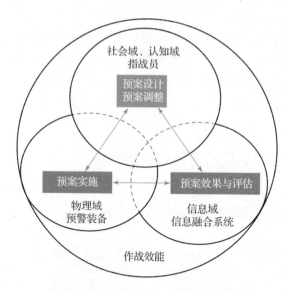

图 2 – 10   预案与"多域融一"关系

综上所述,我们通过"预案"作为联系枢纽、通过"融合"作为联通"信息域"、通过"控制"贯通"社会域""认知域""物理域",成功实现了"多域融一"。在社会域、认知域,指战员开展预案设计,并根据实际情况进行预案调整;在物理域,通过预案对各类资源进行调度与管控;在信息域,通过情报信息质量和资源信息评估,对预案实施效果进行评估,为预案调整提供实时信息依据。

在认知/社会域,要求指战员从单雷达探测模式向体系协同运用转变,充分发挥体系协同运用的主观能动性,依据探测任务、具体装备和战场环境等,设计制作多种探测资源管控预案,进行仿真推演和训练,并在战中实时调整好探测资源,使组网探测资源与空天目标环境匹配,实现匹配探测。在物理域,在合理选择与优化部署组网雷达的基础上,充分发挥组网雷达探测资源优势,通过预案对其进行实时控制,实现多雷达协同探测,尽可能获得空天目标有用的回波信息。在信息域,在理解探测信息特性的基础上,选择融合算法,设置融合参数,完成多雷达点迹融合,输出融合航迹情报,在规定的时间内,发送到所需要的用户。依据"多域融一"体系协同运用机理,要获得和挖掘雷达组网探测系统的非合作目标集群探测能力、体系抗复杂电子干扰能力、优质引导情报保障能力,必须实现多域自觉、紧密、无缝地融合,就是要设计与实施基于"多域融一"的协同运用资源管控预案。

相比物理域的探测资源与信息域的融合处理,各层次指挥员认知难以统一理解，而且较易出错和被误解，认知结果更难以在预警装备中工程化实现，这就是在雷达组网探测系统中工程化实现"多域融一"协同运用资源管控预案的技术难点所在。所以，在预警装备协同运用体系总体论证、设计与研制时，必须为"多域融一"尽可能地创造条件，特别是软件设计要为"多域融一"协同运用资源管控预案设计、探测资源控制命令生成、综合情报态势共享理解、操作流程等方面提供方便的接口界面，便于指战员二次开发，为"多域融一"预案制作、仿真、推演、训练等提供技术支撑。在预警装备协同探测体系作战使用时，指战员既要非常熟悉各组网雷达、融控中心系统等装备性能，又要把"预案设计—资源控制—信息融合"融为一体，实现"指战员—雷达—融控中心系统"之间的密切协同，来提高和挖掘对非合作空天目标的探测潜能。这种在广阔空间实现探测资源实时同步、"多域融一"的协同探测，就是预警装备协同探测体系基本原理的精髓。

2.4　协同概念体系模型构建

协同运用概念体系模型构建是作战概念开发的核心环节之一，一般是在机理模型的基础上，针对典型应用场景进一步具体描述主要作战行动、协同运用主要内容与方法等概念体系模型。

2.4.1　协同概念体系模型构建要求与内容

协同概念体系模型构建应以预警闭环构建与协同运用为重点，前瞻构设协同作战的若干典型场景，细化解构关键作战行动，提出主要协同作战内容与方法。具体说来，从"大预警"体系的角度出发，构设典型作战场景，并通过文字、图表、动画、仿真、推演等来描述作战体系组成、关键预警行动、协同运用内容与方法等体系模型要素，为研究作战运用与装备论证设计提供具象指导与牵引。

协同概念体系模型构建主要包括以下内容：

（1）明确协同目的。根据前阶段协同运用需求分析，确立协同运用目的。主要用文字进行描述。

（2）构设作战场景。针对不同作战任务，预测对手空天打击基本想定，预估红方可能涉及装备，设计协同运用体系架构。雷达组网协同运用作战场景可以针对不同威胁目标构设，如战略弹道导弹、战役战术弹道导弹、隐身飞机、巡航导弹、高超声速武器、无人机蜂群等空天威胁目标。目前看来，基本作战场景主要有战略反导预警、战役战术反导预警、防空预警、防空反导预警一体化等不同预警作战任务。开发早期设计阶段主要用文字结合图形进行描述，后期可用概念视图、演示多媒体、仿真软件等手段。

（3）研提协同策略与行动方法。明确主要作战行动流程，研提关键环节的协同运用策略与方法。开发早期设计阶段主要用概念视图和文字结合进行描述，后续可用演示多媒体、仿真软件等手段。

构建协同运用概念体系模型，是概念开发的核心环节，是概念建模的最重要产品。但从整个体系工程的视角来看，还是属于早期阶段，本质上是一种需求分析工程化，是在制胜机理模型基础上的流程化、在技术机理模型基础上的物质化，很难找到现有的体系建模工具进行开发设计，目前还是只能以文字描述为主，配以适当图形、动画和仿真推演。

2.4.2 典型作战场景下协同概念体系模型构建

可以针对战略反导预警、战役战术反导预警、防空预警、防空反导预警一体化等不同场景，分别建立协同运用作战概念体系模型。本书以战略反导预警协同运用概念为示例进行论述。

战略导弹通常为中远程或洲际导弹，携带核弹头。通过战略反导预警协同概念模型设计，构想典型战略导弹威胁场景，设计未来可能战略反导预警协同探测架构模型，研提典型战略反导预警协同探测方法与流程，促进战略反导预警体系能力生成与提升。

1. 协同目的

通过协同探测，实现以下目的：①全程覆盖。通过采用协同运用技术，基于"体系最优"原则，多源预警、分段跟踪、协同识别，从而确保全程预警信息覆盖；②信火一体。通过采用协同运用技术，解决预警信息支持拦截问题，满足预警信息强实时、高精度要求；③体系抗损。通过采用协同运用技术，提升预警装备体系抗毁伤和抗干扰能力。

2. 作战场景

对手打击基本想定：①蓝方由 A 方向发射若干枚 X 型号战略导弹攻击红方核心地区；②蓝方由 B 方向海域潜射若干枚 Y 型号战略导弹攻击红方核心地区；③蓝方由 C 方向发射若干枚 Z 型号弹道导弹攻击红方核心地区。

典型预警装备设想：①天基装备：高轨、中轨、低轨预警卫星搭配部署，实现全球区域覆盖和弹道全程跟踪；②陆基装备：远程预警雷达、远程跟踪监视雷达、精跟识别雷达等多频段梯次部署，提高预警体系效能和抗干扰能力，实现国土封边预警和来袭导弹目标精确跟踪识别；③海基装备：综合监测船。

3. 协同运用策略与主要行动

"分段接力、引导交接"协同运用策略：由于战略导弹射程远、跨越地区多等特殊性，很难做到覆盖所有战略导弹方向的来袭弹道导弹全程，更难做到多重覆盖。因此，预计战略反导预警协同探测将主要呈现"分段接力、引导交接"特点。各型装备预警探测任务相对明确、分段负责、接替引导。如导弹预警卫星主要用于弹道导弹的早期预警和战略预警雷达的引导；远程预警雷达负责弹道导弹中期预警，引导多功能雷达跟踪识别；综合监测船前置机动部署，补充重点方向导弹目标的中段跟踪监视能力。

具体探测过程中，针对复杂实战场景下战略反导作战高实时性、高准确度、高可靠性的作战特点，预警中心统一调度天、地、海基各类预警装备，实施引导交接、多目标分配、抗干扰、信火一体等协同运用，完成对弹道导弹的早期预警、搜索跟踪和目标识别，紧密支持武器系统实施反导拦截，综合提升预警体系作战效能。

战略反导预警协同探测是针对具体作战任务、针对具体作战方向和作战目标的协同，本质是一种基于目标牵引的体系协同。按照联合一体、情报预警一体、预警拦截一体等原则，协同的层次包括体系级、系统级和装备级。体系级层面，进行预警与情报、预警与指控、火力之间的跨域协同；系统级层面，进行反导预警与防空预警、海上预警、空间监视之间的跨军种协同；装备层面，进行天基、海基、陆基的全方位多手段协同。四个主要阶段的协同，即：预警与情报协同、早期预警装备协同、跟踪识别协同、信息火力协同。

主要涉及 11 个协同环节，其中，主要的协同环节有 5 个：

（1）装备引导交接协同。主要指高轨预警卫星、中低轨预警卫星、陆基预警雷达间引导交接机理和流程。主要有 3 种引导交接：①高轨预警卫星发现目标，估计导弹发点、落点和射向，"概略引导"陆基预警雷达实施目标捕获；②中低轨预警卫星捕获目标，计算导弹位置，预测弹道，逐次采用概略和精确模式，引导陆基预警雷达实施目标捕获与跟踪；③远程预警雷达捕获目标，计算导弹位置，预测弹道，采用精确模式，引导远程跟踪雷达、精跟识别雷达实施目标捕获与跟踪。

（2）多目标分配。主要指不同策略下的多目标分配过程和效能。分配策略包括：①资源最少分配策略：每个目标只分配 1 部雷达；②资源充足分配策略：每个目标至少分配 1 部雷达，主体目标或弹头目标最多分配 3 部雷达；③重点目标分配策略：仅跟踪主体目标或弹头目标，每个目标分配 2 部雷达；④卫星目标分配策略：将导弹与红方核心地区的距离作为威胁等级评估因子，优先分配卫星跟踪高威胁等级的导弹目标。

（3）信息火力协同。根据目标攻击场景、拦截武器和制导雷达部署方案不同，采取三种不同协同方式：①自主交战。预警探测系统只能给反导指控中心提供态势信息，支持其制定拦截计划；②远程发射。预警探测信息可直接进入火力指控单元，支持拦截弹提前发射，利用自身制导雷达进行制导；③远程交战。武器系统利用预警探测信息支持拦截弹提前发射和拦截弹飞行过程中制导。

（4）体系协同抗损。当高轨预警卫星、中低轨预警卫星、地基预警雷达等装备受损，预警中心协同调配不同的预警装备进行应急处理。

（5）协同抗干扰。在跟踪识别雷达或精跟识别雷达受到弹载主瓣干扰下，预警中心协同调配不同的预警装备进行协同抗干扰。

2.5 协同概念支撑条件分析与可行技术体制

预警装备组网协同运用是预警体系作战能力生成的内在要求，是发挥预警体系能力的重要手段。然而，协同运用概念落地，需要作战能力和技术能力进行支撑。本节主要分析需重点发展的支撑条件和关键技术等。

2.5.1 所需支撑要素

综合前述研究发现，要实现协同运用，有顶层条件、硬条件、软条件和基础条件 4 个方面要素急需解决，如表 2-1 所列。

表 2-1 实现协同运用作战概念支撑要素

要素	具体要求	作用
顶层条件	开发协同运用作战概念	提升牵引力和指导力
	论证能力新需求、技术新需求	
	设计预警网协同运用架构	
	规划预警装备与通信网络建设	
硬条件	研制预警融控中心系统	提升硬实力
	研制和改造组网装备，并优化部署	
	构建协同资源管控闭环	
	构建基于网信的自组织通信网络	

续表

要素	具体要求	作用
软条件	研制协同运用预案，构建分类分层预案库	提升软实力和巧实力
	制定协同运用作战规则、策略、机制、条令等	
	完善协同运用所需的规则库、模型库、数据库等	
基础条件	突破辅助决策、人机工效等关键技术	提升支撑力
	制定互联互通互操作理解接口协议、时统等规范	
	研制一体化仿真推演研究、评估、训练系统	
	提高指战员协同运用认知，转变观念	

（1）在顶层条件方面。要预测分析空天新威胁，开发好协同运用作战概念，特别是构建好协同运用概念机理模型、体系模型；要论证好所需的能力新需求、技术新需求；要设计好预警网协同运用体系架构；要做好预警装备和通信网络规划，提升牵引力和指导力。

（2）在硬条件方面。要研制、改造包括融控中心系统、组网装备、通信网络等协同所需的硬件，构建好协同闭环，提升硬实力。其中，融控中心系统研制是核心关键。要进一步发挥牵引作用，对基于网络的装备协同运用要求与标准开展深入研究。当前，可在全军网络信息体系的架构下，研究明确装备基于网络协同的基准、接口、规则等协同运用需求，建立协同运用的架构、流程、标准，并通过试验环境进行验证，最终实现装备和系统的一体化建设，形成协同运用能力。

（3）在软条件方面。要制定好协同作战所需的规则、机制、预案、条令等协同所需的软件，提升软实力与巧实力。要加强对手研究，对空天目标特性与作战方式开展深入研究，针对未来空天战略袭击武器和威胁目标，梳理各类目标在不同的作战阶段和作战方式下的个性特征和共同属性要素，分解提出针对特性采集、分析、处理的各装备需求。同时需重点研究建立基于导弹、临空、空间目标、空中目标等 4 类作战对象的红外、光学、电磁和运动、微动等 5 类特征的综合识别规则，支持目标识别模板库的建设。要对复杂电磁环境下弹载主瓣干扰对协同效能的影响开展深入研究。需要研究装备频段、部署数量和位置、调度规则等关键因素对复杂电磁环境对抗干扰效能的影响，例如通过分析研究 P、S、X 等不同频段在不同干扰距离下的多站协同以及多频段协同抗干扰效能，探索体系抗损和抗干扰有效途径和方法，保证对目标态势全面、连续掌握。

（4）在基础条件方面。要全面准备基础技术支撑条件，包括突破关键技术、制定组网协同运用接口协议等规范标准、研制一体化协同运用推演评估训练系统等，提升支撑力。这些协同运用要素的解决，能有效支撑预警装备、预警节点（融控中心系统）与预警网的技术发展和能力提升。要研究人机工效与辅助决策等技术。未来空天预警作战与传统防空作战的最大差异是时空关系的剧烈变化，拦截窗口、决策时间有限，要充分利用语义理解、脑机等人机工效技术手段，提升多传感器协同目标梯次交接、自主跟踪、传感器—武器预警信息通道自主构建能力，提升机器对预警信息的处理速度和精度，支持指挥员精准、快速、便捷的预警作战决策。要对协同运用对网信等的基础要求开展深入研究。要进一步分析现有的通信基础能力是否能够支持装备实时、信号级的协同调度，如信号级协同检测需要吉比特量级的网络传输带宽和毫秒级的同步精度，比现有雷达情报传输网能力要求提升一个数量级。

2.5.2 技术发展需求

对应各种条件要求，我们可以分析得出实现协同运用作战概念所需的 26 种支撑技术，如表 2 – 2 所列。

表 2 – 2 实现协同运用作战概念所需支撑技术

项目	涉及的要素与难题	支撑技术
顶层条件	定位协同运用概念，构建协同运用模型	1）概念设计技术 2）模型设计技术
	分析空天新威胁，论证能力新需求	3）需求分析技术
	设计预警网装备协同运用架构	4）体系架构设计技术
	规划预警装备与网信体系建设	5）装备论证技术 6）网信体系设计技术
硬条件	研制预警融控中心系统	7）信息处理系统设计技术
	研制和改造组网装备，并优化部署	8）预警组网技术 9）优化部署技术
	构建协同资源管控闭环	10）资源管控技术
	构建基于网信的自组织通信网络	11）网络通信技术 12）自组织网络技术

续表

项目	涉及的要素与难题	支撑技术
软条件	研制协同运用预案，构建分类分层预案库	13）预案设计技术
	制定协同运用作战规则、策略、机制、条令等	14）作战规则设计技术 15）智能决策技术
	完善协同运用所需的规则库、模型库、数据库等	16）分布式异构数据库技术 17）大数据分析与挖掘技术
基础条件	突破辅助决策、人机工效等关键技术	18）辅助决策技术 19）人机工效技术
	制定互联互通互操作互理解接口协议、时统等规范	20）接口统一技术 21）时空统一技术
	研制一体化仿真推演研究、评估、训练系统	22）推演系统技术 23）仿真训练系统技术 24）效能评估技术
	提高指战员协同运用认知，转变观念	25）人机交互技术 26）辅助决策技术

（1）在顶层条件方面。涉及的支撑技术主要有：概念设计技术、模型设计技术、需求分析技术、体系架构设计技术、装备论证技术、网信体系设计技术。

（2）在硬条件方面。涉及的支撑技术主要有：信息系统设计技术、预警组网技术、优化部署技术、资源管控技术、网络通信技术、自组织网络技术。

（3）在软条件方面。涉及的支撑技术主要有：预案设计技术、作战规则设计技术、智能决策技术、分布式异构数据库技术、大数据分析与挖掘技术。

（4）在基础条件方面。预案设计技术、信息融合技术、接口统一技术、时空统一技术、推演系统技术、仿真训练系统技术、效能评估技术、人机交互技术、辅助决策技术。

进一步梳理可以发现，协同运用概念模型实现面临的技术难题主要是：①缺 "中枢大脑"，核心是预案设计与选择技术难题。协同预案是实现协同运用的 "大脑和灵魂"，是与作战运用密切相关的战法创新算法和软件，是智能化的体现和增长点；②缺 "运动神经网络"，核心是闭环建模与设计需求统一技术难题。设计的资源管控闭环是协同运用节点内部的 "运动神经回路"，提供 "中心指挥员思想—预案—指令—雷达端资源改变—产生效能" 的闭环通路；③缺"感知神经网络"，核心是融合算法工程化应用技术难题。优选的融合算法是实现协同运用效能的"感知神经网络核心"，体现协同运用效能，探测信息融合算法优选要综合考虑空天目标和环境、所用装备和部署、探测信息质量、网络条件等边界条件；④缺"柔性骨架"，核心是协同运用体系架构优化技术难题。不仅要支撑多协同节点敏捷重组，还要提供预警网络重组通路；⑤缺"客观裁判"，核心是全要素作战效能评估验证技术难题。协同效能推演评估是支持全面推演评估体系效能、验证协同预案和实施一体化协同训练的基础，是支撑性的技术。

针对以上技术难题，亟须开展以下技术研究：

（1）针对缺"中枢大脑"，重点开展预案设计与人机决策融合技术研究。聚焦协同运用预案设计与选择技术难题，明晰资源管控预案设计需求，剖析组网资源管控预案设计内涵要义、原则与条件，提出组网资源管控预案设计的一般流程和预案执行的方式方法，为预案工程化全面实现奠定基础。研究组网协同探测群人机决策融合的基本原理、闭环模型、实施方法等技术难题，探索人机决策融合技术制造协同复杂性的可能性，提出了综合评估人机融合决策有效性的方法和模型，从而为解决人在回路的快速正确决策与资源管控奠定基础。

（2）针对缺"运动神经网络"，重点开展资源管控技术研究。明确体系资源管控需求，揭示深度管控内涵，探索体系资源管控模型设计流程与方法，构建典型资源管控模型，提出体系资源管控内容与方法，为实现"精、准、深"程度实时协同控制探测资源奠定技术基础。

（3）针对缺"感知神经网络"，重点开展智能信息融合技术研究。梳理智能信息融合需求，提出智能化信号级融合算法，开展原理样机研制，探索算法工程化应用，验证融合算法有效性与工程可用性。

（4）针对缺"柔性骨架"，重点开展敏捷组网设计技术研究。聚焦协同运用体系架构重构难题攻关，研究提出预警网柔性体系架构设计要求、方法、流程与基本形态，提出预警网组成要素一体化设计要求，提出一种以"透明化、归一化、虚拟化"为主要特征的探测资源服务化设计方法，从而为实现协同探测资源的全网共享和便捷管控提供重要支撑。

（5）针对缺"客观裁判"，突出开展动态性能评估研究。聚焦协同运用实时评估难题，剖析协同运用动态评估概念内涵，分析协同运用动态评估需求的指标体系，建立协同运用动态评估指标体系，提出协同运用动态评估流程和方法，为雷达组网协同运用作战效能评估提供技术支撑。

因此，本书重点开展敏捷组网设计、探测资源管控、管控预案设计、人机协同决策、动态效能评估等关键技术研究。而智能信息融合技术相关论述较多，本书不再赘述。

2.5.3　技术实现体制

具体技术实现时，协同探测群技术体制具有"节点灵活 + 智能融控"的技术特点。

2.5.3.1　节点灵活

节点灵活主要从数量灵活、部署灵活、功能灵活 3 个方面着手推进实现。

（1）数量灵活。图 2 - 11 给出了灵活配置融控与探测节点数量的示意图。图中可以看到，每个节点的探测单元、处理单元数量根据作战需要设置，可以是一个，也可以是多个。根据作战层次、作战规模的不同需求，探测节点、融控节点等协同探测节点数量按需进行组合。如针对战略反导预警协同探测，可能会有效汇聚战略弹道导弹来袭方向有关的陆海空天等全球反导预警探测装备构成探测节点，以及战略预警信息处理系统构成融控节点，以及相关侦察情报装备、信息传递装备等共同组成协同探测群。相对而言，针对某方向巡航导弹突袭，可能涉及的装备会少得多，相对应的，协同探测群括的融控节点、探测节点数目也会少得多。通过在节点间、节点单元间组建分布式通信网络实现实时态势感知、智能任务决策、自主资源管控，以网络化、体系化的形式共同完成预警探测任务。

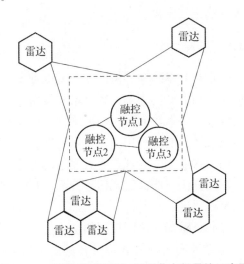

图 2 - 11　灵活配置融控与探测节点数量的示意图

（2）部署灵活。在传统"烟囱式"体系架构内，信息流基本是按照军兵种、指挥关系和作战平台相对独立地纵向垂直流转、部署相对固定，难以实现跨军种、跨系统和跨平台的横向流转与互联互通互操作，导致作战响应与打击决策时间过长，无法实现快速对抗和防御，难以适应新时期国土空天预警作战需求。同时，由于各下层节点过于集中受管控于某一上层节点，一旦某一关键节点遭受打击，容易导致整个与之关联的下层节点网络产生断裂，系统的整体性受损，很难进行重构与自恢复。新的思路是在原有群组网探测系统的基础上，进一步突出低成本、高度分散、动态自愈合特点，提升组网探测系统作战的弹性和多样性，在保持自身生存能力的同时，构建一种分布式集群协同探测系统实现有效预警探测。根据作战任务和战场态势的变化，快速调整探测节点、融控节点部署，实现快速机动、即时增减；通过探测节点分布式部署和融控节点分布式灵活部署，实现了体系内无关键核心节点。任意一个或两个节点被摧毁或失效，其余节点还可正常工作，不会导致整个系统效能的断崖式下降、甚至彻底瘫痪；体系内各节点在信息关系上地位对等，被毁节点的幸存力量可快速接入其他节点，参与重构新体系。

（3）功能灵活。传统节点功能相对固定。新的思路是无论探测节点还是融控节点，均具有较强的功能快速切换、快速升级、快速替换能力。节点可以实现防空预警、反导预警、反临预警、空间目标监视，以及同时工作等多功能的快速切换。节点具有较强的战场环境适应和自我学习升级能力，支持研制厂家对系统架构和系统功能的快速迭代甚至即时升级。节点之间功能相互备份，主从转换不影响系统效能正常发挥。

2.5.3.2　智能融控

所谓智能融控，是指在共享感知和协同控制的基础上，通过利用智能化的技术和手段使各种信息得到更好的理解，辅助指战员做出更好的决策，从而更有利于协同优势的发挥以及确保协同运用的准确性、可靠性。感知网中智能化的实现依赖于传感器的发展，能够利用历史积累数据，自发进行认知学习，实现智能化感知；指控网中智能化的实现需要有大量的先验知识积累和专家数据库的支持，以及人工智能算法，能够实现任务分配、状态实时评估、态势预测分析，从而实现后续过程改进。

智能融控须建立在共享感知和协同控制的基础上。

（1）共享感知。每个入网的预警装备（传感器节点）都有其自己的测量收集和处理设施来评估和了解其所处的环境，它们依据目标的位置和运动以及展现的威胁来实现态势知晓。这种知晓必须与其他节点共享，以生成整体环境态势的评估，从而支持有效的协调行动。从这一意义上来说，要构成空天预警探测网，共享感知是第一步。由各种空天预警装备构成的感知网实现对目标的探测、发现、跟踪等，获得情报源数据，由各层级的指挥控制平台（包括区域组网探测系统、方向级预警指挥控制中心、军种级预警指挥控制中心以及国家级预警指挥控制中心）构成的指控网实现信息的共享。

（2）协同控制。在传感器状态信息实时反馈的前提下，对传感器实施恰当、及时的管理，也会使得预警网整体效能更为优越。对传感器的管理分为低级、中级以及高级。低级主要是管理单传感器的控制，如位置部署、波束控制、天线俯仰、转速调整、频点转换等；中级主要是针对任务不同，相应调整传感器的运行模式；高级主要是指多个传感器的协同控制，传感器之间通过信息交互从而达到最优的跟踪或者探测性能。这时，从之前的"机—机"共享感知，进化到"人—机"协同与"机—机"协同，将信息优势转化成了协同优势，更好地实现体系的动态平衡、全局优化和统筹规划。

2.6　协同概念试验评估与应用推广

协同运用作战概念提出后，只有在通过充分的试验评估、逐步的应用推广后，才能真正融入作战体系、适用于部队。

2.6.1　试验评估

作战概念试验评估，是运用实兵与虚兵、定量与定性相结合的方法手段，对作战概念的科学性、实用性和可行性进行的检验分析，是推动作战概念的关键步骤和重要前提。

通常，作战概念试验评估主要评估以下内容：①概念提出的核心思想，主要包括基本内涵、运行机理和关键作战行动等；②概念设计的力量编组，针对不同方向、不同任务、不同行动，设计提出的部队组织形态、编制装备等；③概念提出的关键能力需求，作战概念评估验证要将能力需求进行分解，形成作战体系需求，并进行充分检验论证；④概念应用的战法打法保法，针对不同方向、不同领域以及战役战术各个层级进行作战设计，形成相应的战法、打法和保法。

试验评估阶段，可综合利用专家研讨、模拟仿真、兵棋推演（如新老对比、红蓝对抗）、作战实验等多种方式方法，突出体系性、对抗性，对所提作战概念进行多轮次研究和推演，进而形成验证评估综合结论。具体运用可分阶段逐步深入，也可并行开展。

（1）专家研讨。在必要概念介绍和演示的基础上，邀请专家进行集中研讨与评估，主要目的是确保"需求恰当、场景恰当、机理正确"等。这一阶段往往容易被人忽视，但事实上，这一阶段是否进行充分研讨，往往决定整个作战概念是否正确。在作战概念开发早期阶段，应尽可能与部队、机关、院校、产业集团等相关领域专家、专业人士进行广泛调研、充分研讨。

（2）仿真推演。针对协同运用作战概念验证需求，开发蓝军目标模型、我军骨干雷达模型、作战行动模型、协同运用模型等，构建雷达组网协同运用集成仿真系统，进行大样本全数字仿真推演，直观展现敌我对抗场景，为协同运用作战概念验证提供支撑。

（3）兵棋推演。必要时也可进行人机协作的兵棋推演等，将指挥和参谋人员置于动态不可预测的对抗环境中，共同探究协同运用流程、方法、规则等，通过人机协作优化，评估与完善协同运用概念。

（4）作战实验。充分利用部队实兵演习训练活动，设计雷达组网协同运用作战概念验证方案，在近似实战的环境中，对作战概念进行专项演练验证。类似案例：2023 年 2 月，美澳日法四国空军在西太平洋开展"对抗北方—2023"演习，使用了 7 个岛屿的 10 个机场，在分散地点训练和验证"敏捷战斗运用"作战概念，以验证在印太地区快速生成空中作战力量的能力。实兵演练验证结果可信度高、效果直观。但不足是条件要求高，往往需要具有新型雷达装备、指挥信息系统和通信网络。

2.6.2 典型应用与融入体系

协同运用概念经过试验评估后，可逐步在试点部队或新研装备系统上展开典型应用。随着作战概念的成熟，将逐步从"纸面"理论进入指挥员头脑、进入装备系统、进入实战方案、进入条令条例，形成了较为成熟的实施方法、流程，实战化的条令、条例，有效的组织模式和配套保障，直至融入体系的方方面面。

也就是说，作战概念的全面落地往往需要从条令、组织、训练、装备、领导力、人员、设施和政策等全方位推进。其中，在装备、人员、条令和训练方面尤为关键。如美国为推进"联合全域指挥控制"概念应用，空军正全力研发"先进作战管理系统"，海军正推进"超越计划"，陆军正推进"融合计划"。为推进"多域战"作战概念应用，美国陆军先后颁布了新的《作战条令》，以及《多域战：21 世纪合成兵种发展》《2028 多域作战中的美国陆军》《陆军现代化转型战略》等文件。

必须指明的是，作战概念的落地过程是一个艰难的过程，需要克服众多的障碍，如人的思想观念转变、军兵种利益的藩篱、武器系统的兼容冲突等。

2.7　本章小结

本章聚焦雷达组网协同运用作战概念开发主题，重点突破了协同运用概念模型化及应用等方面的难题，提出了基于"技术与制胜"机理双牵引的作战概念研发新流程，揭示了组网协同运用作战概念的"多域融一"基本原理、"资源群 + 预案库 + 决策树"制胜机理、"预案 + 控制 + 融合"技术机理，新建了反导预警、防空预警、防空反导一体化预警等协同运用作战概念体系模型，梳理了实现作战概念所需的支撑条件与技术，并提出了一种实现该作战概念的"节点灵活 + 智能融控"技术实现体制。研究成果为智能化预警网建设提供了协同运用作战概念的机理模型、体系模型、概念演示软件、需求清单等，有效支撑战略预警装备体系顶层规划论证和正确决策。

参考文献

[1] 鲍勇剑. 协同论：合作的科学——协同论创始人哈肯教授访谈录 [J]. 清华管理评论, 2019 (11)：6 - 19.

[2] 刘坤琦. 作战设计——制胜未来之道 [J]. 国防科技, 2018 (5)：57 - 61.

[3] 朱小宁. 把战争制胜机理真正搞清楚 [N]. 解放军报, 2020 - 2 - 4.

[4] 罗爱民, 刘俊先, 曹江, 等. 网络信息体系概念与制胜机理研究 [J]. 指挥与控制学报, 2016 (4)：272 - 276.

[5] 董尤心, 尹浩, 等. 美国国防部体系结构框架 [R]. 北京：总参谋部第六十一所, 2009：2.

[6] 梁振兴, 沈艳丽. 体系结构设计方法的发展及应用 [M]. 北京：国防工业出版社, 2012.

[7] 唐胜景, 史松伟, 等. 智能化分布式协同作战体系发展综述 [J]. 空天防御, 2019 (2)：6 - 13.

[8] 朱兵, 周嘉, 胡彦文, 等. 马赛克战：利用人工智能和自主系统实施决策中心战 [R]. 北京："国防科技译丛"编委会, 2020.

[9] 薛晓芳, 韦玮, 等. 实战化运用机器人与自主系统支持多域作战 [R]. 北京："国防科技译丛"编委会, 2019.

[10] 陈诗涛, 孙鹏, 李大喜. 新型作战概念剖析 [M]. 西安：西安电子科技大学出版社, 2019.

[11] 简森·埃利斯, 等. 20YY：新概念武器与未来战争形态 [M]. 邹辉, 译. 北京：国防工业出版社, 2016.

[12] 葛鲁亲, 刘瑞, 陈都, 等. 基于马赛克战的分布式聚合作战概念推演与验证 [J]. 系统仿真技术, 2022 (4)：329 - 335.

[13] James Black, Rebecca Lucas, et al. Command and control in the future [M]. RAND Europe, 2024.

[14] Matthew R C, Robert M S. US Homeland Missile Defense：Room for Expanded Roles [M]. Washington, DC：Atlantic Council, 2023.

第 3 章　敏捷组网设计技术

针对预警网体系难重构、装备难入网、资源难管控等问题，在分析预警网敏捷组网基本概念内涵与构建思路的基础上，研究提出了敏捷组网的"三要素"设计方法。①从协同探测装备、融控中心系统和基础网信设施 3 个方面阐述了组网装备一体化设计要求，为实现组网装备节点的快聚快散提供技术支持；②提出一种以"透明化、归一化、虚拟化"为主要特征的探测资源服务化设计方法，为实现协同探测资源的全网共享和灵活跨域管控提供技术支持；③基于"自上而下以任务需求为导向"和"自下而上以能力聚合为导向"的双向设计思路，提出一种预警网柔性架构的设计方法与流程，为实现预警网的敏捷重构提供实现途径；④基于研究的敏捷组网关键技术，设计开发了一种基于低空突防目标协同探测任务需求的预警网敏捷构群示例。

研究成果为预警网的互联互通互操作奠定了技术基础，为后续不同类型和规模的预警网开展基于任务的敏捷构群提供了理论指导与借鉴参考。

3.1　敏捷组网的基本概念内涵与构建思路

3.1.1　基本概念与内涵

"全域互联、架构灵活、跨域协同、自主应变、能力演进"是预警体系敏捷组网的典型特征。各协同探测节点泛在互联、动态聚合、自主协同、联合处理是预警体系敏捷组网形成的关键。

预警网体系协同探测能力与各类组网节点的类型、性能、空间分布、协同模式、处理方式以及威胁目标、战场环境等密切相关。敏捷组网就是通过对预警网内的众多探测资源及其拓扑构型进行最优化组合与配置，形成以完成协同探测任务为目标的一个有序的、动态变化的协同探测群，从而提升目标信息的精确性，最大化体系探测的信息增量。

敏捷组网的概念内涵，可以从以下几个方面进行分析：①从探测要素来看，预警网内各协同探测节点的内部资源需向体系充分开放，以便于融控中心节点能最大限度地管控各类探测资源；②从信息交互来看，各协同探测节点要最大限度地传输目标的点、航迹、IQ 视频等原始信息给融控中心节点进行处理，以便于能实现对战场态势的全维感知；③从资源管控来看，各级融控中心节点要能实时地管控各个探测节点，从而实现各节点之间的空时协同；④从协同探测的组织形式来看，预警网需要根据作战任务的实时变化，动态调整各类协同探测资源，完成特定的预警作战任务；⑤从协同探测能力生成来看，预警网要在根据任务动态调控探测资源的前提下，在体系层面对获取的各类目标信息进行联合处理和信息挖掘[1]。

由此可见，预警网要实现敏捷组网或敏捷构群，首先要通过探测资源的虚拟化、标准化设计，实现所有组网要素向全体系开放；其次通过软、硬件的一体化集成设计，实现各组网要素的互联互通互操作；再次通过体系架构的柔性化弹性设计，实现基于作战任务需求的"虚拟协同探测群"的动态构建。总之，敏捷组网是根据作战任务来统一管控探测资源，生成最优构型和最佳协同模式——协同探测群，从而在"空—时—频"多维度提升目标和环境的信息增量。其概念内涵的示意图如图 3 – 1 所示。

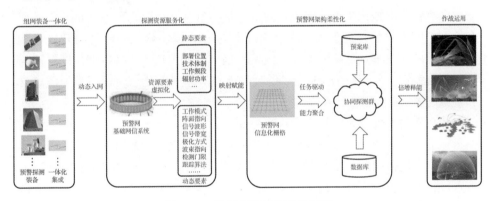

图 3 – 1　敏捷组网各要素关系图

3.1.2　敏捷组网构建思路

为满足跨域协同探测需求，适应未来空天战场的演变，预警网应采用"装备集成、资源虚拟、架构柔化"等方法，动态构建各种虚拟的协同探测群，从而生成敏捷组网作战能力，其整体构建概念如图 3 – 2 所示。

组网装备一体化集成是敏捷组网构建的基础，其基本概念是：为满足预警网架构柔性和动态构群需求，将组网装备从软、硬件两个方面进行改造集成，向上可以满足探测资源的虚拟化和服务化要求，向下则可以实现各新、老装备的相互兼容与协同，以及更为灵活的入网退网机制。

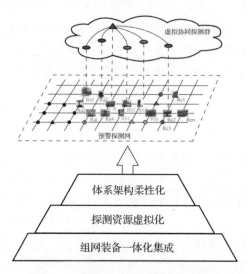

图 3 – 2　敏捷组网的体系构建示意图

探测资源虚拟化是敏捷组网构建的前提，其基本概念是：为满足预警网对多种颗粒度资源的动态管控需求，基于标准化、模块化、软件化的开放式架构，将组网探测节点装备的天线、收发、信号处理等软资源进行细粒度解聚与软、硬件解耦；从而可为全网提供多种资源通用服务能力，灵活实现功能定义和资源配置。

体系架构柔性化是敏捷组网构建的途径，其基本概念是：依据协同探测任务目标的动态变化，生成预警网的任务能力需求与系统功能要求，并按能力要求筛选出组网协同装备（融控节点以及探测节点），最后将遴选后的组网协同节点进行有机组合，共同构建一个虚拟的、临机的、灵活的协同探测群，共同完成探测任务，实现协同探测能力的聚合。

3.1.3　敏捷组网的基本形态

以网络通信栅格作为基础设施，承担日常值班任务的空天预警网，为适应威胁目标与战场环境的急剧变化，在敏捷组网技术的支持下，可根据作战任务目标，快速、临机、自组织形成三类协同探测群：整机（任务）级、功能级和信号（参数）级，其基本形态分别如图 3 – 3 所示。图中，按照"组网互联互通互操作"接口协议规范设计的各组网协同节点部署在基于网信架构的栅格网络上，构成了整个扁平化的预警网络；其中，●表示探测节点，▲表示融控节点。

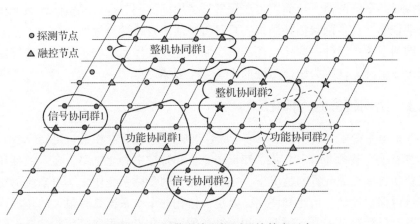

图 3 - 3　预警网协同探测群的基本形态

　　整机（任务）级协同探测群是将共同完成同一任务的多个探测节点作为整体进行任务的统一调度规划和优化的一种虚拟架构形态，管控对象是雷达整机及其工作模式；功能级协同探测群是针对某一特定作战对象（如隐身机、弹道导弹、临近空间目标、巡航弹/巡飞弹等），对多个探测节点的内部资源进行统一调配和管控的一种虚拟架构形态，其管控对象是雷达自身的各项功能；信号（参数）级协同探测群则是对各探测节点或收发节点的信号参数进行联合优化以获得更优更全探测信息的一种虚拟结构形态，其管控对象是各探测节点的工作频点、信号样式、信号带宽、极化方式等精细化参数，从而在空间上构建电磁波束协同探测群。

　　由此可看出，三类群是按照粒度的精细程度划分的，分别对应不同规模的（大型、中型和小型）协同探测群。从战术使用层面上看，各节点（融控节点和探测节点）既可以是固定的、也可以是机动的且各节点可随时随地入群；从作战使命任务上看，各协同探测群可按照作战任务设计成反隐、反巡、反导、反临、反卫等专用预警探测群。从整体上看，这种基于不同规模的协同探测群架构，不仅能支撑预警网顶层预警任务的规划、分配和调整，更能支撑形成高质量的区域级或战区级、国家级预警空情网。

3.2　实现敏捷组网的三要素

　　要实现敏捷组网，预警网需要满足 3 个必要条件：①组网装备要有统一的形式和接口，可以映射虚拟为网络一体化的协同探测节点，从而能方便快捷、随时随地入网和退网；②预警网内的所有探测资源要做标准化统一处理，使之能虚拟成共享资源池，从而服务于预警网各协同探测节点；③整体体系架构应是松耦合的，具备网状拓扑结构，且具有灵活多变特性与柔性。总之，预警网只有做到了装备设计一体化、探测资源服务化以及体系架构柔性化，才能最终实现敏捷组网，这称为敏捷组网的必备"三要素"。

3.2.1　组网装备的一体化

在军事系统中，"一体化"与"综合集成"意思基本相近，可定义为：依据军事需求，参考网络中心化、知识中心化和智慧中心化思路，在有效使用有限经费和合理资源配置的情况下，把所有相关的多种系统作为军事系统的统一整体进行综合设计、构建和使用，以使一体化的军事系统具有最大的作战能力的行动、目标及过程[3]。因此，组网装备的一体化设计可以理解为装备的综合集成设计。

开放式体系架构因其具有架构灵活多变，体系易于扩展、集成和升级，互操作性强，经济性好，具有可裁剪性等特点，近年来在装备体系一体化集成方面得到了快速和广泛的发展运用，逐步体现出强大的生命力和后发优势。如美国的防空反导装备体系建设就经历了从单一装备系统研发到装备体系化发展的过程，实现了由最初的"封闭体系架构"向"开放体系架构"的演变[6]。"开放式体系架构"的设计思想就是通过各层次之间的标准接口，屏蔽与上层之间的紧耦合，提升对应用层的开放性支撑；将软件与硬件分离，实现局部软件升级即可实现系统能力提升。

预警网的主要组网节点是探测节点（各型组网雷达装备）和融控中心节点（各型组网融控中心系统），其他节点则包括各类通信设备、网络服务器、数据库等，一般将这些节点统称为信息基础设施节点。

在预警网装备一体化设计过程中，既要考虑各型不同代别、不同体制、不同功能的组网雷达装备的一体化设计，也要考虑各军兵种、各战区、各作战部队等不同级别融控中心系统或指控中心系统装备的一体化设计，还要考虑基础通信网、信息化网络等网信基础设施的一体化设计。

预警网体系架构的未来发展形态应是使用统一的信息基础设施平台，将新老组网节点装备通过"软件中间件""即插即用"等技术集成在一起，从而可极大提高系统的敏捷性与抗毁顽存能力。

3.2.2　探测资源的服务化

探测资源，从广义上而言，也属于一种作战资源。传统作战资源是指战场上实际存在且能够对作战产生影响的物理实体，通常包括各类人员兵力、传感器、武器平台、后勤物资、设施设备等。随着信息化作战的发展，数据、模型、技能、服务等新兴作战资源也越来越受到指挥人员的关注。无论是传统还是新兴资源均有明显的基本特性[4]，如下：

（1）离散性：作战资源通常是离散地分布在战场环境中。

（2）异构性：同类或不同类作战资源的技术参数、工作原理、功能性能等属性不尽相同。

（3）动态性：作战资源的自身状态、隶属关系、作战能力等属性会随着战场上时间、环境等因素的变化而实时动态更新。

（4）结构性：每一个作战资源通常不是孤立存在的，与其他作战资源之间可能保持着约束、层次、协同、网络连接等结构关系。

预警网协同探测资源，既包含探测节点的装备信息与数据资源，也包含有融控中心节点的系统数据、模型、算法等资源，正是这些资源都具有上述离散性、异构性、动态性和结构性的自然属性特点，因此给预警网的资源有效实时共享与综合灵活管控带来了新的挑战。

为完成这一挑战，探测资源必须与预警网的柔性化、一体化架构设计保持一致，即要遵循开放式的体系设计思想，将各种异构异类的实体硬资源转化成标准统一化的、可提供资源信息服务的虚拟化软资源。最终需要解决的是预警网内各种探测资源如何进行标准化的封装设计，形成共享虚拟资源池。

3.2.3　体系架构的柔性化

一个组织的架构一般可分为刚性架构与柔性架构两种。传统的刚性组织架构具有管控层级多、结构简单稳定、权力集中等特点，这种组织需要在一个相对稳定的外界环境中运行，因为环境的稳定性可以让其从中获得高得益。然而一旦外界环境发生变化，这种架构就会显得无所适从。与刚性组织架构对应的则是柔性组织架构，该架构能将组织内各个要素有机结合起来，根据环境变化适时地进行动态调整。柔性架构具有管控层级少、结构扁平化与网络化、可灵活重组且适应外界环境强等显著特征。然而，柔性架构也存在：资源要求高、内部协调机制复杂、组成要素需具备高度自主性等难点问题。

柔性架构体现的是组织应对环境不确定性的一种"潜在能力"。这种"潜在能力"既包括组织在面临环境不确定性时的决策反应能力和实现反应能力，也包括组织内部的协调度。环境的复杂性与不可预测性是影响决策反应能力的主要因素，实现反应的能力则决定着已做出的决策是否能够快速被执行并取得结果；协调度是度量系统间或系统内部要素之间在发展过程中彼此和谐一致的程度，协调度体现了系统由无序走向有序的趋势，组织柔性化的本质就是这三者所表现出来的综合能力。

两种组织架构的特点比较如表 3 - 1 所列。

表 3 - 1　两种组织架构的特点比较与适用场合[4]

类别名称	优点	不足	适用场合
刚性组织架构	管控层级多、结构简单稳定、权力集中	形态固化，适应性不强	相对稳定的外界环境
柔性组织架构	管控层级少、结构扁平化与网络化、可灵活重组且适应外界环境强	资源要求高、内部协调机制复杂、组成要素需具备高度自主性	急剧变化的外界环境

从表中可看出，柔性架构具有灵活重组与适应性强的特点，也就是能在外界的各种干扰条件下，仍能保持较好的应变能力，这正是闭环反馈控制系统具备良好抗干扰性能的最佳印证。因此，柔性架构是协同探测预警网闭环构建的前提和基础。

3.3　组网装备一体化设计

预警网敏捷构群的实现必备条件之一就是网内各探测节点（组网雷达装备）、融控中心节点（组网融控中心系统）以及基础网信系统都要具备一体化的设计要求，其中，探测节点和融控中心节点的一体化设计是重点。

一体化设计的目的是要支持预警网中的协同探测群能快速构建与灵活运用，解决以往存在的独立设计、各自封闭、各树烟囱、树状固化、接口多样、集成复杂等现实难题。通过一体化设计来满足协同探测群快速集成、人在回路闭环管控、人机智能融合等作战使用要求。主要工作是统一和规范探测节点、融控中心节点以及网信基础架构的管控内容、接口、格式和协议等，实现"协同硬软件"的一体化设计。

3.3.1　协同探测装备的集成化设计要求

以组网雷达为例，协同探测节点的一体化集成改造设计的关键之处在于实现对各型组网雷达探测资源的深度闭环管控。其功能设计总要求是：①探测节点能准确接收和执行融控中心节点下达的控制预案或指令；②能按要求输出雷达探测信息与工作状态信息；③有统一的、友好的、互联互通互操作人机界面以及互联互通互操作标准的接口、格式、定义和协议等；④能灵活适应多类型的组网方式。

1. 适配型集成化方法

适配型集成主要适用于现有已定型雷达或技术状态已固化的系列雷达。由于组网雷达是由不同装备研制单位采用不同技术路线进行研制生产的，其型号众多、技术体制、性能参数、工作模式也各异，因此将主要采取适配集成的方法进行改造设计。典型应用实例如美军"一体化防空反导（IAMD）"系统中的"一体化火控网络"（IFCN）的 B – Kit 或 A – Kit 接口组件方法[5]，其采用类似适配器接口组件的形式对组网雷达装备进行改造升级，使之能与预警网的基础网信栅格进行统一快速的接驳，达到即插即用的效果。

如图 3 – 4 所示，各协同探测节点雷达装备通过适配器接口组件达到快速入群，将探测感知与工作状态等信息按要求输出至基础网信栅格，供融控中心节点按需提取，同时，也借助该信息栅格接收来自融控中心节点的控制指令与协同预案。

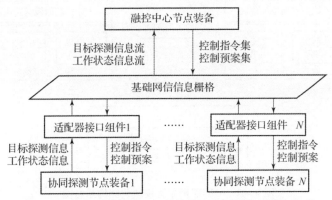

图 3 – 4　基于适配器接口组件的协同探测装备的综合集成

2. 通用架构集成方法

通用架构集成主要适用于新研的、型谱化系列雷达，其采用通用的雷达架构，具有较好的可用性、可扩展性和可发展性等特点。

典型运用实例是法国泰雷兹公司（THALES）研发的新一代陆基预警雷达GAX000 系列。该系列雷达均采用了面搜索三坐标雷达（SR3D）的通用设计架构[7]。SR3D 架构不仅定义了构成雷达的硬件构建块或软件构建块，还定义了不同雷达构建块之间的接口，以确保安全的实时数据交互。各构建模块之间具备预定义且稳定的接口，不论是硬件或是软件构建模块的升级都可在不影响其他雷达构建模块的前提下进行，从而确保长期的可持续性和无缝升级。软件构建模块采用"软件定义雷达"的设计理念，对雷达各功能模块进行解构，从而为发射波束、接收波束、波形参数样式、信号处理与目标跟踪算法等带来了极大的灵活性；同时，还允许开发人员增加新的功能（如用于反导模式的新波形、新的跟踪算法或抗干扰能力）以提高雷达性能，而无须修改或更改雷达自身硬件。

总之，采用了"通用雷达架构"设计理念，同一谱系的不同功能和体制的雷达既可以做到共用硬件模块，还可以做到互换互用，实现了资源的灵活调配共享。并且对于任意型号的雷达，仅仅只需要在软件上进行升级或改动，就可增加新的功能、新的工作模式、赋予新的作战任务职能。

一种基于"通用雷达架构"设计理念的模块化雷达设计示例如图3-5所示，"天线前端面板构建块"主要由双极性的天线辐射阵元及其馈线等所组成，"收发构建块"主要由相应的收发单元组成。各构建块的数量可根据作战需求进行灵活扩展。前端模块通过"通用雷达接口"与信号产生模块、信号处理模块、数据处理模块以及雷达资源管控等后端模块进行实时交互。

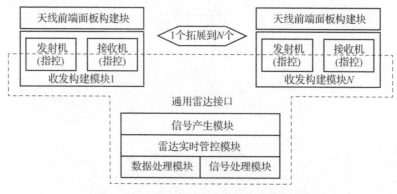

图3-5 一种通用雷达模块化架构示意图

由此可见，采用通用雷达架构的设计理念与方法，具有以下显著优势：

（1）可大幅减少传统雷达各模块之间的接口类型；

（2）实现了各构建模块内部电子设备与外部交换类型的"硬解耦"；

（3）可灵活实现对所有（硬件或软件）构建模块的配置；

（4）通过专用接口实现对构建模块内部软件及其硬件的迭代更新。

3. 融控中心对组网协同探测装备的一体化集中管控

基于上述两种集成化方法，融控中心节点可实现对各组网雷达的整机级、功能（参数级）和参数级的一体化资源管控。以功能参数级管控为例，融控中心对各组网协同探测雷达可实现的管控项目与类别，如表3-2所列。

表 3 – 2 功能参数级管控项目与类别

管控类别	主要管控功能与参数项目
发射信号参数管控	信号样式、峰值功率、占空比、重频、重频变化率……
接收信号参数管控	接收机灵敏度、STC、接收机增益、载频、变频点数……
波束参数管控	波束扫描方式、极化方式、波位、波束驻留时间……
信号处理参数管控	工作模式、正常门限、MTI/MTD 门限、CFAR 检测门限、SLC 副瓣对消、SLB 副瓣匿影、干扰源定向、干扰分析……
数据处理参数管控	数据处理模式、滤波跟踪算法、数据关联算法、波门……
天线控制参数管控	天线转速、天线转向、天线方位角……

信号级的资源管控，主要针对分布式网络化雷达而言，例如分布式 MIMO、集中式 MIMO 雷达等。融控中心可管控的信号资源项目主要包括：发射信号样式（波形、脉冲重频、脉宽、脉冲数、极化方式等），发射/接收波束扫描方式（DBF、泛探、跟随等）以及信号检测门限、信号级融合检测算法等。

随着不同类型的适配器接口组件开发与研制，以及型谱化通用雷达架构的推广运用，异质或异构探测节点装备将是灵活可变的，既可以是快速机动部署式雷达、机载、球载、舰载等多平台雷达，也可扩展接入光电等多种异类体制探测装备，从而能较好地适应不同作战需求，真正做到灵活、动态、快速入网。

3.3.2 融控中心装备的开放式设计要求

由于融合中心节点本质上属于信息化处理装备，其硬件上主要由高性能服务器、大型磁盘存储阵列、计算机网络设备等组成，这些都属于通用化产品，本身就具备标准化设计要求，反而在软件整体架构、融合处理算法、资源管控算法以及各种软件协议上不尽相同。因此，对融合中心节点装备进行一体化集成，主要从软件上进行设计考虑。

融控中心节点装备（组网融控中心系统）的一体化设计将直接影响到探测资源闭环管控的最终实现效果以及组网协同探测效能。这不仅要求融控中心系统需要有基于开放式、面向服务的、灵活性较高的软件体系架构，而且要把开放灵活的设计理念始终贯穿于融控中心系统的论证、研制和使用的多个环节中，使得雷达兵战术和组网技术紧密融合，实现战法创新，为网络化作战提供重要的运用平台。

1. 面向服务（SOA）的体系架构

开放式体系结构作为网络上各节点间的互操作性和易于从多方获得软件的体系结构，具有应用系统的可移植性和可剪裁性，简称开放架构。在软件层面，开放架构典型技术包括三大类：分布式组件架构、发布订阅和 DDS、SOA与 web 服务。

1）SOA 的定义

SOA 是一种通过定义良好的接口和契约连接不同功能单元的通用体系结构，也可视为是一种面向服务的软件架构设计模型和方法论。SOA 将企业应用程序的功能独立出来形成服务，服务之间具有良好的通信接口和契约，且接口采用中立的方式进行定义，使得服务能够以一种统一和通用的方式实现跨平台、跨系统、跨编程语言的交互，功能单元则能以服务的方式实现集成。

2）SOA 的基本架构模型

SOA 的基本架构模型如图 3－6 所示，其描述了三个角色（服务提供者、服务注册中心和服务消费者），进行三种操作（注册服务、查找服务、绑定并执行服务），具有简单、动态和开放的特性[8]。服务提供者是一个可通过网络寻址的实体，其接收和执行来自服务消费者的需求，并将其自身的服务和接口契约发布到服务注册中心，以便服务使用者可以发现和访问该服务。服务注册中心是一个包含可用服务的网络可寻址目录，它是接收并存储服务契约的实体，给服务消费者提供定位服务。服务消费者可以是一个请求服务的应用、服务，抑或是其他类型的软件模块，其从服务注册中心定位其需要的服务，并通过传输机制来绑定该服务，然后通过传递契约规定格式的请求来执行服务功能。

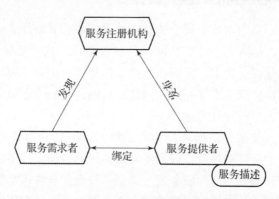

图 3－6　SOA 基本模型

服务提供者与服务消费者是彼此分开的，注册中心位于两者之间，其将服务提供者所提供的服务按一定的标准组织并分类，并向消费者发布服务接口，消费者使用查询功能发现提供者。服务提供者与服务消费者通过事先定义好的契约进行信息交互。

3）SOA 的架构特点与优势

SOA 架构提供了可重用能力，具有强大的系统集成技术等优势，表现出如下显著特点[9]。

（1）架构的松耦合性。

服务之间通过定义良好的接口进行交互，而不是直接依赖于其他服务的实现细节，这有助于提高系统的灵活性与可维护性。

（2）功能的独立性。

SOA 中的每个服务都是具有较强内聚性的功能模块，服务设计坚持模块化的原则，使具有服务功能独立性。同时，服务支持一个接口集，服务间可以通过接口集以最小的依赖关系进行组合。

（3）开放接口协议的互操作性。

SOA 通过描述标准化的服务接口，该接口隐藏了具体服务的细节，能够给任何异构平台和任何用户提供接口使用。每个服务都提供一个供外界使用的接口，接口信息由用户能够理解的标准协议和数据格式组成，这种开放的接口协议标准能够实现服务和服务使用者之间的互操作。

（4）提供服务绑定调用的透明性。

当服务使用者不知道其所需要服务的具体位置时，可以在服务中介通过动态查询、发现服务提供者的具体位置，然后绑定到所需的服务，在运行时即可实现自动调用服务的目的。服务提供者能够对其所提供的服务在不改变服务接口和位置信息的前提下，可以对服务的具体实现进行任意的修改而不影响服务需求者的使用，这样降低了服务使用者对契约的依赖性。同时，通过动态发现、绑定降低了服务使用者对服务的依赖，这样提高了服务的可用性、重用性。

（5）服务应用柔性重构的扩展性。

模块化结构使服务可以被组装成开发者在设计服务时没有意识到的应用，使用已经存在并测试好的服务模块大大提高了系统的质量以及开发效率。服务可以通过应用组合、服务重组、服务编排等方式进行组合，使得具有服务应用柔性重构的扩展性。

2. 基于 SOA 架构的协同探测群信息系统设计

参照图 3-6 给出的基本模型，构造一种基于 SOA 架构的协同探测群信息系统设计框图，如图 3-7 所示。该系统包括协同探测装备、服务器平台（服务注册中心）以及融控中心装备等三类节点，其中协同探测节点承担了 SOA

系统中服务提供者角色,服务器平台是服务注册机构,融控中心节点则扮演服务使用者。各探测节点接收融控中心节点发送的服务订阅请求并根据请求发布服务;向本级融控中心上报各自的(点/航迹、原始检测点)等目标信息;融控中心节点采用不同信息处理方法与算法将目标信息进行融合处理并形成统一空情态势图;同时,服务注册中心作为服务周转渠道,通过身份认证向两类节点双向转发信息。通过这种方式,可将协同探测群内的所有信息资源逐渐构成"资源池"(资源池化技术在3.4节中予以阐述),增强协同探测群系统的鲁棒性和抗毁性。

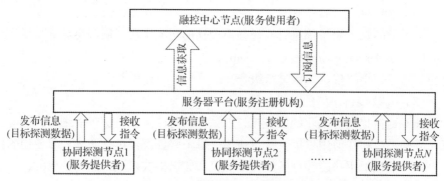

图3-7　基于 SOA 架构的协同探测群信息系统设计

3. 融控中心信息系统软件一体化设计要求

①要具备预案设计所需的模型、规则、事件等多要素多粒度的数据库,还要具备预案与策略的仿真评估与推演评估等,并能优选实用的预案与策略;

②要具备信号级、点迹、航迹、点/航迹混合、选主站等多种融合处理功能,并能便捷设置融合算法参数,从而灵活适应多样化的协同探测任务;

③前台有友好、快捷的互联互通互操作的人机交互界面,后台有数据统计、对比评估、图表显示等丰富的数据处理功能。人机交互设计的重点是既要考虑操作的可达性、简便性、安全性、容错性与负荷强度,还要考虑自定义的灵活性;

④所有的功能应用软件均应按照模块化、标准化进行研制设计,整体可方便地维护、升级和移植,且能通过自主学习和深化学习,不断优化和升级。

3.3.3　基础网信体系的栅格服务化设计要求

网络信息体系(简称:网信体系)是以网络中心、信息主导、体系支撑为主要特征的复杂巨系统,是信息化作战体系的基本形态,是打赢信息化战争的基础支撑。

从大的概念来看,网信体系是信息化作战体系的基本形态,其以军事信息系统为依托和纽带，以网络中心、信息主导、体系支撑为主要特征，以军事机械化、信息化、智能化有机融合为基本途径，将各指挥机构、作战部队、主战武器系统（平台）、支援保障系统等连接为一个有机整体，最终形成全军一体化联合作战能力、全域作战能力[10]。从本书研究范畴来看，网信体系视为一个"小体系"，是为预警网提供基础网络与通信服务的系统，因此称之为"基础网信体系"。

栅格是一个开放、标准、一致的环境，它支持地理上广泛分布的高性能计算资源、大容量数据和信息资源、高速分析处理和数据获取系统、软件和应用系统、服务与决策支持系统以及人员等各种资源的聚合。信息栅格技术作为解决分布式复杂异构问题的新一代技术，其基本思想是：采用分布式计算服务技术，基于分层的技术标准体系，依托高速宽带网络，将信息系统以信息节点的方式互联，形成资源共享和协同工作的信息环境，为用户提供一体化的智能信息平台。在这个平台上，所有的系统应用模块都封装成服务，以服务的形式部署在相应的栅格节点上。

预警探测系统基础网信体系的一个典型运用实例是美军"全球信息栅格网（GIG）"的 ISR（情报、监视与侦察）系统中的"多传感器信息栅格网"。该栅格网是 GIG 体系架构的首要因素，也是美军提高未来战场感知能力、获取信息优势、并最终获取决策优势的基本条件之一，基于该信息栅格网，传感器信息的获取、处理和传输等都实现了网络化和一体化。在传感器信息栅格网中，信息无须首先传送回司令部再指挥作战单元进行打击，而是直接将情报信息送到作战单元（作战平台），或者在作战单元（作战平台）之间直接传送，实现对目标的实时打击。

为满足协同探测装备与融控中心装备的开放式、一体化设计要求，预警网的基础网信体系可借鉴采用一种基于"开放式栅格服务架构（OGSA）"[11]、面向服务的新型体系架构进行集成设计。该信息栅格架构如图 3-8 所示，其主要由全域应用层、信息栅格服务层、基础设施资源层组成。

在图 3-8 中，基础设施资源层是该体系架构的重要组成部分，主要为上层服务提供底层实现支持，主要包括各类协同探测装备、融控中心装备以及网络存储设备、通信设备等资源，各类异构资源通过资源封装器将装备实体资源进行一体化描述和虚拟化处理封装，并通过标准协议绑定，以统一地访问接口向上提供虚拟资源服务。

信息栅格服务层是该体系架构的核心组成部分，是资源能力的体现，是应用的基础支撑，其主要包括支撑整个预警网体系运行的一系列协议和服务软件。服务通过将资源与相关标准和协议绑定，屏蔽信息栅格中资源的分布性和

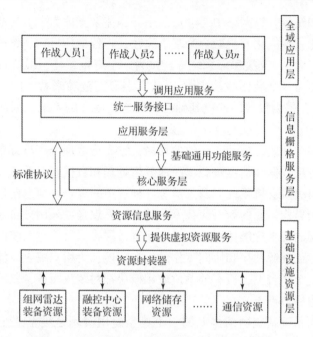

图 3 - 8　基于 OGSA 的预警网基础网信体系架构

异构性，向各类作战应用提供透明的、一致的调用接口。服务包括通用基础服务和应用服务。通用基础服务是指为基于信息栅格的预警网的安全运作提供支撑，并为应用服务提供基础和通用功能的服务；应用服务则是指针对各种作战应用而生成的各项服务，其根据用户的需求，匹配相应的资源，并根据资源的组织与功能特点建立相关标准与协议。在服务层，通过调用应用的服务来获取或释放相应的资源，并将资源实现的功能返回应用层，为应用提供功能支撑。

全域应用层则是各类作战人员和指挥人员的人机交互接口，这些用户根据分配的权限进行资源的访问和管理。主要提供探测资源的闭环管控、一体化空情态势显示、各型组网装备的调配等功能。

该基础网信体系结构与融控中心信息系统均采用了"面向服务（SOA）"的设计理念，以及"基于软件"的探测资源虚拟化处理，从而体现了一致性与一体化，为后续协同探测群的"敏捷组网、柔性架构、动态重构"等新型赋能奠定了重要的理论与技术基础。

3.4　探测资源服务化设计

预警网敏捷构群的实现必备条件之三就是网内的各种协同探测资源要进行统一的、标准的、可服务化的设计改造，使之可在整个信息栅格化的预警体系中得到全域共享与灵活管控，达到"探测资源最终服务于预案管控"的目的。本章节主要从资源服务化设计理念、设计流程和设计方法 3 个方面进行阐述与分析，并提出一种预警网共享资源池的构建模型与方法。

3.4.1　资源服务化设计理念

按照如图 3 - 8 所示的基于开放式栅格服务（OGSA）的预警网体系架构来看，因为所有的硬件探测资源最终都要经过封装转变成虚拟化的软件资源，从而为上层架构提供资源服务，所以资源的服务化设计就是研究如何实现这种资源可服务化的转化过程。

进一步而言，协同探测资源的可服务化设计，就是对各类探测资源进行标准归一化和抽象虚拟化的表征，通过构建一个虚拟化资源池，打破系统节点的物理限制，在"按需聚合，自主协同"的运行机制下对协同探测资源进行统一管控，为后续协同探测任务的执行以及管控预案的实施提供和谐、有效的一体化资源支持环境，实现资源的有效共享和综合利用。

在预警网内，各组网装备的模式/参数不同，需要调整的模式/参数也众多，如果对所有模式/参数逐一进行调整需要耗费较长时间，且对指挥员和操纵员的专业技术要求非常高；因此，为了提高系统的灵活适应性以及协同控制操作的简便性，资源服务化设计的主要工作就是针对不同目标与环境特性，对融控中心、各组网雷达端等设备，按照一定的"三化"标准进行设计（简称"三化"设计），优化设计各工作模式及参数，并封装成为各类协同探测资源条，以便组网系统能针对性地进行调用与实时调整，从而提高系统控制的实时性与快捷性。

协同探测资源的"三化"设计是指：将各类组网可控资源按照"透明化、归一化、虚拟化"的标准进行设计。"三化"设计的最终目标是实现融控中心对各类探测资源的统一、灵活、便捷的调度，也即为预警网提供定制化的资源调度服务。

①透明化：是指所有的组网资源对融控中心节点而言，都是开放的，可以查看、编辑、组合甚至是可重构的，也即融控中心节点对各协同探测节点的资源具有最高使用权限，从而可以为后续的资源封装处理、虚拟映射以及基于预案的协同探测资源调度提供基础条件；

②归一化：是指对不同量纲和属性的协同探测资源，按照固定的标准格式和要求，基于资源最小粒度封装生成统一的资源条，为后续资源池构建提供前提；

③虚拟化：是指将物理资源进行功能化抽象、服务化描述等虚拟操作，映射为对应的逻辑资源，并形成资源共享池，便于融控中心节点对全域的资源进

行自由和快捷调度。

3.4.2 资源服务化设计流程

对于协同探测资源管控而言，既有基于任务的管控，又有基于功能参数的管控，甚至还有基于信号参数级的管控。从整个系统组成角度而言，组网资源可分为：融控中心节点的可管控资源、协同探测节点（组网雷达）端的可管控资源以及其他设备（通信链路、敌我识别、告警、诱饵等）可管控资源。从资源类型角度来看，可控资源主要包括：时间资源、频率资源、波形资源、极化资源、能量资源以及波束扫描模式等。根据资源的不同组合可形成多种资源调配方案，对相同的任务，不同的调配方案具有不同的任务完成度、效费比等。具体管控资源的种类、管控要求以及管控内容可参见本书第4章的相关内容。

资源服务化设计的总体流程为：首先是针对具体的任务需求，各类组网资源对融控中心系统开放使用权限，使其具备可视化与可编辑状态（即透明化处理），其次是对各种可控资源进行归一化处理，形成各类资源的最小可调配单元，如时间切片、波位划分等，这样才能根据实际需求，灵活提取若干类资源的若干个最小可调配单元用于任务执行；最后是在资源归一化的基础上，进一步区分任务、功能、参数等不同层次，透明映射为可识别的逻辑资源，并构建虚拟共享资源池对所有资源进行无缝连接和集中管控。整体流程如图3-9所示。

图3-9 资源标准化设计与处理流程

从上述的设计流程中可看出：对组网资源进行服务化设计，其最终目的是构建虚拟共享资源池。只有实现了共享资源池，各节点的探测资源信息才能做到实时、充分共享，资源的快速灵活调度，以及资源利用率的大幅提升。

3.4.3 资源服务化设计方法

1. 资源的透明化处理

各协同探测节点的可控资源是共享资源池构建的基础，也是资源存在的物理形式，因此在进行资源标准化处理时，需要各协同探测节点（组网雷达）放开各自的可控物理资源权限，由融控中心节点读取并实时动态地获取资源的原有信息与变更信息。在获取各节点的可控资源后，融控中心还需要对各节点资源在雷达可控资源层面上进行分析、汇总、分类，为将系统物理层资源映射到逻辑层做好相应的准备。

此外,资源的透明化还因对象的不同而有所区别,即各类可控资源对融控中心节点是全向透明、全面可调控的,具有全局调度权限;而各协同探测节点则仅对自身的可控资源是透明的,可调整的,且仅具有局域调度权限。

2. 探测资源条的归一化封装处理

探测资源条主要包含功能条与参数条。功能归一化封装是指基于功能控制需求归一化资源,按照实现某一功能,综合封装"时、空、频、能"等参数,生成如图 3 – 10 所示的功能资源条。参数归一化封装则是指基于参数直接控制需求归一化资源,在细化"时、空、频、能"等探测资源最小粒度的基础上,再按参数控制要求进行封装,生成如图 3 – 11 所示的参数资源条。

功能资源条

窄带识别
宽带一维像识别
宽带二维像识别
综合识别
……
……
……

参数资源条

发射参数	频率
	频率间隔
	脉冲宽度
	重复周期
	……
接收参数	频率
	频率间隔
	DBF
	……
处理规则	检测门限
	相关波门
	识别模版
	……

图 3 – 10　功能资源条封装归一化示意图　　图 3 – 11　参数资源条封装归一化示意图

两种资源条的实现方法都是对相关功能或参数进行整体梳理、内聚设计,对相关硬件和算法进行组件化设计和服务化封装,并对相关接口进行标准化和网络化定义,实现作战功能之间松耦合交联、基于服务的互操作,从而支撑资源的动态组合和高效管理。

3. 探测资源的虚拟化处理

虚拟化是一个广义的用在 IT 领域的术语。在 IT 领域,虚拟化作为一种技术,能够实现计算元件在虚拟的基础上运行;虚拟化作为一种方案,可以实现对 IT 资源进行优化配置和简化管理。虚拟化,为发挥系统资源的最大利用率,在相同资源的条件下,将固定且有限的资源进行不同需求重新组合和分配的技术,在提升系统资源利用率的同时,提升资源的服务质量和效能。

预警网协同探测资源虚拟化是指对网内的时间、频率、能量、信息处理通道等物理资源经过功能化抽象、服务化描述等虚拟化操作,透明映射为逻辑资源的过程。通过将协同资源虚拟化,可以实现对各协同探测节点异构资源的无缝链接和集中管控。

通俗来说,虚拟化技术将网内各资源通过一种“打包”的方式生成各个资源分区送入资源池,每种资源分区按照需求有独立的资源配置行为,并需兼顾资源的属性,即资源标识、资源量、资源用途以及资源生命周期[12]。通过对资源的统筹管理,并通过各个资源分层实现对整个网络化协同探测资源的重新分配,按照“按需聚合,自主协同”的机制,在提升协同探测性能的同时,最大限度地提高资源利用率。一种虚拟化资源分层的简化示意如图 3 – 12 所示。

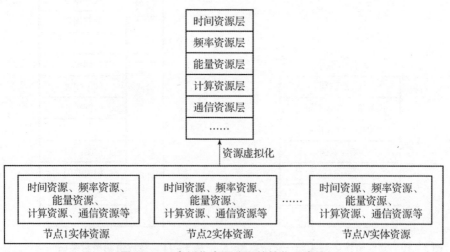

图 3 – 12 虚拟化资源分层的简化示意图

3.4.4 共享虚拟资源池的构建方法

1. 共享虚拟资源池的构建模型

构建共享资源池,实际上是对协同探测资源进行虚拟化表现,也就是对协同探测群中的时间、频率、能量、信息处理通道等物理资源进行功能化抽象、服务化描述等虚拟化操作,透明映射为逻辑资源,形成一个巨大的池化模型。该资源池的构建模型如图 3 – 13 所示。

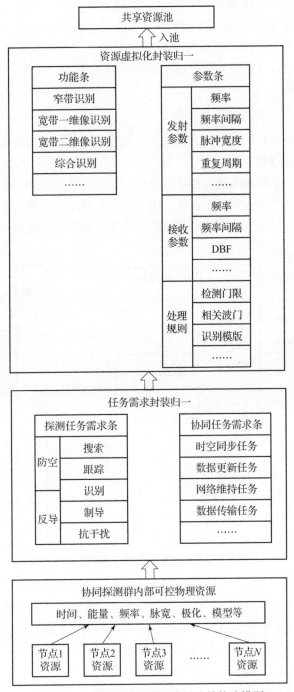

图 3 – 13　预警网共享虚拟资源池的构建模型

共享虚拟资源池能够对动态变化的组网资源进行可视化的集成与动态管理，实现从"任务—节点—资源"到"任务—资源"调度方式的转变，也即可以根据任务调度资源需求对共享资源池中的各种归一化的资源进行统一调度，从而实现对地理位置分散、属于不同节点的资源进行统一的发现、访问、调度和监控管理。

2. 共享虚拟资源池的构建步骤

①对任务进行封装归一化，形成任务需求池。具体方法是按照分配的某一项具体任务，综合封装"时、空、频、能"等参数，生成由任务需求条组成的任务需求池；②对功能进行封装归一化，生成功能资源条；③对参数进行封装归一化，生成参数资源条；④先后建立从任务到功能、从功能到参数等之间的逻辑映射关系，形成对应的功能条与参数条，如图3-14所示。

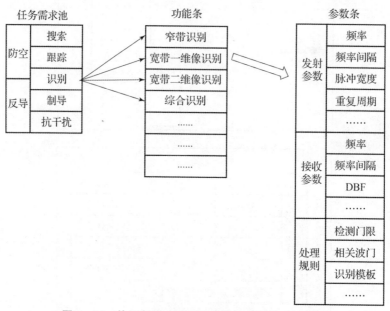

图3-14　从任务到功能再到参数的映射关系示意图

共享资源池的构建，打破了预警网各节点资源之间的壁垒，实现协同探测资源的统一管理与综合调度，可大幅度提升资源调度效率和系统探测性能。

在具体的调度实施过程中，融控中心节点需要先根据具体任务生成最小粒度的可控资源条，最后按照时间进程将最小粒度可控资源条形成执行序列，也即生成资源管控预案集。最后由各协同探测节点执行对应的管控预案，实现对探测资源的调度和使用。

与此同时，共享资源池作为整个预警网协同探测资源的一种虚拟映射，它与实际物理资源的同步更新尤为重要，一方面资源池需要定时进行自我检查与更新；另一方面，资源池需要按照资源自身的生命周期自动进行资源的删除、增加等更新。当出现节点增加或减少、位置变动、资源消耗等情况时，需要及时对资源池进行检测与更新，完成新的资源部署。

一体化虚拟共享资源池的构建，可为预警网提供如下优点。

（1）各节点探测资源的信息共享：传统雷达情报网中的各个预警雷达装备之间的信息是不可见且彼此间资源信息不透明，相互之间难以共享资源。采用基于共享资源池的资源管控模式，可使一体化预警网体系中的各协同探测节点处于同等地位且资源信息透明，能充分实现资源的共享，从而实现对目标的高效协同探测。

（2）资源的快速优化与实时调度：复杂的电磁环境增加了目标探测和对资源的管控难度。在基于共享资源池的协同探测系统中，对资源进行统一的服务式封装和共享，能够实现资源的快速调度，便于实时优化管控各节点的协同工作模式和工作参数。

（3）资源利用率的大幅度提升。在基于共享资源池的协同探测系统中，由于实现了异构资源的统一接口，有利于对整个预警网协同探测的整体动态感知，可根据任务需求获取最佳的资源调控配置方案，实现对资源的高效利用。

3.5 体系架构柔性化设计

预警网敏捷构群的实现必备条件之一就是整个预警网的体系架构要具备柔性或可重构性。本节将主要从柔性架构设计要求、柔性化设计方法、设计流程3个方面进行总体分析。

3.5.1 柔性架构设计的总体要求

对预警网柔性架构设计，需要注意以下几个方面的总体要求。

（1）建立基于任务驱动的"敏捷重构"柔性设计总体概念。即在预警网内部，要能实现基于不同的探测任务对融控节点和探测节点进行敏捷重组，随时随地构成不同类型的协同探测群，待完成任务后，相应的探测群随即解散，各节点可回归至原有部署位置和隶属关系。同时，各协同群内的节点类型、数量以及通信链路都能随探测任务的变化而进行重组。

（2）要满足预警网对任务的快速反应与高效执行的要求。因为预警网与协同探测群、以及组网节点之间的关系如同"系统论"中整体、部分与要素之间的关系，系统整体的效率和速度取决于内部各组成部分与组成要素的效率和速度，所以协同探测群要能灵活、动态和高效，组网节点必须要具备灵活入群和退群、快速响应任务需求等能力。这包括：①各节点都应具备入群的基本条件和能力；②节点数量、类型、指控协同关系，以及融合信息算法等要素能根据具体的探测任务而随时动态变化；③各节点能支持跨域、跨战区、跨军兵种调用，从而满足大区域、大空间、多维度的预警探测需要等。

（3）要满足当前预警网对协同探测架构的兼容需求。因为当前的预警探测网，仍属于雷达情报网，其具有战术运用简单、情报处理量小、通信要求低等优点，在一定时期内还将长期存在和运行，且新型预警网体系建设也不可能一蹴而就。因此，需要考虑将雷达情报网进行适当的升级改造和功能拓展，使其具备初步的协同探测能力和柔性架构。

3.5.2　柔性架构的设计原则

开展基于协同探测群的预警网柔性架构设计，除上述提出的设计要求以外，还需遵循和应用"辅从性（subsidiarity）"原则。

1. 辅从性原则的基本概念

"辅从性原则"一词来源自社会管理学领域，它是一种组织和管理原则，强调决策应当尽可能在组织的最低层级进行，同时确保高一层级的干预只在必要时进行[14]。这个原则的核心思想是赋予下层组织更大的自主性和灵活性，以便更有效地响应和解决具体的问题，同时上层组织提供必要的支持和指导。

"辅从性原则"的关键特征为：①决策权赋予的组织级别应尽可能低，只在必要时赋予高级别组织；②可灵活形成具有高自治性和自组织性的团体或组织群。

辅助性原则的运用，意味着以网络为中心的体系架构方法的内在特征是分散性的，也即去中心化的。从预警网的体系架构设计上来看，就不应是多层集中"烟囱"式结构，而是应精简为两层级多中心分散式结构。网内的管控节点最多保留低层级和高层级两个级别。基于辅从性原则，低层级的基层管控中心节点负责协同管控多个探测节点，形成若干个小的协同探测群，高层级的管控中心节点不过多干预协同探测群的自主运行，只在适当时机在宏观层面提供必要的指导与支持。从而使得整个预警网具有高度的自组织性和弹性，进而提高了体系的整体柔性。

"辅从性"原则带来的另一个重要影响是：体系资源管控的服务化请求。未来的武器装备必将是复杂的巨系统（体系），其体系复杂、且具有较长的全寿命周期。为了在设计、开发、作战使用和升级周期中能够把控总体复杂度并保持总体体系架构的一致性，其基础体系架构设计必须具备耦合度低、易于集成、互操作性强以及可重用性等特点。这可以通过面向服务的体系结构（SOA）来实现。SOA 在第 3.4 节中已有论述，其是以系统组件提供的功能服务为中心，可由服务消费者本地或远程访问，并在分散的网络中独立更新。

2. 基于"辅从性"原则的预警网柔性架构设计特点

基于"辅从性"原则进行预警网体系架构设计，意味着体系具有以下显著特点。

（1）决策分散性：可在"协同探测群"这一低层级进行决策，从而可以更快地响应战场环境的变化和作战任务需求，减少通信延迟，摆脱对上层决策的过度依赖。

（2）自主性：每个探测节点或融控节点都具备一定程度的自主性，能够独立执行任务或与其他节点协同工作，而无须集中管控。

（3）任务分配的灵活性：协同探测群可根据任务的优先级和群内可用探测资源，自主进行任务分工与调整，确保整体探测效能的最大化。

（4）高效的资源管控：在整个预警网中，资源管控与数据融合应在多个协同探测群的分布式环境中完成，从而提高系统效率和鲁棒性。

（5）自适应性与弹性：在面临通信中断、网络攻击或部分节点受损退网等意外情形时，预警网能够进行自我调整与修复，保持任务执行的连续性。

（6）服务化请求：将探测任务与威胁目标信息按照服务请求的方式传输至各个节点，而非直接指令下达，这样可整体提高系统的灵活性和响应速度。

3.5.3　柔性架构的设计流程

随着作战环境与作战目标的快速变化，预警网所承担的探测任务也将随之发生改变。架构柔性化设计的最终目的是使预警网具有柔性，能够基于探测任务的变化而快速敏捷适应和动态重构，也即基于任务的"敏捷重构"。

体系架构敏捷重构，不是将现有的预警网体系架构推倒重来，而是在不改变原有的体系框架、内部隶属编制和组成要素的前提下，针对作战任务需求的动态变化，对预警网内的资源和功能进行灵活调配与重新组合，实现体系内部的重新构造，从而快速适应需求变化，继而圆满完成各项任务。

基于上述考量，遵循"辅从性原则"，预警网采用虚拟的"协同探测群"来实现体系重构，其重构的主要驱动因素是作战任务的变化，最终目的是增强预警网的敏捷性与适应性。体系重构主要分为以下 5 个步骤和内容：

（1）任务需求分析。根据当前作战目标和战场环境的变化，明确预警网所需承担的协同探测任务类型，如反高超音速目标突防预警、反隐身目标突防预警、反临近空间目标预警、反弹道导弹目标预警等，并由此定义该任务对预警网的能力需求，形成"任务—能力"清单。

（2）基于"任务—能力"清单，生成任务能力包（MCP），并由此构建协同探测群的抽象概念模型。MCP 是一个专门设计的系统或一组系统，被组合在一起以执行特定的任务或任务集。这些能力包通常是为了满足特定的作战需求或任务要求而开发的，且可以根据不同的任务目标进行定制和优化。这里的MCP 包含有各种类型的传感器（探测节点）、多个融控中心节点、通信系统等，其能胜任由任务需求分析得到的协同探测任务。基于任务能力包，则可进一步开发出相应的协同探测群概念模型。该模型具体包括：群内的节点数量、类型、功能、部署位置、网络拓扑结构以及协同工作模式选择、数据融合算法、资源管控策略等要素。同时，还应给出协同探测任务的具体场景、假设条件与边界条件，为后续的仿真分析和方案评估提供基础。

（3）构建协同探测群的任务响应能力评估指标体系，并进行仿真分析。该评估体系是对前述构建的协同探测群概念模型完成任务成功率的一个评价。其主要由"任务成功完成率指标（MOS）—效能评估指标（MOE）—性能评估指标（MOP）"三级指标构成。MOS 指标是总体指标，由前述的协同探测任务目标来明确，MOE 类指标用来衡量该协同探测群完成任务的能力值，MOP 类指标则是表征群内各协同探测装备的性能特征。采用构建的评估指标体系，运用系统建模工具，如 SysML 或其他专用软件，创建协同探测群模型并进行仿真，以评估该协同探测群方案的可行性，并通过算法优选出最佳的构群方案（最优协同探测群）。

（4）实现最优协同探测群的功能集成，并为上层指挥决策层提供统一的空情态势图或全面精准实时的目标探测信息。由前述的最优探测方案所筛选确定的各探测节点与融控中心节点实现各种的功能，并经功能服务集成后，提供至整个预警网信息栅格上进行共享，上层指控中心作为服务使用者，对所需服务进行订阅，从而得到战场空情态势感知信息，为后续作战提供辅助决策和信息支援。

（5）基于任务需求的动态变化和任务实时完成效果的最终信息反馈，不断调整和迭代协同探测群，提升任务成功率，直至协同探测任务结束。

基于上述分析，可得到预警网动态柔性重构的概略设计流程，如图 3－15所示。首先依据外界作战环境和探测目标的变化分析，生成探测任务需求；其次是基于任务需求，提出协同探测群应具备的能力需求，也即生成"任务能力包"；再次是依据能力需求，构建多种协同探测群功能模型并进行仿真评估，优选出最佳构群组合。将该最佳构群方案筛选出的多个协同节点（融控节点和探测节点）进行功能集成，共同构建一个虚拟的、临机的、灵活的协同探测群，共同完成该协同探测任务，实现能力的聚合。在任务执行过程中，如实际构建的协同探测群的探测效能发挥不理想或达不到预期的增效，则进行动态的迭代构群。直到该任务结束后，该协同探测群自动解散，等待下一项任务的开始，重新构群。

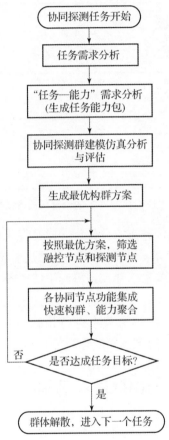

图 3 – 15　预警网柔性动态重构概略设计流程

3.5.4　预警网敏捷重构的实现思路

按照"自上而下以任务需求为导向"和"自下而上以能力聚合为导向"的双向设计方法，构建一种基于"协同探测群"的预警网柔性架构体系，其设计思路如图 3 – 16 所示。

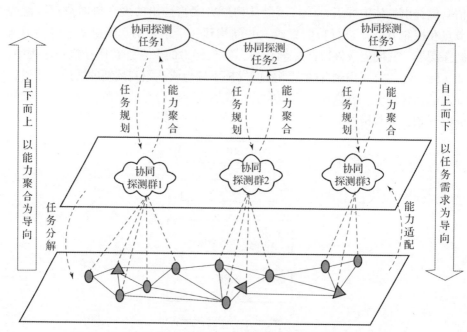

图 3 – 16   基于"协同探测群"的预警网柔性架构体系实现思路

首先按照自上而下以任务需求分析为导向，将任务进行规划并得到协同探测群的"任务—能力"需求分析对应表，由此进一步得到该探测群应具备的节点规模、类型和功能等要素，并在预警网中按照各协同节点的能力大小、技战术特点等因素进行匹配筛选得到备选清单；其次是按照自下而上以能力聚合为导向，将备选清单中的各协同节点进行快速组合，构成"虚拟协同探测群"，共同完成探测任务，达到预期的作战效果。

3.6   低空预警网敏捷构群设计示例

运用前述的敏捷组网"三要素"分析方法，针对由多个基站所构成的低空预警网系统进行敏捷构群示例设计，使得原型系统能跟随探测任务的动态变化而适时灵活的适应、调整与组合，实现基于任务的敏捷重构。

3.6.1   低空目标探测手段分析

低空目标的 RCS 散射面积小、飞行高度低、速度可变（定点悬停、慢速巡航、高速突防等）、加之复杂的背景环境以及可能的有源电子干扰，使得低空威胁目标的探测与识别成为一个世界性难题。目前用于低空目标探测的有效手段主要有雷达、红外、激光和可见光等传感器设备。这些探测手段特性各异，虽各有所长，但也存在一定的使用局限性。

1. 雷达探测技术

雷达具有作用距离远、搜索效率高、测距精度高、可全天候工作等特点，可作为低空预警监视网的骨干装备。然而，对低空目标，雷达探测存在着多路径低空凹口、地形遮蔽等难点，仅靠单部雷达难以连续准确地发现、跟踪和识别。此外，雷达虽然可以对"高慢小""低快小"或"低慢大"类目标实施有效探测，但是"低慢小"目标与地物杂波较接近、多普勒频移不明显、RCS截面积小，难以被有效探测。

2. 可见光探测技术

可见光探测技术具有高分辨率的探测影像，广泛应用于近距离地面目标或低空目标的定性识别。但可见光探测受到太阳光照条件的极大限制，只有在一定的光照强度下可用，不能进行全时段、全天候的目标探测，且极易受到天气的影响。在实际遇到背景或前景遮挡干扰时，无法对低空目标进行有效探测跟踪。

3. 红外探测技术

红外探测是应用红外探测设备探测远距离目标所反射或辐射红外特性差异的信息，以确定目标性质、状态和变化规律的探测技术。红外探测又分为近红外、中红外和远红外和超远红外。红外探测设备其自身极易受环境光照的干扰，厚云层或多云时目标与背景红外特性不明显，逆光时目标与背景对比度低，小尺寸目标易因衍射效应显示为模糊斑点，目标特性易受大气衰减、湍流影响大，导致低空目标的红外信号弱、信噪比低，难以检测。

4. 激光探测技术

激光探测又称激光束探测，是利用激光束对被测目标进行远距离感测，并通过位置、径向速度及物体反射特性等信息来识别目标。激光探测技术的特点是高精度、主动工作和高分辨率，一般主要用于对目标进行测距和定向，获取目标相对观测点的距离。激光探测与其他光电探测手段一样，也易受到环境光照干扰与地物遮挡的影响[15]。

5. 多手段协同探测

由上述分析可知，只有通过多体制探测手段进行协同探测，充分发挥各类传感器的观测优势，使其优势互补，才能有效提升预警网低空目标探测与识别能力。

（1）采用多部雷达组网协同探测，可获取雷达频率分集、空间分集得益，有效应对多路径低空凹口和地形遮蔽造成的目标发现不及时、跟踪不连续、识别不准确等问题；

（2）可见光、红外、激光等光电设备具有精度高，可对目标进行成像识别等技术特点，但同时也有作用距离短，受气象条件影响大等缺陷，因此可采用雷达与光电设备的协同探测，雷达负责远距离的低空目标搜索、跟踪和粗分类，引导光电系统对高威胁等级目标进行高概率截获与高精度跟踪识别；

（3）雷达对目标探测距离精度较高，但测角精度一般不高，典型低空探测雷达的方位精度在1°左右，对距离较远目标的定位精度有明显下降，而光电系统则具备较高的测角精度，可达0.1°甚至更高。因此，通过雷达与光电设备的协同探测，可大幅度提升对目标的定位精度，尤其在目标距离较远时，效果更加明显。

6. 低空目标的协同探测综合分析

对于低空目标的协同探测，一般主要分为搜索、跟踪和识别3个阶段。其中，搜索是确定探测目标的过程，该过程可以看作是低空目标探测任务的前期预警过程；跟踪则是在确定探测目标之后，对探测目标的运动轨迹变化进行实时监测的过程；识别则是充分利用雷达和光电等多个传感器的探测信息，将其中关于目标身份提供的信息依据某种准则来进行组合，以获得准确、可靠的目标身份估计，其本质是多元数据融合中的身份融合。

3.6.2 低空预警网的装备一体化设计

主要从低空预警探测装备和融控中心装备两个层面来分析如何实现装备的一体化设计。

1. 预警探测装备的一体化设计考虑

通过对低空目标的探测手段分析可知，低空预警网的主要由多频段（如L、S、C、X频段等）多体制（如MTI、MTD、PD、SAR等）雷达，以及各型光电、红外等设备所构成。

要满足低空预警网敏捷组网的作战需求，其网内的各组网探测装备，无论是各种体制的多频段雷达，还是光电、红外等，因研制厂家的不同，技术体制上的差异，都需要做适配型的集成，即均要有相应的适配器接口套件。

第一种方式是根据每型装备的技术和性能特点，设计专用的适配器接口套件，如雷达专用接口套件、红外专用接口套件或光电专用接口套件等。这种方式的典型应用实例是美军"一体化防空反导（IAMD）"系统中的"一体化火控网络（IFCN）"中的 A – kit 和 B – Kit 接口适配组件。如图 3 – 17 所示，B – Kit 组件作为"一体化火控网络（IFCN）"的对外接口，一方面与各传感器平台的 A – Kit 组件进行适配，从而支持要素级的"即插即打"能力，并实现武器系统的解耦；另一方面，还与"一体化作战指控系统（IBCS）"中的"作战指控中心（EOC）"进行实时交互，从而重建一体化控制下武器平台的紧耦合铰链，并支持交战过程中的热插拔，实现要素的动态集成与重组。

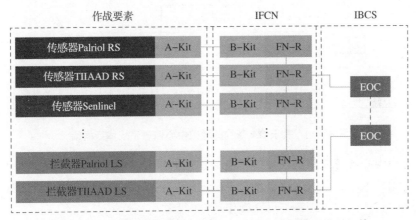

图 3 – 17　一体化火控网络（IFCN）中的多类型接口适配组件

第二种一体化方式是将所有设备进行综合集成，做成一体化的防空预警装备，从而仅需一种综合型的适配接口套件，即可实现快速入网。此类典型实装是以色列 IAI 公司的 ELM – 2084 MS – MMR 多传感器多任务雷达。该雷达集成了 S 波段雷达、高频段雷达、敌我识别、信号情报、光电红外和发射探测传感器多种有源、无源传感器，从而大大提高了对各种空中目标的探测、分类、识别和跟踪能力。该雷达用于执行防空、监视和炮位侦察任务，是"铁穹"、"大卫投石索"和"巴拉克"（Barak）等防空武器系统的主要传感器。

在一体化的防空预警装备内部，各种不同频段雷达还可借鉴第 3.3.1 节中提出的"通用雷达架构"设计理念，进行模块化统一设计，并利用通用构建块，类似于"搭积木"一样进行灵活快速集成。

2. 融控中心装备的一体化设计考虑

对于融控中心节点装备而言，其一体化设计考虑主要从融控中心信息系统软件入手。采用第 3.3.2 节中提出的 SOA 思想，提出一种可供参考的融控中心信息系统的软件框架，如图 3 – 18 所示，其主要分为表现层、应用层和 EIB 服务层。在表现层，通过"通用人机交互界面"实现指挥员、作战人员与融控中心节点以及协同探测群的交互；在应用层，主要划分为任务管理、信息共享、资源管控、决策支持等4类应用域，是服务的主要使用者；在服务层，运用虚拟机（Virtual Machine，VM）方法，将现有系统功能模块以及新开发模块根据功能属性虚拟为各种服务，提供给应用域模块；并基于EIB的交互应用服务实现功能集成。

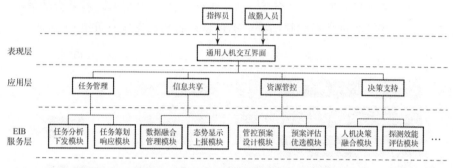

图3-18　基于OA架构的融控中心信息系统体系框架

融控中心的各应用层模块通过服务层的各类服务的发布/订阅机制，实现各类数据的灵活、实时、大容量、可扩展的交互以及与各组网探测节点装备之间数据的可访问、可理解与可互操作。

3.6.3　低空预警网的协同探测资源池设计

低空预警网的系统探测资源的虚拟化及其调度，主要是通过构造虚拟的系统资源池，去除各组网节点的物理约束，对协同探测资源进行集中和统一调度管理，为目标探测数据的传输、数据融合处理等提供高效的资源支撑，达到系统资源的高效利用和综合共享，对虚拟化的物理资源实现统一的监控管理和动态调度，确保系统资源稳定高效运行。

1. 共享资源池的建立

主要是通过功能化抽象和面向服务的描述等虚拟化操作，将低空预警网内设备的时间、频率、功率、信息处理、通信等资源转化为逻辑资源，从而实现系统资源的虚拟化过程。通过资源虚拟化，可以实现对系统内各节点资源的有效统一管理。

将时刻动态变化的各节点资源经虚拟化处理之后，置于统一的共享资源池中，既实现了可视化的互联、互通、互操作，也实现了从"任务—节点—资源"到"任务—资源"的过渡，省去了对各组网节点装备的考虑，更加便于依据任务调度或预案需求对资源池中的不同资源进行统一管理，从而实现对物理上分属于多个地理位置的各分布节点资源的集中管控。

2. 基于共享资源池的协同探测资源调度架构

基于共享资源池的分层架构如图 3 – 19 所示，主要分为四层：物理资源层、虚拟资源层、资源控制实施层和资源管控调度层。

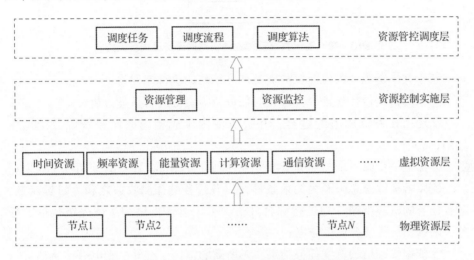

图 3 – 19　基于共享资源池的协同探测资源层级架构

物理资源层主要与每个实体组网节点有关，实体节点可以是协同探测装备节点（低空雷达、红外、光电、IFF 等），也可以是各类融控中心节点，每个节点都包含与自身相关的各类实际硬件或软件资源。虚拟资源层的任务是把物理资源抽象成逻辑资源，并覆盖物理资源的底层接口信息；在共享信息池中，将物理层资源封装成共享资源，并保留资源元数据。控制层则是整个资源池架构中的控制部分，负责对资源进行分配、管理和监控等。调度层则根据不同协同探测任务要求，选用相应的资源调度策略调度算法，促使整个协同检测群的高效工作。

在整个分布式低空探测系统中，各类目标的搜索、跟踪与识别任务都有着特定的资源保障条件，如果每个任务都是独立部署的，则各类任务所需的探测资源必将会产生一定的矛盾与冲突，也将无法完全共享网络中单个节点资源。因此，可采用前述的"共享资源池"思想，优化设计资源池的调度，从而解决此类问题。基于共享资源池的协同探测资源调度架构设计如图 3 – 20 所示，将网络中各节点的资源集中起来，同时根据各种任务的资源需求，灵活进行调度，从而最大限度地提高任务完成的高效性与资源使用的可靠性。当协同探测群给予任务执行命令之后，资源池的协同管理核心计算出任务所需的资源请求，并制定相关的资源分配策略下发执行即可。

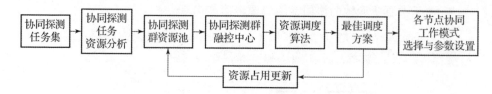

图 3 – 20　基于共享资源池的协同探测资源调度架构

基于共享资源池的协同探测资源调度策略的执行流程为：

①根据待执行任务集合，首先对任务所需资源进行整理分析；

②经由任务资源适配过程，在资源池内生成相应的任务资源分配请求计划；

③由上一步骤得到的任务资源分配计划，计算每个任务的预期收益效果；

④以各类资源总限额为约束条件，以各任务的探测收益之和为目标函数，对各任务的资源申请计划进行综合评价，采用遗传算法淘汰优先级较低的任务，筛选出最优任务调度方案；

⑤依据筛选出的调度任务结果，对所需的雷达、红外、光电等传感器进行参数设置和工作模式设置；

⑥更新占用资源，开始下一轮资源管控调度。

以上策略主要从任务调度资源合理分配的角度出发，既考虑了协同探测任务的资源耗费，又考虑到了协同探测的任务需求。在上述的系统分析中，已指出低空预警网的协同探测任务可划分为：协同预警监视、协同搜跟、协同目标识别与指示引导等。

共享资源池内的资源更新是保证资源协同管控中的重要一步。首先，资源池需要每隔一段时间自动更新，从而保证与物理资源的实时同步；其次，当池内的资源生命周期结束时，系统能够自动的对资源进行删减；最后，当出现节点变化时（如节点位置变化、节点的入网退网等），资源池内也要进行同步检查核对。

该调度架构的优点主要有：

①系统协同探测能力优化，通过对资源的统一管理，使得调度更加迅速，各个节点协调工作模式和工作参数更迅速；

②资源利用率的提高，实现了不同类型资源的统一接口，利于系统整体感知，按任务需求分配，提高了资源利用率；

③节点资源实现了信息共享，采用以资源池为基础的调度模式，各节点间资源信息清晰透明，能充分实现资源的实时共享。

3.6.4　低空预警网的任务需求与体系架构分析

1. 任务需求与任务能力需求分析

预警探测的重要低空目标主要可分为三大类：无人机、巡航弹、巡飞弹及蜂群类集群目标。按目标威胁重要性程度可排序为：近距离低空、超低空目标＞中远距离低空目标＞中远距离中高空目标。因此，低空目标探测任务需求可简单概括为：重点预警监视近距离低空、超低空突防目标（无人机、巡航弹、巡飞弹及蜂群式集群目标等）、兼顾中远距离低空、中高空目标的预警探测。

依据任务需求可知，当前的任务能力是：对近距离、低高度层的突防目标要全时域、全空域连续探测跟踪掌握；次要任务是：对全空域、全高度层目标的预警监视。由此可知，能力需求可简单概括为：对无人机、巡航弹、巡飞弹等重点低空突防目标具备全空域预警监视能力（重点能力）、对空域空情态势的整体感知能力（一般能力）。

要满足上述的任务赋能，系统必须具备的功能为：以较高的检测概率实现对低空目标的远距离发现与连续探测、以较高的识别概率实现对各类低空目标的精细化分类识别、以较高的精度实现对低空目标的精确跟踪等。

2. 原型系统基本组成

通过上述任务需求分析可知，能有效探测低空目标的低空预警网原型系统组成如图 3 - 21 所示。图中，由多频段雷达、光电、红外等多个异质传感器和对应的基站融控中心节点（BFC）组成综合型低空探测基站（以下简称"综合基站"），由多个综合基站和多个高层融控中心节点（SFC）组成区域级分布式低空预警探测网。每个综合基站内部包含有一个 BFC 节点，以及 L、S、C、X、Ku、K 频段的低空探测雷达和红外（IR）、光电（EO）等多类型异质传感器，图中分别用带有相应的字母缩写的圆圈符号来表示各组网协同探测节点。

基站融控中心节点 BFC 负责将多源传感器收集到的低空目标探测信息进行融合处理，形成信号级、点迹级或航迹级空情数据与目标类型识别信息以及区域空情态势图，提供给本层级的作战人员和高层级的指挥员，并对各协同探测资源实施集中管控。高层融控中心节点 SFC 负责将各基站融控中心节点 BFC 上报的空情信息进行综合处理，形成统一的全空域空情态势图并提供给本层级的指挥员辅助决策，将目标协同跨域探测跟踪任务指令下达至各基站融控中心节点，实现对全网探测资源和多传感器的集中管控。

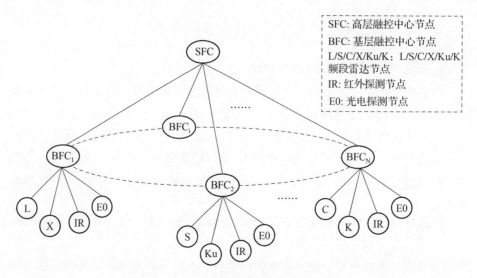

图 3 – 21　分布式低空预警网的组成框图

3. 体系架构分析

从图中可看出，SFC 节点对多个 BFC 节点、各个 BFC 节点对综合基站内的各传感器实施的均是统一集中管控，各基站融控节点则借助通信网络实现了互联互通，通过汇总融合各传感器上报的目标空情信息，做到了共享单一的空情态势图。

然而，从本质上来看，该低空预警监视网的体系架构仍然是一种树形的刚性结构，一旦某个基站融控中心节点受损退网，与其铰链的各类传感器也将失效或失联，同时高层融控中心节点一旦失效，也必将带来局部网络的崩溃。因此，系统的整体抗毁性较弱，难以应对严酷复杂多变的战场环境。

从总体上来看，该分布式低空探测系统，虽然实现了分散式部署、广域式探测感知、多源传感器集成、混合式数据融合与资源管控等功能与特点，但其仍然难以做到真正意义上的弹性组网与敏捷构群，还需进一步进行体系改造与敏捷重构设计。

3. 6. 5　低空预警网的敏捷构群方法

采用前述基于任务的"敏捷重构"柔性设计方法，对已有的分布式低空探测系统进行体系重构，生成虚拟的"低空协同探测群"，使该低空预警网具备灵活的弹性架构。

由上述的任务能力与功能需求分析可知，所要构建的"低空协同探测群"既要有包含 L、S、C 频段在内的中远程低空警戒雷达完成中远距离的低空目标探测功能，又要有 X、K、Ku 等频段的近程毫米波雷达完成近距离的低空目标探测功能，还要有高分辨雷达和相邻的高精度红外、光电设备完成目标的精细识别与精密跟踪功能。如前述所言，这种协同探测群并不是由实际装备所构成的实体预警网，而是将这些多传感器所表征的探测资源进行标准化后的一种"虚拟群"。这种"虚拟群"力图将低空预警监视网固有的刚性架构进行柔化，形成更为松散和灵活的一种"柔性"群架构，从而能更好地应对日益严重的低空突防威胁和复杂多变的战场环境。

如图 3-22 所示，"低空协同探测群"的敏捷构建过程可简要描述为：在经过信息栅格化处理后的低空探测预警网之上，按照原有架构形成的综合基站分别由对应的基站融控中心节点 BFC_i（下标 i 表示综合基站编号，$i = 1,2,\cdots,N$，N 为基站融控中心节点数）和多传感器组成。传感器统一用 S_{ij} 表示，第一个下标 i 表示隶属于的综合基站编号，第二个下标 j 表示传感器类型（$j = 1,2,3,4$），1 表征 L、S、C 频段的低空警戒雷达；2 表征 X、K、Ku 频段的近程跟踪雷达；3、4 分别表征红外设备与光电传感器（激光、可见光设备）。

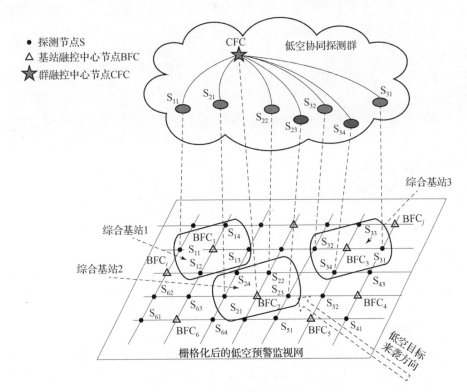

图 3-22　低空协同探测群敏捷构建示意图

如图中所示，若此时有自综合基站 2 警戒监视方向来袭的低空目标，针对该低空突防目标任务进行相应的任务能力以及功能需求分析，需要相邻的基站 1 与基站 3 协同基站 2 进行联合预警监视与跟踪识别。三个基站的基本组成形态如图 3 – 22 中的方形椭圆框所示，由此生成的、虚拟协同探测群如图中云状方框所示，主要由基站 1 的节点 S_{11}（L 波段雷达）、基站 2 的节点 S_{21}（S 波段雷达）、基站 3 的节点 S_{31}（C 波段雷达）完成中远程协同探测、节点 S_{22}（X 波段雷达）和 S_{32}（Ku 波段雷达）完成近程协同探测，节点 S_{23}（红外）、S_{34}（光电）配合其相邻的频段雷达完成目标的近距离跟踪与识别；原基站融控节点 2（BFC_2）则升级为该群的群融控中心节点（CFC），提高其指控权限，负责协调群里所有传感器进行协同探测、对群内探测资源进行集中管控、并将多传感器信息进行融合处理后，将态势信息上报更高一级的 SFC 节点或指控 C2 中心节点，或将火控级别的目标诸元参数数据提供给相邻的防空武器单元，完成信火一体化铰链，实现针对低空目标的 OODA 闭环。

针对如图所示的高层融控中心节点 SFC 与基站融控中心节点 BFC 之间的单向互联关系，也存在着一定的脆弱性与较低的抗打击能力，一旦 SFC 功能失效断网或被硬摧毁，探测群整体也必将失能降效。因此，这些融控中心节点之间也可以采用类似的柔性技术进行重组构群。如图 3 – 23 所示，假设 1 个 SFC 节点与 5 个虚拟探测子群的群融控中心节点 CFC 相连，构成一个协同探测融控中心节点群。当该 SFC 因故退网时，某个 CFC（如第 5 个 CFC）则临时升级为该群的高层融控中心节点，并继续保持与其他 CFC 的协同连接关系，从而实现了协同探测群的敏捷重构，增强了协同探测群的整体稳健性。

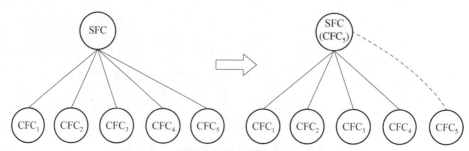

图 3 – 23　融控中心节点群的敏捷重构示意图

应当指出的是，构建的"低空协同探测群"不是一成不变的，其数量和形态是随着威胁目标的来袭方向、突防路线以及战场态势等因素而动态变化的，或者说是随着协同探测任务的变化而动态演进的，譬如图中还可由基站 5、基站 6 与基站 2 构建"协同探测群 2"、由基站 3、基站 2 与基站 5 构成"协同探测群 3"等，构群方式灵活多样。另外，群中的任何一个探测节点或融控节点都是可以做到灵活快速入群与退群，且群中还可以临机组成各种功能子群，如由多部多频段雷达组成的远程预警探测群、由若干部近程雷达与临近的红外、光电组成的近程监视跟踪与目标识别群等。

总之，运用敏捷组网构群技术，可以实现低空预警探测网的柔性动态自组织与协同探测能力的聚优释能。

3.7　小结

本章重点研究了"组网装备一体化、体系架构柔性化、探测资源服务化"的预警网敏捷组网关键技术。分析阐述了组网装备的一体化集成是敏捷组网的重要基础，探测资源的虚拟化设计是敏捷组网的重要前提，体系架构的柔化设计是敏捷组网实现的必要途径。最后，遵循研究提出的流程与方法，设计了一种低空预警监视网的敏捷构群示例，通过示例分析，进一步阐明了所提出的敏捷组网方法的合理性与有效性，为后续预警网的协同作战运用提供了理论指导和方法依据，具有较好的借鉴与参考意义。

参考文献

[1] 葛建军, 李春霞. 探测体系能力生成理论及方法 [J]. 雷达科学与技术, 2018, 16 (03): 237 – 241 + 248.

[2] 刘兴, 梁维泰, 赵敏. 一体化空天防御系统 [M]. 北京: 国防工业出版社, 2011.

[3] 孙涛. 美防空反导领域开放体系架构技术发展与应用 [J]. 军事文摘, 2023, (1): 57 – 61.

[4] 杜思良, 倪明, 张鹏. 信息系统中作战资源虚拟化应用技术研究 [J]. 指挥与控制学报, 2019, 5 (02): 141 – 146.

[5] 向龙, 丁建江, 周芬, 等. 协同探测群柔性架构分析与设计 [J]. 现代雷达, 2022, 44 (4): 1 – 5.

[6] 李森, 张涛, 陈刚, 等. 美陆军一体化防空反导体系建设研究及启示 [J]. 现代防御技术, 2020, 48 (6): 26 – 38.

[7] Jean BLERIOT, Christophe BOSCHET. Key factors for the design of GAX000 radar, a new generation of UHF Early Warning Radar [J]. 2019 International Radar Conference, 2019.

[8] 韦正现, 张哲, 陆泳舟, 等. 基于开放架构的体系集成方法 [M]. 北京: 电子工业出版社, 2021.

[9] 李凤云. 基于 SOA 的指挥控制系统体系结构研究 [D]. 沈阳: 沈阳理工大学, 2013.

[10] 中国电子科技集团公司发展战略研究中心. 网络信息体系构建方法和探索实践 [M]. 北京: 电子工业出版社, 2020.

[11] 张佳南. 信息栅格体系 [M]. 北京: 海潮出版社, 2010.

[12] 杨芬, 李继进, 邵锡军. 基于信息栅格的雷达组网系统体系结构及关键技术探讨 [J]. 信息化研究, 2010, 36 (08): 12 – 15.

［13］ 廖卫东，王建. 基于资源池的雷达协同探测系统资源调度策略［J］. 现代防御技术，2017，45
（05）：93－99.

［14］ Christoph Fischer, Ulrich Martin, Bernd Mohring. Architecture for Networked Sensor Integration as an
Enabler for Future Multi－Sensor Multi－Platform Operation［C］//NATO－SET－312, Specialists
Meeting, 2022.

［15］ Office of the Under Secretary of Defense for Research and Engineering. Mission Engineering Guide［EB/
OL］.［2022－12－08］. Washington, DC. https://ac. cto. mil/engineering.

［16］ 中国指挥与控制学会. "低慢小"目标协同探测要点分析及流程设计［C］. 北京：兵器工业出版
社，2021：296－301.

第4章　资源闭环管控技术

随着作战环境和新型空天目标特性的日趋复杂多变，预警装备能力不断增强，研究预警装备协同探测对于预警网能力生成具有十分重要的意义。协同探测就是依托指挥信息系统，通过人机智能融合，精准实时调控多雷达、多元手段的时、空、能、频、波形等探测资源，即时驱动能力重构、响应战场变化，实现体系效能最大化，核心就是探测资源管控技术。因此，在第2章协同探测概念开发技术和第3章协同群敏捷构建的基础上，本章主要研究探测资源的管控技术。

通过研究组网协同探测管控技术，要突破组网协同探测资源管控的内容、规则、模型和方法等难题。①要深度分析探测资源管控多样化的新需求；②要清晰界定探测资源深度管控的概念和内涵；③要分层分阶段研究探测资源管控的对象与内容；④要探索探测资源管控规则制定的流程、方法和应用，为后续触发预案提供可数学模型化的条件；⑤要结合敏捷组网技术，探索构建不同层级的探测资源管控闭环模型，为实现"精、准、深"程度实时协同控制提供参考。

4.1　探测资源管控新需求

在《雷达组网技术》中，我们已经从目标特性变化、战场环境变化、情报需求变化、资源变化、人员能力局限性、时间紧迫性、体系化探测、组网系统本身等8个方面分析了资源管控的必要性。随着雷达技术的发展，多功能相控阵雷达已经成为主体，探测资源的可控性越来越好。为充分发挥预警探测效能，对资源管控提出了新的需求。为此，以多功能相控阵雷达为主的协同探测群应重点围绕"质效、节奏、方式、模式"等厘清资源管控新需求。

4.1.1　精细化管控

在高强度、激烈空防对抗中，雷达情报支持火力单元快速打击目标作为一种典型的作战场景，使得以往雷达资源粗放管控模式已难以适应现代作战需求，需要实施精细管控，提升雷达资源运用质效。

4.1.1.1 资源精控，增强雷达对抗

（1）在空间上优化部署。根据预警探测任务，雷达数量以及装备性能合理部署，明确各雷达任务空间，减少探测盲区，确保重点空域多重覆盖，任务空间严密覆盖。设置雷达静默扇区，控制各雷达在不同时刻的发射接收方位以及波束形状，增强雷达抗干扰能力。

（2）在时间上统筹安排。雷达保持实时作战协同，多部雷达进行时间统筹和定时控制，优化雷达工作时序，闪烁开机对抗雷达干扰；编排雷达发射脉冲序列，按照一定的时序确定雷达对空辐射时间，组网诱偏抗反辐射攻击。

4.1.1.2 资源精控，融入杀伤链条

发现即摧毁是"信火一体"的最高境界。雷达情报用户对雷达情报位置、时间精度，以及数据率等情报质量提出了更高要求。精选雷达情报源、雷达跟踪目标分配等雷达资源管控，提升雷达情报质量，实现雷达情报深度融入杀伤链。

4.1.1.3 资源精控，发挥装备潜能

先进的相控阵雷达具备参数配置能力，如天线转速、天线俯仰、信号波形、发射频率、辐射功率等工作参数，均可根据任务需要在线实施精细配置，优化雷达搜索、跟踪、识别等工作模式，提升雷达探测效能。

4.1.2 敏捷化管控

新型空天目标突防手段多样，电子侦察和干扰性能优良，强调以快制慢，压制预警雷达作战能力发挥。因此，组网系统必须能够快速调整雷达工作模式和工作参数等探测资源，增强抗干扰能力和对目标稳定跟踪能力，才能适应空天战场快速变化。

4.1.2.1 资源敏捷管控稳跟空天目标

空天目标总体呈现飞行高度高、飞行速度快、雷达 RCS 小、机动能力强、作战样式灵活等特点，挑战雷达的波束覆盖高度、扫描数据率、探测威力等性能指标，雷达组网系统应保持对目标环境、作战任务变化感知的灵敏性，实时做出雷达资源管控的敏捷调整，优先保持对高价值目标的连续稳定跟踪。快速地调整雷达管控资源，促进更加及时、快捷和高效地捕获目标，第一时间将目

标信息传递至拦截武器系统或其火控传感器，以尽早开展精确跟踪、识别、拦截交战规划与实施，提高拦截成功率和任务效费比。

4.1.2.2　资源敏捷管控对抗威胁环境

雷达面临的对抗威胁主要包括电磁干扰和反辐射打击等软硬环境。在电磁干扰方面，干扰样式复杂变化，专用电子干扰运用灵活，联合干扰体系加速构建；远距离干扰、随队干扰和自卫式干扰等样式交叉运用，电子侦察与反侦察、干扰与反干扰斗争激烈，雷达工作频段快速改变，任务分配、探测对象调整需要快速组织。在反辐射打击方面，各种先进的反辐射导弹不断研制成功，雷达面临的硬杀伤风险日益增加，导致部分资源不可用或性能下降，快速重新配置探测资源、调整探测模式实时适应战场态势变化，已成为雷达组网系统继续发挥效能的关键。

4.1.3　自动化管控

相控阵雷达工作参数复杂多样，参数设置时效性强，传统的人工操作难以有效地做出相应选择，需要雷达系统能够自动地管控雷达资源，提高雷达资源使用效能。

4.1.3.1　自动管控优选工作参数

雷达装备快速发展，先进的相控阵雷达具备参数配置功能，可供配置的工作模式和工作参数可达上千种以上，在日趋复杂的目标环境、电磁环境以及反辐射威胁环境下，人工难以对工作模式和工作参数做出优化配置，雷达资源管控按照规则、模型等对离散、连续工作参数等计算、匹配，从而做出较优的选择，提高资源配置效能。

4.1.3.2　自动管控优化工作时效

人工计算速度慢、效率低，难以在较短的时间内对雷达工作模式和工作参数做出判断。在瞬息万变、战机稍纵即逝的战场环境下，依托信息系统，从众多雷达工作模式和工作参数中，快速优选出雷达工作参数。

4.1.4　智能化管控

雷达工作模式和工作参数的预置是雷达设计者根据理论分析和操作经验而生成，考虑的面窄且缺乏实战性检验。模拟仿真训练系统能够模拟预警对抗作战场景，通过仿真推演生成大量的作战仿真数据，依托实兵演习、实战运用等方式搜集作战数据，在神经网络、大数据等智能技术的推动下，可以快速智能生成大量雷达工作模式和工作参数使用规则。在激烈对抗的场景下，雷达系统能够根据目标环境和战场环境下快速选择相应工作模式和工作参数，支持"人在回路中、人在回路上、人在回路外"等智能管控模式，满足多样化作战需要。

4.2　对探测资源管控的理解

依据协同探测群构群的基本原理与技术机理，通常协同探测群的各级指战员都在资源管控回路中，战前要全面设计推演训练资源管控预案，战中要实时评估监视探测效能与调整资源管控预案，战后要复盘评估优化资源管控预案，指战员的人类智能水平决定了协同探测作战效能的高低。本节主要诠释基于人在回路的协同探测资源深度管控的相关概念。

4.2.1　对协同探测资源的理解

从狭义视角看，"协同探测资源"通常指协同探测群内部所有探测资源之和，是预警装备时域、频域、空域、信息域、能量域、极化域等的可控参数之和。具体包括预警装备的工作模式，发射信号的形式、重频、载频、脉宽、功率、极化形式等，以及检测门限，天线转速转向，电扫空域与数据率等。从广义视角看，除预警装备可控参数资源外，"协同探测资源"还包括预警装备的优化部署和动态重构，协同探测群中的融合资源与通信资源等，即可用的通信方式、链路、带宽等通信资源以及融合方式、算法和滤波参数等。除特别说明外，本书中所涉及的协同探测资源一般是指广义上的。

4.2.2　对管控的理解

"管"即"监管"，也即"预警装备工作状态监视与探测资源管理"，是对协同探测群各预警装备的技术状态、工作状态以及作战环境、目标状态、情报态势状态等多方面进行连续监视、综合评估与辅助决策。体现的含义如下：①对协同探测群整体技术状态进行监视，特别对可用探测资源进行实时监视，获得可用性评估；②实时感知战场探测环境，对自动获得的感知结果进行辅助决策或自动决策；③实时分析研判目前空中目标的状态与发展；④实时评估目前获得的动态情报态势，是否达到任务要求，研判出现差距的主要原因；⑤对系统自动给出的探测匹配度排序结果进行分析，为指挥员实施探测资源调整提供辅助决策支持。显然，这种"状态监视与管理"是指挥员决策过程的必要输入，是自动控制或人在回路控制的条件，是人机高度融合的结合点。

"控"即"控制"，包含"资源控制""闭环控制""实时控制""优化控制""自动控制""预案控制""智能控制"等多种含义。在协同探测群中，"控制"是指挥员通过预案控制组网探测资源，匹配于目标和环境的探测过程，即通过战前资源分配预案与战中实时调整探测资源来实现目标匹配探测，提升组网探测效能。控制的输入或依据是空中目标、战场环境、情报态势及其任务和装备的变化；控制的输出是规划指令或者控制时序，即"实时控制"。控制的对象或者说内容是组网体系的所有探测资源，即"资源控制"。控制的监视者是指挥员，是"人在回路"的探测资源闭环控制，或称"自动控制"；控制实施过程涉及战前与战中的多个环节，包括战前指挥员探测资源控制预案的设计、仿真、推演、训练等环节，战争开始时的预案选择，战争中间的实时调整，即"优化控制"。所以，协同探测群的控制是围绕"装备、目标、环境、情报、人员"预警体系五要素之间进行，也是指挥员在组网融控中心系统对组网体系探测资源优化设计、全面监视、实时控制调整的全过程，也是人机高度融合的决策过程，是在"预案"基础上综合指挥员智慧实施的精准控制，即"预案控制"或者"智能控制"，是人机融合智能的逐步体现。

管控是典型的组合优化问题，涉及多个学科领域，包括信息论、决策论、规划论、控制理论、数据融合理论、模糊集合理论、人工智能理论、计算机科学、专家系统等。

4.2.3 对深度的理解

"深度"指协同探测群对探测资源管控的程度，在一般管控的基础上，向控制内容更深、更细、更全、更多等发展，可以从以下几方面来理解。①监视和控制内容细化：特别是控制内容，从一般的开关机控制到发射信号的具体参数控制，从一般的信号数据处理模式到具体的检测门限、滤波参数等等，为精细化管控提供技术基础与战术运用；②管控闭环模型更丰富：从多视角、多用途、多粒度、全要素来设计组网协同探测资源管控闭环模型，为管控闭环软硬回路和预案设计提供支撑；③实现管控的方式更多：从指战员的作用看，指战员可在闭环中、闭环上与闭环外，可灵活监控预案的实施；从控制层级看，可以是任务级协同控制、参数级控制，也可以是信号级控制；从控制的方式看，可是基于预案的自动控制、半自动控制、人工控制，或者混合方式，或者未来自主式控制。人机结合、战技融合、平战结合会更加紧密，组网协同探测效能更大。

从整机级管控到功能级管控，再到参数级管控，也体现管控内容逐步细化和深度的表现。

4.2.4　对精准的理解

从字面意思理解，"精准"就是非常准确，丝毫不差。精准管控是根据管控对象的特点，有针对性地精准施策，具有针对性、高精度的特点。

探测资源精准管控就是在复杂战场环境下一种对协同探测群中的所有资源进行管控的策略。为了达到精准管控的目的，需要基于对目标威胁、战场态势和传感器自身状态的感知，实现目标精准探测和精准管控的闭环处理，动态、合理分配预警资源，以满足目标参数测量、目标跟踪、目标识别和拦截制导对探测精度的不同需求。

在针对性方面，资源管控需考虑的因素和管控约束条件多，需要完成的任务多样，需要进行针对性的资源管控。其前提是掌握战场实时态势（特别是自然环境情况和人为干扰态势）、预警装备状态和目标特性信息，同时传感器的工作方式、工作参数等预警资源能够自动匹配作战任务、目标和环境，实现预警资源的实时闭环反馈调整，从而提高复杂战场环境下的探测效能。

在高精度方面，为了保证拦截制导精度链闭合，在预警和拦截整个作战过程全链路的各关键事件点上，逐步提高探测精度，涉及参数测量精度、定位精度、跟踪精度、弹道预报精度、制导精度等多个预警探测环节。在协同探测时，资源分配多的目标，可以获得较高的探测精度，而资源分配少的目标，探测精度相应较低，多传感器多目标资源管控的主要目标是在有限的资源下，尽可能提高目标的探测精度，在进行资源管控时，可以以目标探测精度为基础建立多传感器多目标分配问题的目标函数，合理分配各传感器的跟踪目标。

4.2.5　对探测资源管控目标的理解

在实际应用中，预警资源有限、目标运动特性和散射特性未知、战场环境复杂多变，都增加了预警体系资源管控的难度。当多个传感器同时用于多个空域的搜索以及多个目标的检测、跟踪、识别和制导时，必须进行有效的资源管控。

管控的目标是，利用有限的预警资源，综合考虑不同的目标、环境和传感器状态，在一定的预警资源约束条件下，对预警资源进行合理科学的分配，满足覆盖范围、预警时间、跟踪目标数量、跟踪精度和识别率等方面的要求，使预警体系的探测效能最大，如图 4-1 所示。也可以从数学角度进行描述，构建协同探测群探测效能指标与预警资源之间的关系表达式即目标函数模型，利用信息理论、优化理论或人工智能等方法对目标函数进行最优化处理，在得到最佳探测效能的基础上获取探测资源管控结果。

$$\hat{R}_{\text{net}} = \arg \max_{A \in \Lambda} E\left[S_r, S_t, S_e, A(R_{\text{net}}) \right], \quad s.t.\ \Theta \tag{4.1}$$

式中：R_{net} 是待优化分配的预警资源；E 为预警体系探测效能函数，通常根据预警体系需完成的多样化任务，建立资源管控的评估指标体系，并将指挥员及专家经验、模糊数学等相结合，利用模糊综合评估方法确定指标的权重，对预警体系探测效能进行评估；S_r, S_t, S_e 分别为当前预警装备状态、目标状态和环境状态；A 为根据管控规则所采取的操作，如雷达阵面指向、跟踪数据率、发射波形等；Λ 为所有可能的规则集合；Θ 为预警资源约束条件，包括目标的视线可见性、威力约束、时间约束、目标容量约束等。

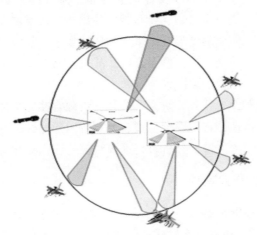

图 4 - 1　探测资源管控目标达成的示意图

4.3　探测资源管控内容

4.3.1　概述

预警资源管控是作战管理的核心内容之一。美军不断吸收先进作战概念，指挥信息系统以指挥控制作战管理和通信系统（C2BMC）、一体化防空反导作战指挥系统（IBCS）、先进作战管理系统（ABMS）为代表。美军指挥信息系统均突出作战管理功能的开发与实现，通过打破各军种现役主战武器平台 OODA 环路，解耦传感器和火力"绑定"关系，进行要素级全域或跨域组网，基于网络实现全球预警资源集中统一调配。预警资源管控的任务是：基于预警装备状态、战场实时态势、威胁判断、作战预案和管控规则，进行自主任务规划，实现基于闭环控制的预警资源优化管控，对空天来袭目标能够快速分配任务和调度探测资源，支撑精细作战管理。

现阶段，按照预警资源管控的应用领域大致分为反导预警资源管控、防空预警资源管控和防空反导预警资源一体运用等。反导预警作战行动时敏性强、组织协调困难，任务冲突消解、目标接续保障等问题如果仅依靠人工来进行将非常困难。此时，就需要将预案制作的过程放到平时，将信息数据和处置规则编入预案库，战时可迅速调用和修改，可显著减少指挥员、指挥机关对上级下达预警任务的响应时间，同时还能提升反导预警装备体系的作战效能，保证反导预警情报质量。在进行反导预警资源管控时，应坚持"平战一体、预案先行、灵活高效"原则，统一调度反导预警装备，生成统一态势，实时共享态势，实现纵向扁平、横向贯通的反导预警作战模式。防空预警作战行动时敏性虽然低于反导预警，但面临更加复杂多样的作战场景，如应对敌方穿透袭扰行动、反巡航导弹低空突袭、反蜂群无人机作战、预警装备反侦察反干扰反摧毁等，应进行基于人机融合的资源管控。

根据目标威胁和作战任务，研究单部装备资源管控的内容和协同探测群资源管控的内容。具体地，首先确定各型装备和协同探测群的可控资源，其次从战前、战中和战后三个阶段，分析研究资源管控的流程和常用方法。

4.3.2 单部装备资源管控

预警卫星的可控资源主要有：卫星平台偏置、扫描相机工作模式（全区域、重点区域）、凝视相机工作模式、凝视相机定点监视区域、凝视成像周期设置、多星凝视交叉定位、凝视成像周期等。

预警雷达的可控资源主要有：阵面方位调整、工作模式调整、搜索屏设置、交接引导等任务级参数，以及频率、发射功率、跟踪数据率、信号形式、调制方式、编码方式、重复频率、波束驻留时间、检测方式、信号处理和数据处理参数等信号级参数。

4.3.2.1 战前

针对典型场景，预警装备选择相应的探测工作模式，主要进行基于任务计划的资源管控。雷达典型的工作模式通常有弹道导弹目标探测工作模式、弹道导弹目标引导截获工作模式、空间目标探测工作模式、飞机目标探测工作模式、隐身目标探测工作模式，以及相应的组合目标探测工作模式等。

应用中，针对典型场景，通过设计相应的工作模式，能够将搜索、跟踪、识别工作方式及其雷达控制参数、任务调度策略封装起来。工作模式设计框图如图 4-2 所示，图中，通过搜索、跟踪和识别资源管理和任务调度，实现对波形、波束、数据率等参数的控制，能够充分利用雷达资源，提高雷达在单位时间内的任务执行能力。在搜索资源管理中，进行分区搜索和重点空域搜索，进行搜索参数优化设计，采用针对性的信号形式和检测门限；在跟踪和识别资源管理中，优化选择跟踪、确认、失跟、识别等工作方式所需的雷达资源，如跟踪数据率、波形、波束指向及驻留时间；在任务调度中，根据各类任务所提出的波束驻留请求，依据调度策略，对搜索、确认、跟踪和识别等任务的工作方式及其所需的雷达资源进行调度，以便均衡和充分地利用雷达资源。

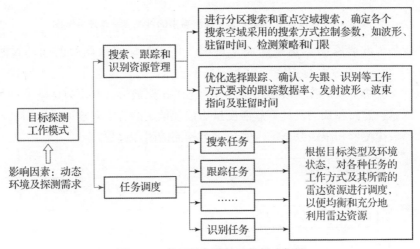

图 4-2　基于任务选择工作模式框图

4.3.2.2　战中

预警装备资源管控是预警装备实现多目标、多任务的核心。在作战环境变化时，需要灵活地选择探测工作模式，并可修改资源管控参数。

预警雷达资源管控包括 3 个层面：①将重点目标分配给特定雷达，对重点目标进行目标属性/机型/架次识别，为保障拦截行动，提高跟踪数据率、角度跟踪精度、距离跟踪精度，降低目标分配给火力系统的时延；②雷达频率管控，多部同型号同频率雷达组网时，避免同频干扰，设置自适应调频，使发射频点互异，满足电磁兼容性要求；③雷达时序和波形管控，可直接支持火力拦截、协同反干扰等场合，但影响雷达执行多任务能力，存在管控风险。

雷达所面临的环境是时变的、动态的，所以，应该充分利用雷达能获得的信息，对电磁环境变化进行感知、判断和处理，以便决定是否要调整雷达资源。复杂作战环境下，预警雷达综合探测需求，调度雷达资源，基于探测需求的雷达资源管理示意图如图4-3所示。

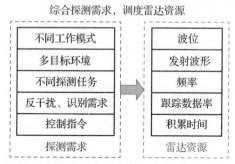

图4-3　复杂作战环境下基于探测需求的雷达资源管理示意图

以基于波形库的雷达跟踪波形调度为例，跟踪波形调度的闭环过程如图4-4所示。在多目标跟踪场景下，基于预先设计的波形库，利用目标状态和跟踪误差协方差矩阵在波形库中选择合适的跟踪波形，利用最优波形进行检测、测量、滤波和预测，计算效能度量函数或设定的若干效能度量准则，再据此选择最优波形和跟踪数据率，完成一个探测的闭环过程。

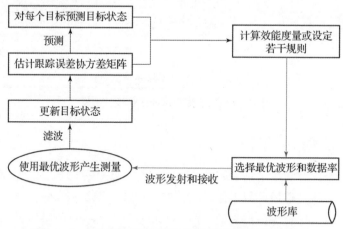

图4-4　基于波形库的雷达跟踪波形调度的闭环过程

4.3.2.3　战后

恢复平时值班，依据日常预警值班要求，按照制定的预案分时、分组组织相关雷达设置防空工作模式、反隐身工作模式或者反导工作模式。

4.3.3　预警体系资源管控

预警信息系统是预警体系的核心和枢纽,是预警体系运行的"大脑",协调预警装备高效联动;是作战体系的"千里眼",辅助决策指挥,支援拦截打击,是实现"体系最优"的推手。然而,由于战场环境复杂多变,预警信息系统需考虑的因素和管控约束条件多,优化管控的难度呈几何级上升,还可能对预警资源造成错误管控,风险较大。

基于预警信息系统进行资源管控是预警体系探测效能发挥的重要环节,即通过监视、分析、决策和执行等环节,对探测资源的统一管理和控制,实现预警体系的协同探测。在监视环节,能够自动监视战场环境、目标状态、雷达装备状态、通信网络状态等;在分析环节,进行任务需求和预警探测能力分析;在决策环节,基于分析结果优化预警体系工作参数与状态,生成管控预案和时序;执行环节按照控制方案实施控制并监视执行情况。

以协同探测群为例,群内的可控资源是指协同探测群内所有雷达以及信息系统的探测资源之和,具体包括各雷达部署位置、各雷达交接班时机、内容与区域,各雷达预警探测区域与目标分配,各雷达搜索、跟踪、反干扰、识别时间分配,各雷达工作模式与时域、频域、空域、信息域、极化域的可控参数,融合控制中心的信息融合方式、融合算法和参数选取等。

4.3.3.1　战前

作战条件瞬息万变,如果仅仅依靠人工来调整行动方案、调控预警资源和确定信息流程几乎不可能,这就要求在战前准备充足的预案,制定好各种情况在不同变化量时的判断准则,统筹规划各个预警装备的作战任务。根据不同预警探测作战任务要求和可能出现的目标来袭场景,进行作战筹划和任务规划,制定多种探测预案(预警资源分配预案),分配预警装备探测任务以及雷达管控指令,如探测目标、探测范围、探测时间段、工作模式等,通过信息系统向预警装备下达预案。在控制权明确的前提下,进行自动控制或人工控制,根据需求实时调整预警体系探测资源。

通过分析周边主要目标威胁,在研究潜在对手袭击作战想定、预案、方案、计划的基础上,针对性制定值勤状态转换方案。针对不同目标来袭方向和可能的目标高度,重点考虑来袭方向的全面性来部署预警装备,并进行组网雷达搜索屏设置。根据征候信息,预估来袭目标信息和目标航迹,仿真推算最远发现位置、探测空域覆盖率等指标,结合现有预警装备部署,调整机动预警装备位置,实现对来袭目标的尽早发现。

以反导预警为例，针对多方向、多波次、集火攻击等威胁目标来袭场景以及预警装备部署情况，面向体系作战效能最优，基于预警信息系统开展战前作战筹划，实现高轨红外预警卫星凝视窗口调度时间和位置、中低轨预警卫星探测窗口、预警雷达搜索屏等装备运用参数的自动化解算，生成满足作战指标的任务预案，支持预警指挥人员快速生成反导预警联合任务筹划预案。基于资源管控规则的自动化预案设计流程如图 4-5 所示，自动化预案设计流程可以按照场景生成、态势感知、预案生成、效能评估的流程进行迭代优化。

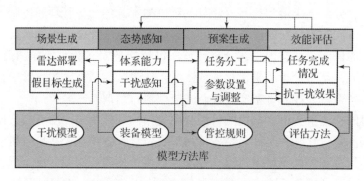

图 4-5　基于资源管控规则的预案生成概略流程

4.3.3.2　战中

指挥员在实时预警作战中，一般只能对任务规划系统产生的决策建议做出选择性判断。根据蓝方征候信息、目标来袭告警等不同阶段和目标来袭规模，人机配合选择最优的资源管控预案，重点包含天基预警装备轨道调整、相机工作模式，地基预警装备开关机及雷达搜索屏的设置等。

预警信息系统可通过目标飞行的不同阶段，对多维、多域装备进行资源灵活共享运用，各型预警装备可根据来袭目标的型号和数量，有选择性的调整各自工作模式，实现各类传感器统筹规划、交互引导、动态调控和自动协同，协同完成搜索、跟踪、识别和反干扰任务。通过预警体系资源管控，可发挥预警信息系统统筹优势，提升预警信息系统调度能力，优化调度预警兵力，引导各雷达优化资源配置，提高各雷达的任务执行能力，提高系统任务执行总效率。

预警体系资源管控的流程如下。

1. 目标威胁评估与排序

预警信息系统要通过战场环境和目标状态的感知，掌握战场实时态势。考虑目标批号、类型、威胁等级、威胁要地、飞临时间、航向等信息以及红方保卫要地信息，自动计算目标威胁等级，对抵近红方重要区域的目标及时告警。这是进行资源管控的前提，预警信息系统按照目标威胁排序进行资源分配与作战计划制订。

2. 目标分配

依据目标威胁排序，对威胁大、排序靠前的目标分配足够的资源，提升高威胁目标预警探测能力。

3. 装备实时控制

对战场态势的可能变化进行预想，基于实际作战任务、目标威胁、作战指令等要素动态调整预警装备的可控资源。预警装备下达等级转进、目标指示、责任扇区、雷达指向调转、雷达辐射等指挥控制命令，确保对重点目标的跟踪精度需求。

4. 预警体系探测效能评估

对作战任务、资源负荷和预警效能进行实时监视、分析与预估，保证预警体系可以提供多样化产品满足不同要求。

以反导预警为例，确定体系资源管控的评估指标体系及其权重问题。体系资源管控的评估指标体系可包括：天基预警系统覆盖范围、天基预警发射告警、组网雷达覆盖范围、组网雷达快速搜索、组网雷达连续跟踪、组网雷达准确识别、组网雷达目标引导等能力。

4.3.3.3　战后

恢复平时值班，高效转换值勤状态、适时合理选择工作模式和科学分配能量资源。

对情报保障质量、探测资源管控的准确性和有效性、指挥的合理性进行评估分析，以便积累经验，不断充实和完整作战数据库内容，提高预警装备和预警系统的运用水平。

4.3.4　其他装备资源管控

在预警资源管控的支撑环境上，必须推动预警装备的通信组网与信息共享。针对雷达分队机动后再次入网，根据作战需要适时调整、灵活组网，机动雷达群通信保障要满足各雷达分队机动作战随时入网的需求。

信息通信网络的信息时延要低。对于通信网络上行链路，预警装备状态信息要实时传送至预警信息系统显示，以便指挥机构能够动态掌握预警资源使用情况，为调度管控预警资源提供依据；对于下行链路，要确保实时准确地下发目标指示引导信息。

4.4 探测资源管控规则

作战环境、预警装备实体和管控规则是构成协同探测群的三个组成要素。同客观存在的作战环境和预警装备相比，管控规则是协同探测群管控预案的核心，决定了协同探测群作战预案的正确性和有效性。

4.4.1 管控规则的概念

孟子曰："不以规则，不能成方圆。"从一般意义上说，所谓规则就是事物发展过程中应该遵循的规范和法则，是一种规律的总结，具有一定的主观性和艺术性，事物的发展自始至终都要受到规则的约束。具体来讲，规则用于规定在某种情景或状态下，哪些行为是必需的，哪些行为是可选的，哪些行为是禁止的，所有参与的对象都必须遵照执行。

协同探测资源管控规则是指对指挥员运用多预警装备发挥最大探测效能的知识、经验、判断、认识等的一种概括、总结和抽象，在特定作战条件下，主要用于支持和制约各预警装备的作战使用。

4.4.2 管控规则制定的基本原则

管控规则的制定一般需要遵循以下四点原则：

1. 分类设计。根据第 1 章的描述，协同探测群构建的程度一般可以分为整机级、功能级和参数级三个层次，不同层次，协同运用的要求不一样。另外，未来高端战争中进攻武器可能从太空、临近空间、空中、陆地、海面等进行全高度、多方位、多样式的攻击，面对不同的目标和作战环境，协同运用需要不同的管控规则来生成体系能力。与此同时，协同探测作战还涵盖了多级指挥机构，也需要根据不同指挥机构的特点分类设计管控规则。因此，需要综合分析协同探测群的各个要素，分层分类设计管控规则，确保管控规则体系的全覆盖。

2. 简单好用。协同探测资源管控规则应该要详尽准确，但过于繁琐的规则反而会限制实施，因此，在执行层面必须简洁明了、简单好用。在制定管控规则时，应重点明确规则下发权限、优先级、触发条件等问题。在具体作战场景下，管控规则必须明确，不能出现"原则上""一般情况下""大概可以"等模棱两可的情况，切实让参与作战的各预警装备根据管控规则知道自己该干什么、不能干什么，必须是符合规则即可自动执行，不再需要重新决策，否则，管控规则需要层层请示汇报，就失去了规则制定的意义。

3. 相对完备。为了发挥协同探测群的作战效能，同时符合作战需求实际，需要制定信息流转规则（信息应答、优先处理、信息分发）、链路协同规则（链路沟通、链路传递、链路协商）、联动响应规则（优先响应、主动补位、行动报告）、委托授权规则（逐级授权、同级授权、临机授权）和体系运行规则（主体控制、安全运行）等。同时，不同作战场景管控规则也会不一样，因此要加强分析和预想，把可能遇到的各种作战场景都尽可能考虑到，制定相对完备的协同探测资源管控规则体系。

4. 精准可信。未来高端战争，作战节奏越来越快，预警探测时效性和精准性要求越来越高，因此，需要管控规则能够在有限的时间内，迅速精准调度协同探测群的所有资源，发挥体系最大作战效能。另外，协同探测资源管控规则实践性很强，一旦实施必须保证其正确性，绝不能出现管控偏差甚至错误，导致官兵不信不用，因此，管控规则的制定不能指望一步到位，必须进行充分的理论和实践检验，周密论证、反复验证，不断摸索完善。

4.4.3　管控规则制定的一般流程

管控规则在协同探测群定下作战决心、组织预警装备协同运用以及控制协调探测资源等过程中，发挥着重要的支撑保障和管理控制作用。制定管控规则的一般流程如图 4-6 所示，从大的层面讲，主要分为战前、战中和战后三个环节，其中主要工作都是战前完成。具体步骤如下：

（1）分析作战任务。根据征候情报或者上级命令，分析预警探测作战的主要任务。

（2）定下作战决心。根据作战任务和敌我双方的实际情况，在拟制作战预案时明确主要作战目的，定下作战决心，例如明确保障主要威胁目标预警，还是满足火力用户制导需求等。

（3）拟制具体规则。根据具体的作战场景，按照"简单、清晰、好用"的要求，组织相关专业人员和部队指战员拟制具体的探测资源管控规则，明确各指挥机构权限、预警装备的选择、工作模式参数的确定以及特情处置等。

（4）规则评估。根据具体规则，利用仿真系统或者其他手段进行推演评估，给出协同探测结果，确定管控规则是否符合作战意图和任务要求，是否能够最大程度匹配、支持作战行动和任务目标的达成，是否清晰明确便于指战员操作。

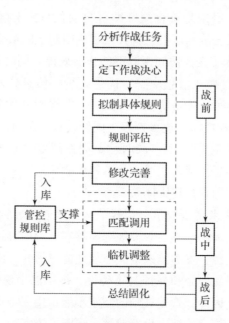

图 4 – 6　制定管控规则的一般流程

（5）修改完善。根据评估结果，对与作战决心、作战行动和任务目标等不一致的规则进行修改完善，并将修改完善后的管控规则写入规则库，供战时使用。

（6）匹配调用。根据实际作战场景，从管控规则库中快速匹配合适的管控规则，按照管控规则进行预警装备的协同运用，并时刻关注作战效果，做好临机调整的准备。

（7）临机调整。各级指挥员根据作战进程和战场态势的变化，对管控规则进行持续评估和分析，随形势变化和任务需求及时选择或调整管控规则。原则上，一般进行微调。

（8）总结固化。及时总结作战经验教训，对管控规则进行梳理总结，对于验证过的规则固化写入规则库，对经过多次验证比较成熟的管控规则经上级或指挥员批准后，可以写入作战条令。

从上述流程可以看出，管控规则的制定和实施指战员必须发挥重要作用，这样做的好处就是充分体现作战指挥权威，同时也能够促进各级指战员对管控规则的准确理解和遵守。

但无论管控规则制定得多么完美，执行起来都会遇到各种各样的问题。一方面，协同探测群利用管控规则是否能够实现其预定探测目标，不仅仅受制于管控规则是否合理，还受制于实际执行情况、指挥员的个人能力以及其他影响因素。另一方面，管控规则也可能在具体作战行动中束缚指战员的手脚，限制人的主观能动性的发挥。因此，管控规则需要不断在实践检验中发展完善，降低战时指挥员决策风险。

4.4.4 管控规则的三段式形式化描述

管控规则是管控经验的决策知识，描述不同态势与战斗阶段下预警组网装备应做出怎样的行动。为了对规则进行统一的存储管理，需要对管控规则进行形式化描述。通常可以采用产生式规则来描述管控经验知识，有作战经验的预警领域军事人员将组网协同探测与运用中要用到的推断与决策经验总结出的一套战术描述，作为制定产生式规则的基础，然后经过专家分析和改进，去掉冗余的态势判断，补全未知情况下的行动措施，最后能够建立起覆盖面广、逻辑合理的规则库。

产生式规则由条件（IF）和结论（THEN）两部分组成。具体结构如下：

If 状态/条件 1 Or/And 状态/条件 2
Then 动作 1 Or/And 动作 2

从上述结构中我们可以看到，一条产生式规则实质上是有"状态/条件 + 动作"两部分组成。状态/条件信息确定了当前作战阶段，可用于控制流程；动作信息则描述对当前情况下应采取的管控行动。这是符合预警组网协同作战活动的组织形式的，每一次探测资源管控的触发一定是在具体的任务背景下，组网装备或整体态势达到某一个特定的状态时，满足了特定的条件，需要对探测资源进行相应的调整动作。从这个意义角度，更确切地说，一条管控规则应当包括三个部分组成，即"WHEN 任务（场景）+ IF 状态（条件）+ THEN 行动"，如表 4 - 1 所列。

表 4 - 1 探测资源管控规则简要示例

编号	任务（场景）	状态/条件（IF）	动作（THEN）	所属规则集
1	反导预警	两部雷达针对同一目标有共视区	握手交接	目标交接规则集
2	反导预警	两部雷达针对同一目标没有共视区	预报交接	目标交接规则集
3	反导预警	目标为敌军且落点预报位置为红方重要保卫目标	发出来袭告警	告警规则集

4.4.5　基于任务的管控规则数学建模

有效、准确、及时的管控决策是预警组网体系协同运用的中心工作，而管控决策的依据是管控规则。随着预警作战空间的拓展、作战时间的压缩、战场态势的瞬息万变、传感器技术的发展等，传统的文本化、粗线条、更多是从定性角度提出的管控规则不再能够满足精细化、敏捷化、自动化、智能化探测资源管控的新需求，达不到管控决策的快、准、智等目的。因此，将管控规则进行数学语言的转化，实际上就是从量化的角度去制定规则，有助于在先进的计算机技术基础上自动、快速、智能生成资源管控方案，是非常有必要的。

纵观国内外多团队对雷达/雷达组网探测资源优化管控技术的研究发现：无论是解决传感器节点优化部署问题、目标分配问题，还是功率资源分配问题或波束资源分配问题，甚至是反干扰波形优化设计问题等，归根结底的基本优化思路是基于特定的任务目标、结合探测资源模型，建立数学优化目标函数模型，根据优化算法求取模型最优解，生成针对该任务的资源管控方案。在这个过程中，建立数学优化目标函数模型是核心，其本质就是探测资源管控规则。

如果说4.4.4节中提出的管控规则三段式形式化描述是将预警领域军事人员对组网协同运用中的推断与决策经验总结的计算机语言表达，那么这里说的数学优化目标函数就是它的数学化语言表达。建立起了资源管控规则的数学化表达模型，辅以多种多样的优化算法进行模型求解，就能够得到针对特定任务的资源管控预案，有时也称管控方案。

由此，基于任务的探测资源管控规则数学建模基本思路如图 4 - 7 所示。

根据以上思路，雷达组网资源管控问题可以抽象为一个优化问题，管控规则（目标函数）就是当前任务能力指标与体系内探测资源之间的关系表达式。其中

（1）假设任务 M 中存在 n 个子任务，第 i 个子任务记为 M_i，则任务集合可表示为

$$M = [M_1, M_2, \cdots, M_i, \cdots, M_n] \tag{4.2}$$

（2）完成第 i 个子任务需要的探测节点数为 L，则第 i 个子任务对应的探测资源集合可表示为

$$RE_i = [RE_{i1}, RE_{i2}, \cdots, RE_{ik}, \cdots, RE_{iL}] \tag{4.3}$$

式中：每一个探测节点的探测资源又包含很多具体内容，即可管控内容，例如 $\mathrm{loc}(x,y,z)$ 为该探测节点坐标；Pav 为平均发射功率；fre 为雷达工作频点；

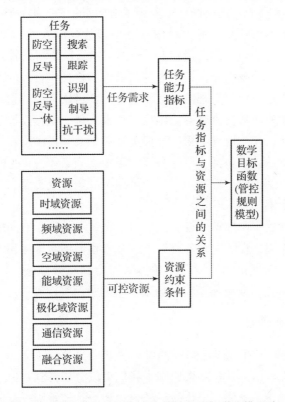

图 4 - 7　基于任务的探测资源管控规则数学建模思路

Band 为雷达工作带宽；Bn 为波位数；θ 为波束宽度；prf 为脉冲重复频率；还可以包含波形调制方式、信号脉宽、工作模式、开机状态等等，可表示为

$$RE_{ik} = [\, \text{loc}(x,y,z), Pav, fre, \text{Band}, Bn, \theta, prf, \cdots\cdots\,] \tag{4.4}$$

（3）描述管控规则的目标函数可表示为

$$\widetilde{RE}_i = \arg \max_{REi} / \min F_i(RE_i)\,, \; s.\,t.\, \Theta \tag{4.5}$$

式中：$F_i(RE_i)$ 为第 i 个子任务下在当前 RE_i 探测资源集合下的能力目标函数；$\widetilde{RE}_i$ 为第 i 个子任务下目标函数取最值时探测资源集合的新状态；Θ 为约束条件，包括：探测节点坐标范围，平均发射功率、雷达工作频点、工作带宽、波位数、波束宽度、脉冲重复频率等的取值范围，以及工作模式、开机状态等的量化描述等。

（4）对应到第 4.4.4 节中提出的管控规则三段式形式化描述，将管控前的状态、管控规则以及管控动作列入公式（4.4）中，还可以得出以下表达：

$$\hat{R}_{\text{net}} = \arg \max_{A \in \Lambda} / \min F_i [\, S_r, S_t, S_e, A(R_{\text{net}})\,]\,, \; s.\,t.\, \Theta \tag{4.6}$$

式中：R_{net}是待计算的雷达组网探测资源状态向量；F 为第 i 个子任务下在当前探测资源集合下的雷达组网能力目标（一般多为探测效能）；S_r, S_t, S_e 分别为当前雷达、目标和环境状态向量；A 为根据雷达组网资源管控规则所采取的动作；Λ 为所有可能的规则集合；Θ 为约束条件，包括：目标的可探测性、雷达的探测能力、雷达可同时处理的目标数量、当前可用资源数量及类型、分配给某一目标的最大资源数量限制等。以反导预警为例，根据反导预警体系及各传感器的可控参数，建立反导预警体系探测资源的数学模型，在建立目标函数时要考虑的约束条件大致包括：所选资源和目标之间必须有可见时间窗口、每部预警雷达可同时处理的目标数量、当前可用资源数量及类型、分配给某一目标的最大资源数量限制等。

通过资源管控规则数学建模，我们可以在统一的数学空间中，通过运筹和优化的方法和思想，在特定任务背景下，综合预警体系资源和雷达装备资源限制条件，以一定的量化衡量标准（如体系综合探测效能最大、所开支的探测资源最小）为目标，研究典型作战场景下组网资源管控策略。

4.4.6　管控规则集

4.4.2 节中提出管控规则制定的基本原则有 4 条：分类设计、简单好用、相对完备、精准可信。从这 4 条原则中我们可以分析得到管控规则一定是多样化的，这种多样化是指同一个作战任务包含多个管控规则。具体表现如下。

（1）同一个作战任务、不同的行动目的需要管控的对象或者内容可能不同，管控规则会发生变化。例如在探测节点优化部署时，以有效覆盖率最大为管控规则，和以目标截获率最大为管控规则，两者带来的各探测节点部署位置是不同的。

（2）同一个作战任务、不同的作战阶段需要管控的对象或者内容可能不同，管控规则会发生变化。例如搜索阶段在管控规则确定时会突出目标截获率的权重，而在识别阶段则更侧重于目标识别率的权重，对探测节点资源的分配自然是不同的。

（3）同一个作战任务、不同的指挥人员，管控规则会发生变化。不同的指挥人员在做出决策时，受限于本身经验水平，同时考虑的影响因素也是不尽相同的，会导致作为决策依据的规则也会有差异。

因此，探测任务与管控规则并不是严格一一对应的，一定存在一对多的关系，这就带来了"管控规则集"的概念。针对某一个具体任务，规则集中提供多种不同的管控规则供指挥人员选择与决策，能够更好地实现任务与预案的精准匹配和绿色匹配。

以反导预警作战为例，反导预警预案规则集从组成上来看分为系统级规则集和单装级规则集两类，规则集组成如表 4 - 2 所列。

表 4 - 2　反导预警预案规则集示例

一级目录	二级目录	三级目录	具体规则
反导预警预案规则集	系统级规则集	导弹告警规则集	
		目标优先级分析规则集	先到达目标优先规则 重点目标优先规则
		多目标分配规则集	有效覆盖率最大规则 最大驻留时间规则 连续监视时间最长规则 信息熵增量最大规则 目标优先规则 ……
		威胁征候规则集	
		任务交接规则集	握手交接规则 预测交接规则 ……
		多源情报印证规则集	体系内情报印证规则 外部情报印证规则
		融合模式规则集	点迹融合优先规则 航迹融合优先规则 信号融合优先规则 ……
		……	
	单装级规则集	红外预警卫星资源管控规则集	扫描模式设置规则 跟踪参数设置规则 任务转换规则 情报上报规则 ……
		地面预警雷达资源管控规则集	搜索模式设置规则 搜索屏设置规则 反干扰措施选择规则 任务转换规则 情报上报规则 ……

以多目标分配规则集为例，多目标分配旨在对有限的雷达资源进行优化分配，以满足复杂条件下对多目标的探测需求。当用多个雷达探测多个目标时，就需要制定一个分配方案以实现对多雷达资源的合理调度，这个分配方案中的分配准则就是多目标分配规则。完成对多目标的分配的规则通常包含以下几条共性要求：①对每一个目标至少要分配一部雷达来进行探测；②雷达探测的目标数量应小于该雷达的探测目标容量；③雷达对分配的目标要具有可探测性。此外，根据基于任务的管控规则数学建模思路，最重要的是分配方案应使优化分配目标函数效能值达到最优，这个目标函数可能是信息熵增量最大、连续监视时间最长、有效覆盖率最大等，那么在多目标分配规则集中不同的规则就体现在这个具体的目标函数上。其他子规则集是同样的道理。

从另一个角度来说，管控规则集越丰富、越细致、越精确、越完备，对于指挥人员来说，辅助决策的依据就越多、越可靠；更长远地说，对于预警组网体系而言，应用新兴智能化、信息化技术赋能预警组网体系的可能性就越大，人机融合智能化的发展进度就会越快。因此，管控规则库的建设非常重要，需要有计划、有目的、持续地积累和开展。

4.4.7　管控规则应用

管控规则建立以后，要想发挥效能关键还在如何嵌入到协同探测过程中去，解决管控规则应用的问题。管控规则的典型应用过程可以描述如下：战前阶段，对探测任务和探测资源进行分析，建立管控规则的目标函数，并进行计算；当管控规则满足时，遍历预案库，查找是否存在匹配的预案；匹配则等待指挥人员决策，最终依据预案实施管控行动；无匹配预案则视情制作新预案，同样等待指挥人员决策，最终依据预案实施管控行动。当管控规则不满足时，代表无需对体系内现有探测资源进行管控。战中阶段基本流程类似，不同的是此时的资源管控是实时进行的，需要以任务状态、资源状态和目标探测状态的监视分析结果为依据，动态计算管控规则目标函数值，从而进行后续的管控规则匹配触发流程。具体过程如图4-8所示。

从上图中可以看到，管控规则中 WHEN 语段实际上就是管控的任务场景和约束条件等，是整个管控规则应用的前提；管控规则中 IF 语段的匹配结果是预案选择的触发点；指挥员决策预案后又会触发管控行动的实施，也就是管控规则中 THEN 语段的落实。IF 语段的匹配结果来源于管控规则目标函数的计算，THEN 语段包含的具体行动则来自于预案中的具体内容，可以是整机级、功能级或者参数级的探测资源管控动作。从这个意义上去理解探测资源管

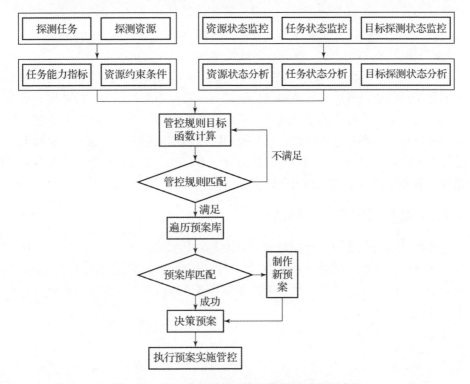

图 4-8 基于任务的探测资源管控规则应用过程

控，可以认为探测资源管控不仅仅是管控动作的实施，而是贯穿了协同运用的"分析—计算—判断—匹配—决策—实施"直至反馈的全过程。

4.5 基于资源池的探测资源深度管控闭环模型

依据图 1-9 "群案策"制胜机理，要发挥协同探测群的最佳潜能，就需要依托协同探测群形成"探测资源管控闭环"。这个闭环既包括硬闭环，又包括软闭环。硬闭环，即闭环硬件通路，从组网融控中心系统到组网的各雷达，其中融控中心和雷达指战员在闭环中，实际上就是第 3 章中提到的装备实体、通信网络、人员等构成的实体闭环。软闭环，则是在闭环中传输的预案、命令、探测信息与状态信息等，即形成"指挥员作战思想—作战预案—在组网融控中心系统下达控制命令—组网的雷达执行控制命令—各组网雷达获得探测信息—经中心系统融合获得综合态势—再经评估探测效能—人机联合决策是否调整探测预案"的闭环。这个闭环实际上就是管控实施的逻辑闭环：管控实施过程中，管控规则为协同运用提供了基本的作战遵循，以管控规则为目标函数形成的管控预案又是管控实施的具体依据。既体现了"探测资源""管控""人机决策""预案""预警体系五要素"等多方面的相互关系，又表达了通过"预案"来实现资源优化"管控"的技术途径。

"深度管控闭环"则是从管控层级的角度来定义闭环，多预警装备之间的协同有不同的协同程度，一般协同层级越高，管控难度就越大，体系得益也会越大。对应1.3节提出的整机级、功能级与参数级协同模型，从整机级管控到功能级管控、再到参数级管控，是管控内容逐步细化和深化的表现，实际上也是协同层级由平台级向功能、参数级延伸。本小节主要从整机级、功能级和参数级三个协同层次描述管控闭环模型。

4.5.1 整机级管控闭环模型

整机级协同模式下，管控对象和粒度是雷达整机。如图4-9所示，基于对空天目标探测任务的理解和能力需求，由指定的融控节点与组网雷达敏捷构建反导、反隐、反巡等整机级专项任务探测群，各探测群中的雷达根据具体任务快速转换工作模式。

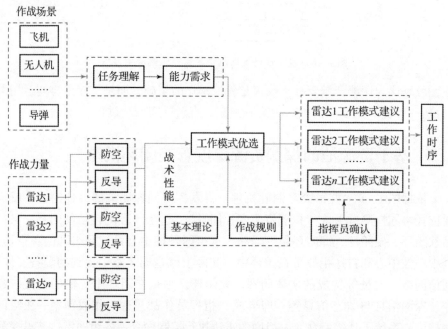

图4-9 基于整机级协同的管控闭环一般模型

图4-10则表示了基于资源池的整机级管控闭环。图左侧，国家预警指控中心发布国家战略预警顶层任务及优先级，区域预警指控中心规定所属雷达一

级任务及优先级，基层预警指控中心再对某一级任务，细分成二级任务并进行优先级排序。典型协同流程是：依据实时空天威胁，先要确定所属雷达承担战略弹道导弹预警还是空间目标监视、战术弹道导弹预警还是隐身飞机预警等任务，保证各雷达工作模式快速切换。图右侧，共享资源池中，为各雷达匹配对应的任务条，每个任务条中包含任务分类以及选择的工作模式，如"反导 + 工作模式1"。雷达响应对应的任务条指令之后，迅速按要求切换，即完成了整机级管控过程。

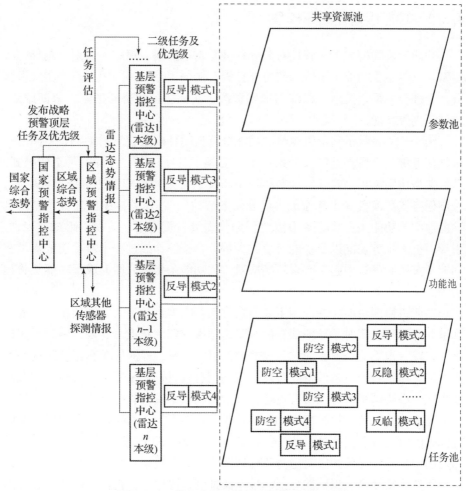

图 4 – 10　基于资源池的整机级管控闭环模型

例如，在典型的反导预警链中，由反导预警信息系统、预警卫星、早期预警雷达、精跟识别雷达组成反导预警协同探测群。反导预警信息系统依据各预警装备的功能与部署，对各雷达规划分配基本任务如下：预警卫星早期发现，获得发射事件数量，初判发射是导弹还是卫星（或运载火箭），以及射向，并引导早期预警雷达截获；早期预警雷达在预警卫星的引导下，截获并粗跟弹头群目标，进一步研判射向、发点与弹头群数量，初判落点和凝视弹头，引导精跟识别截获弹头群；精跟识别雷达主要识别弹头目标，并精确测量弹头空间位置、精确预测落点，生成弹头 TOM 图，为拦截武器提供精确指示信息。

4.5.2 功能级管控闭环模型

功能级协同模式下，管控对象和粒度是雷达搜索、跟踪、识别、制导、抗主瓣干扰等主要功能，敏捷构建协同搜索、协同跟踪、协同识别等功能级探测群，合理分配雷达搜索、跟踪和识别资源，实现多雷达协同搜索、协同跟踪、协同识别等功能。

图 4-11 表示了基于资源池的功能级管控闭环模型。与图 4-10 不同的是根据任务细分之后，基层预警指控中心受领了具体任务，并确定了工作模式，后续典型协同流程是：基层预警指控中心（通常是相控阵雷达本级指控中心）控制任务资源模板（也称作最小可分任务节拍），将任务池中的任务条映射到功能池中的功能条，功能条中按照任务优先级封装搜索、监视、跟踪、识别、引导、抗干扰等功能以及功能对应的参数，再按照作战过程中对功能的需求将功能条按照时序排列起来。雷达响应对应的功能条指令，即完成了功能级管控过程。

功能级协同目前典型应用主要有两方面：①弹道导弹大区域预警，当战术弹道导弹饱和进攻时，异地部署的预警雷达探测资源和威力有限，同时承担搜索、跟踪、识别等任务，面对急速暴增的目标数量，探测资源在短时间内易饱和冲突，而且整个体系搜索、跟踪、识别到有效目标数量还极其有限。这就需要指控中心协同预警链上所有雷达，基于协同预案实时管控好探测资源，按优先级完成截获发现、粗跟粗识、精跟精识、拦截引导、杀伤评估等功能；②同址部署的双波段协同探测系统，如机载 P/L、舰载 S/X、陆基 L/C 等双频段雷达应用中，既发挥低频段对隐身目标探测威力远和搜索空域大的优点，也发挥高频段探测精度高、识别能力强、地杂波抑制好等优点，在雷达探测任务协同控制器的控制下，按协同预案完成各类目标的探测任务，并为火控系统提供满意的引导情报。

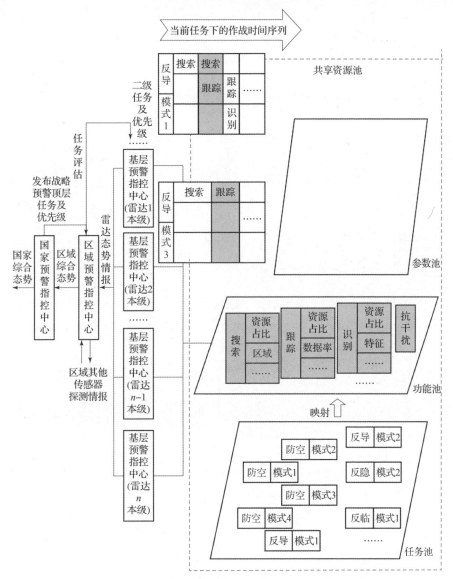

图 4 – 11   基于资源池的功能级管控闭环模型

4.5.3   参数级管控闭环模型

参数级协同模式下，管控对象和粒度是多雷达频率、信号形式、带宽、脉宽等雷达参数，敏捷构建发射信号参数级探测群，实时控制多雷达的频率、信号、带宽、脉宽等参数，使其在时空频域按预案同步探测，实现主动抗干扰、目标匹配探测等效果。

图 4 - 12 给出了基于参数级协同的管控闭环一般模型，每个探测群的融控中心承担探测资源管控与探测信息融合任务。基于事先编制好的协同探测总预案与每个雷达的分预案，由融控中心指挥员监视下自动执行。

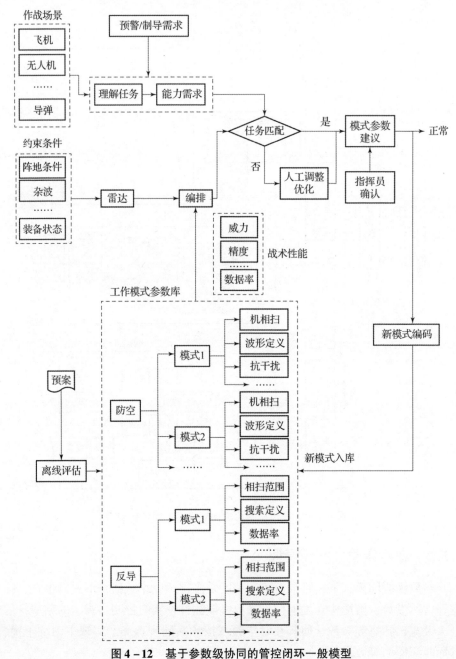

图 4 - 12 基于参数级协同的管控闭环一般模型

　　参数级协同典型流程就是协同控制多信号发射、接收、处理的算法和设备，使发射的信号参数（脉宽、重频、形式、极化等）和波束空间扫描匹配于空中目标特性，使激励出的回波中包含更多的目标特性，接收波束和回波处理匹配于反射的回波特性，获得空间、波形、频率、编码、结构、极化等多方面分集增量，实现信号级协同最佳检测、跟踪、识别和抗干扰。如图 4 – 13 所示，上级预警指控中心宏观分配协同探测任务，信号级协同融控中心首先要选择探测规模结构，即分布式部署的发射站和接收站的位置数量，构成分散型、紧凑型、混合型 MIMO 雷达探测系统，再考虑多种发射接信号形式与融合处理算法及其变化的优先级，再次是依据探测效果，实时调整 MIMO 探测系统的结构、发射信号参数、融合处理算法等，把备用的、机动的探测资源用上。其中需要控制的内容主要有：①发射接收阵列协同，包括发射阵元的数量和布阵形式（线阵，稀疏阵，面阵），接收阵元的数量、结构和滤波形式等；②多发射信号参数的协同：包括发射信号时间、频率、数量、脉宽、重频、带宽、极化、正交性等参数，来满足发射接收波束空间灵活性、发射信号目标匹配性、接收通道匹配和加权合理性等要求；③回波信号集中融合处理协同：选择相参 /非相参积累、TBD 等融合算法及相对应的参数，优化积累时长、检测门限、航迹起止等规则。

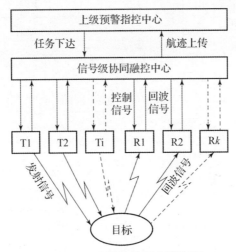

图 4 – 13　参数级协同典型流程

　　图 4 – 14 表示了基于资源池的参数级管控闭环模型。在图 4 – 12 的基础上，融控中心根据具体任务完成了从任务到功能、再从功能到参数的映射，形成最小粒度的可控参数条，按时间将最小粒度可控参数条形成执行序列，由各雷达执行响应，完成参数级管控。

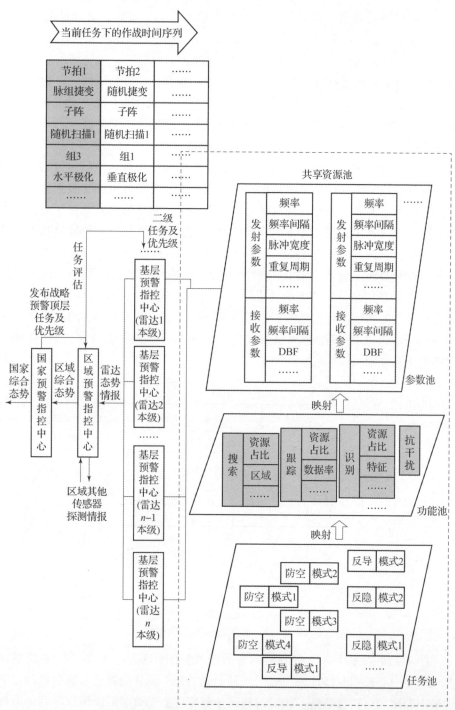

图 4 - 14　基于资源池的参数级管控闭环模型

4.5.4 探测资源管控基本方法

探测资源管控的常用方法主要包含以下几种：

（1）基于指令的人工调度。该方法是指预警单元间通信很少，调度主要依靠预警信息系统不停下达指令实现，信息交互也只能进行简单通信。这种方法主要适用于网络条件一般，作战单元间数据通信不畅、接口不通等情形。

（2）基于预案的计划调度。该方法是指以预先计划好的预案为依据，战时各预警装备依据事先授权进行协同探测。预案是对战场态势的可能变化进行预想，并根据预想情况明确协同权限，通过预警信息系统下达预案，作战单元间按照预先授权同步展开协同探测、信息交互。这种方法主要适用于网络条件一般，作战单元间可以通信，但不能满足实时共享态势需求等情形。

（3）基于态势的自主调度。该方法是指战时各预警装备根据战场态势自主调度，预警信息系统仅对"例外"情况及时进行否决式"视图"调度。该方法主要适用于参战预警装备分布于广域多维战场空间内，要求建立畅通的信息网络系统，确保广域分布在多维战场空间的诸类别、多层次作战单元和作战要素能够在网络支撑下，实时共享作战通用态势图等综合信息的情形。

（4）基于规则的自动调度。该方法是指分布在陆海空天电多维战场空间的多种预警资源，都能遵循相应的调度运用规则，密切配合优势互补，时刻围绕某一阶段的联合作战目标采取预警探测行动。这就要求逐步制订预警体系作战运用规范并将其上升为条令条例，建立联合运用机制，理顺联合管理程序，细化各类调度运用规则。

（5）基于算法的智能调度。该方法是指预警装备利用人工智能算法展开协同。该方法需对各种复杂战场及其各种处置情况有深刻、本质的认识后才可能成功。

值得注意的是，上述调度方法并不是完全独立的，有时候相互之间也有交叉。例如，第 3 章中提出了资源池的概念，共享虚拟资源池能够对动态变化的组网资源进行可视化的集成与动态管理，实现从"任务—节点—资源"到"任务—资源"调度方式的转变，也可以根据任务调度资源需求对共享资源池中的各种归一化的资源进行统一调度，从而实现对地理位置分散、属于不同节点的资源进行统一的发现、访问、调度和监控管理。当协同探测系统收到任务执行命令时，融合中心的资源池协同管理模块对任务资源需求进行分析，并根据资源池中各类资源的构成情况，生成相应的资源分配方案。具体实施步骤如下：

①遍历任务集合，进行任务资源需求分析，并对任务进行切分；

②通过融控中心的资源池协同管理模块进行任务资源适配，在资源池中生成相应的任务资源分配请求方案；

③根据任务资源分配请求方案，计算各任务的执行收益；

④选定目标函数（如各任务的总执行收益），分析约束条件（如资源总量），对各任务资源分配请求方案进行综合评估，通过智能算法，选取对各任务的综合最佳资源调度方案；

⑤根据最佳的资源调度方案，进行雷达工作方式选择和系统参数设置；

⑥更新资源池，结束调度。

从这个步骤中我们可以看到，主要采用了基于管控规则的调度，其中基于任务与约束条件构建的目标函数就对应着管控规则；同时在求解目标函数的最佳值过程中，运用了智能算法对规则进行学习、对预案进行自动匹配，又是基于智能算法管控的体现。因此，探测资源管控方法并没有绝对定式，考虑任务需求、管控对象、管控内容以及人机融合程度等多方面因素进行合理选择。

4.6　探测资源管控举例

本章前 5 节对探测资源管控的需求、内涵、内容、规则、模型与方法进行了全面的探讨，可以看出探测资源管控技术的核心是管控规则。一方面，管控规则随着探测任务、管控对象和管控内容的变化而变化；另一方面，管控规则是关键触发点，规则匹配触发预案选择，而预案选择又触发管控行动实施。同时，管控规则的建立又是一个难点，将定性的人类经验智慧的总结转化为量化的数学语言表达，需要对探测资源管控的需求和内涵有深刻的理解，才能厘清任务能力目标与探测资源集合内部的深层影响关系。本节结合具体案例，以管控规则为核心，梳理总结资源管控的要点，帮助读者更好地理解探测资源管控技术。

4.6.1　单雷达资源管控实例

依据 4.3.2 节中对单部装备资源管控内容的界定，单雷达搜索屏设置属于资源管控范围。下面在反导预警作战任务背景下，以单雷达搜索屏范围设置为资源管控任务，重点阐述基于目标容量的雷达搜索屏范围数学建模过程，确定搜索屏范围设置规则，实现对搜索屏资源的具体管控。

1. 分析任务背景下搜索屏范围设置的要求

在进行弹道导弹探测时，探测的目的是及时搜索发现目标、保障弹道全程跟踪并在拦截窗口前准确识别目标。采取的措施往往是雷达频段互补、接力跟踪的方式进行预警探测。进行参数设置时，搜索屏的优化设置是重点。在进行搜索屏设置时，主要对阵面法线方向、阵面是否随动和搜索屏的方位俯仰等进行设置。法线方向的选择一般尽量使导弹的整个航迹尽可能在法线附近；随动模式一般在雷达视场中导弹弹道方位跨度很大，超过雷达跟踪范围时才使用，但是随动模式下，如果来袭方向有后续导弹发射时，由于随动模式会撤掉搜索屏，将导致后续导弹无法发现。搜索屏范围的设置包括方位角、俯仰角的范围，一般来说搜索屏设置的范围越大，截获目标的概率越高，但是消耗的时间资源越多，所以应该在确保截获目标和雷达时间资源消耗之间取一个平衡。可以总结搜索屏设置的一般原则如下：

（1）不能一味追求探测距离，模式选择需根据实际需要；

（2）搜索屏大小要适当，并非搜索屏越大越保险；

（3）目标数据率不宜设置过高，否则将严重影响目标容量；

（4）可视情多设置备份屏，根据实际情况切换备份屏。

目标数量较少时，搜索屏范围精确设置的要求相对较低，但是当面临多目标来袭时，"不漏掉目标"需要对搜索屏范围大小进行精确量化计算确定。

2. 建立基于目标容量的雷达搜索屏范围数学建模，并明确约束条件

1）搜索时间

假设管控对象为某型二维相扫的相控阵雷达，采用 TAS 工作模式，定义 T_{si} 为扫描时间间隔，则扫描时间 T_s 可以表示为

$$T_s = T_{s1} + T_{s2} + T_{s3} + \cdots \tag{4.7}$$

根据相控阵雷达原理，为搜索完一个规定的空域，若用 ϕ、θ 分别表示方位和仰角的搜索范围，$\Delta\phi_{1/2}$、$\Delta\theta_{1/2}$ 分别表示搜索波束的半功率点宽度，则搜索时间 T_s 可近似地表示为

$$T_s = \frac{\phi\theta}{\Delta\phi_{1/2}\Delta\theta_{1/2}} \cdot NT_r \tag{4.8}$$

式中：T_r 为雷达信号重复周期；N 为在每个波位上的平均驻留波束；NT_r 为在一个波束位置上的平均驻留时间。由于相控阵天线波束宽度是随天线波束的扫描角度而变化的，在扫描过程中相邻天线波束的间隔（波束跃度）也不一定正好是波束的半功率点宽度，因此，更为准确的 T_s 计算公式为

$$T_s = K_\phi K_\theta \cdot NT_r \tag{4.9}$$

显而易见，相控阵雷达搜索一遍搜索屏的时间等于所需搜索的波位数 K_b 乘以每个波位的驻留时间 NT_r。

$$T_s = K_b \cdot NT_r \tag{4.10}$$

2）搜索间隔时间

搜索间隔时间 T_{si} 是指相邻两次搜索同一波束位置的间隔时间。如果相控阵雷达在搜索过程中没有发现目标，雷达只需继续进行搜索，不必进行跟踪，这时，T_{si} 与 T_s 相等。如果相控阵雷达在搜索过程中发现目标，用于确认、跟踪这些目标需要花费一定时间 T_{tt}，则搜索间隔时间为搜索时间 T_s 加上用于确认、跟踪目标所花费的时间 T_{tt}，即

$$T_{si} = T_s + T_{tt} \tag{4.11}$$

此式可以看出，如果跟踪目标数量增加，则 T_{tt} 增加，T_{si} 也会相应增加，搜索效率将会降低。

雷达允许的搜索间隔时间 T_{si} 主要取决于目标穿过雷达搜索屏的时间 T_c 和要求在搜索过程中对目标的累积发现概率。目标穿越雷达搜索屏示意图如图 4-15 所示。

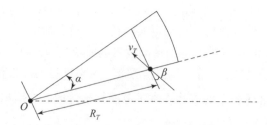

图 4-15   目标穿越雷达搜索屏示意图

目标穿屏时间可以按照这一公式计算，穿屏时间等于目标穿屏处的屏厚度除以目标穿屏时的垂直速度。

$$T_c = 2\tan(\alpha/2)R_T/(v_T\cos\beta) \tag{4.12}$$

若要求在 T_c 内，雷达至少对目标进行 n 次搜索照射，令每次搜索时对目标的发现概率为 P_d，则 n 可由累积发现概率 P_c 与 P_d 的关系确定，即

$$P_c = 1 - (1 - P_d)^n \tag{4.13}$$

3）目标容量

进一步可以得到目标容量 n_t 的计算公式，它等于单次搜索间隔时间内用于跟踪的总时间除以单次搜索间隔时间内需要跟踪的次数，再除以跟踪波束驻留时间。搜索屏搜索范围越大，目标容量越小；目标数据率要求越高，目标容量越小；波束驻留时间越长，目标容量越小。

$$n_t = (T_{si} - T_s) \times \cfrac{1}{\cfrac{T_{si}}{T_{ti}} \times N_t T_r} \tag{4.14}$$

结合上述推导以及公式 4.19、公式 4.11、公式 4.13 可以得出波位数与目

标容量、照射次数、搜索间隔时间等变量之间的关系，即基于目标容量的雷达搜索屏范围数学模型

$$K_b = F(T_{si}, T_c, n, Nt, P_c) = 2\tan(\alpha/2) \times \frac{R_T}{nN_t T_r V_T \cos\theta} - n_t \times \frac{T_{si}}{T_{ti}} \quad (4.15)$$

其中的约束条件包括：

（1）若要求在 T_c 内，雷达至少对目标进行 n 次搜索照射，完成每次照射的搜索间隔时间为 T_{si}，则可 T_{si} 需满足的约束条件

$$nT_{si} \leq T_c \quad (4.16)$$

（2）若对任务背景的分析中得到预计目标容量为 N_e，则 n_t 需满足的约束条件

$$n_t \leq N_e \quad (4.17)$$

3. 模型求解到资源管控具体实现

模型求解过程相对简单，确定了目标容量、照射次数、累计检测概率等值后代入公式（4.14）即可确定搜索一遍搜索屏所需的波位数，结合法线方向和该型雷达的性能参数，就可以确定搜索屏的具体范围。资源管控具体实现即战前根据确定的搜索屏范围设置该雷达的参数。

在实际操作过程中，该流程也可以反向实现，即采用验证法，先初步确定搜索屏范围，根据目标函数中相关参数之间的关系以及要求的累积监测概率等，计算目标穿屏时间以及目标容量等；然后将目标容量计算结果与预计目标容量对比，依据对比结果对搜索屏范围进行调整。无论是正向实现还是反向实现，其主要依据仍然是基于目标容量的搜索屏范围数学模型。

对本案例中的建模过程进行梳理，可以得出以下要点：

（1）管控的任务背景是反导预警作战。

（2）管控的对象是参与本次反导预警任务的预警雷达。

（3）管控的内容是雷达搜索屏范围参数。

（4）管控的时机是战前。通常在任务开始前对雷达搜索屏参数进行优化配置，属于战前管控，非实时管控。

（5）管控触发后的动作是依据方案设置搜索屏范围参数。

（6）管控的方法是基于预案的计划调度，即以预先计划好的预案为依据，各预警装备依据预案中明确的范围参数进行战前设置。

（7）管控预期效果是提升组网体系的搜索能力，满足不漏情的需求。

4.6.2　探测群资源管控实例

依据 1.3.2 节中探测群组成和 4.3.3 节中对预警体系资源管控内容的界

定，对探测群内探测各传感器的优化配置属于资源管控范围，其中确定优化配置规则（建立优化配置数学模型）是难点和核心。下面以反导预警为大背景，多部雷达组成探测群，早期预警雷达的配置位置作为资源管控任务，分步阐述从建立基于早期预警能力最优的雷达位置配置数学模型到资源管控具体实施的过程。

1. 分析早期预警雷达的优化配置任务目标

早期预警雷达是指承担早期预警任务的地（海）基远程预警雷达，其任务核心是搜索监视、早期截获和跟踪来袭弹道导弹目标，为地基多功能雷达及武器系统提供相应的早期预警情报信息。因此，早期预警雷达的优化配置必须围绕最优的早期预警能力这个核心目标而展开。

2. 分析早期预警能力评估核心指标表征，明确优化配置具体要求

首先，预警雷达（EWR）早期预警能力的评估指标必须具备较强的综合表征能力，即能够有效反映 EWR 的固有探测能力在目标特性、部署位置、探测环境、任务需求和作战方式等诸多因素作用下的具体表现。

其次，为了适应反导预警作战评估的高时效性要求，评估指标还必须具备较强的简明性和可测性。一方面，指标的侧重点必须突出，指标的结构和数量要合理，从而降低计算难度和工作量，提高评估效率；另一方面，指标值应能够通过数学公式、仪器测量、试验数据统计以及专家打分等方法得到，从而便于定量或定性分析，保证评估活动的可操作性。

综合以上的分析，可建立 EWR 早期预警能力评估的指标体系，如图 4-16 所示。

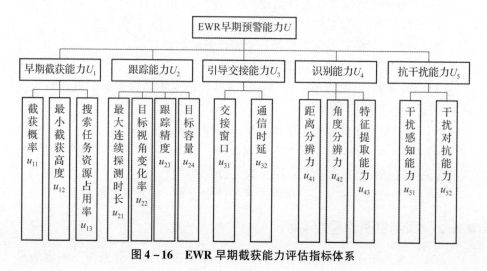

图 4-16 EWR 早期截获能力评估指标体系

可以看出，EWR 的早期预警能力主要由早期截获能力 U_1、跟踪能力 U_2、引导交接能力 U_3、识别能力 U_4 和抗干扰能力 U_5 等 5 个一级指标综合表征，且有（暂时忽略指标间的不可公度性）：

$$U = W \times [U_1, U_2, U_3, U_4, U_5]^{\mathrm{T}} \tag{4.18}$$

其中：$W = [w_1, w_2, w_3, w_4, w_5]$ 为权重向量；$w_i(i = 1, 2, \cdots, 5)$ 为指标 $U_i(i = 1, 2, \cdots, 5)$ 的权重。

进一步从反导预警装备探测效能发挥的机理来分析，对于给定的早期预警雷达和作战场景，配置位置的不同对雷达早期预警能力的影响主要体现在以下几个方面：

（1）影响雷达对目标的早期截获能力。一方面，受最大探测距离限制和地球曲率的影响，配置位置决定了雷达对目标的截获高度，从而决定了目标截获时刻的早晚；另一方面，配置位置还影响和决定着雷达搜索参数的选取，进而决定了雷达搜索资源消耗的高低。

（2）影响雷达对目标的跟踪识别能力。一方面，配置位置决定了雷达对目标弹道的覆盖范围，从而决定了雷达对目标的连续探测时长；另一方面，配置位置决定了目标相对雷达的空间位置变化规律，进而影响雷达对目标动态特性测量的有效性和准确性。

（3）影响雷达间的协同交接能力。配置位置决定着早期预警雷达与下一级雷达对来袭目标的共视时长，进而影响目标交接的时效性和灵活性。此外，配置位置还会在一定程度上影响雷达的抗干扰能力、通信能力和抗摧毁能力等。

综合以上的分析，可知早期预警雷达优化配置的具体要求为：

1）尽早截获目标；

2）降低搜索资源消耗；

3）提高目标连续探测时长；

4）利于目标动态特性测量；

5）利于目标的协同探测与交接。

优化配置任务的目标为：找出能够使以上具体目标达到综合最优的配置位置或区域。

3. 建立选择最佳配合点的数学模型

由此，可建立选择最佳配置点的层次模型，如图 4 - 17 所示。

使用时，必须结合具体的作战需求和侧重点，利用主观赋权法或客观赋权法确定准则层对应的权重向量：$w_B = (w_1, w_2, \cdots, w_5)$。其中，$w_l$ 为指标 u_l 的权重，且有（$l = 1, 2, \cdots, 5$）。

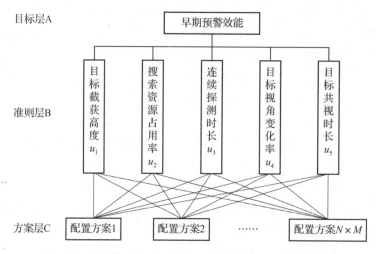

图 4-17 选择最佳 EWR 配置点的层次模型

对于给定的威胁场景和来袭目标，随着配置位置的变化，早期预警雷达将呈现出不同的早期预警能力水平。也就是说，雷达的早期预警效能是其配置位置的函数，且有

$$F(x,y) = C_{(x,y)} \tag{4.19}$$

其中：x 代表配置位置的经度；y 为纬度；$C_{(x,y)}$ 为雷达配置于 (x,y) 时的早期预警效能值。因此，通过综合评价和对比雷达在不同配置位置上的早期预警效能值，即可找出最佳的配置位置 $(x,y)_{OP}$，且有

$$(x,y)_{OP} = F^{-1}\left(\max_{\substack{x \in [x_{xin}, x_{max}] \\ y \in [y_{min}, y_{max}]}} \{C_{(x,y)}\}\right) \tag{4.20}$$

4. 确定资源管控优化配置模型及实现流程

根据这一思路，可建立早期预警雷达的优化配置模型及流程，如图 4-18 所示。

（1）通过作战场景生成模块给定优化配置的必要条件，包括：来袭目标发（落）点坐标、弹道、数量等目标特性数据；雷达技术体制、最大探测距离、工作模式和协同关系等雷达性能数据；用于阵地可配置性评估的地形地貌、气象水文等场景设置数据。

（2）配置方案生成模块首先根据来袭目标的发（落）点坐标，计算待选配置区域的经纬度范围；其次，通过网格离散化处理，将连续的地理区域转化为离散的配置位置变量；最后，根据相关的地形地貌、气象水文数据，评估各个网格节点的可配置性。

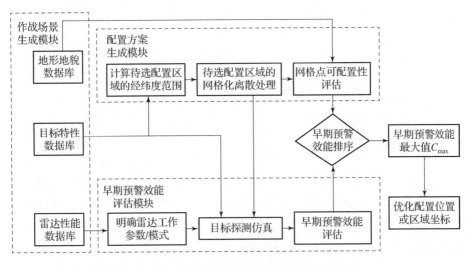

图 4 - 18　早期预警雷达优化配置模型及实施流程

（3）首先明确雷达工作参数/模式；其次，将第二步中生成的配置位置变量网格输入雷达探测模型，并对各配置位置下的雷达探测过程进行逐一仿真；最后，根据相关的仿真数据，综合评估各个配置位置下的早期预警效能值，生成早期预警效能对照图表。

（4）首先根据网格点的可配置系数对早期预警效能对照图表进行加权处理；其次，对加权处理的早期预警效能进行排序；最后，其中的最大值对应的位置即为雷达的最优配置位置，早期预警效能普遍较高的区域即为雷达的优化配置区。

5. 生成优化配置位置后，输出相应的预案，采用基于预案的管控方式，通过预警信息系统下发预案，各探测节点按照预案中确定的坐标位置进行部署

对本案例中的建模过程进行梳理，可以得出以下要点：

（1）管控的任务背景是反导预警作战。

（2）管控的对象是参与本次反导预警任务的早期预警雷达。

（3）管控的内容是雷达部署位置。

（4）管控触发的条件是体系内单部雷达的早期预警能力没有达到最大值，具体来说满足五个要求：①尽早截获目标；②降低搜索资源消耗；③提高目标连续探测时长；④利于目标动态特性测量；⑤利于目标的协同探测与交接。因此，建立了以早期预警能力最大为目标函数的数学模型，模型中选取了核心影响因子包括目标截获高度、搜索资源占用率、连续探测时长、目标视角变化率、目标共视时长，在实际计算过程中可采用层次分析法求解目标函数值。

（5）管控触发后的动作是调整雷达的部署位置。

（6）管控的时机是战前。通常在探测任务开始前对传感器位置进行优化配置，属于战前管控，非实时管控。

（7）管控的方法是基于预案的计划调度，即以预先计划好的预案为依据，各预警装备依据预案中明确的部署位置进行战前部署。

（8）管控预期效果是组网体系的早期预警能力达到最优值。

4.6.3 探测资源实时管控实例

前面两个小节资源管控实例均属于战前资源管控。本节以反导预警作战背景下目标识别特征模式实时管控作为举例，突出"目标—识别特征模式"实时优化匹配规则这个难点和核心，分步阐述从建立基于动态目标威胁度的识别特征匹配目标函数到算法求解实施的过程。

在反导预警作战任务下进行弹头目标识别时，战前匹配的雷达识别预案规划了战前规划识别特征的有效作用区间及其对应的工作模式，为识别特征运用提供依据。如图4-19中阴影部分所示，战前规划的识别任务存在一个时段多种特征重叠的情况，而每种特征模式消耗的时间资源、达成的识别效果等都存在差异，且面对的多目标环境，目标动态变化，目标数量未知，每个目标的优先级也在动态变化，战前目标识别预案有可能无法满足各目标规划更为精准的识别需求。因此，需要在作战过程中，根据态势的动态变化进行实时调整，为各目标分配识别需求，合理分配雷达识别资源。

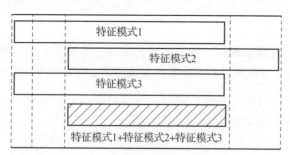

图4-19 多种可用识别特征重叠

1. 分析实时识别特征模式调整的任务目标

弹道导弹目标识别预案战中调整问题，可以归结为目标与特征的分配。由于导弹的飞行时间有限，且受雷达探测能力的限制，反导系统留给预警装备参与识别的时间极其有限，一般只有几分钟，仅仅依赖指挥员参与分配特征，不能充分发挥作战效能，一方面人的能力是有限的，面对数量巨大的目标群，容易决策失误；另一方面反导时间有限，如果留给人过多的抉择时间，容易贻误战机。因此建立一种目标识别任务分配模型，自动分配识别特征任务，规划识别资源，将有效解决人为局限性带来的影响。

目标与特征分配即为战时在识别预案规划的特征模式基础上，根据目标优先级，为不同目标分配最优特征工作模式，以期最大的科学回报，如图 4 – 20 所示。主要考虑以下三个方面：

（1）随着时间推进，目标威胁度动态变化，威胁度小的目标理应被抛弃，或采用简单识别特征对应的模式跟踪。

（2）多个识别特征作用区间重叠时，存在识别特征选择问题，识别效能高的识别特征优先得到使用。

（3）不同的识别特征对应的工作模式需要消耗的时间资源有差异，在模型构建时应充分考虑识别特征的时间约束性。

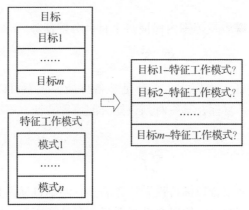

图 4 – 20　目标 – 特征分配演示

2. 建立基于动态目标威胁度的识别特征匹配目标函数

弹道导弹目标识别任务规划指作战单元依据目标威胁程度和识别特征效能，确定不同目标采用对应的识别特征，以期作战效能最大化。一般情况下，威胁度大的目标应优先分配识别效能最优的识别特征工作模式。假设面对 n 个目标，m 种特征工作模式可供运用。w_i 为目标 i 的威胁度，c_j 为特征 j 的识别效能，T_j 为特征 j 的对目标的跟踪间隔时间，其倒数为特征 j 的跟踪数据率。因此，可以将目标威胁度与对应识别特征效能的乘积之和作为目标函数。

$$\max : \sum_{i=1}^{n} \sum_{j=1}^{m} ft(ij) c_j w_i \tag{4.21}$$

$$ft(ij) = \begin{cases} 1 & \text{目标 } i \text{ 分配 } j \text{ 种特征} \\ 0 & \text{目标 } i \text{ 未分配 } j \text{ 种特征} \end{cases}$$

3. 确定目标函数中的约束条件

目标数量、特征分配后装备资源消耗等是雷达目标—特征分配需要考虑的主要因素。为了客观合理分配雷达资源，在设计约束条件时需要把这些指标考虑进来。

（1）识别特征任务分配时应满足反导系统的时间资源和能量资源约束，这里重点考虑装备的时间资源约束。假设目标 i 采用特征 j 工作模式跟踪时，t 时间段内，对目标 i 的跟踪次数为 t/T_j，单次照射消耗的时间资源为 $N_t \cdot T_{rj}$。

$$\sum_{i=1}^{n} (ft(ij)t/T_j) \cdot N_t T_{rj} \leqslant t_t \tag{4.22}$$

式中：t_t 为用于跟踪的时间；N_t 为波束驻留数；T_{rj} 为脉冲重复频率。

$$t = t_s + t_t \tag{4.23}$$

式中：t_s 为用于搜索的时间，搜索和跟踪的时间占用比例一般根据实际情况进行合理调整。

（2）在雷达跟踪容量范围内保证每个目标分配任务。

$$\sum_{i=1}^{n} \sum_{j=1}^{m} ft(ij) = n \tag{4.24}$$

（3）同一种特征工作模式，在满足装备性能要求下可以完成对多个目标的跟踪，然而，同一目标在某一时刻只能分配一种特征，不能对同一目标分配多种特征。

$$\sum_{j=1}^{m} ft(ij) = 1 \tag{4.25}$$

综上所述，下面结合目标特性和任务需求，明确目标函数和约束条件，建立识别特征任务分配模型，用以合理指派任务和分配资源，实现识别特征任务最优配置，最终实现目标识别特征使用效能最大化。

$$\max: \sum_{i=1}^{n} \sum_{j=1}^{m} ft(ij)c_j w_i$$

$$\text{s.t.} : \sum_{j=1}^{m} ft(ij) = 1$$

$$\sum_{i=1}^{n} \sum_{j=1}^{m} ft(ij) = n$$

$$ft(ij) = \{0,1\} \tag{4.26}$$

$$\sum_{i=1}^{n} (ft(ij)t/T_j) \cdot N_t T_{rj} \leqslant t_t$$

$$t = t_s + t_t$$

4. 模型求解算法考虑

本案例中重点是资源管控规则模型问题，模型求解算法更多地涉及具体资源管控方案的求解（即预案具体内容的求解），在本章不展开叙述。本案例本质上是目标－特征任务分配问题，类似于火力分配，属于 NP 问题。一般解决方法有：第一类是寻求最优解的求解方法，如解析法、分支定界法和枚举法[29]；第二类是启发式方法，含各类规划算法[30-31]及遗传算法[32]（GA）、粒子群算法[33-34]（PSO）、果蝇算法[34-35]（FOA）等。

实时管控与战前管控对比，更加强调管控触发与响应的及时性。在本案例中，雷达识别模式资源战中调整的实现，要解决多目标优化的快速收敛和全局化问题，克服反导预警实时性要求高、目标状态不断变化、不确定性高等难题，需要鲁棒性能好、计算效率高的优化方法。本书作者团队提出了一种基于 TOPSIS 和灰色关联度的弹道导弹目标威胁动态评估模型[37]解决目标威胁度实时评估问题，在此基础上提出了基于 FOA－GA 的优化方法[38]将遗传算法的交叉、变异算子引入果蝇算法中，进而提升粒子的多样性，达成全局和局部搜索能力平衡；对识别特征模式实时调整问题进行了求解。

对本案例中的建模过程进行梳理，可以得出以下要点。

（1）管控的任务背景是反导预警作战（多目标）。

（2）管控的对象是担任本次反导预警识别任务的某型雷达。

（3）管控的内容是雷达识别特征模式。

（4）管控触发的条件是目标威胁度发生变化。具体要求是将识别特征效能最高的识别特征分配给目标威胁度最高的目标。因此，建立了以目标威胁度与对应识别特征效能的乘积之和作为目标函数的数学模型。在作战过程中，后台算法实时计算目标威胁度值与识别特征效能值；当目标威胁度发生变化时，触发"目标—识别模式"的配对变化，将识别特征效能最高的识别特征分配给目标威胁度最高的目标。

（5）管控触发后的动作是对不同的目标调整雷达识别特征模式。

（6）管控的时机是战中，实时管控。战前已对不同目标的识别特征模式进行了预先设置，在作战过程中根据目标威胁度动态评估的实时计算结果，在触发管控规则后，依据识别特征模式调整方案进行管控。

（7）管控的方法是基于规则的实时调度，即规则条件触发时依据方案求解结果进行实时的资源调整。

（8）管控预期效果是提高预警体系综合识别效能。

4.7 本章小结

通过组网协同探测资源闭环管控技术研究，突破了组网协同探测资源管控规则、模型和方法等难题。在深度分析探测资源管控精细化、敏捷化、自动化和智能化管控新需求的基础上，剖析了探测资源深度管控的概念、内涵和目标，界定了探测资源管控的内容，提出了管控规则及其三段式形式化描述方法和基于任务的管控规则数学模型，区分整机级、功能级和参数级协同构建了基于资源池的管控闭环模型，给出了单雷达资源管控、探测群资源管控以及探测资源实时管控实例。研究成果为实现预警网"精、准、深、智"实时管控协同探测资源提供了理论与技术基础，也有效支撑了资源管控技术的工程化实现难题。

参考文献

[1] 丁建江，许红波，周芬，著. 雷达组网技术 [M]. 北京：国防工业出版社，2017.

[2] 刘先省，等. 传感器管理及方法综述 [J]. 电子学报，2002，30 (3)：394 - 398.

[3] 叶朝谋. 雷达组网系统资源管控研究 [D]. 武汉：空军雷达学院，2014.

[4] 向龙. 雷达组网系统抗干扰能力研究 [D]. 武汉：空军雷达学院，2010.

[5] 丁建江，周琳，华中和. 基于点迹融合与实时控制的雷达组网系统总体论证与设计 [J]. 军事运筹与系统工程，2009，23 (2)：21 - 24.

[6] Ng G W, Ng K H. Sensor Management：What, Why and How [J]. Information Fusion, 2000, 7 (1)：67 - 75.

[7] 刘同明，夏祖勋，解洪成. 数据融合技术及其应用 [M]. 北京：国防工业出版社，1998.

[8] Schaefer C G, Hintz K J. Sensor Management in a Sensor Rich Environment [C]. Proceedings of the SPIE International Symposium on Aerospace/Defense Sensing and Control, Orlando, 2000, 4052：48 - 57.

[9] 陈士涛，孙鹏，李大喜. 新型作战概念剖析 [M]. 西安：西安电子科技大学出版社. 2019.

[10] Paul E B. Cross - Domain Synergy in Operations Planner's Guide [M]. https://www.jcs.mil/Doctrine/Joint - Concepts/. Future Joint Force Development of the Joint Staff J7. 2016.

[11] Bryan C, Daniel P, Harrison S. Mosaic Warfare：Exploiting Artificial Intelligence and Autonomous Systems to Implement Decision - Centric Operations [M]. https://csbaonline. org/research/publications/. CSBA. 2020.

[12] Congressional Research Service. Intelligence Surveillance and Reconnaissance Design for Great Power Competition [J]. https://crsreports. congress. gov/product/pdf/R/R46389. 2020

[13] Headquarters Department of the Army. AN/TPY - 2 Forward - Based Mode (FBM) Radar Operations [M]. http：//www. train. army. mil. 2012.

[14] 丁建江. 概论雷达组网多域融一预案工程化 [J]. 现代雷达，2018，40 (1)：1 - 6.

[15] 丁建江. 预警装备组网协同探测模型及应用 [J]. 现代雷达，2020，42 (12)：13 - 18.

[16] 丁建江. 组网协同探测闭环与预案的设计要求 [J]. 雷达科学与技术, 2021, 19 (1): 1-6.

[17] 张雅青. 多雷达资源调度软件的设计与实现 [D]. 南京: 东南大学, 2015.

[18] 袁野. 面向认知跟踪的无线分布式雷达资源闭环调度方法研究 [D]. 成都: 电子科技大学, 2022.

[19] 戴金辉, 严俊坤, 王鹏辉, 等. 基于目标容量的网络化雷达功率分配方案 [J]. 电子与信息学报, 2021, 43 (9): 7.

[20] 蒋歆玥. 基于网络代价的雷达组网系统多目标跟踪资源管控技术 [D]. 成都: 电子科技大学, 2022.

[21] 谢明池. 分布式组网雷达资源自适应管控算法研究 [D]. 成都: 电子科技大学, 2019.

[22] 刘宏伟, 严峻坤, 周生华. 网络化雷达协同探测技术 [J]. 现代雷达, 2020, 42 (12): 7-12.

[23] Godrich H, Petropulu A P, Poor H V. Sensor selection in distributed multiple-radar architectures for localization: A knapsack problem formulation [J]. IEEE Transactions on Signal Processing, 2012, 60 (1): 247-260.

[24] Chavali P, Nehorai A. Scheduling and power allocation in a cognitive radar network for multiple-target tracking [J]. IEEE Transactions on Signal Processing, 2012, 60 (2): 715-729.

[25] Sun W, Yi W, Xie M, et al. Node selection for target tracking in passive multiple radar systems [C]. 2017 20th International Conference on Information Fusion (Fusion). IEEE, 2017: 1-6.

[26] 胡诗, 毛杰. 海上编队协同作战规则推理技术研究 [J]. 舰船电子工程, 2017, 275 (5): 109-113.

[27] 倪明, 赵玉林. 作战方案快速生成技术 [J]. 指挥信息系统与技术, 2014, 5 (6): 78-82.

[28] 陶玉犇, 齐锋. 基于模糊匹配的作战规则应用方法 [J]. 电子信息对抗技术, 2016, 31 (2): 14-22.

[29] 彭鹏菲, 于钱, 李启元. 基于优先排序与粒子群优化的装备保障任务规划方法 [J]. 兵工学报, 2016, 37 (6): 1082-1088.

[30] Levchuk Y N, Levchuk G M, Pattipati K R. A systematic approach to optimize organizations operating in uncertain environments: design methodology and applications [C]. Canada: IC2I, 2002.

[31] Levchuk G M, Levchuk Y N, Luo J. Normative design of organization-part I: mission planning [J]. IEEE Transactions on Systems, Man and Cybernetics, 2002, 32 (3): 346-359.

[32] 董朝阳, 路遥, 王青. 改进的遗传算法求解火力分配优化问题 [J]. 兵工学报, 2016, 37 (1): 97-102.

[33] Clello C C, Pulido G T, Lechunga M S. Handling multiple objectives with particle swarm optimization [J]. IEEE Transactions on Evolutionary Computation, 2004, 8 (3): 256-279.

[34] 张勇涛, 余静, 张松良. 基于改进粒子群算法的联合火力打击目标分配研究 [J]. 指挥控制与仿真, 2010, 32 (1): 41-44.

[35] Pan W T. A New fruit fly optimization algorithm: taking the financial distress model as an example [J]. Knowledge-Based Systems, 2012, 26 (1): 69-74.

[36] 潘文超. 果蝇最佳化演算法 [M]. 台中: 沧海书局, 2011.

[37] 李陆军, 丁建江, 吕金建, 等. 基于 TOPSIS 和灰色关联度的弹道导弹目标威胁评估方法 [J]. 电光与控制, 2017, 24 (9): 6-10.

第 5 章　管控预案设计技术

面对新型空天威胁，预警装备组网探测体系将不同体制、不同模式、不同参数的各型传感器有效集成为一体，突破了单个离散装备的性能限制，通过精细化协同，最大化体系作战效能，达到作战目的。把物理域与信息域的探测资源通过指战员的认知集成在一起，是一种体系探测战法，需要以预案作为必要载体去实现资源管控，从而达到提升体系探测效能的目的。

通过研究突破组网资源管控预案设计技术，首先要在剖析组网资源管控预案设计原理的基础上，厘清预案与资源管控、预案与体系探测效能之间的关系，找到预案设计的核心问题；其次要提出组网资源管控预案设计的一般流程和实现环节中的具体方法，为构建组网资源管控预案库提供方法指导；最后探索并规划组网资源管控预案的组成要素、执行方式、触发机制、匹配规则、更新条件、实现流程等细节，提供预案工程化应用指南与建议，为预案工程化全面实现奠定基础。

5.1　资源管控预案设计需求

预案，指预警装备组网协同探测资源优化管控预案。从 NCW 理论看，预案是"认知/社会域、物理域、信息域""多域融一"的综合表现形式；是把物理域与信息域的探测资源通过指战员的认知集成在一起，是一种体系探测战法，是指挥员思想的载体与转化形式；是指战员针对物理域"目标、环境、装备"具体条件与变化采取的一种优化对策，是一种组网体系探测资源协同工作的模型、命令、时序、波形等。所以，预案是实现资源管控的必要载体，是挖掘探测效能的基本条件。"凡事预则立，不预则废。"预案的好坏直接影响体系探测效能，研究预案设计技术是适应预警作战形势不断变化的现实需求。

5.1.1　资源管控预案设计的必要性

资源管控预案是实现协同探测资源管控的必要载体，是挖掘探测效能的基本条件，是探索人机智能融合的体现，因此，开展资源管控预案设计技术研究是非常必要的。

5.1.1.1　预案是实现资源闭环管控的核心

随着科学技术的不断发展，在预警领域中可以使用的资源越来越多，装备越来越复杂、越来越灵活，对众多资源进行合理的管控从而发挥最大效用就显得格外重要，主要体现在以下几个方面。

1. 作战时间紧迫

首先，弹道导弹的飞行速度极快，进攻的灵活性和突然性较强，导致反导预警雷达的作战时间非常有限。如射程在 1000km 的战术弹道导弹，其飞行全程仅需 9min，即便是射程在 10000km 的洲际弹道导弹，其飞行全程也仅为 45min 左右。因此，反导预警雷达必须随时做好准备，并在极其短暂的时间内完成一系列的作战分析、决策、实施和评估等活动。

其次，弹头目标识别所依赖的关键特征事件稍纵即逝，一旦错过便会严重影响目标识别的时效性和可靠性。因此，反导预警雷达必须在特征事件出现之前，尽快实现对来袭导弹的捕获和稳定跟踪。除此之外，还必须及时调整至恰当的工作参数/模式，以正确并完整地提取识别窗口内的目标特征信息。

最后，受拦截武器的作用范围和部署位置限制，反导预警雷达必须在规定的时间节点前提供有效的弹道导弹预警情报信息。因此，反导预警雷达实际可以利用的作战时间将被进一步压缩，任务密度将进一步加大。

2. 作战任务复杂

首先，反导预警雷达需要完成监视、搜索、跟踪、识别、目标交接和拦截效果评估等多种探测任务，不仅类型复杂，而且量大。尤其当蓝方采用集火攻击等特殊突防战术时，反导预警雷达面临的任务密度和工作强度将成倍增长。

其次，弹道导弹的目标特性复杂多变，必须根据具体的探测需求选用正确的反导预警雷达和恰当的工作模式/参数。

对于助推段的弹道导弹目标，其飞行速度较慢，RCS 较大，且距离较远。因此，宜选用作用距离和搜索能力兼具的 EWR，并基于 TAS（Track and Search）工作方式来执行弹道导弹的搜索与截获任务。截获目标后，EWR 主要利用窄带信号跟踪并获取来袭目标整体的运动（轨道）特性、时间 - 多普勒曲线和 RCS 序列等目标信息，从而完成助推器分离事件监视、落点预报、目标分类和威胁评估等任务，为后续的 GBR 提供目标引导信息。

随着最后一级助推器的分离，弹道导弹进入中段飞行并释放出大量的突防装置，致使弹头目标隐没在弹体、助推器残骸、碎片、箔条、诱饵和干扰机等构成的复杂目标群之中。此时，不仅目标数量骤然增加，分布密集，且其 RCS 均值也显著减小。因此，必须选用带宽大、波束窄和分辨率高的 GBR 来对弹道导弹目标群展开精确探测。一方面，GBR 先用窄带模式对目标群进行精确跟踪，并精确提取目标群的宏观和微观运动特征，获得更加精确的预测弹道和落点；另一方面，在精确跟踪的基础上，进一步利用宽带模式获取目标群内细小目标的一维距离像和二维像，并通过时频分析等手段，来获取弹头识别所需的精细特征参数。

最后，预警作战是体系对抗，预警雷达必须同其他预警装备密切配合，才能保证预警探测效能的发挥。一方面，EWR 必须与红外预警卫星、天波超视距雷达和其他早期预警数据源密切协同，从而拓展战场监视范围，提高搜索效率，并降低雷达探测资源消耗；另一方面，GBR 必须同其他预警雷达等同质传感器密切配合，从而保证对重点目标跟踪与识别的连续性、时效性和精确性。此外，GBR 还需与低轨道星座（SBIRS – Low）和地面光测（红外）设备等异质传感器展开密切配合，从而获得更加丰富的目标特征信息，提高弹头目标识别和杀伤效果评估的效率和准确性，为拦截作战提供更加有力的支持。

3. 探测资源有限

首先，预警雷达数量有限。一方面，受经济生产水平、使用和维护成本以及国际战略形势等因素的影响和制约，一个国家或地区内可以部署和调用预警雷达是十分有限的；另一方面，随着弹道导弹技术的发展和扩散，弹道导弹威胁的数量与质量与日俱增，导致单部预警雷达能够应对的来袭目标将越来越少。因此，预警雷达数量上的不足与弹道导弹威胁快速增长这对矛盾必将长期存在，且随着弹道导弹攻防对抗的发展演变而更加尖锐和难以调和。

其次，雷达对目标的可探测性有限。一方面，受技术体制、作用距离、部署位置和工作模式/参数等因素的限制，再加上地球曲率、导弹发（落）点位置及其弹道特性的影响，单部预警雷达的探测空域只能有效覆盖来袭导弹弹道的部分弧段，即雷达仅在特定的时段内对目标可探测；另一方面，受雷达软、硬件性能水平、弹道导弹目标 RCS 大小和分布特性等因素的影响，单部预警雷达对来袭目标的分辨和识别能力是有限的。例如：EWR 尽管作用距离较远，但分辨力较低，难以对目标群内的细小目标做进一步分辨和识别；GBR 尽管分辨率较高，但作用距离有限，同样难以在远距离和非理想视角下完成弹头、诱饵等细小目标的分辨和识别。因此，只有满足一定的探测条件，预警雷达才对来袭目标具备可探测性，即具备可用性和任务适应性。

最后，雷达的探测资源有限。一方面，预警雷达采用时间分割技术将其工作时间分割成众多细小的时间单元，即时间资源，并在这些时间资源内开展搜索、跟踪、识别和性能监视等任务。而为了满足信号波形的相关要求，时间资源的划分不能过小。因此，在既定的探测时间内，雷达可用的时间资源是有限的。另一方面，受硬件性能水平（主要是发射组件的功率和冷却能力）限制，雷达需以一定的占空比进行工作，即雷达在单位时间内的工作（发射能量）时间是有限的。因此，在既定的探测时间内，雷达可发射和调用的能量资源也是有限的。正是因为以上两点，雷达只能以有限的数据率搜索有限的空域和跟踪有限数量的威胁目标。

4. 战场环境动态变化

预警雷达的战场环境主要可以分为两类：一类是探测环境，另一类是安全环境。

探测环境指影响雷达探测能力的各类电磁干扰，主要是自然电磁干扰和人为电磁干扰。一方面，自然电磁干扰主要指雷达周边自然存在的天体电磁活动、气象、雷电、鸟群、海浪、地物、工业生产等产生的电磁干扰，这类干扰多是无意的，其发生的时机、时长和强度均是随机的；另一方面，人为电磁干扰主要指来自蓝方各类干扰平台的无源遮蔽式干扰、有源压制式干扰和有源欺骗式干扰等，这类干扰均是人为有意释放的，其发生的时机、时长和强度等均是经过人为设计的。因此，为了维持足够的探测能力，雷达必须采取各种手段对抗探测环境中的各类干扰，尤其是人为电磁干扰。

安全环境主要指雷达面临的各类软、硬杀伤威胁。一方面，预警系统属于互联网电子信息系统，一旦受到计算机"病毒"、"木马"等软杀伤手段的攻击，轻则信息处理能力下降，重则系统失控、瘫痪，甚至硬件损毁；另一方面，现代战争多为空天一体的联合作战，在应对弹道导弹威胁的同时，雷达还可能遭受敌隐身飞机、反辐射无人机、高功率电磁脉冲武器和反辐射导弹等的攻击，导致雷达被毁伤而失效。因此，在确保雷达探测环境良好的同时，还需保证雷达的安全环境稳定可靠。

5. 指战人员自身局限

预警作战是高强度、高精度和高速的体系对抗，不仅涉及的装备体系、作战模式和信息处理方式等作战要素更加复杂，还更加强调平台作战效能向体系作战效能的转变，因而对指挥操纵人员提出了更高的要求。一方面，指挥操纵人员的知识储备和应变能力往往有限，难以及时、准确地把握和处置来袭导弹目标特性、作战态势和作战进程等的变化，极易贻误战机；另一方面，预警作战由多个任务环节构成，且需要多种装备的高时效密切协同。人工操纵不仅反应慢、效率低、灵活性差，而且容易出错，造成不可挽回的损失。因此，必须通过战前的合理规划和设计，使作战相关的任务分配、资源管控和工作参数/模式调整实现自动化和智能化运行，并提供辅助决策功能，从而降低作战人员的专业素质要求和作战压力，提高预警指挥与控制的科学性、时效性和鲁棒性。

综合以上分析可知，资源管控是空天预警作战的必然要求，也是迫切需求。那么资源管控具体如何来实现呢？首先，要实现资源管控，必须确保上传下达资源管控指令的链路是畅通的，这对于通信交互提出了要求；其次，要实现资源管控，需要上层节点对下层装备具有控制权，下层装备能够对上开放参数控制、信号控制等权限，这是对装备硬件技术提出的要求。除此之外，单纯依靠指战员的临机决策也是很难满足空天作战各方面需求的。

实践证明预案是实现资源闭环管控的核心。如图 5 – 1 所示，目标、任务、装备以及环境的变化是预警网态势感知的要素，也是预警指挥系统的输入要素。这些要素是实时快速变化的，要实施合理化、精确化管控不能依赖于指挥人员的经验以及临机决策，要通过预案来实施绝提的资源管控。图中上半部分代表：在战前，指挥员深入研究目标特性和作战方法，假定多种目标、多种环境、多型预警装备的边界条件，设计科学合理的预案，为战中实施资源管控做准备。图中中间部分代表：在战中，在作战背景没有发生大的变化的情况下，一般依据战前预案实施资源管控。因为战前预案是建立在整体作战任务规划的基础上，已经明确作战进程中谁做什么、怎么做、什么时间做等具体细节。基于预案实现对预警装备资源的精确化管控，确保装备按计划进行，使得装备在应对目标突防时处于最佳状态，顺利完成作战任务，能够减轻指挥员的决策压力。可以说，预案是预警系统实施资源管控的行动指南。基于预案来实现对预警资源的合理、精确管控，能够实现资源的更快、更优分配。

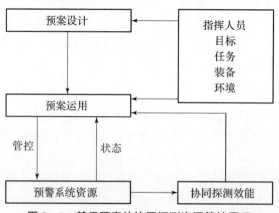

图 5 – 1　基于预案的协同探测资源管控原理

5.1.1.2　预案是挖掘组网协同效能的条件

在预警探测领域，协同探测效能是指由多预警装备集成的预警探测系统中，多预警装备协同探测获得的整体效能。一般来说，协同探测效能获得是有条件的，一般会出现"1+1＞2"，或者"＞3"，甚至更大。预警装备组网协同探测就构成了一个多预警装备集成的预警探测体系。从预警体系的"五要素"视角看，协同探测效能与目标对象、组网装备和通信设备、战场环境、指战员及其所采用的体系战法有关；从网络中心战理论"多域融一"的视角看，协同探测效能与物理域装备、目标和环境匹配程度、认知域体系战法的有效程度、信息域的多雷达信息融合程度密切有关。

从图 5-2 中我们可以看到，在技术线上，传感器装备、预警指控系统等组成部分在一定的作战任务及背景下，通过科学技术水平的发展，提高输出情报的实时性、准确性、全面性等综合指标；在战术线上，基于预案对资源实施合理、精确的管控是协同探测效能产生"增量"的前提。如果没有战术线，那么技术线上的装备和系统就是死的、没有灵魂的，它呈现出来的整体效能存在着一定的天花板，上升潜能受到技术的限制，提升非常有限。要获得、发挥、挖掘、提升预警体系的探测效能，必须依据目标和环境的客观变化，由指战员来选择装备、部署装备，设计体系探测资源优化管控预案，设置装备工作模式和参数，控制可用的探测资源，将战术与技术有机结合起来，才能最终获得最大的协同探测效能。

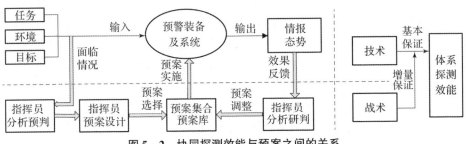

图 5-2　协同探测效能与预案之间的关系

具体来说，要获得和挖掘预警体系的探测效能，基于预案的实现途径（图 5-3）：战前深化研究蓝方空中目标特性与作战方式，并全面预测与准确研判战中可能的变化过程，全面准备探测资源优化管控预案；战中基于预案对探测资源实施优化与闭环控制，实现对目标的匹配探测；日常还需要加强对各类预案的提前设计、仿真、评估验证以及协同训练。只有通过这样一系列的举措，才能够把基于预案的管控落到实处，才能在战中发挥用处。

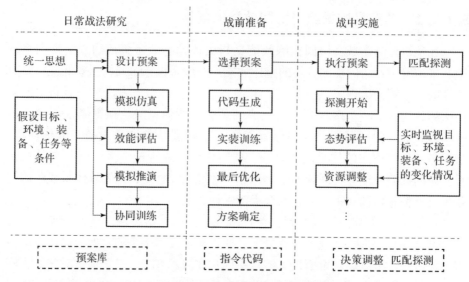

图 5-3　预案提升组网协同探测效能的具体实现途径

5.1.1.3　预案是体现人机智能融合的载体

预案凝结了先进战法运用并能够充分发挥反导预警装备的技术特点，是指挥员智慧的结晶。预案设计的过程实际上是指挥员研究作战、指挥作战、总结作战全过程的体现。通常情况下，最初的预案形成只是指挥员的指挥方式通过文本的形式展现出来，但这一最初级的预案无法被各预警装备识别，利用预案指挥作战也就更是无从谈起，面对反导预警作战这样的高时敏作战也无法满足任务的需求。因此，必须将预案转化为预警装备能识别的机器语言，实现指挥员智慧与预警装备的人—机结合。换句话说，将预案进行工程化实现，是基于预案进行预警装备协同探测指挥人—机结合的第一步。

随着预案设计技术的不断研究深入，针对典型场景，尽管设计了分类分层分组的多样化预案集，但仍然是难以穷尽，再加上受对敌目标和干扰环境等了解的制约，难以预测敌目标新的作战方式，组网融控中心要快速地为指战员提供调整对策辅助建议，就需要在原有的预案库基础上进行知识挖掘和知识学习，给出匹配度、适应度和可用度符合要求的预案调整建议。而所有知识学习的最根本来源是过去积累的预案经验、优化更新的作战观念以及智能化决策需要建立的作战规则、匹配规则、触发规则等边界与约束，这些都来自于人类智能的深入挖掘。另一方面，随着智能化感知技术、智能化探测技术的不断发展，使得装备也越来越智能，智能化信号处理技术使得预警装备探测能力越来越强，协同感知的海量数据需要处理、分析和评估，这些都离不开机器智能。预案既能够体现装备智能，又能够体现人脑智能，更能够将装备智能与人脑智能相结合，把人脑智能中优化更新的作战观念、协同战法和流程进一步赋予预警装备，形成人机交互的深度学习，构成人机智能融合的闭环，持续提高组网协同探测预警网的作战水平。

5.1.2　资源管控预案设计的可行性

　　预案设计是一种战前的规划与设计活动，即通过对战中各类确定性和不确定性因素的预测、分析和评估，提前制定出符合己方军事目标、需求和能力的应对策略和方法，其本质是既定防御思想、对抗策略和行动方案向未来战场空间和时间的投送。因此，预案设计是一种立足现实、面向未来的预测性、前瞻性和创造性工作，其可行性、可操作性、科学性与有效性均取决于对未来作战场景中的目标威胁、作战环境、情报需求和装备能力等相关要素的可知性、可预测性和可评估性。

5.1.2.1　目标威胁的可预测性

　　弹道导弹是一种强大的远程精确打击武器，主要由地（海）面发射，并沿着预先给定的弹道攻击蓝方的重要地面目标。除了在主动段内做有动力的制导飞行外，弹道导弹在其绝大多数的飞行时间内均只在地球引力和空气动力的作用下，沿着预先设计的椭圆弹道作惯性飞行。因此，只要获得足够的先验信息和条件，即可利用惯性飞行这一特性预测潜在弹道导弹攻击的弹道及其他相关目标特性，从而为预案设计提供最为关键的输入条件。

1. 弹道导弹落点的可预测性

　　弹道导弹是一种威力巨大的对地进攻武器，无论其基于何种平台发射，其攻击对象即落点总是瞄准红方的重要城市、港口、机场、交通枢纽、工厂、军事基地及设施和有生力量等重要地面资产。因此，通过对红方重要资产和蓝方攻击意图的持续分析与评估，可以有效预测红方防御要点遭受打击的可能性，并形成一份防御资产清单，从而为预案的设计提供防御目标和弹道预测条件。

2. 弹道导弹型号的可知性

　　目前，世界上已有超过 40 个国家和地区拥有弹道导弹，且至少有 8 个发达国家和 15 个发展中国家具备弹道导弹研发能力。但是，受国家经济与科技实力、军事需求和世界政治局势等因素的影响和制约，即便是美国和俄罗斯这样的发达国家也只能生产、装备和部署有限型号的弹道导弹，且当前现役的大多数导弹基本性能信息均可通过多种渠道和手段获得。因此，只要明确潜在的敌对国家，即可划定潜在来袭弹道导弹的型号范围并有目的地搜集和积累其相应的目标特性信息与数据，进而为预案的设计提供必要的输入条件。

3. 弹道导弹机动能力的有限性

随着相关技术的发展和进步，弹道导弹的机动发射能力不断增强，发射方式也更加灵活多样，给导弹发点的精确预测提出了巨大的困难和挑战。但是，受发射平台机动能力、后勤保障能力、机动条件和国际军事秩序等因素的限制，机动式弹道导弹并非是不漏踪迹的，且在一定时期内的活动范围是有限的。因此，只要采取持续、有效的侦查监视手段，就可以在一定程度上有效分析和预测机动式弹道导弹威胁的发区范围，并为预案设计提供重要的依据和条件。

综上所述，目标威胁预测所必需的三个关键要素，即导弹发点、落点和型号等先验信息和条件均是可预测或可知的，所以预案设计所必需的首要条件是可以获得和满足的。

5.1.2.2 作战环境的可描述性

1. 探测环境的可描述性

首先，天体电磁活动、气象、雷电、鸟群、海浪等对自然电磁干扰多是随机发生的，可通过日常的观测和统计来预测其发生的概率和强度。此外，雷达在选址时通常会考虑周围地物遮蔽和工业生产的电磁干扰，并进行规避。所以，雷达周围的自然电磁环境是可以有效描述的。

其次，通过一定的侦查、监视和分析，可以有效获取和积累蓝方的电磁干扰策略、样式和装备等，进而有效估计和预测蓝方电磁干扰可能出现的时机、方向、频段、强度和持续时间等，实现对雷达周围的人为电磁干扰环境的有效描述。

2. 安全环境的可描述性

首先，敌对国家对我反导预警雷达可能采取的软硬杀伤手段是有限的和可知的，所以雷达面临的安全环境威胁是可预测和形式化描述的。其次，反导预警雷达在选址时已经充分考虑了雷达的抗摧毁防护要求，并构建了良好的伪装手段和坚固的防护工事。因此，雷达在反辐射无人机和反辐射导弹等典型硬杀伤打击手段下的受损情况和生存能力是可以有效预测和描述的。最后，反导预警雷达在信息系统构建时必然会着重考虑网络安全的防护要求，并搭建有效的防御手段和应急预案。因此，雷达在计算机"病毒"和"木马"等典型软杀伤打击手段下的剩余作战能力和恢复能力也是可以有效预测和描述的。

5.1.2.3 预警情报需求的可描述性

反导预警情报与信息除了用于反导作战态势构建、作战指挥决策和目标指示等之外，更为关键的是服务于拦截作战的规划、组织和实施。因此，拦截武器是反导情报的关键用户和主要需求来源，只要明确了既定的来袭目标、拦截武器和拦截要求，即可有效描述必须提供和满足的预警情报需求，包括预警情报的内容、用途、时限、数量和质量等具体要素和约束。

5.1.2.4 雷达预警作战能力的可评估性

雷达的预警作战能力是其固有探测能力与威胁目标特性、作战环境和情报需求等因素综合作用的结果。根据之前的分析，来袭导弹的目标特性、雷达所处的作战环境和既定作战目标下的情报需求均是可预测、可描述和可知的，所以雷达对既定来袭目标的预警作战能力是可以通过一定的模型和算法进行有效评估和分析的。

5.1.3 资源管控预案设计与应用研究现状

从上述分析可以看出，组网资源管控预案设计的研究是必要的，技术上也是可行的。目前，国内外在该领域的研究主要集中在预案设计方法和预案应用实现两个方面。

5.1.3.1 预案设计研究现状

从可搜集到的文献资料来看，国外就预警作战预案的研究领先于国内，且更加充分。但是，出于保密原因，几乎没有公开的外文文献对预警作战预案研究的相关细节进行报道。

"How to Optimize Joint Theater Ballistic Missile Defense" 文章中首先就美国海军的区域防空指挥系统（AADCS）、战区作战管理核心系统（TBMCS）、指挥官分析与规划仿真（CAPS）等三种弹道导弹防御规划工具的使用特点和不足进行了分析；其次，研究者将敌人的行动过程描述为一系列使毁伤期望值最大化的行动，并假设敌人可以在一定程度上预知防御方的计划，且试图利用防御中所有的漏洞和弱点使毁伤效果最大化；再次，基于以上的假设，研究者建立了防御资源和防御方案的最优规划模型，并以朝鲜利用 16 个发射点、5 种导弹攻击韩国、日本和冲绳等地的 12 个目标为想定，以 2 艘 Aegis 巡洋舰、1 艘 Aegis 驱逐舰、1 个爱国者导弹连和 1 个 THAAD 导弹连及 6 种拦截弹为防御资源，以没有防御计划下的最大化攻击、敌我双方完全透明和防御方对进攻方不完全透明等三种设定下的防御资源与防御方案的规划进行了仿真分析与推演；最后，相关结果证明研究者给出的模型可在几分钟内给出最优或近似最优的规划结果，可作为辅助决策工具为联合部队的 AADCS 等规划系统提供初始规划和评估功能。

目前，国内就预警作战预案的研究刚刚起步，仅有极少量的文献对作战预案的需求、设计和匹配调用等问题进行了探索和研究，有代表性的研究内容和观点如下。

（1）以雷达组网系统的资源管控为背景，对雷达组网系统资源管控预案设计的基本流程、基础数据库、任务规划、组网雷达优化选择、组网雷达优化部署和组网雷达工作模式/参数优化设置等关键问题和重要技术进行了研究，并通过具体的设计示例验证相关方法的可行性、科学性和有效性。

（2）认为作战规划对于现代战争的胜负有着关键性的地位和作用，并以此提出了联合空情作战规划的概念，深入分析和讨论了联合空情作战规划的特点、内容和流程，最后建立了基于灰色 Delphi 的作战规划检验与评估方法。相关研究内容可为联合空情筹划提供理论与方法指导。

（3）根据未来防空反导作战的发展趋势和主要作战样式，提出了多层反导作战管理体系结构，并分析了作战预案在该结构中的重要意义和应用模式。针对作战预案的离线生成和作战预案的战中使用两大多层反导作战预案核心技术进行了深入的分析和讨论，并对提出的体系结构和作战预案应用技术、方法与流程进行了仿真验证。结果表明，作战预案对提高反导作战体系效能具有明显的优化作用。

（4）深入研究了反导作战预案的生成机理，根据反导作战指挥决策的过程及特点，提出了一种作战预案生成的决策框架，以求为现代作战指挥控制与决策系统的研究提供参考。

（5）认为受弹道导弹防御的高时效性要求，弹道导弹防御的交战过程必须按照一定的规则和程序自动化进行，从而使各类态势情报信息、武器与传感器资源得到综合应用，进而优化整个系统的作战能力。为此，提出交战程序组的概念，即把多条可能的杀伤链集成为一体，从而构成一个协同探测、跟踪和拦截预案；设计了弹道导弹全程拦截的交战程序组，并规划了交战程序组的信息时序。

（6）首先分析了作战预案对反导作战的决定性意义，随后针对反导作战预案匹配问题展开研究，提出了一种基于案例推理（CBR）的预案匹配方法，并重点针对反导作战预案的表示、索引、检索匹配和调整学习等4大关键问题进行了系统深入的研究。最后，通过一个预案匹配实例验证了相关方法的有效性和参考价值。

（7）首先指出了反导作战预案对于提高指挥决策时效性和准确性的重要意义，并以反导作战预案形式化建模的现实需求为牵引，重点分析了现有形式化建模方法的不足。随后，通过对反导作战预案的相关要素及其应用过程的深入分析，提出了一种以 SysML 为中心，同时结合 OWL_DL 和 CBML 等建模语言和工具的新的形式化建模方法。相关研究情况表明，文中提出的方法对于反导作战预案的形式化建模研究具有较强的指导意义和参考价值。

（8）通过对反导作战流程的分析与研究，认为反导作战预案匹配难题的实质在于预案拟制的颗粒度大小。根据这一观点，文章首先对反导作战预案需求进行了分析，设计了预案匹配流程和匹配方法，最后给出了反导作战预案拟制的基本方法、步骤和考虑因素。

5.1.3.2　预案应用研究现状

随着隐身技术、电子干扰技术、多弹头分导技术和超然冲压发动机技术等的不断发展，隐身飞机、巡航导弹、弹道导弹和高超声速武器等的突防能力不断增强。为了适应日益加快的攻防对抗节奏和不断提高的作战指控要求，预警作战预案的研究与应用愈加受到重视。下面主要对美军的 C2BMC 系统中作战预案的应用情况进行分析和介绍。

为了有效应对全球弹道导弹威胁的发展变化，2002 年 12 月 16 日，美国总统布什签署《第 23 号国家安全总统命令》，宣布美军将不再区分国家导弹防御系统与战区导弹防御系统，同时决定采用"以能力为基础"、每两年一个阶段、渐进式的方式，开发一个单一的、多层的弹道导弹防御系统，最终建成超越美国本土的全球性一体化导弹防御体系。

为此，时任美国导弹防御局局长的罗纳德·卡迪什中将提出了 C2BMC 这一指控概念，即通过一体化的指挥控制将过去国家导弹防御系统（NMD）和战区导弹防御系统（TMD）中用于防御特定威胁的、以点对点方式松散连接的诸多弹道导弹防御资源有机地连为一体，构成一个分层的全球弹道导弹防御系统，即弹道导弹防御系统（BMDS）。

从此，C2BMC 系统应运而生，并且成为美军 BMDS 系统的指控中枢及其全球一体化弹道导弹防御能力生成的关键之所在。全球一体化弹道导弹防御作战筹划、监视与辅助决策和全球一体化弹道导弹防御态势感知作为 C2BMC 系统的两大核心能力，在其发展建设中均采用了作战预案的相关理念和技术。

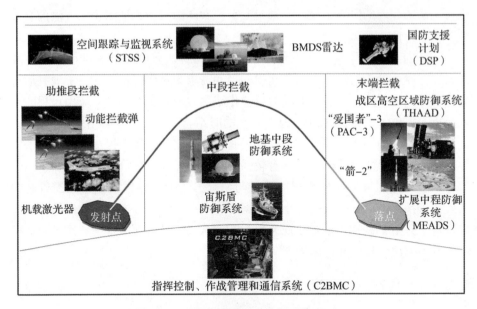

图 5-4　一体化弹道导弹防御系统 BMDS

1. C2BMC 动态作战筹划器

C2BMC 系统在很大程度上是一个作战参谋工具，而非一个指挥实施工具，它提供了一套非常有针对性且实用的工具，能够在全球弹道导弹防御过程中提供作战筹划、监视和辅助决策能力。

C2BMC 系统由 6 大功能模块组成，如图 5-5 所示。其中，每一个独立的功能模块下还包含若干子功能模块；各大功能模块及其子模块通过通用数据和应用的一体化运用在 BMDS 系统内的各个层级进行互动，从而使整个防御系统协同运作。

其中，COCOM C2 模块、GEM 模块和 PLANNER 模块是弹道导弹防御作战筹划和实施的主要功能模块，C2BMC Service 模块、Network & COMMs 模块和DMETS 模块则主要为弹道导弹防御作战的规划、实施和训练提供保障和支持。

PLANNER 模块也称动态作战筹划器（DDP），是一种通用的一体化导弹防御规划工具，能够提供最优的导弹防御规划能力和对高要求/低密度的战略及战区资产的分析能力，是实现 C2BMC 全球一体化弹道导弹防御筹划功能的核心模块。

DDP 能够支持战前周密规划、危机应对预案规划和战中动态规划 3 种规划方式。在战前周密规划或危机应对预案规划中，地区作战指挥官使用 C2BMC来解读不同作战规划的兵力需求，评估蓝方弹道导弹攻击的行动步骤（方针），

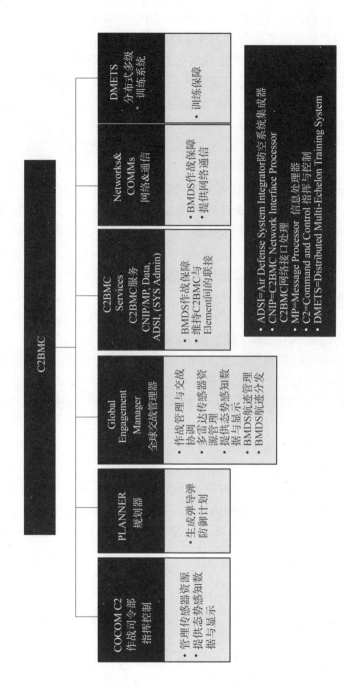

图 5 - 5　C2BMC 的功能模块

从而草拟防御资源使用和协同策略。在危机应对预案规划中，DDP 能够生成和评估潜在的威胁场景，为关键资产的保护优化防御要素的部署，制定支援要素的协同策略以化解防御要素与防御任务间的冲突。

在战略层面的规划上，DDP 允许地区作战指挥官同步重要的情报信息，例如来袭导弹发点、意图和瞄准的落点等，并为其他地区作战指挥官生成一个友好的行动步骤指导。在作战行动层面的规划上，DDP 允许地区作战指挥官、联合部队指挥官和联合部队空军指挥官创建、分析和优化初始的防御计划，以在其可行性被传感器和武器确认时生成 BMDS 要素的任务执行方案。

DDP 作为一个中等逼真度的规划器，其中包含了 GMD、SBX、AN/TPY–2、THAAD、Patriot 和 Aegis BMD 等基于大量的蓝军验证工作而获得的仿真分析数据与模型，以给出尽可能逼真的防御分析与规划结果。此外，DDP 既可以内嵌在 C2BMC 系统的相关模块内部，也可以由一个独立的便携式规划器（工作站）充当，从而使操作员在远程连接状态下或在独立的配置下建立弹道导弹防御规划，并将其上传至 C2BMC 系统的相关服务模块上。

为了使 BMDS 系统内的弹道导弹防御行动协调统一，DDP 能够连接到陆军防空反导工作站、海军海上一体化防空反导规划系统以及 Aegis BMD 的规划器，从而确保作战规划信息的交换、同步和协同能力。

除此之外，DDP 还具备了强大的作战预案设计与编辑功能。

DDP 允许作战规划者创建和编辑防御作战设计文档，以在作战筹划、接口和数据库管理、建立规划层次、输入和输出对象以及建立关键防御资产清单中使用相关数据。与此同时，DDP 还能够将多个区域作战司令部产生的防御规划合并为一个单一的全球弹道导弹防御规划，以便于不同层面导弹防御作战的联合设计与评估。

（1）DDP 能够在总体规划和防御设计两个层面产生和合并规划数据。在总体规划层面专门定义的对象可以由作战分析师移动到防御设计层面，并在地图上显示和分析。而在防御设计层面创建的对象将被自动添加到总体规划层面。

（2）在防御设计中 DDP 能够创建多个作战计划分支，这些分支代表着基于不同作战事件，如传感器失效时间或者新目标出现时的不同行动步骤或行动方针，或者应急预案规划中的替代计划，又或者防御作战计划随着时间的改变等。

此外，在 DDP 中可以同时打开多个计划，并同时进行作战分支和后续计划的创建，从而便于不同作战计划之间的比较和分析。一方面，DDP 能够通过描绘互不相关的作战阶段，并将多种结果纳入危机应对预案规划，也可以根据连续的作战阶段如战前、战中和战后来将各种可能的结果纳入危机应对预案规划中；另一方面，DDP 还能够在资源发生变化的突发情况下，如计划内或计划外的资源失效时，做出权衡的处理办法。

DDP 还提供了对防御设计的分析功能，这样规划者就可以看到在应对特定的、现实的和将来的威胁场景时，蓝军作战设计的缺陷、弱点、重叠和漏洞。此外，DDP 还能协助规划者优化 BMDS 传感器和武器系统的部署。

由此可见，基于预案的作战管控理念不仅深受美军重视，其相关技术和方法更是在 BMDS 系统全球一体化弹道导弹防御作战筹划中得到了充分而全面的工程化应用与实践。可惜的是，由于保密等原因，美军 BMDS 弹道导弹防御作战筹划和预案设计的具体技术、方法和模型鲜有报道和纰漏。但可以肯定的是，美军在这一方面的研究早已走在世界的前列，并且依然在不断地发展和进步。

2. AN/TPY－2（FBM）雷达的管理与控制

AN/TPY－2 雷达是一种 X 波段的陆基机动式中远程预警相控阵雷达，主要有末端部署（TMT）和前置部署（FBM）两种部署和使用方式。其中，AN/TPY－2（TM）主要充当美军 THAAD 即"萨德"系统的跟踪制导雷达，并在 THAAD BMC3 系统的管控下提供弹道导弹目标搜索、截获、跟踪、识别、拦截弹制导和杀伤效果评估等功能。AN/TPY－2（FBM）则主要充当 C2BMC 系统的前置传感器，用以巩固和提高 C2BMC 的全球一体化弹道导弹防御感知能力和威胁敏感地区的弹道导弹早期预警能力。

从 2008 财年开始，为了进一步加强 C2BMC 系统态势感知能力的建设，美国导弹防御局提出了 AN/TPY－2（FBM）雷达的管理与控制这一重要功能，即通过战区级 C2BMC 指控节点对 AN/TPY－2（FBM）雷达的远程自动化/半自动化管控，实现 C2BMC 系统对敏感地区/区域内弹道导弹威胁的快速感知能力和态势构建能力。为此，AN/TPY－2（FBM）雷达内部建立了基于任务预案的雷达探测资源与任务管控机制，以提高雷达的作战性能及任务响应能力。

据相关资料显示，AN/TPY－2（FBM）雷达通常会根据上级指挥官的防御意图和优先级，在战前利用大量的时间进行作战筹划并制作任务预案，如图 1－16 所示。1.5.4 节中对图 1－16 结合作战任务预案的结构有具体描述，这里不再展开。

图 1－17 对 AN/TPY－2（FBM）雷达搜索计划分为 3 类进行了简要介绍。一方面，根据目标指示信息的有无和精确度，雷达搜索计划将被进一步细分为 3 类，并定义不同的空域搜索范围。这里重点对 3 类计划进行展开。

首先，将无目标指示信息支援的雷达搜索计划称为自主搜索计划（ASP）。ASP 计划通常是基于相关情报信息和区域作战指挥官的指示来制定的，主要用于敏感地区的监视。由于缺乏目标指示信息，ASP 计划通常定义了多个搜索扇区，从而获得理想的探测概率。此外，一旦 ASP 计划在交战中被启动，AN/TPY-2（FBM）将自动完成对来袭目标的搜索、捕获，并通过 C2BMC 系统将相关情报数据推送给 GMD 系统、Aegis BMD 系统和其他 BMDS 防御要素。

其次，将早期预警信息支援下的雷达搜索计划称为概略引导搜索计划（FSP）。FSP 计划通常是根据 SBIRS 系统的概略指示信息来制定的，主要用于洲际弹道导弹的助推段截获。得益于 SBIRS 系统的概略引导信息，FSP 计划通常只定义一个小范围的搜索扇区，并采用集中式的搜索波束来获得最大化的截获性能。此外，FSP 计划通常在 SBIRS 系统预警信息超过规定门限时而被 C2BMC 系统自动选择和启动，并且会持续一段时间（根据目标出现在 FSP 搜索空域内的期望时间）。一旦目标捕获，AN/TPY-2（FBM）将通过 C2BMC 系统将相关情报数据推送给 GMD 系统、Aegis BMD 系统和其他 BMDS 防御要素。

最后，将精确目标指示信息支援下的雷达搜索计划称为精确引导搜索计划（PCSP）。PCSP 通常是根据前置传感器提供的目标航迹来制定的，可以在雷达资源受限条件下显著提高雷达的搜索截获性能和效率。得益于 Aegis BMD 等前置传感器的精确引导信息，PCSP 计划定义的搜索扇区较 FSP 进一步缩小，从而极大地节省了雷达资源。此外，PCSP 计划需要以前置传感器捕获目标为前提，其设计规划的实时性要求较高。

另一方面，雷达搜索计划将提前定义雷达搜索空域即搜索扇区的参数，包括每个搜索扇区的距离搜索范围、俯仰搜索范围、方位搜索范围和雷达能量资源分配等。其中，雷达能量资源分配涉及的参数有：搜索信号脉冲宽度、搜索帧周期和搜索时序（即搜索扇区的优先级）等。

综上可以看出，正是因为 ANTPY-2（FBM）雷达在战前进行了大量周密和细致的任务规划活动，形成了系统完备的作战预案，才得以使其有限的雷达资源发挥出了最大化的探测性能，并在实际作战中提供了更强的作战响应能力、任务执行能力、环境适应能力和应急处置能力。

然而可惜的是，目前尚未有公开文献披露 AN/TPY-2（FBM）作战任务预案，尤其是雷达搜索计划制定和设计的具体技术、方法和模型细节。

综上所述，预警领域协同预案设计是大趋势，国外已领先发展，国内的研究与国外相比存在着明显的差距。主要表现在国内起步较晚，研究多基于局部点展开（如预警雷达作战能力评估、预警雷达任务规划、预警雷达优化部署等），整体理论不成体系，方法流程有待梳理，关键技术亟待突破。因此，必须从理论基础到方法流程再到具体实现，相对系统而完整地诠释组网资源管控预案设计技术，为协同探测资源管控的推理及决策行为提供合理依据，为构建预警资源管控预案库奠定雏形基础。

5.2　对资源管控预案设计的理解

要对组网协同探测装备运用进行预案设计，首先就要理解预案设计蕴含的深刻含义，包括预案设计的概念、理论基础、核心要义，以及实现预案设计的关键思路和最终要达到的目的。对预案设计基础理论理解越深刻，越能够精准地进行预案设计流程的规划，设计出来的预案越能够满足组网协同探测的需求。

5.2.1　多域融一是预案设计的理论基础

预警装备组网协同探测体系是 NCW 多域融一理念和思想的一种工程化应用，应用原理如图 5-6 所示。要发挥预警网的体系探测效能，必须实现多域自觉、紧密、无缝地融合。也就是说，获得、发挥和挖掘预警网具备的体系抗复杂电子干扰能力、弹道导弹目标探测能力、空中非合作目标探测能力、优质引导情报保障能力是需要一定条件的。预警网将多个预警装备组网并协同起来，在物理域为预警作战提供的仅仅是一个技术平台，是一个具备体系作战条件的技术框架，需要指战员在认知域运用体系作战理念和思想，设计出协同探测资源管控预案，工程化应用到预警装备组网体系中，实现体系作战技术与战术紧密融合，才能在信息域获得信息优势。

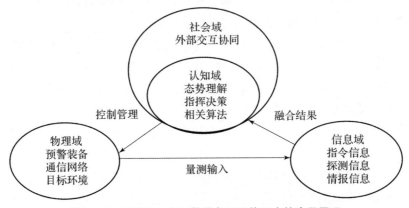

图 5-6　多域融一在预警装备组网体系中的应用原理

具体说，就是指战员要根据作战任务、战场环境与多雷达探测资源，要优化控制各雷达的工作模式和参数，才能发挥预警装备组网体系的探测效能或者挖掘体系作战潜能，实现从单雷达探测到体系协同探测的转变。

这种从单雷达探测效能到体系探测效能的提升，是由协同探测这一动作而带来的，而协同探测的实现依赖于融合技术在装备体系中实践和预案技术在认知领域中运用的两者结合。图5-7给出了基于"多域融一"的预案设计原理模型。

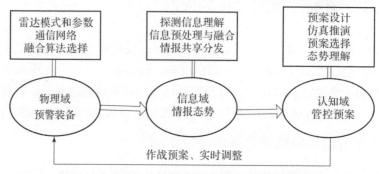

图5-7 基于"多域融一"的预案设计原理模型

在物理域包括各预警装备、通信设备、预警融控中心等设备，对应的可控资源包括装备工作模式、参数、信号波形、技术状态等；在信息域包括信息融合算法和参数等；在认知域包括预案的设计、仿真、推演等。物理域的探测活动、信息域的融合活动、认知域的预案设计活动构成了预警装备组网协同探测的核心。在实际预警装备组网体系中，资源优化控制以"动态变化中寻优、探测资源匹配目标和环境、获得最大体系探测效能"为核心思想，以信息融合技术为基础，通过融合算法优选和探测资源实时控制两个技术途径来实现闭环控制。控制的对象是预警探测资源，控制的反馈是探测得到的综合情报，控制方式是探测资源管控预案设计、选择与实时调整。

在认知域和社会域，要求指战员从单雷达探测模式向组网协同探测转变，充分发挥组网协同探测的主观能动性，依据作战任务、具体装备和战场环境等，设计制作多种探测资源管控预案，并在战中实时调整好探测资源，使组网协同探测资源与空中目标环境匹配，实现匹配探测。在物理域，首先要准备充足和合适的探测资源，其次要充分发挥具体雷达装备探测资源优势，通过预案对其进行实时控制，实现多雷达协同工作，尽可能获得目标有用的回波信息。在信息域，首先要有合适的融合算法资源，具备尽可能提取目标有用信息的条件，其次要合理选择融合算法与参数设置，完成多雷达数据融合，输出综合情报，在规定的时间内，发送到所需要的用户。在实际应用中，指战员首先要在认知域和社会域设计探测资源优化管控预案，再在预警装备物理域实现探测资源优化控制，然后在组网融控中心信息域实现数据融合，多域融合越紧密，挖掘的协同探测潜能越有可能，产生的体系探测效能越大。因此，资源管控预案设计与融合算法优选是多域融一在防空预警网中得以实现的有效的、必要的条件。资源管控预案设计理论和方法设计的基础便源于此。

5.2.2　决策认知是预案设计的核心要义

在传统的作战过程中，指挥员的决策认知过程是基于直觉和经验的。指挥员需要把有限的探测资源在正确的时间部署到正确的地点去执行正确的任务，并在这一过程中实现对作战目标的优化。这一过程是基于指挥员个体决策或者指挥群体共同决策而发生，整个过程可控性是不可预估的，自然作战效能也是具有一定随机性的。预案设计本质上就是模拟指挥员的决策认知过程，将指挥员的意图物化为具体行动计划以及实施细节的这一复杂决策过程进行流程化、规范化、可控化。

具体到预警装备组网资源管控预案设计上来说，如图 5 – 8 所示，该图是对基于决策认知模型理论的指控组织实体信息交互方式示意图进行的具体场景应用。左图中包含三个部分：传感器实体、决策实体和执行器实体。传感器实体在具体的任务目标指导下，进行协同探测，并上报探测信息到决策实体；决策实体进行决策的依据来源于这些探测信息以及依据探测信息提取的态势分析结果；决策实体基于一定的规则/约束等进行决策后形成具体的控制指令，下发给执行器实体；执行器实体对传感器实体进行控制的过程实际上就是对探测资源进行资源管控的过程，是通过控制指令信息实现的。预案设计的过程实际上就是将决策实体认知战场态势并做出决策的这个"黑匣子"打开了，把这一过程流程化为"1 – 2 – 3 – 4…"等若干个过程，如图 5 – 8 右半部分所示。因此，可以说，对指挥员决策认知过程的模拟是预案设计的核心要义。

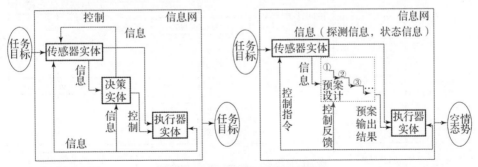

图 5 – 8　拟人决策过程原理模型

在这一模拟过程中间，预案设计可以是个体决策、也可以是群体共同决策过程的模拟，同时也是全过程决策过程的模拟。换句话说，预案设计可以由个人开展或者群体讨论，也能够在实施过程中进行预案的调整、实施完毕后进行预案的修正。这是符合指挥员决策认知模型的基本特性的。

预案设计任何一个环节的结果应该是基于数据分析和信息提取后的。有强大的计算机科学、信息融合等技术作为后盾，流程化、规范化的预案设计能够更轻松地做到信息的提取、分析和利用，较之传统直觉认知和经验决策有明显的优势。

预案设计的结果把传统决策中的一个计划或者一个行动物化为一条具体指令，实际上是在更小粒度上做到了任务分解，直至传感器一个工作参数的设置，甚至是一个信号波形的调整。因此，预案设计输出结果能够更好地落实"预案是作战过程的具体行动依据"。

图5-9描述了"预案设计—决策—资源控制"三者之间的关系。图中可以看到，由顶层/上层智能节点实施的协同任务决策，是通过任务分配这一过程来实现的，此时预案设计输出的"任务分配"结果能够指导预警网的概略资源管控；由上层智能节点实施的协同参数决策，涉及上层智能节点和基层智能节点，是通过"工作模式/参数设置"这一过程来实现的，此时预案设计输出的参数设置结果能够指导预警网的局部资源管控；由上层智能节点实施的协同信号决策，同样涉及上层智能节点和基层智能节点，是通过"信号波形设置"这一过程来实现的，此时预案设计输出的信号波形设置结果能够指导预警网的细节资源管控。决策者通过预案设计过程得到决策结果，操作员依据预案设计输出结果（决策结果）进行资源管控。三者之间紧密结合，相互影响。

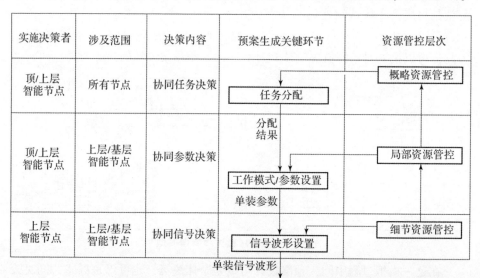

图5-9 "预案设计—决策—资源管控" 关系模型

5.2.3　粒度分层是预案设计的关键思路

本书中提出的预案设计一般流程，是在协同探测三级模型的背景下，基于粒度分层思想采用自顶向下分析方法而得出的。基于粒度分层的、自顶向下的研究思路，是指按照颗粒度对待解决问题进行区分。首先在粗粒度层次上考虑问题，然后再进入细粒度层次上进行求解，在技术可行的条件下对粒度进行更进一步的细化，在更细粒度层次上进行探索，保证在降低问题求解复杂度的同时获得令人满意的可行解。从问题颗粒度划分上来说，这样一层一层自顶向下对问题进行细化，势必会将大问题化解为小问题，需要考虑的问题会越来越聚焦，理论上来说在一定程度上求解问题的难度会呈现由大趋小的态势；不过与此同时，当问题越来越聚焦时，也是越接近于问题最内核最本质的时候，在实现技术要求上有可能会更高，技术条件可能会更苛刻。这是符合辩证法矛盾统一论规律的。这种基于粒度分层的、自顶向下的研究思路可以形象化描述为"剥洋葱"。

具体到预警装备组网资源管控预案设计中来，预案设计流程需要能够适应预警网体系结构的发展趋势，具有可持续发展性；同时，还需要与协同探测三级模型相匹配，具有可操作性。由此，基于粒度分层的、自顶向下的方法指导，可以大致确定预案设计的研究思路，如图 5 - 10 所示。

针对 3 个优化目标：任务分配、模式/参数选择、信号波形设置，基于粒度分层的预案设计过程至少包括 3 个层次，自顶向下地将预案设计问题分成了3 个不同的子问题。①任务级设计，这个阶段完成任务分配的优化设计，决定了有什么样的能力和需要执行哪些任务的问题；②模式/参数级设计，这个阶段完成模式/参数选择的优化设计，实现了从模式/参数级资源到任务的具体指派，决定了哪一项具体任务具体如何完成的问题；③信号波形级设计，这个阶段实际上是将任务粒度划分得更细一些，通过调整信号波形、多雷达信号级协同探测来实现某个具体任务，除了要考虑任务序列限制、同步延迟、资源能力等约束以外，还需要具备一定的技术条件。

从上图中也可以看到，基于粒度分层的预案设计过程的 3 个层次不是线性执行的关系，而是逐层深入、可裁剪的。在任务分配之后，按照基本任务配属关系，预警网中的多传感器是可以直接进入执行任务阶段，并达到一定的效果的，也就是图示中的①过程；如果对任务进行进一步分解，并把分解后的任务与模式/参数级资源或信号波形级资源进行匹配，此时就进入了图示中的②过程或③过程，构成了"①→②"或者"①→③"的两级设计模式；同样地，如果按照自顶向下的顺序，逐次进行设计，对任务的粒度进行深度分解，就构

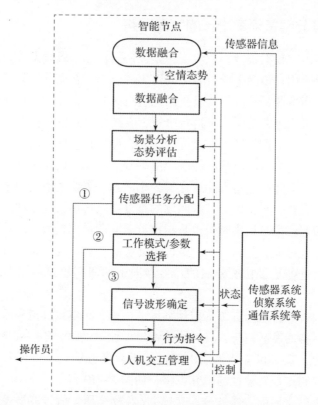

图 5 – 10　预案设计的层次结构图

成了"①→②→③"的三级设计模式。具体采用哪种设计模式，要根据总体任务目标的复杂性以及资源管控可实现的程度来具体决定。在下一节中，会根据基于粒度分层的研究思路，对预案设计的具体过程展开描述。

5.2.4　体系效能是预案设计的最终目的

从前面的分析可以发现，预案设计的过程是模拟指挥员决策认知的过程，同时也是对作战过程进行设计的过程；而所有作战设计活动的最终目的都是为了达到预期作战任务，也就是能够让体系发挥出最优的效能。在预警装备组网体系中，预案设计的最终目的就是实现协同探测的体系效能。图 5 – 11 中描述了预案与协同探测效能之间的动态关系。

1. 有预案与无预案相比，协同探测效能应该是提升的。一方面，通过预案设计流程得到的预案，经过仿真推演评估，其有效性得到了评估；另一方面，在战时通过预案匹配过程，与无预案相比，能够更快地做出决策、决策能够更快地得以实施、资源能够得到最优的配置，特别是在反导预警作战过程中能够体现出较大优势。因此，图中可以看到，在预案精确匹配之后，协同探测效能会有一定的提升。匹配前后探测效能的坡度取决于预案的有效性。

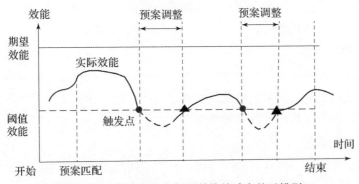

图 5 – 11　预案实施与探测效能的动态关系模型

2. 预案会随着战场态势的变化呈现出动态适应性。战场不会是一成不变的，任何一个决策都是基于对当前战场态势的理解来做出下一时刻变化趋势的判断；与之相对应，预案也要跟随着战场态势的变化而变化。如果把协同探测效能随战场态势变化的活动过程看成是一个连续的过程，那么当探测效能低于预期效能阈值点时，就需要对当前形势进行重新判断，触发对当前匹配预案的调整。在预案调整并重新匹配的过程中，需要一定的适应时间；当探测效能重新回到正常区间时，表明预案匹配成功并有效。在实际过程中，战场态势的变化是不可避免的，尽量减少图中虚线部分持续的时间和面积是可以通过预案匹配规则优选和预案快速调整等手段来实现的。

5.2.5　预案设计的原则与条件

要实现组网资源管控预案设计，是需要具备一定的要求和条件的。

5.2.5.1　预案设计的原则

根据上述对预案设计的理论内涵解读，预案设计过程中应遵循"强调系统性，重视普适性，针对特殊性，突出实用性，展现动态性，规避风险性"的要求。

1. 强调系统性

系统性是资源管控预案设计的基本要求。单装探测效能的最优不代表装备体系探测效能的最优。只有对组网装备进行一体化的作战指挥控制，对网内雷达进行科学的调度，协调网内各雷达的探测资源（包括频率、抗干扰等），实施统一的作战部署，充分利用各雷达的特性，实施体系作战运用，才能表现出组网协同探测的优势和能力。因此，预案不仅包含各个节点的应对措施，还应包括各装备执行的任务以及探测资源的预算分配等。在反导作战整个过程中，需要做到效率优先、配置合理、寻求体系最优化。在预案设计过程中的最大约束条件就是体系最优条件。

2. 重视普适性

组网资源管控预案设计应具有普遍的指导意义。其内涵应覆盖预警装备组网体系作战运用中需要解决的重点、难点问题，把握预警装备组网体系作战的关键节点，使指战员了解预案的意图。

3. 针对特殊性

针对特殊场景，特殊目标，特殊任务，不同的预案具有不同的效果。而对所针对问题特点的认识，是能否紧扣主题，解决当前特定预警装备组网体系运用问题，是预案价值的核心体现。

4. 突出实用性

实用性是基于对作战需求的准确把握，作战需求来源于部队，为此要保证预案的实用性必须与部队紧密结合做好需求分析，使部队能够获得即时可用的预案，操作性强是基本要求。制定的预案，应基于实际情况，操作性方便，切实可行。

5. 展现动态性

能够体现动态时序特性。制定的识别预案应能够根据预警装备所在不同位置，能够达成的作战目的，按照时间顺序执行，装备之间衔接有序。

6. 规避风险性

预案能够在一定程度上为指战员决策提供依据，但是并不代表预案设计就是万能的。其一，在预案设计的过程中需要明确预案设计的权限，规避越级代拟预案的风险；例如单装操纵员可对装备的具体参数等精细预案提出建议，但是不能替代上级指挥员对整体任务进行分配。其二，预案设计并非任何时候都是越精细越好，需要根据具体情况进行分析，规避极度精细预案带来的预案僵化、死板等风险。其三，预案并非一成不变的，应是可动态更新的。当战场态势发生了变化，第一预案已经不适应当前的情况时，应当及时做出调整，规避机械执行预案的风险。预案设计中的这些风险的规避可以通过战技深度融合与人机深度交互来实现。

5.2.5.2 预案设计的条件

预案设计的实现是需要有一定条件的，主要包括以下几项：

1. 日积常更的基础数据

数据是协同探测必不可少的。没有数据源，就无法进行融合处理；没有基础数据，预案设计中的对战场态势的认知从而做出总体规划就无据可依。通常，基础数据库包括目标特性库、装备性能参数库、识别方法策略库等。其中，目标特性包括结构特性、运动特性、雷达特性、红外特性等不同方面，这些特性在整个反导过程中都有涉及。装备性能参数库按照装备类别和作用目的可以分为侦察卫星、预警卫星和相控阵雷达等具体种类的参数库，每个参数库的内容又各有不同。上述基础数据库的建立是预案设计的基础和前提，数据库信息的完整性、准确性直接影响识别预案的有效性。

2. 丰富多变的想定场景

对指挥员的认知决策过程进行模拟，要想达到比较全面、灵活的程度，就需要预先设想多种多样变化的场景，符合"料敌从宽，预己从严"的要求。合理、充分、多变的想定场景，能够使得在战前设计的预案库针对性加强、完备性提高，能够保证战时预案匹配度更高，整体作战效能发挥更好。因此，丰富多变的想定场景设计非常重要。根据预警体系"五要素"的要求，作战场景需要重点考虑目标、装备、环境三个主要要素。

3. 准确高效的知识推理

知识推理包含两个方面的内容：①知识表示；②推理算法。预案设计是对指挥员认知决策过程的模拟，这个模拟过程涉及如何将人脑中的思考过程准确地用语言和模型描述出来，这是要实现的第一步；其次，针对这些描述，如何在一定约束条件下进行合理的推理，需要有相应的算法支撑。这种知识表示需要是准确无歧义的，推理算法需要是耗时小结果针对性强的。只有这样用规范化的知识表示方法和模型化的推理算法相结合，才能实现预案设计过程的可机器化，才能更好地达到预案的积累、共享、更新等目的。

4. 实用有效的推演平台

推演平台能够提供预案设计的人机交互界面，能够让指挥员更好更快地理解和掌握预案设计的全过程；同时，推演平台也为预案的效果验证提供了工具。

5.3 资源管控预案设计流程

在全面理解组网资源管控预案设计基础理论的前提下，从一般性的角度来研究预案设计的流程，并对预案设计流程中四个环节要解决的问题提出相应的方法。

5.3.1 预案设计流程

组网资源管控预案设计，涉及具有各种不确定性特征的海量战场信息，实时性、准确性要求高，并需要综合考虑敌情、我情、战场环境等诸多因素的复杂决策问题。它贯穿于预警装备组网作战的整个过程，集中反映了预警装备组网协同作战的基本特征：

（1）多个任务执行单元相互联系、共同作用，谋求信息优势、决策优势，并最终形成作战优势，实现作战效益的最大化。

（2）体现基于能力的装备单元优化选择与要素重组过程。

（3）体现各预警单元共同协作、协调运作的要求。

（4）以取得预警装备组网作战的优势为目的，各个参与的装备单元不存在各自的利益，均以整体利益为准。

（5）以信息技术为纽带，将多个预警装备单元构成一个整体，共同经历态势分析与威胁估计、任务规划与资源应急调度等不同阶段。

无论是防空预警预案设计，还是反导预警预案设计，流程的研究不是凭空而来的，计划采用"从一般到特殊，从抽象到具体"的演绎法，首先理清和捋顺预案设计的一般流程问题，然后以预警装备组网协同探测典型想定场景为输入，走通典型场景下的预案设计流程，验证预案设计流程的合理性和普适性。预案设计的输入—控制—输出—机制四要素模型（ICOM）描述如图 5 - 12 所示。

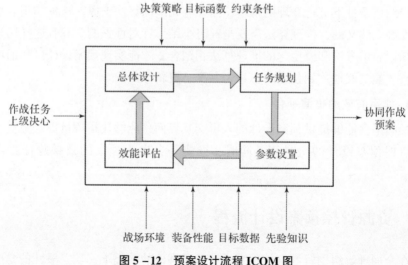

图 5 - 12　预案设计流程 ICOM 图

（1）预案设计主要分为四个环节，分别对应"总体设计—任务规划—参数设置—效能评估"等内容。

首先，总体设计主要根据给定的作战场景及其他初始条件，明确传感器的任务分配，即确定各个阶段的预警探测任务由哪些传感器具体执行以及各传感器间的协作关系。

其次，任务规划主要在总体设计的基础上，通过作战条件的进一步细化和明确（假设），进行传感器的探测任务序列的规划，即面对给定的目标，传感器探测任务时序和需要满足的探测要求。

再次，在任务规划的基础上，通过对任务条件的具体分析和假设，设计传感器执行重点探测任务的工作参数或执行方式，即面对给定的重点探测任务，传感器应使用什么样的工作参数，或采取什么样的探测方式（单传感器或多传感器协同）。除此之外，还需设计应急预案的匹配与调用机制，同时制定传感器探测资源管控的策略或原则。

最后，通过效能评估来检验设计出的预案是否合理，是否能够满足任务需求。效能评估的指标体系、评估方式根据预案的具体内容不同而有所区别。

值得注意的是，在不同任务的情况下，预案设计虽然在基本步骤上是类似的，但是仍然存在着一些具体的不同。比如：防空预警预案设计和反导预警预案设计。首先，面对的目标是不同的，防空预警中重点是针对空中目标，包括隐身飞机、巡航导弹、高超声速目标、临空目标等，反导预警中是各类战略/战术弹道导弹，目标特性的不同会相应带来一系列的变化，它们所运用的传感器是不同的，传感器之间的战术协同运用是不同的，指挥控制流程是不同的等等。因此，在预案设计时仍然存在着一定的差异。

（2）输入：按照一定格式描述的概括性作战任务信息以及上级决心，包括传感器资源、目标信息、蓝方企图、任务占用的时间资源、空间资源。

（3）输出：协同作战预案。

（4）数据支持：通常以数据库的形式为预案设计提供数据支撑，包括传感器性能数据、目标数据、战场环境数据以及其他先验知识或经验型战术知识等。

（5）控制条件：包括在整个预案设计过程中的决策策略、目标函数、约束条件、指标要求等，它们是预案设计结果能够满足任务需求目标的关键。

图 5 - 13 在上图的基础上，对四个环节中的具体过程又进行了细化，形成了预案设计的总流程图。因为预案设计是一个复杂的工程，不是一个简单的单层流程就可以完成的，因此采用系统工程思路，将图 5 - 13 中的四个环节进一步分解为图 5 - 14 至图 5 - 17 四个分流程。

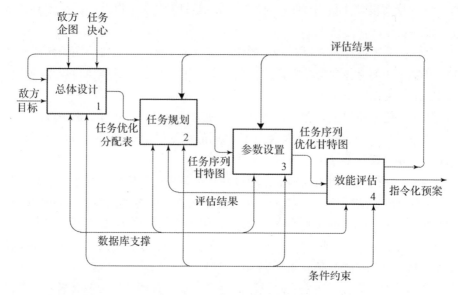

图 5 - 13　预案设计总流程

1. 预案总体设计

预案的总体设计位于整个预案设计工作的顶层，是后续设计工作开展的基础和依据，直接影响预案的设计全局。所以，总体设计最为关键，必须予以高度重视。

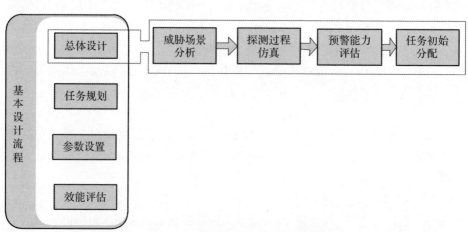

图 5 - 14　预案设计流程之总体设计

预案总体设计的主要内容是根据既定的威胁场景，预先制定反导预警作战任务的优化分配策略和方案，即明确既定的情况下使用哪些反导预警雷达执行哪些预警作战任务。可以说，预案总体设计的实质是雷达探测资源的体系级规划。

一方面，受固有探测能力和部署位置限制，不同的预警装备对同一来袭目标将表现出不同的预警探测能力水平，装备与装备之间协同的条件也各不相同。因此，对于既定的防御要点和导弹发区，只有选择早期预警能力最优和目标交接条件最优的预警装备执行相应的早期预警任务、选择目标识别能力最优的预警装备执行目标识别任务才有可能获得最佳的作战效果；另一方面，反导预警作战的影响因素众多，预警装备时刻面临着因故障、电磁干扰或遭受物理打击而失效的可能。因此，还要针对首选装备失效的情况选择好备份预警装备，从而保证预警作战任务开展的鲁棒性。受弹道导弹攻击的隐蔽性、突然性和快速性影响，以上的分析和规划工作应尽可能在战前完成。否则，临战状态下进行早期预警作战任务的筹划和分配必然带有极大的被动性、盲目性、局限性和冒险性。一旦出现失误，轻则贻误战机，重则对反导预警作战全局产生重大影响，甚至导致任务失败。

因此，预案的总体设计至关重要，它不仅决定着反导预警系统对来袭目标的响应速度和响应能力，更决定着反导预警作战任务有效开展的先决条件。

2. 探测任务序列规划

探测任务序列规划位于整个设计工作的中间层，既是总体设计的发散和延伸，也是探测任务模式/参数设置的基础和依据，发挥着承上启下的作用。所以，探测任务规划的发散性、逻辑性、针对性和灵活性等较强，需要完成大量的计算和校验工作。如果探测任务规划总是不能得到满意的结果，则说明总体设计中存在缺陷或问题，需要视情进行调整和修改。

探测任务序列规划的主要内容是针对具体来袭目标对应的具体预警任务，预先规划首选预警装备和备选预警装备对该任务的执行过程和探测资源分配方案，即明确：该项具体预警任务中的各项探测任务应在何时开始、何时结束，以及预警装备在各个探测任务阶段的探测资源需求。可以说，协同探测任务序列规划的实质是针对具体预警作战任务实施过程的设计和预警装备探测资源的装备级规划。

预警装备任务规划需要考虑探测任务之间的逻辑关系和执行顺序，需要满足任务与任务之间的时效性要求，这是进行任务规划首先需要明确的约束条件。然后在这样的约束条件下，还需要考虑预警装备探测任务的资源需求，将这些因素综合起来对任务进行合理的规划和分配。

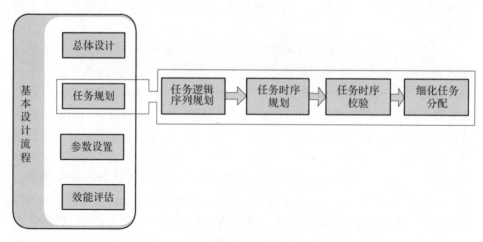

图 5 – 15　预案设计流程之任务规划

受预警装备对来袭目标可探测时间的有限性影响，以上的分析和规划工作应尽可能在战前完成。否则，仅依靠战中的实时规划不仅会引起预警装备探测资源分配与调控的动态滞后性、盲目性、局限性和脆弱性等问题，更会严重影响早期预警情报获取、目标连续跟踪和弹头目标识别的时效性和质量。

因此，装备探测任务序列规划对于预警装备探测资源的战中管控至关重要，它不仅为预警作战任务进程的监视和掌控提供了便利，更为预警装备探测资源的战中实时分配与调控提供了重要的基准和依据。

3. 模式参数规划

模式参数设置位于整个设计工作的底层，既是探测任务规划工作的深化和细化，也是预案设计工作由技战术层面向操作层面转化的关键步骤，关系到预案的可用性和实用性。所以，模式参数设置的针对性和技术性最强，与雷达作战运用实际的结合最为紧密。如果模式参数设置总是无法得到满意的结果，则说明探测任务序列规划层面，甚至预案总体设计层面中存在缺陷和问题，需要视情进行调整和修改。

探测任务模式规划/参数规划的主要内容是针对具体的预警探测任务，预先规划预警装备执行该任务时的工作模式/参数（有条件时可以设计信号波形），即明确：在既定探测任务的执行过程中，预警装备的时间资源和能量资源如何运用。模式参试设计的内容包括搜索屏的优化设计、跟踪模式的选择和参数的规划、目标识别特征值和识别算法的选取等。以上规划和设计工作应尽可能在战前完成或者尽量减少战中临时决策，否则，毫无准备地进行临时设计和规划必然会带来较大的风险，轻则使预警装备的探测资源消耗过度，探测效费比降低，重则导致漏情或重点目标丢失等重大问题出现，造成不可挽回的损失。

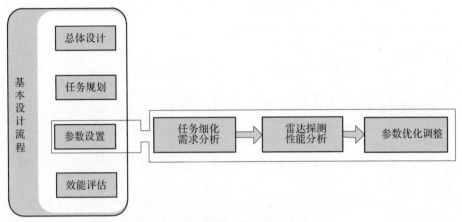

图 5-16　预案设计流程之参数设置

因此，探测任务模式/参数规划对于预警探测任务的有效完成至关重要，它不仅关系到预警装备工作模式/参数战中选择和设置的科学性和时效性，更关系到预警装备搜索性能、跟踪性能、识别性能等的有效发挥和提高。

4. 效能评估

效能评估在整个设计工作中起到验证的作用，具体的流程是：通过想定输入来实现作战场景再现，匹配合适的预案，并进行仿真推演，最后对结果进行评估，得出该预案是否合理、是否最优等结论。当分析结果表明预案对想定任务的完成度不高时，需要寻找原因，回溯到出错的那个环节更新设计，对必要的内容进行调整和修改。

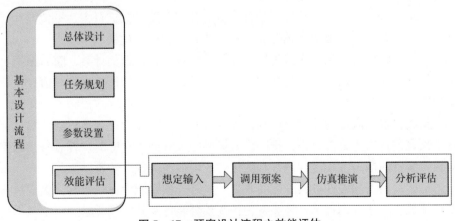

图 5-17　预案设计流程之效能评估

5.3.2 预案总体设计

预案总体设计主要包含威胁场景分析、装备预警能力评估、预警装备部署位置优化和预警作战任务初分配等主要环节，如图 5-18 所示。

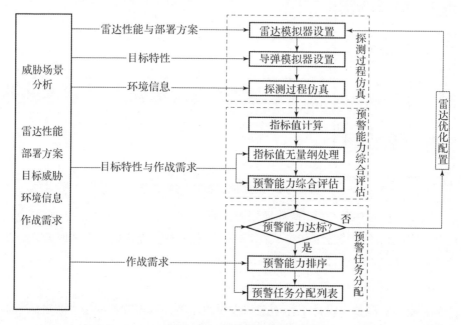

图 5-18 总体设计流程

首先，通过威胁场景分析得到威胁目标特性、预警装备探测性能、预警装备部署方案、作战环境和任务需求等相关数据和信息，为后续的分析、评估和设计工作提供必要的输入条件和依据。

其次，根据威胁目标特性和预警装备的基本性能参数进行雷达模拟器和导弹目标的设置，并模拟仿真预警装备对来袭导弹的探测过程。

再次，将仿真数据导入预警能力评估模块进行指标值的计算，随后根据目标特性和相关作战需求完成指标值的无量纲量化处理、指标权重的赋值以及装备预警能力的综合评估。

从次，根据既定的作战目标判断预警装备的预警能力是否达标，并对达标各个预警装备的预警能力进行排序。若场景中没有能力达标的预警装备，则需对预警装备的部署方案进行调整和优化，或增加新的预警装备。

最后，根据预警任务初分配的原则，并结合预警能力评估数据，确定执行既定预警作战任务的首选预警装备、备选预警装备及其转换策略。

在总体设计中的关键点有两个，即预警能力评估指标体系建立和基于最优原则的预警任务初分配。

5. 3. 2. 1　预警能力评估指标体系建立

预警能力即预警装备遂行既定特定预警任务的能力，既是预警装备对既定来袭目标的预警探测能力和目标交接条件的综合量度，也是警装备优化配置和预警任务优化分配的重要依据。因此，为了对其进行全面有效的评估，首先必须构建系统、科学和全面的评估指标体系。

不同的任务阶段有不同的衡量指标，因此预警能力评估指标体系是一个动态的指标体系，具体情况具体分析。

5. 3. 2. 2　基于最优原则的预警任务初分配

总体设计的目的就是为了对敌情和我情有一个总体的把握和初始的布置，因此，它的输出应该是根据预警能力排序的任务概略分配表。它的分配是根据一定的最优原则来执行的，一般包括以下三种：

1. 基于综合能力最优的预警任务初分配方法

所谓综合能力最优原则，是指在预警任务分配时，必须优先考虑那些预警综合能力最优的装备。以早期预警任务为例：强的固有探测能力，才能满足早期预警情报信息与数据获取的诸多需求。另一方面，来袭弹道导弹可能具备较强的机动发射能力，并具有多种发射弹道和突防措施。所以，早期预警任务包含搜索、跟踪和识别等多项探测内容，EWR 必须部署在较为理想的位置，能够对多个发点、多种弹道类型和多种突防措施下的来袭导弹均具备足够的早期预警能力。因此，综合能力最优，实质上表明了 EWR 的固有探测能力和部署位置与既定的威胁目标特性、情报需求和任务目标之间的综合匹配程度最优。

2. 基于核心指标最优的预警任务初分配方法

所谓核心指标最优原则，是指在预警任务分配时，必须优先考虑那些在预警能力核心指标上表现最优的预警装备。

以早期预警任务为例：①EWR 在截获概率、最小截获高度、最大连续探测时长和交接窗口等早期预警能力核心指标上的表现，直接决定着其早期预警任务执行能力的强弱；②EWR 在截获概率等早期预警能力核心指标上的表现，与既定威胁目标特性和既定作战目标要求等因素的联系更加密切，更能体现其相互匹配的程度。因此，核心指标最优，表明在综合能力相同的情况下，

EWR 的核心任务能力更能满足对既定预警探测任务的核心需求。所以，当多部 EWR 的早期预警综合能力相同或相近时，应该优先选择核心指标最优的 EWR。

3. 基于负载余量大的的预警任务初分配方法

所谓负载余量大原则，是指在预警任务分配时，必须优先考虑那些固有作战任务少和探测资源余量多的预警装备。

以早期预警任务为例：①EWR 通常为大（中）型远程预警相控阵雷达，除了要担负反导预警作战任务外，还要兼顾空间目标监视、防空预警作战和反隐身作战等其他预警作战任务；所以，在领受既定反导预警任务之前，EWR 的探测资源已经分配给了其他的预警作战任务；②随着导弹生产制造能力的提升，集火攻击等特殊突防战术的应用越来越成熟和广泛。所以，在领受既定反导预警任务之前，EWR 的探测资源可能已经分配给了其他弹道导弹目标。

因此，负载余量大，实质上表明了既定反导预警任务与其他作战任务的矛盾和冲突小，且 EWR 的可用探测资源多。所以，当多部 EWR 的在综合能力和关键指标上的表现相近时，应优先考虑负载量大的 EWR，从而使既定的预警作战任务与 EWR 的资源状态相匹配。

5.3.3　装备任务规划

装备任务序列规划主要包括探测任务逻辑序列规划、探测任务执行时序规划和探测任务序列校准与优化三个主要环节，如图 5－19 所示。

首先，根据任务的基本流程，将宏观的预警作战任务细化、分解为若干串行或并行的预警探测任务和任务节点构成的探测任务序列。

其次，根据给定的来袭目标特性、预警装备对目标的可视弧段和预警情报需求等约束条件，规划和计算各个探测任务的平均执行时间、最早开始时间和最晚开始时间等任务时间参数以及不同任务阶段的预警装备探测资源需求，从而形成探测任务的执行时序和预警装备探测资源分配方案。

最后，根据探测任务的逻辑顺序、EWR 对来袭目标的可视弧段、GBR 对来袭目标的可视弧段和预警情报的时效性要求等约束条件，校验各探测任务序列中的相关时差是否合格，例如任务衔接时差和任务技战术时差等。如果时差不合格，则需要对相关任务时段内的装备探测资源投入和任务技战术要求进行调整，随后再次进行任务时序的计算和规划，并再次完成时差的校验。如果经过 N 次调整仍不合格，则需对总体设计方案进行调整，再重复以上过程直至合格。

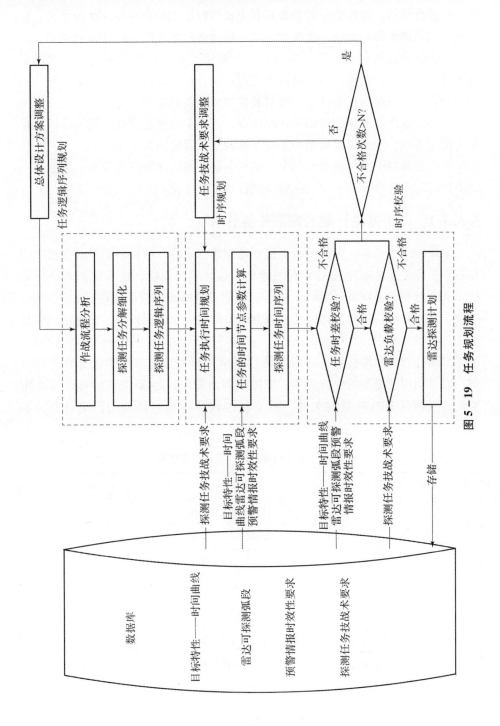

图 5 - 19　任务规划流程

时差合格后，需校验预警装备在各个任务时段中是否存在过载的情况。如果有，则需调整相关的任务技战术要求，随后进行任务时序的计算和规划，并再次完成任务时差和雷达负载的校验。如果经过 N 次调整仍不合格，则需对总体设计方案进行调整，再重复以上过程直至合格。通过校验的探测任务序列即为合格的装备探测任务计划，可封装并存储在数据库中。

显然，探测任务序列规划是在总体设计基础上的细化设计，其设计目标是预警情报需求、探测资源运用和来袭目标特性三者之间的优化匹配。

在任务规划中的关键点有三个，基于网络计划的探测任务分解、基于时间约束的时间参数计算和基于完成概率的任务工时优化。

5.3.3.1　基于网络计划的探测任务分解

系统网络技术是一种科学的工程管理方法，它将一项复杂工程的各项工作和各个阶段按先后顺序编制成网络计划，通过系统分析、统筹规划和全面安排，从而对整个工程进行组织、协调和控制，进而实现时间进度的合理安排，以及工程资源和费用的优化分配。该方法不仅适用于大型科研、工业生产和复杂工程项目的规划、管理与优化[10-14]，也适用于复杂作战任务的规划与优化。采用网络计划对探测任务分解可以将预警全过程划分为多个阶段分别进行分解。以早期预警任务的分解为例，根据早期预警任务的基本流程和表 5-1 中给出的探测任务及其逻辑关系，可绘制得到早期预警任务的网络计划，如图 5-20 所示。

表 5-1　早期预警探测任务及其衔接关系

探测任务代号	探测任务名称	紧前任务
A	目标方位信息获取	—
B	天基红外信息引导	A
C	EWR 引导搜索	A、B
D	星弹识别	C
E	弹道及落点预测	D
F	弹头（群）识别	D
G	目标交接任务	E、F
H	多目标跟踪	C
I	威胁空域监视	C

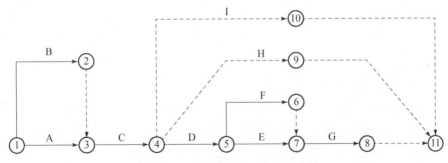

图 5 - 20　早期预警任务的网络计划

其中，实箭线代表具体的探测任务，如搜索截获任务、星弹识别任务等；虚箭线则表示相关区间内的探测要求，如：在目标交接环节，除了要对重点目标进行跟踪，也要对一般目标保持跟踪。此外，箭线上方的字母为探测任务的代号，图 5 - 20 中各任务结点对应的事项及含义如表 5 - 2 所示。

表 5 - 2　结点事项的含义

节点代号	任务节点	含义
①	发射告警	红外预警卫星探测到高热源并告警
②	红外信息引导完毕	EWR 完成搜索屏的设置
③	EWR 开始搜索	预警中心向 EWR 下达搜索命令
④	EWR 截获目标	EWR 截获目标并开始跟踪
⑤	导弹来袭告警	判明为导弹攻击
⑥	弹道及落点预报	目标交接任务开始
⑦	目标开始交接	EWR 开始向 GBR 交接目标
⑧	目标交接完成	EWR 向 GBR 交接目标完毕
⑨	跟踪任务终止	EWR 在中心的指挥下停止跟踪目标
⑩	威胁空域监视任务终止	EWR 在中心的指挥下停止监视
⑪	目标飞出 EWR 威力范围	目标飞出 EWR 威力范围

5.3.3.2　基于时间约束的时间参数计算

在图 5 - 2 中从一个任务结点到下一个任务结点的过程是有一定的时间约

束的，这种时间约束需要考虑来袭导弹的目标特性、雷达对来袭导弹的可探测性和阶段性任务预警情报的时效性等方面。为了实现最优化完成任务，就必须给出执行任务时间的最小值、最大值和平均值，用这样三个数学模型来描述执行任务的时间参数约束。

1. 探测任务的最早开始时间

受探测任务间的逻辑衔接关系约束，一个探测任务只有在其紧前探测任务完成之后才能开始。因此，探测任务的最早开始时间 $t_{wpES}(i,j)$ 表征着探测任务 $i \rightarrow j$ 最早可以开始的时刻。

显然，$t_{wpES}(i,j)$ 等于探测任务 $i \rightarrow j$ 箭尾结点的最早开始时间，且有：

$$t_{wpES}(i,j) = t_E(i) \tag{5.1}$$

若 $t_E(i)$ 难以计算，则可以通过探测任务 $i \rightarrow j$ 的紧前探测任务 $h \rightarrow i$ 来计算，且有：

$$t_{wpES}(i,j) = \max \left[t_{wpES}(h,i) + t_{wp}(h,i) \right] (h < i < j) \tag{5.2}$$

式中：$t_{wpES}(h,i)$ 为紧前探测任务 $h \rightarrow i$ 的最早开始时间；$t_{wp}(h,i)$ 为其任务平均工时。

2. 探测任务的最早完成时间 $t_{wpEF}(i,j)$

探测任务的最早完成时间指探测任务最早可以在什么时刻完成，等于探测任务的最早开始时间与其任务平均工时之和，即

$$t_{wpEF}(i,j) = t_{wpES}(i,j) + t_{wp}(i,j) \tag{5.3}$$

进一步由式（公式 5 - 1）可将上式改写为

$$t_{wpEF}(i,j) = t_E(i) + t_{wp}(i,j) \tag{5.4}$$

3. 探测任务的最迟开始时间 $t_{wpLS}(i,j)$

同样受探测任务间的逻辑衔接关系约束，一个探测任务不能过迟开始，否则会影响其紧后探测任务的开展。因此，探测任务的最迟开始时间 $t_{wpLS}(i,j)$ 规定着探测任务 $i \rightarrow j$ 最迟必须开始的时间。

显然，$t_{wpLS}(i,j)$ 等于探测任务 $i \rightarrow j$ 箭头节点的最迟完成时间 $t_L(j)$ 与其任务平均工时之差：

$$t_{wpLS}(i,j) = t_L(j) - t_{wp}(i,j) \tag{5.5}$$

若 $t_L(j)$ 难以计算，可以通过探测任务 $i \rightarrow j$ 的紧后探测任务 $j \rightarrow k$ 来计算，且有：

$$t_{wpLS}(i,j) = \min \left[t_{wpLS}(j,k) - t_{wp}(j,k) \right] (i < j < k) \tag{5.6}$$

式中：$t_{wpLS}(j,k)$ 为紧后探测任务 $j \rightarrow k$ 的最迟开始时间；$t_{wp}(j,k)$ 为其平均任务工时。

4. 探测任务的最迟完成时间 $t_{wpLS}(i,j)$

探测任务的最迟完成时间指探测任务最迟必须在什么时刻完成。显然，该时间等于探测任务 $i{\rightarrow}j$ 箭头结点的最迟完成时间：

$$t_{wpLF}(i,j) = t_L(j) \tag{5.7}$$

若 $t_L(j)$ 难以计算，则该时间也可以表示为探测任务 $i{\rightarrow}j$ 的最迟开始时间与其任务平均工时之和，且有：

$$t_{wpLF}(i,j) = t_{wpLS}(i,j) + t_{wp}(i,j) \tag{5.8}$$

5.3.3.3　基于完成概率的任务工时优化

在网络计划中，从始点开始，按照各个任务的衔接顺序，连续不断地到达终点的一条通路称为路线。显然，一个作战任务网络计划中有多条路线，且走完各条路线所需要的时间也各不相同，如图 5 – 21 所示。

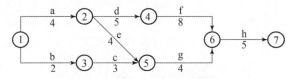

图 5 – 21　网络图中的路线

可以看出，图中共有 3 条路线，每条路线的组成和所需时间如表 5 – 3 所列。

表 5 – 3　路线的组成及所需时间

路线	组成	所需时间
路线 1	①→②→④→⑥→⑦	22
路线 2	①→②→⑤→⑥→⑦	17
路线 3	①→③→⑤→⑥→⑦	14

将逐个完成各项任务所需时间最长的路线称为关键路线，将组成关键路线的任务称为关键任务。显然，路线 1 所需的时间最长，则该路线为关键路线，组成该路线的任务 a、任务 d、任务 f 和任务 h 为关键任务。

关键路线直接影响整个作战任务的工期，若能缩短其中关键任务的工时，则可以使整个任务的完成时间提前。但是，关键路线也是相对的，经过一定的组织调整后，原有的关键路线也可能转化为非关键路线，原有的非关键路线也可能转化为关键路线。

为了保证作战任务能够按期或提前完成，必须利用好"非关键任务"的时差，从而调用其中的资源和力量去支援"关键路线"，确保关键路线能够按时或提前完成。

根据"中心极限定理"，可以认为任何事项完成的时间都是近似符合正态分布的。因此，只要得出每个任务预计完成时间的平均值和方差，就可以利用正态分布的相关公式求得其按期完成的概率，从而对整个作战任务是否能按期完成给予概率上的评价，并预测计划的执行情况。

1. 平均值：若关键路线由 S 道任务组成，则完成作战任务的平均时间为

$$T_{wp} = \sum_{i=1}^{S} t_{wp}(i) = \sum_{i=1}^{S} \frac{a_i + b_i + 4c_i}{6} \tag{5.9}$$

2. 离差与方差：任务时间的方差反映着其任务时间概率分布的离散程度，且只与任务的最长时间和最短时间有关。因此，任务 i 的方差为

$$\sigma_{wp}^2(i) = \left(\frac{b_i - a_i}{6}\right)^2 \tag{5.10}$$

若关键路线由 S 道任务组成，则作战任务完成时间的方差为

$$\delta_{wp}^2 = \sum_{i=1}^{S} \sigma_{wp}^2(i) = \sum_{i=1}^{S} \left(\frac{b_i - a_i}{6}\right)^2 \tag{5.11}$$

3. 任务完成时间及概率：任务完成的时间呈以 T_{wp} 为平均值，以为 δ_{wp} 标准差的正态分布。因此，其概率密度函数为

$$P(t_k) = \frac{1}{\sqrt{2\pi}\delta_{wp}} e^{\frac{(t_k - T_{wp})^2}{2\delta_{wp}^2}} \tag{5.12}$$

概率分布函数为

$$F(T_k) = \frac{1}{\sqrt{2\pi}} \int_{-\infty}^{T_k} e^{\frac{(T_k - t_E)}{2\delta_{wp}^2}} dt = \Phi\left(\frac{T_k - T_{wp}}{\delta_{wp}}\right) \tag{5.13}$$

则作战任务在规定时限 T_{kd} 内完成，即完成时间 $T_k \leqslant T_{kd}$ 的概率为

$$P(T_k \leqslant T_{kd}) = \Phi\left(\frac{T_{kd} - T_{wp}}{\delta_{wp}}\right) \tag{5.14}$$

可以据此对探测任务执行时间进行优化。为了便于计算，引入概率因子 z，以便从正态分布表中查取概率。

$$z = \frac{t_{df} - T_{wp}}{\delta_{wp}} \tag{5.15}$$

式中：t_{df} 为要求的任务完成时间；T_{wp} 为探测任务的平均完成时间；为 δ_{wp} 探测任务完成时间的标准差；用 z 查正态分布表即可得到任务在 t_{df} 前完成的概率 $P(z)$。

经过时差校准，探测任务 X 的最早完成时间由 $t_{\text{wpEF}}(X)$ 提前至 $t_{\text{wpEF}}^*(X)$。此时，探测任务 X 在 $t_{\text{wpEF}}^*(X)$ 前完成任务的概率 $P(z_X)$ 为：

$$P(z_X) = \Phi(z_X) = \Phi\left(\frac{(t_{\text{wpEF}}^*(X) - t_{\text{wpES}}(X)) - t_{\text{wp}}(X)}{\delta_{\text{wp}}(X)}\right) \tag{5.16}$$

显然，$t_{\text{wpEF}}^*(X) - t_{\text{wpES}}(X) < t_{\text{wpEF}}(X) - t_{\text{wpES}}(X) = t_{\text{wp}}(X)$，所以 $z_X < 0$，即探测任务在 $t_{\text{wpEF}}^*(X)$ 前完成的概率小于 50%。

此时，为了使任务完成概率 $P(z_X) > P(z_X^*)$，则需对探测任务 X 的相关时间参数进行优化。由于预警装备对既定来袭目标的最早截获点不可改变，不能通过将 $t_{\text{wpES}}(X)$ 调整至 $t_{\text{wpEF}}^*(X) - t_{\text{wp}}(X)$ 来使任务按期完成的概率满足要求。因此，只能调整探测任务 X 的平均执行时间 $t_{\text{wp}}(X)$，且调整后的 $t_{\text{wp}}^*(X)$ 需满足：

$$t_{\text{wp}}^*(X) \leqslant t_{\text{wpEF}}^*(X) - t_{\text{wpES}}(X) - \delta_{\text{wp}}(X) \times z_X^* \tag{5.17}$$

5.3.3.4　基于特征约束的任务规划方法

根据具体的任务不同，采用的规划方法也可以不同。例如在识别任务时，最核心的需求是确定在什么时间段采用什么装备利用什么特征进行识别，因此，它关注的重点是识别方法，与早期预警任务是不同的。识别任务规划主要根据装备性能参数和识别特征获取条件的约束，明确作战进程中关键节点的任务、要求和时限。此时，可以采用基于特征约束的任务规划方法，具体步骤如图 5-22 所示。

（1）参数设计。设定弹道导弹发点、落点、弹道运动参数、弹头参数等，确定装备部署及性能参数要求。

（2）构建作战场景。依托 STK 和 Matlab 构建作战场景。针对目标弹道数据问题，可以采用 STK 中的 Missile Modeling Tools 模块产生，也可由 Matlab 产生，然后导入 STK 中。

（3）计算识别特征有效作用时间。利用 STK 进行推演，获取不同装备、特征有效作用时间。

在卫星识别特征方面，利用 STK，根据视场范围和轨道参数 2 项约束分析预警卫星红外特征的有效作用时间。在分析侦察卫星图像特征和电磁特征的有效作用范围时，增加了光照条件约束和入射角约束。

在雷达识别特征方面，利用 Matlab，根据装备部署、目标特性参数等模拟仿真弹头目标微多普勒带宽时间变化曲线，进而获取微多普勒特征的有效作用时间。利用 STK 根据距离约束条件，可以求得一维像、二维像、RCS、弹道特征的有效作用时间。利用弹道数据，根据高度约束条件，可以求得质阻比、速度变化等特征的有效作用时间。

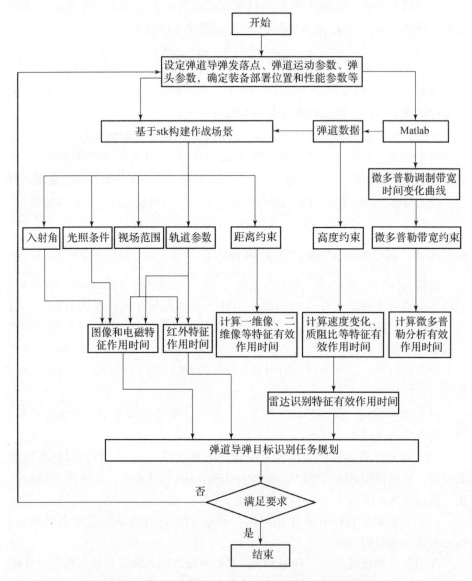

图 5-22　基于特征约束的弹道导弹目标识别任务规划流程

（4）任务规划结果图形化描述。结合第 3 点获取的装备、识别特征有效作用时间，利用图形化描述语言，从时间、装备和特征 3 个维度描述目标识别任务规划，详细刻画识别内容、识别装备、识别特征等随着作战进程推进而改变，形成识别任务流程，方便军事人员、技术人员以及战法设计人员进行交流。

（5）任务规划结果评估。对识别任务规划结果进行评估，满足要求，则直接结束；不满足要求，则直接进入第 1 点进行重新设计。

5.3.4　模式参数设置

模式参数设置主要包括探测任务技战术要求分析、探测性能仿真和装备工作模式/参数调整与优化等主要环节，如图 5 - 23 所示。

首先，根据探测任务的技战术要求、执行区间内的威胁目标特性、可用探测资源、技术能力约束和探测环境等信息，对雷达执行既定探测任务的模式/参数进行初始设计。

其次，根据雷达、目标、环境等条件信息完成雷达模拟器、导弹模拟器等的设置，并将初始任务模式/参数的设计结果导入仿真模型中，对相关探测任务的执行过程进行模拟仿真。

最后，根据仿真数据计算雷达探测效能指标值，并完成探测效能的量化评估。随后，根据既定的作战要求判定当前任务模式/参数下雷达的探测效能是否达标。若达标，即可对其封装并存储至数据库中；若不达标，则需返回并调整模式参数的设计，并再次进行仿真、效能评估和校验。如果重复调整、设计至第 N 次仍不能通过效能校验，则需返回并对探测任务序列规划方案和相关的技战术要求进行调整，并重复以上步骤直至校验达标。

模式参数的设计不仅仅是对入网传感器而言的，同时也可以对预警装备组网体系中的信息系统进行工作模式和参数设置。

1. 融控中心组网探测模式参数设置内容

（1）信息融合方式：点迹融合、航迹融合等；

（2）信息融合预处理相关算法与参数：系统误差估计与修正算法（如实时精度控制法、最小二乘法）、点迹凝聚处理算法（如质心凝聚法、回波最宽法）；误差容许门限等；

（3）关联算法与参数：点迹/点航迹相关算法、起始速度、起始夹角、起始高度、起始时间间隔、粗关联远近区参数、粗关联门限、精关联门限、误差容许门限、速度门限、距离门限、高度门限等；

（4）航迹起始方式；

（5）跟踪处理参数：重复判断门限、虚假判断参数、隶属度判别参数等；

（6）滤波算法与参数：卡尔曼滤波、交互式多模型等滤波算法、平滑系数、滤波参数等；

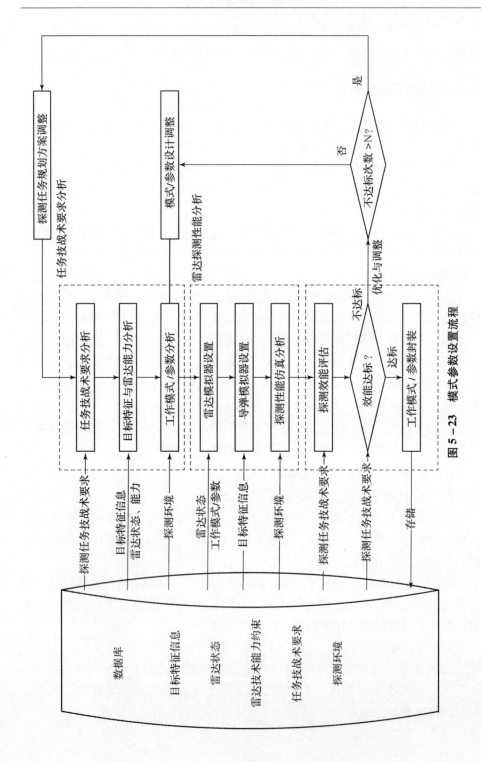

图 5－23　模式参数设置流程

（7）组网工作模式。如按目标类型可分为常规目标模式、低空目标模式、高速高机动目标模式、反侦察模式、反辐射模式、反隐身模式、保障引导模式、巡航导弹探测模式、抗干扰模式等；按信息要求可分为保障引导、跟踪、警戒模式等。

2. 组网预警装备模式参数设置内容

（1）控制方式：本地控制，远程控制；

（2）扫描方式：扇扫、圆周扫；

（3）天线系统：天线转速、相控阵雷达的多波束方式等；

（4）发射系统：主要包括极化方式、变频方式、重复频率、功率、信号波形、开机时序等；

（5）接收系统：主要是线性中放、对数中放、STC、常规 AGC、噪声 AGC、IAGC、DAGC、杂波图 AGC 以及特殊增益控制方式等；

（6）信号处理系统：主要包括处理方式，如正常通道、非相参 MTI、MTI/AMTI、MTD、PD 等；雷达检测门限；CFAR 方式等；

（7）数据处理系统：野值剔除、归并与凝聚处理、关联滤波、目标跟踪等算法与相关参数。

模式参数设置一定是和具体任务对应起来的，不是一成不变的。比如对于早期预警雷达而言，当它执行搜索任务时的搜索屏设置就与执行跟踪任务时的不同。即使是在执行同一类型的任务，比如搜索任务时，该雷达选择自主搜索还是引导搜索模式，其对应的搜索屏设置也是不同的；执行跟踪任务时，采用单波束跟踪还是多波束跟踪相应的参数设置也是不同的。因此，在进行模式参数设置时一定要结合具体任务、当前战场态势、可获得的各类信息条件、雷达自身资源状态等多方面因素来考虑。

5.3.5　预案效能评估

预案效能评估是预案设计的重要一环。与前面三个环节不同，预案的效能评估需要综合作战场景整体来开展，因此一般采用推演评估的方式。通过推演评估，可以对体系作战进行全方位的检讨，发现问题，修正方案，最终形成可用的预案或作战规程。预警装备组网协同探测推演评估是基于作战仿真模拟的评估，是指用建模仿真技术建立预警装备组网协同探测仿真模型并进行仿真实验，从实验过程中得到系统数据，经过统计处理后得到指标评估值。整个流程如图 5 – 24 所示。具体地说，分为以下四步：

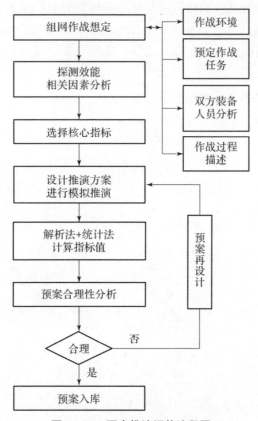

图 5-24 预案推演评估流程图

采用过程分析法，通过分析预警装备组网体系的典型作战环境和典型作战过程，提取影响组网协同探测效能的最主要相关因素，从组网协同探测效能评估指标库中选择几个核心指标；

依托推演系统构造一个假想的作战环境，用计算机仿真法模拟组网协同探测作战过程。仿真推演过程中，实时收集组网雷达情报、系统态势情报等；

推演完成后，利用效能评估软件模块采用解析法和统计法相结合的方式计算指标值，通过图形、图表等方式显示计算结果。

结合指标计算结果，进行预案合理性分析和验证。主要途径是将系统态势情报、雷达本地情报与实际或想定空情比较，发现二者的差异，如点迹或航迹位置、漏检率、虚警率、航迹分裂程度、跟踪误差、航迹的连续性、目标识别置信度等；对比较结果进行机理分析，找出产生差异原因，如误差大小、各种参数的不同设置、算法选择、干扰影响、地形遮蔽、水面反射、目标类型等，科学解释比较结果的现象，检验预案的合理性，修正作战预案。

5.4　典型资源管控预案设计案例

依据上一节提出的资源管控预案设计流程，对反导预警作战中的重难点问题进行预案设计，能够生成对应的一般预案设计模板，然后变换不同的目标、不同的环境、不同的装备配置条件，能够生成多个对应的预案，从而构成解决对应问题的预案库。下面以典型场景为背景，对协同搜跟预案、协同识别预案的生成过程进行示例。

5.4.1　协同搜跟预案

5.4.1.1　场景描述

据相关情报获悉，蓝方近期企图利用远程弹道导弹从军事基地 G 及附近区域向红方要地 A 发起攻击，蓝方基地 G、要地 A 及红方反导预警雷达的部署位置如图 5 – 25 所示。

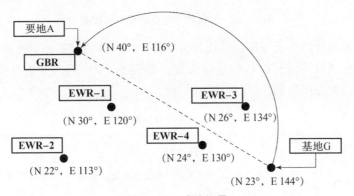

图 5 – 25　威胁场景

5.4.1.2　总体设计

威胁场景分析：根据红方要地 A 和蓝方基地 G 的位置，可知来袭弹道导弹的射程应大于 3500km，仅有 1 型代号为 "Attacker" 的潜射弹道导弹具有对我要地 A 的攻击能力以及来袭导弹的发区范围。

雷达探测性能分析：在既定的威胁场景中，红方有 4 部 EWR 和 1 部 GBR。共 5 部反导预警雷达可供调用（相关性能参数略）。根据红方反导预警雷达的部署位置及相关性能参数，在 STK（Satellite Tool Kit）仿真环境中完成雷达传感器与探测环境的设置，得到各雷达的部署位置及威力范围。其中，各 EWR

的最大作用距离均按 $P_D = 0.9$ 时雷达对 RCS $= 1m^2$ 或 RCS $= 0.1m^2$ 目标的作用距离来设置，并且雷达天线阵面可根据探测需要而随动。因此，各 EWR 威力范围的星下点投影如图 5 – 26 所示。

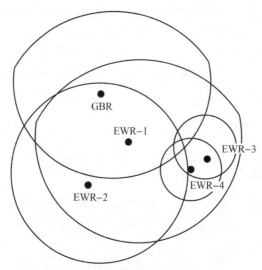

图 5 – 26　雷达威力范围的星下点投影

经过综合分析，重点假设常规弹道突防、特殊弹道突防和干扰条件下突防三种突防形式对导弹目标特性进行设置，如表 5 – 4 所列，并进行探测仿真，记录相关仿真分析数据。

表 5 – 4　来袭导弹突防形式

突防形式	备注
常规弹道突防	来袭导弹采用常规弹道发射，携带 N 个重诱饵和 $N + 2$ 个轻诱饵，没有地面或空中干扰机掩护突防
特殊弹道突防	来袭导弹采用高抛弹道发射，携带 N 个重诱饵、$N + 2$ 个轻诱饵和 N 组箔条云，没有地面或空中干扰机掩护突防
干扰条件下突防	来袭导弹采用常规弹道发射，携带 2 部干扰机（其中，1 部为 S 波段；另 1 部为 X 波段）、N 个重诱饵和 N 个轻诱饵，并伴有地面或空中 P 波段干扰机掩护突防

尽管地面或空中干扰机可对 EWR 的探测性能产生多方面的影响，但其本质是使 EWR 的有效作用距离减小。为了便于仿真计算，可设干扰条件下两部 P 波段 EWR 的作用距离下降为正常状态下的 75%。

选取目标容量、跟踪精度、距离分辨力、角度分辨力、特征提取能力、通信时延、干扰感知能力、干扰对抗能力共 8 个指标作为早期预警能力静态指标；选取截获概率、最小截获高度、搜索任务资源占用率、最大连续探测时长、目标视角变化率和交接窗口为早期预警能力动态指标，构建早期预警能力评估指标体系，可得到两部 EWR 对不同突防形式下的 Attacker$_{ij}$ 的早期预警能力评估结果，如图 5 - 27 所示。

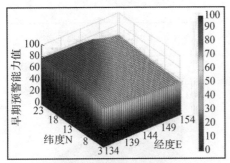

（a）EWR-1对常规弹道目标

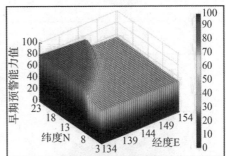

（b）EWR-1对高抛弹道目标

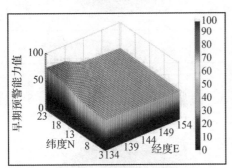

（c）EWR-1对干扰条件下常规弹道目标

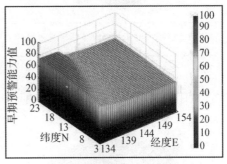

（d）EWR-2对常规弹道目标

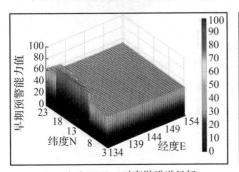

（e）EWR-2对高抛弹道目标

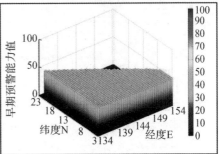

（f）EWR-2对干扰条件下常规弹道目标

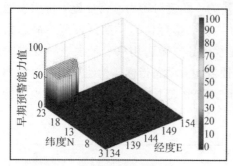

（g）EWR-3对常规弹道目标

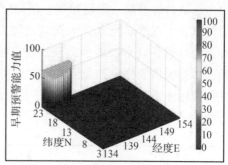

（h）EWR-3对高抛弹道目标

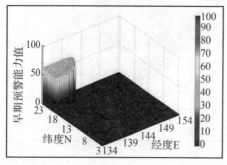

（i）EWR-3对干扰条件下常规弹道目标

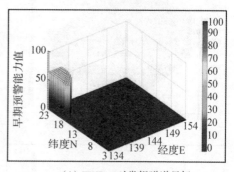

（j）EWR-4对常规弹道目标

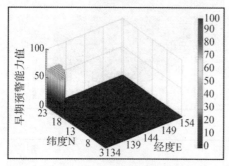

（k）EWR-4对高抛弹道目标

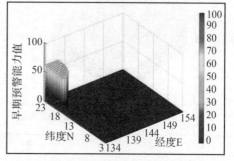

（l）EWR-4对干扰条件下常规弹道目标

图 5 - 27   EWR 对 Attacker 的早期预警能力评估结果 （见彩插）

其中，每个小立柱的高度代表着 EWR 对来袭导弹 $Attacker_{ij}$ 的早期预警能力值，且有 EWR 的早期预警能力值越大，立柱越高，其顶端越接近深红色；反之，则立柱越矮，其顶端越接近深蓝色。

由于发区的范围较大，故按等经、纬度间隔将其划分成 1、2、3、4 等四个发射子区，如图 5 - 28 所示。根据效能评估结果，可得 EWR 对各子区的早期预警任务初分配结果，如表 5 - 5 所列。

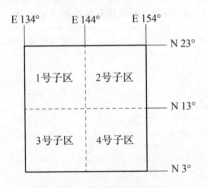

图 5 – 28　发射子区的划分

表 5 – 5　早期预警任务优化分配结果

发射子区	首选雷达	备份雷达	辅助雷达
1 号子区	EWR – 1	EWR – 2	EWR – 2、EWR – 3、EWR – 4
2 号子区	EWR – 1	EWR – 2	EWR – 2
3 号子区	EWR – 1	EWR – 2	EWR – 2
4 号子区	EWR – 1	EWR – 2	EWR – 2

5.4.1.3　任务规划

把来袭导弹的目标特性、雷达对来袭导弹的可探测性和早期预警任务预警情报的时效性作为约束条件，对搜索截获任务、星弹识别任务、弹道预测任务、弹头（群）识别任务以及目标交接任务技战术要求进行分析，得到探测任务的平均工时、最早开始时间和最迟开始时间值，见表 5 – 6 至表 5 – 8。

表 5 – 6　探测任务的平均工时

探测任务	平均任务工时/s		
	常规弹道	高抛弹道	常规弹道 + 干扰
星弹识别	133. 89	133. 89	133. 89
弹道预测	274. 39	278. 75	274. 39
弹头（群）识别	548. 78	557. 50	548. 78
目标交接	116. 58	116. 58	116. 58

表 5-7 探测任务的最早开始时间

探测任务	最早开始时间/s		
	常规弹道	高抛弹道	常规弹道 + 干扰
搜索截获	150	150	150
星弹识别	175.20	171.60	316
弹道预测	309.09	305.49	449.89
弹头（群）识别	309.09	305.49	449.89
目标交接	857.87	862.54	998.67

表 5-8 探测任务的最迟开始时间

探测任务	最迟开始时间/s		
	常规弹道	高抛弹道	常规弹道 + 干扰
搜索截获	503.55	732.44	403.55
星弹识别	528.75	754.04	528.75
弹道预测	937.03	1166.67	937.03
弹头（群）识别	662.64	887.92	662.64
目标交接	1211.42	1445.42	1211.42

对上述三个表格中的时间进行校准，然后根据图 5-2 计算早期预警任务网络计划中各条路线的工时。经核算，任务完成率都可以达到 99.9% 以上，满足需求。进一步整理后可得到 EWR 对常规弹道来袭目标、高抛弹道来袭目标和常规弹道 + 干扰来袭目标的早期预警探测任务序列甘特图，如图 5-29，图 5-30，图 5-31 所示。

可以看出，干扰条件下 EWR 早期预警探测任务的实施节奏明显加快，各个探测任务的衔接要求显著增强，并给 EWR 探测资源的战中实时调控提出较高的要求。因此，必须对干扰条件下的 EWR 探测资源管控策略和措施进行重点规划，并提前为此设计和规划好 EWR 的工作模式/参数，以在战中有效应对此类情况的发生。

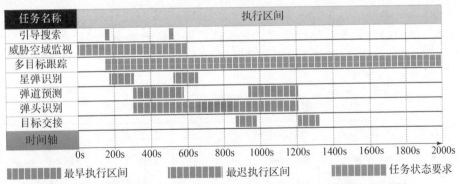

图 5 - 29　常规弹道来袭目标下的 EWR 探测任务序列甘特图（见彩插）

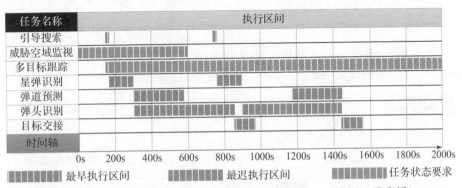

图 5 - 30　高抛弹道来袭目标下的 EWR 探测任务序列甘特图（见彩插）

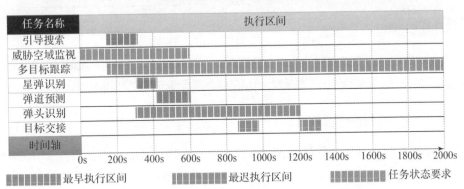

图 5 - 31　常规弹道 + 干扰条件下的 EWR 探测任务序列甘特图（见彩插）

5.4.1.4　参数设置

在 EWR - 1 对常规弹道 + 干扰条件下 Attacker$_{1008}$ 的探测任务规划中，由于技战术时差的校准，星弹识别任务和弹道预测任务的工时均受到了不同程度的压缩。下面以星弹识别任务和弹道预测任务为例，对跟踪任务模式与参数的规划流程进行说明。这里重点考虑跟踪任务允许的最大探测资源占用率 η_{tmax}、任务执行区间内的最少目标批数 N_{tmin} 和跟踪任务允许的最小采样次数 M_{tmin} 三个指标进行综合分析和规划，可得到星弹识别任务与弹道预测任务的执行参数方案，如表 5-9 所列。

表 5-9 星弹识别任务与弹道预测任务的跟踪方案

跟踪任务	跟踪模式	执行区间	$\eta_t/\%$	$N_t/$批	$M_t/$次	T_{ti}/s	T_{Sl}/s	T_{tr}/ms
星弹识别	单波束	316~430s	60	30	135	1	50	8
弹道预测	单波束	430~473s	62	65	300	1	50	8
	双波束	473~610s						

根据表 5-9 中的相关数据，可将 EWR 对常规弹道 + 干扰条件下来袭目标的探测任务序列甘特图做进一步的调整和优化，如图 5-32 所示。

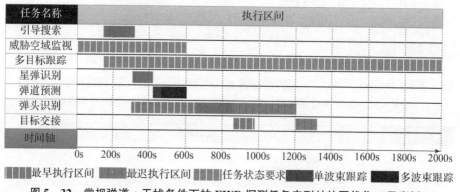

图 5-32 常规弹道 + 干扰条件下的 EWR 探测任务序列甘特图优化（见彩插）

5.4.2 协同识别预案

以红蓝双方对抗为作战背景，蓝方欲对红方进行战略打击，假想蓝方发射一枚某战略弹道导弹（假设 2 个弹头、3 个再入诱饵、7 个目标群）。红方反导系统已在战前部署完毕。

5.4.2.1 总体设计

在侦察卫星方面，以蓝方现有的卫星为例，采用了 7 颗电子侦察卫星（SRR-01，SRR-02，…，SRR-07），其中 5 颗位于静止轨道，2 颗位于准同步轨道；4 颗照相侦察卫星（PS-01，PS-02，PS-03，PS-04），都位于低轨道。

在预警卫星方面，采用 DSP 卫星的部署位置，设计了 5 颗同部轨道卫星（GEO – 01，GEO – 02，…，SRR – 05），分别位于 165°W、35°W、8°E、69°E、105°E；2 颗大椭圆轨道卫星。

相控阵雷达部署采用 5 部远程预警相控阵雷达（P – 1、P – 2、P – 3、P – 4、P – 5）和 5 部地基多功能相控阵雷达（X – 1、X – 2、X – 3、X – 4、X – 5），远程预警雷达部署位置如表 5 – 10 所列。地基多功能雷达部署位置如表 5 – 11 所示。

表 5 – 10　远程预警雷达部署位置

雷达 ＼ 部署	经度/(°)	纬度/(°)	威力范围/km	法线方位角/(°)
P – 1	164	42	4000	80
P – 2	120	33	4000	140
P – 3	107	27	4000	210
P – 4	90	31	4000	270
P – 5	88	43	4000	0

表 5 – 11　地基多功能雷达部署位置

雷达 ＼ 部署	经度/(°)	纬度/(°)	威力范围/km
X – 1	128	37	2000
X – 2	100	25	2000
X – 3	80	43	2000
X – 4	90	30	2000
X – 5	97	40	2000

通过对侦察卫星对某基地的覆盖能力、预警卫星对发射区域的覆盖能力和远程预警雷达、地基多功能雷达对导弹目标的覆盖能力分析，可知对目标区域和弹道导弹目标有探测能力的预警装备：侦察卫星有 PS – 01、PS – 02、SRR – 03、SRR – 06，预警卫星有 GEO – 1、HEO – 1、HEO – 2，相控阵雷达有 P – 1 和 X – 1。

5.4.2.2 任务规划

在反导中，随着作战进程推进，目标环境动态变化，识别需求也在相应改变，参与的识别装备也有差异，在此结合反导过程将识别任务规划分成三段：侦察卫星识别任务规划、预警卫星识别任务规划、相控阵雷达识别任务规划。

1. 侦察卫星识别规划

根据 STK 构建的场景，仿真 20XX.12.2 04：00：00—20XX.12.3 04：00：00 期间各卫星对目标发射区域的有效作用时间，据此进行侦察卫星识别任务规划，如图 5 - 33 所示。

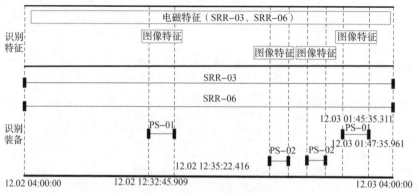

图 5 - 33　侦察卫星识别任务规划

2. 预警卫星识别任务规划

预警卫星与侦察卫星同属天基装备，具有一定的相似性，因此在进行预警卫星识别任务规划时可以参照侦察卫星识别任务规划步骤进行。根据目标区域预警卫星作用时间，进行预警卫星识别任务规划，如图 5 - 34 所示。

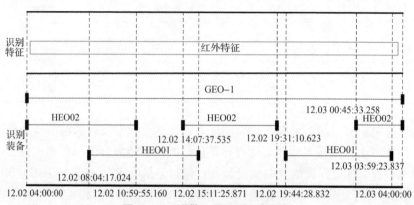

图 5 - 34　预警卫星识别任务规划

3. 相控阵雷达识别任务规划

在装备选择部分，经分析可知远程预警雷达 P - 1 和地基多功能雷达 X - 1 对目标具有探测能力。根据目标区域相控阵雷达作用时间，进行识别任务规划，如图 5 - 35 所示。

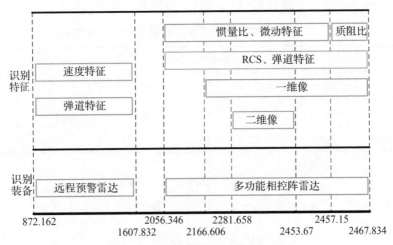

图 5 - 35　相控阵雷达识别任务规划

4. 识别任务规划结果分析

图 5 - 33、5 - 34、5 - 35 为弹道导弹目标识别任务规划结果。从图 5 - 33 可知，SRR - 03、SRR - 06 能够实现对目标区域 24h 监视，PS - 01 有效作用时间为 156.507s、120.650s，PS - 02 有效作用时间为 126.761s、255.439s。从图 5 - 34 可知，GEO - 01 能够实现对目标区域 24h 监视，HEO - 01 的有效作用时间为 25628.47s、29695.005s，HEO - 02 的有效作用时间为 25195.16s、19413.088s、11666.742s。整体上，除同步轨道卫星能够实现对目标 24h 监视外，其他卫星对目标的有效作用时间时限的。

总体上，两部雷达只能实现 46.2% 的作用时间，不同识别特征的作用时间更短，留给系统决策的时间非常有限，目标识别时间约束性强。

总的来说，识别任务规划结果详细给出了装备、特征的有效作用时间，反映具体时间何种装备、识别特征能够参与识别任务，为弹道导弹目标识别特征运用提供依据，确保系统在有限的时间内高效完成识别任务。

5.4.2.3　模式设置

图像侦察卫星的发射后的工作模式基本固定，不需要提前设计，可重点设计电子侦察卫星对威胁区域侦察时所需要的电磁参数。

目标发射区域有 GEO - 1、HEO - 1、HEO - 2 三部卫星能够探测，其中 GEO - 1 同步轨道预警卫星配有扫描相机和凝视相机两种，重点对凝视相机工作模式的帧频和相机指向进行设置。

远程预警雷达在完成识别任务时对数据率要求不高，重点对脉冲重复周期和脉冲宽度进行设计，如表 5 - 12、表 5 - 13 所列的结果。

表 5 - 12 不同距离范围内远程预警雷达法向工作模式设置

距离范围	脉冲重复周期	脉宽
2000km - 4000km	30ms	9ms
1200km - 2000km	15ms	4. 5ms
200km - 1200km	10ms	1. 2ms

表 5 - 13 识别模式参数部分设置情况

工作模式	积累时间	数据率/Hz	带宽	信号周期 m/s	工作方式
RCS 统计特征	1. 5s	1	100MHz	10	窄带跟踪
RCS 序列特征	2s	2	100MHz	10	窄带跟踪
微多普勒	20ms	210	100MHz	10	微动测量
HRRP	9ms	1	1GHz	10	宽带测量
HRRP 序列	2s	2	1GHz	10	宽带测量
ISAR（转台）	16s	4	1GHz	10	宽带测量
ISAR（微动）	0. 2s	320	1GHz	10	宽带测量

5.4.2.4 识别方法选择

弹道导弹目标识别不是在一个瞬间点发生的，而是贯穿了整个反导作战的全过程，因此，不可能只是采用一种识别方法来满足全程的需求，需要在不同时间段采用恰当的识别方法，这也就是识别策略问题。

实际中地基多功能雷达识别策略有很多种，识别预案设计人员需要预测一切可能发生的情况，本场景下设计了一种识别策略做为演示，如图 5 - 36 所示。

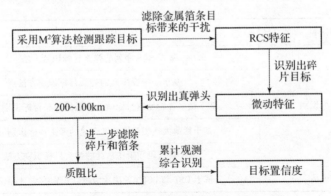

图 5－36　弹道导弹目标识别策略

远程预警雷达识别出弹头目标群下，弹头目标在金属箔条中，伴飞碎片目标等：

（1）采用 M2 滤波器算法对箔条云的质心进行精确跟踪，滤除金属箔条造成的干扰。

（2）采用 RCS 特征识别出碎片目标，减少后续识别的难度。

（3）利用重诱饵和弹头在微动特性上的差异，采用微动特征识别出真弹头目标。

（4）若微动特征识别不出弹头目标，可以考虑在 200 ~ 100km 层范围内利用速度特性差异，剔除箔条、碎片等轻质诱饵。

（5）在再入段利用弹头目标和重诱饵在质阻比上的差异，识别出弹头目标。

在具体识别方法的选择上可以参考表 5 – 14。

表 5 – 14　识别方法选择

识别内容	识别方法
征候识别	基于动态贝叶斯网络的征候识别方法
发点估计	基于像素点与地面对应关系的发点估计方法
射向估计	基于卫星观测视线的导弹射向估计方法
星弹识别	基于地球最小矢径的星弹识别方法
弹型识别	基于中段弹道数据的弹型识别方法
群目标识别	基于支持向量机的窄带雷达弹道导弹目标识别方法

续表

识别内容	识别方法
弹头目标识别	基于 RCS 序列的弹头目标识别方法
	基于一维像序列的弹头目标识别方法
	基于微多普勒反演目标微动参数的弹头目标识别方法
	基于稀薄大气层诱饵速度变化的弹头目标识别方法
	基于再入段质阻比估计的弹头目标识别方法
综合识别	基于 DST 和 PCR5 的决策级融合识别方法（model2）

5.4.2.5 识别预案评估

采用参考文献［15］中提出的方法对本节提出的协同识别预案进行效能评估，得出如图 5 - 37 所示的评价结果，专家评价结果介于"优"和"良"之间，可以说明识别预案制定较好，符合设计要求。

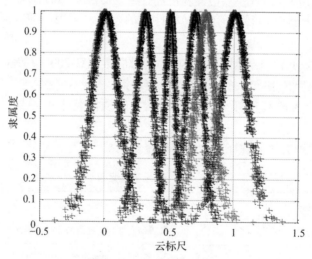

图 5 - 37 评价结果示意图

5.5 资源管控预案的执行

预案设计解决了预案的生成技术问题，生成的预案要在作战过程中发挥效益离不开预案执行过程。组网资源管控预案涉及多装备之间的协同运用、多任务之间的统筹规划，并不仅仅是单纯技术可以解决的，还需要考虑到采用什么样的执行方式、具有哪些组成要素、需要怎样的战术规则等。对组网资源管控预案的执行研究是对预案工程化的探索。

5.5.1　预案组成要素

作为实际反导预警作战行动的具体设想，预案与其他作战方案和作战计划相比其更加注重对于来袭目标、上级任务、任务分配和资源管控等要素的描述，主要包括如下几个方面：

1. 预案说明

主要包括预案的编号、名称、类型、制定的时间和单位等说明，以此区别不同的预案，便于预案的匹配、选择和应用。

2. 来袭目标

主要包括目标编号，类型和目标特性等的描述，其中，目标特性涉及发射点、预测落点、飞行诸元、红外特征、电磁散射特性、诱饵类型、突防和干扰方式等。

3. 上级任务

主要包括需要防御的重要点目标和区域目标的编号、主要威胁方向和防御等级等，用于描述反导预警作战行动预案需要完成的上级指定任务。

4. 预警装备

主要包括参加反导预警作战可用预警装备实体，包括装备的编号、类型、部署、状态和战、技术指标等。

5. 任务规划

指根据作战任务、资源条件和规划原则，对参与反导预警作战各型装备的各个任务环节进行决策优化，并输出最优各型装备的任务序列。主要包括各装备之间的交接时间、区域，协同目标探测跟踪（探测时间、空间和协同原则），以及协同识别（识别时机和融合方法）等。

6. 资源管控

资源管控是参战的各个单装在完成上级指定任务时，需要对具体装备的时间、资源参数进行的调度，内容主要包括：单装的工作模式、搜索屏设置、时间资源管控、能量资源管控及波位编排等。

7. 指令集

指令集是反导预警作战预案能够机器执行的一个重要因素，按性质可分为两类：一类是可进行规范化描述的短指令；另一类是难以进行规范化描述的各类报文。其中，对短指令的响应预案工程化软件根据规则集和预案库进行自动匹配并分发至各作战实体；对难以规范化描述的任务报文需要人在回路，根据战场态势和预案库情况，对预案进行人工选择或修订并分发至各作战实体。根据上述对指令集的理解，指令分为上级下达的指示、命令、敌情通报等任务报文，以及对所属各作战实体下达的命令、指示等短指令和任务报文。

5.5.2 预案执行方式

传统的预警预案设计是和作战筹划、作战任务规划、战法设计等概念联系在一起的，因此根据应用场景的不同，传统预案设计的输出通常有两种形式：

（1）作为日常训练和研究时，传统预案设计的输出形式是战法说明。通常采取如下框架对战法进行简要介绍：本战法是在××任务背景下，针对××问题（或××情况或××难点问题或××目标），研究××反导预警力量参加××作战的具体战法，提出了××的战法对策（战术思路或战法设想、观点）。然后从三个方面对战法进行具体阐述说明：①对战法运用重难点的强调或说明；②对战法运用应把握的主要问题的说明；③对战法的补充阐释。最后提出战法训练需把握的要点，以便为部（分）队展开战法训练提供切入点，为验证完善战法创造条件，切实将战法成果转化为部（分）队作战能力。

（2）作为某个特定任务的作战筹划或任务规划时，传统预案设计的输出形式是作战方案。在作战方案中需要针对作战任务，综合分析红方作战资源、作战能力、作战环境和蓝方对抗措施，对打击目标、毁伤要求、使用部队、作战地域、武器装备、打击时机、协同保障、行动路线、飞行航迹等作战要素及作战活动进行筹划设计。

无论是哪种形式，传统预案设计输出的最后大多是纸质文档，更具体地说，是按照一定格式规范形成的文档报告。一方面，这种纸质文档在实际作战过程中并不能立即转化为可执行的操作；另一方面，人工战前筹划缺乏对战场态势的动态仿真计算，提出的建议是粗略的，不能满足战中精细化决策的需求。这就造成了战前预案设计与战中临机处理存在着"两张皮"的现象。

在5.2节中指出了：多域融一是预案设计的理论基础，决策认知是预案设计的核心要义。多域融一预案是把物理域与信息域的探测资源通过指战员的认知，集成在一起，是指挥员智慧、理念、思想、决策等认知的载体与转化形式；是针对物理域"目标、环境、装备"具体条件与变化，指战员采取的一种优化对策，是一组组网探测资源协同工作的模型、命令、时序、波形等。只有把传统文档化的预案转化为装备能执行的模型、软件、指令、时序等形式，在雷达装备中自动实施（人不在回路）或者在指战员监督控制下实施（人在回路），才能够将战前预案设计与战中临机处置有机地联系起来，将战前预案设计的结果落实到战中装备或指挥行动中，才能够快速、便捷、实时地实现组网体系探测资源与空天目标/环境变化的绿色匹配和精确匹配。基于这一思路，多域融一组网资源管控预案的执行方式具体有两种：一是人在回路执行方式，二是机器自动执行方式。

5.5.2.1　人在回路执行方式

人在回路的 CDEE 闭环，即"认知、决策、执行、评估"闭环原理，人在整个"认知、决策、执行、评估"闭环的四个环节中都有参与。

战前，指挥员需要搞清执行什么任务，探测什么目标，面临什么环境，具备什么条件等，形成综合的先验知识与初步判断；通过预案设计流程中的四个环节，对作战过程中的不同阶段、不同任务、可能出现的不同情况等进行具体设计，形成资源管控预案。在这个环节中，指挥员是预案的设计者，是预案全寿命周期的开始。战中，指挥员需要监视整个预案的执行情况。当出现突发情况时，对预案进行修改和调整。在这个环节中，指挥员是预案调整的决策者。战后，指挥员在其辅助下，评估预案的执行情况和效果，对预案进行完善。在这个环节中，指挥员是预案的管理者。也就是说，在整个过程中，如何设计预案、选择哪个预案、是否需要调整预案、怎么调整预案以及预案效果如何，这些都是通过指挥员的认知和决策来实现的。

5.5.2.2　机器自动执行方式

当作战想定丰富到一定程度、实战经验积累到一定程度、机器智能化技术与水平达到一定程度等条件成熟时，积累的和经验证的组网资源管控预案越来越多，指挥员对组网协同探测的认知越来越深刻、对其运用越来越熟练，机器学习越累越细致精确，预案的执行可以考虑机器自动执行方式。

此时，预警装备体系能够智能感知战场环境并进行分析，同时在过去积累的组网资源管控预案中去海量搜索和挖掘，精确匹配最优预案，并自动下发到体系中各部预警装备中执行。当作战过程中，出现突发情况时，机器通过对预警装备体系的智能化健康状态监视和实时效能评估，根据一定的原则再次搜索和匹配最优调整预案，并自动下发执行。整个过程中，没有人为的干预，完全靠机器自动执行完成。此时，整个组网体系是一个智能化协同探测体系，能够实施智能化的协同探测资源管控。

5.5.3 基于"事件—规则"的预案执行

预案在执行过程中需要考虑：什么时候启动预案？启动哪一个预案？为什么启动这个预案？这些问题就关系到预案触发机制、预案匹配规则和具体的预案选调执行流程。

5.5.3.1 事件触发与规则匹配

在5.5.1节中，无论是人在回路执行方式还是机器自动执行方式，都存在一个预案的触发与匹配问题，也就是说什么样的情况下需要预案与依据什么规则来选择预案两个问题。

预警作战预案的匹配是分为两个层次的，一是战前针对某一个具体的任务按照一定的规则在预案库中寻求匹配预案；二是在战中发生突发事件时，需要对资源进行应急调度，此时也同样存在一个依据一定的规则进行搜索和匹配调用的问题。与之对应地，第一种情况的触发事件就是具体任务；第二种情况的触发事件是出现特情。概括起来，预案的执行过程可以理解为"由某个事件触发预案的选择，再依据具体规则匹配最优的预案。"具体两个层次的工作流程图如图5-38、图5-39所示。

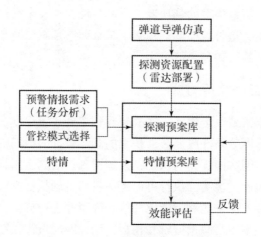

图5-38 战前预案选调工作流程图

5.5.3.2 预案事件集

组网资源管控预案需要以关键事件来触发预案。以反导预警为例，对应预案匹配的第一个层次，在执行某个具体反导预警任务时，关键触发事件概括起

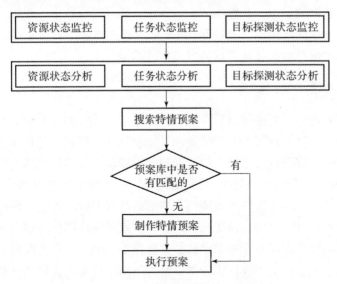

图 5 – 39　战中预案选调工作流程图

来包括上级的命令指示、同级的情况通报及目标情报、本级的目标情报及状态信息三类。

对应预案匹配的第二个层次，特情触发预案匹配或调整时，是否是特情、是否需要进行处置的判断依据主要依赖于对资源状态、任务执行状态等的分析和评估。资源状态分析与评估的前提是对资源状态进行监控，当资源状态发生变化且达到某告警状态的判定标准时，发出提出或警告。主要目的是自动提示与告警。

不同的事件有不同的表现形式，同时也对应着不同的处理对策，也就是特情预案。对反导预警特情事件来说，对应的特情预案可以划分为以下几类：接替资源选择预案、目标分配预案、弹道匹配调整预案、抗干扰措施预案和其他雷达管控预案。

针对这些突发事件，需分析和梳理好哪些应对措施是雷达个体可以完成，哪些措施是需要融控中心和其他雷达的协助，并制定采取这些措施的策略，最终形成人在回路的自动化特情处置预案。

5.5.3.3　预案规则集

为了支持预案匹配选择的执行，还应建立相应的规则集，通过战时实时信息的反馈，由关键事件触发、规则驱动预案遂行预警作战任务。

以反导预警作战为例，反导预警预案规则集从组成上来看分为系统级规则集和单装级规则集两类。在预案搜索、匹配、执行的过程中，根据事件对应的关键字，通过匹配规则集，采用 if - then 的选择方式，进行预案匹配，并向对应的各作战席位及所属各任务部队分发作战预案。

5.5.3.4 预案执行流程

组网资源管控预案能够进行人—机结合执行，实现的核心功能是对预案要素模板数据库、反导预警流程和反导预警规则集、事件集等进行知识积累，以其作为系统的基础支持，方便、快捷的制定预警作战行动要求的预案库，在生成 Word 预案文档和 XML 结构化预案的同时，使用优选模型对预案进行匹配，采用人工干预或自动处理的方式使用不同的组网资源管控预案，调用作战效能评估系统对预案进行评估，预案匹配度、评估效果和预案执行情况实时推送至预警体系演示脚本系统以及相关席位，供指挥员、参谋人员实时展示、监控预案执行情况、实施人工干预预案选择以及实时调整预案内容提供支持，达到预案自动或半自动执行的目的。预案选调匹配流程如图 5 - 40 所示。

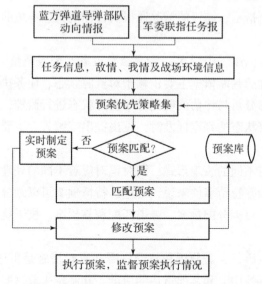

图 5 - 40　反导预警作战预案选调匹配流程

5.5.4 基于情景的预案微调

基于预案的协同运用中，最理想的状态是预案库足够丰富，能够对应可能的作战场景提供满足任务条件的预案。然而，作战场景的复杂性、装备技术的发展性、作战样式的变化性都使得预案库不可能穷尽。因此，在实际运用过程中，往往存在着预案并非完全匹配作战场景与任务的情况，需要在执行过程中对预案进行调整。与此同时，在作战高时敏性要求下，应尽可能在战前对预案进行充分推演和优化，战中调整仅限于微调。

预案微调的触发时机是情景的变化，包括：空天目标、环境和装备等要素的变化，体系探测效能的变化，装备资源开支的变化，通信条件的变化等。因此，需要通过机器实时感知空天态势，监测通信网络状态、预警装备资源开支情况与健康状态，计算动态效能评估结果，并及时给出提示或告警信息，由人来决策是否进行微调和如何进行微调。

预案微调计划中一般不涉及对预案的颠覆性调整，更多的是对装备任务、参数、信号等进行调整设置，或者装备的增替等操作。

预案微调的执行过程是：如果空天新威胁发生变化，基于效能动态评估结果，通过人机闭环实时研判与即时决策，快速生成预案微调计划，再由装备执行，适应空天威胁的新变化，获得对空天新威胁的高质量预警情报，获得效能优势。

5.6　本章小结

通过组网资源管控预案设计技术研究，突破了协同探测资源灵活、实时、预案式控制的技术难题。在分析组网资源管控预案设计必要性与现状的基础上，剖析了预案设计的多域融一原理与决策认知核心要义，建立了预案与体系效能的动态关系模型；采用粒度分层的关键思路提出了预案设计一般流程，并针对流程中四个环节要解决的不同问题提出了相应的方法和算法；探索并规划了资源管控预案的组成要素、执行方式、实现条件以及规则等，提出了基于"事件触发＋规则匹配"的预案执行流程；依据一般流程设计了协同搜跟、协同识别典型预案。研究成果为预警装备组网协同探测群论证、研制和使用提供了理论支撑、方法指导与协同预案范例；同时也为后续构建完善的预案库打下了坚实的基础。

参考文献

［1］Douglas D. How to Optimize Joint Theater Ballistic Missile Defense ［D］. Monterey, CA: Naval Postgraduate School, 2004.

［2］叶朝谋. 雷达组网系统资源管控研究 ［D］. 武汉：空军预警学院，2014.

［3］靳德宝，严振华，冯顺平. 联合空情预警作战规划问题研究 ［J］. 空军雷达学院学报，2010, 24 (5)：347 – 350.

［4］王海平，吴林锋，王刚. 多层反导作战管理系统中的作战预案技术研究 ［C］. //北京：军事运筹

学学会，2011年学术年会论文集，2011.

[5] 王俊梁，维泰闰，晶晶，等.基于预案的现代作战决策系统框架研究［C］.//北京：军事运筹学学会，2011年学术年会论文集，2011.

[6] 黄树彩，刘军兰，康红霞.弹道导弹防御的交战程序组设计［J］.空军工程大学学报（自然科学版），2011，12（3）：35-37.

[7] 吴林锋，王刚，杨少春.基于CBR的反导作战预案生成技术［J］.空军工程大学学报（自然科学版），2011，12（5）：45-49.

[8] 范海雄，刘付显，邹志刚.反导作战预案形式化建模研究［J］.现代防御技术，2013，41（1）：1-8.

[9] 王克格.美军弹道导弹防御指挥控制、作战管理及通信系统［J］.通信技术与装备动态，2013，4：1-7.

[10] 李建，王建国.美军全球一体化弹道导弹防御系统的中枢——C2BMC［J］.知远防务评论，2011，43（4）：42-50.

[11] Headquarters, Department of the Army. AN/TPY-2 Forward Based Mode (FBM) Radar Operations［M］.王浩，杨毅，译.北京：知远战略与防御研究所，2017.

[12] GILMORE J Micheal. Director, Operational Test and Evaluation (DOT&E) FY 2009 Annual Report［R］.Washington：美国国防部作战测试与评估办公室，2014：307-309.

[13] GILMORE J Micheal. Director, Operational Test and Evaluation (DOT&E) FY 2009 Annual Report［R］. Washington：美国国防部作战测试与评估办公室，2016：411-414.

[14] 刘健，姚澎涛，罗亮.早期预警雷达部署要求探讨［J］.航天控制，2004，32（4）：91-96.

[15] 刘健，罗亮，谢鑫.基于方位限制的反导目标指示雷达配置要求［J］.火力与控制指挥，2013，38（4）：57-59.

[16] 任俊亮，刑清华，邹志刚，等.基于一维距离像识别的反导雷达配置模型研究［J］.电光与控制，2014，21（3）：76-79.

[17] 任俊亮，刑清华.X波段雷达探测多弹道时的配置问题研究［J］.现代防御技术，2013，41（6）：20-24.

[18] 刘健，管维乐，姚澎涛.反导预警雷达部署方案的评价与优选［J］.航天控制，2015，33（1）：32-37.

[19] BENASKEUR A. IRANDOUST H. Sensor Management for Tactical Surveillance Operations［R］. Valcartier Defense Research and Development Canada Valcartier, 2008：29-49.

[20] Chen Jie, Tian Zhong, Wang Lei, Zhang Wei, Cao Jiansu. Adaptive Simultaneous Multi-Beam Dwell Scheduling Algorithm for Multifunction Phased Array Radars［J］.Journal of Information and Computational Science, 2011 (12)：3051-3061.

[21] Imam N, Barhen J, Glover C. Optimum Sensors Integration for Multi-Sensor Multi-Target Environment for Ballistic Missile Defense Applications［C］.Proceedings of the 2012 6th IEEE International Systems Conference. Piscataway, NJ, United States. IEEE Computer Society, 2012：256-259.

[22] 董涛，刘付显，郭新鹏，等.反导任务规划的重叠模式［J］.解放军理工大学学报，2013，14（4）：453-458.

[23] 董涛，刘付显，李响，等.反导作战任务分配方法［J］.空军工程大学学报，2014，15（3）：41-44.

［24］ 刘邦超，王刚. 区域反导传感器协同任务规划研究［J］. 现代防御技术，2015，43（6）：93 - 98.

［25］ 赵新爽，汪厚祥，蔡益朝. 反导预警作战资源调度方法［J］. 系统工程与电子技术，2015，37（6）：1300 - 1305.

［26］ BALLISTIC MISSILE DEFENCE – TECHNOLOGY，EFFECTIVENESS AND ORGANIZATION – KEY ISSUES［J］. Politeja，2017（50/5）：227 - 262.

［27］ Mike Y. RAN investing in world class missile defence solutions［J］. Asia – Pacific Defence Reporter（2002），2020，46（3）：16 - 18.

［28］ Anonymous. Missile defence systems to be offered on ACJ［J］. Flight International，2019，196（5709）.

第 6 章 人机决策融合技术

人机决策融合技术是生成人机融合决策的重要基础之一。本章在概述人机融合有关概念、需求、现状和发展等方面的基础上，针对复杂化、敏捷化与智能化的空天新威胁，重点研究了组网协同探测群人机决策融合的基本原理、闭环模型、技术架构与实施方法等内容，探索了人机决策融合技术制造协同探测复杂性的可能性与有效性，提出了综合评估人机融合决策有效性的方法和模型，建立了人机决策融合在雷达组网协同探测群中应用实施的流程模型，并梳理了一体化协同训练要求。人机融合决策使组网协同探测群更加灵活和更加智能，组网形态与预案选择优化决策更加快捷与有效，给敌方空天突防增加了更大的不确定性和复杂性，扰乱敌方空天突防预案及侦察、干扰、摧毁的临战决策。人机决策融合技术为解决人在回路的快速正确决策与资源管控奠定了理论基础，能在复杂空天作战场景多变快变灵活变条件下实现多雷达组网协同作战预案优选快调，能支持协同运用战法创新与实施，更能使协同探测群对敌生成预警探测复杂性，使雷达兵更加智能。

6.1 人机融合概述

要研究人机融合技术，先介绍智能、智慧、人工智能、人类智能、人类智慧等有关概念，再介绍人机协同与人机操作交互概念，最后介绍人机融合、人机智能融合、人机融合智能、人机混合智能、人机决策融合、人机融合决策、脑机认知融合等基本概念，厘清这些概念之间的差别和联系，为后续研究奠定基础。

6.1.1 智能与智慧

智能：大家熟悉又不完全能正确理解的常用词，目前尚不存在公认的"智能"标准定义。最近李德毅院士高度概括了智能定义[1]：智能具有两种基本能力，一是解释解决预设问题的能力，二是解释解决现实问题的能力。解释解决预设问题的能力，也就是学习的能力。智能内涵主要包含语言智能、数学逻辑智能、空间智能、身体运动智能、音乐智能、人际智能、自我认知智能、自然认知智能等，其特征是具有感知、记忆、思维、学习、行为等多种能力，通常用来描述认识与改造世界的能力水平。这个智能定义，定义强调了学习的重要性，尤其强调在物理空间表现的具身交互导致的感知智能和行为智能，在认知空间的思维导致的计算智能和记忆智能。回答了整个认知活动中"在哪里""是什么""为什么"和"怎么做"四个基本问题，不再区分是生命的智能还是机器的智能，不纠缠人的生命体特质中的意识、欲望、情感等。人类与其他动物一般都有智能。

人工智能（AI）：AI 是利用计算机技术，模拟、延伸和扩展人的智能能力，由人制造出来系统所展示出来的"智能"，包括学习、理解、推理、感知、语言识别等，一般用计算机软件实现，优势在于庞大的信息存储量和高速的处理速度，到目前为止也无法处理休谟提出的基本问题，即从"是"能否推出"应该"，也即"事实"命题能否推出"价值"命题，也无法处理情感的表征问题。所以，AI 是无意识的机械的物理的过程，不是人的智能，没有社会性，没有人类意识所特有的创造能力，更不会超过人的智能。"没有人，就没有智能，也就没有人工智能"这个道理依然存在和实用。

人类智能（HI）：主要指人类所具有的智力和行为能力，是人类特有的生理和心理的过程产物。主要体现为工作能力、记忆和思维能力、归纳和演绎能力、学习能力、行为能力等。HI 是人类认识世界和改造世界的才智和本领，它包括"智"和"能"两种成分，"智"主要是指人对事物的认识能力，"能"主要是指人的行动能力，它包括各种拔能和正确的习惯等。人类的"智"和"能"是结合在一起而不可分离的。相比 AI，HI 是主动智能，AI 是被动智能。

机器学习（ML）：是一种实现 AI 的方法，机器通过学习和理解数据来改进自身的性能。学习类型包括监督学习（SL）、无监督学习（UL）、强化学习（RL）、深度学习（DL）、迁移学习（TL）、零样本学习（ZL）等。SL 是学习带有标签的训练数据；UL 是学习未带标签的训练数据，须自行识别；RL 采取强制或奖励行动进行学习，具有较强的针对性；DL 通过模拟人脑的神经网络进行学习，学习更加精细，自主能力更强；TL 使用预训练模型进行学习；ZL 能对未学习过的环境进行预测。AI 与 ML 的关系由图 6 - 1 所示，其中交叠部分还有半监督学习（Semi - Supervised Learning）与自监督学习（Self - Supervised Learning）。这个关系图能帮助装备 AI 内核设置和优化、感知数据处理与自主决策。通过各种形式的学习，具备更好生成文本、图片、音频、视频等 AI 能力，这种能力也称作生成式 AI（Generative AI）。

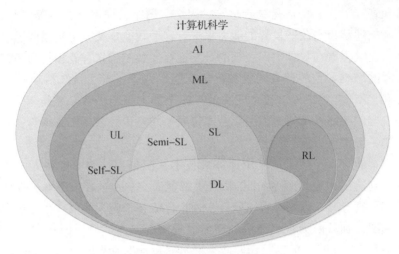

图 6 - 1 AI 与 ML 的关系示意图

智慧：是生物所具有的基于神经器官（物质基础）一种高级的综合能力，主要包含感知、知识、记忆、理解、联想、情感、逻辑、辨别、分析、判断、文化、中庸、包容、决定等要素。智能是心智的唤醒与执行，智慧是心智的感悟与创造。智能一般都可分为事实性与价值性智能形式，人工智能只是事实性智能的一部分，而价值性智能就是智慧！智慧不同于智能，智慧包含智能。智慧的特点是创造性，为人类所专有。

人类智慧（HW）：比人工智能具有更高级的综合能力，还包括情感、逻辑、辨别、分析、判断、文化、中庸、包容、决定等人类特有的感悟与创造要素，俗称"第六感觉"；HW 和 AI 的分水岭就是自主意识，AI 会不断强大，解决很多以往人类因为大脑的局限而解决不了的问题，帮助人类实现理想和目的，但无论多么强大，AI 仍然为人所用，仍然是人类的工具。AI 尝试通过大数据与逐步升级的算法实现人的情感与意识，目前还难以跨越，而人机智能融合将会是未来智能科学发展的下一个突破点。指战员的智慧是军事科学理论体系中规律的最高级的形式，能基于智慧对军事科学规律进行创造性应用，创新出军事艺术，这就是所谓"运用之妙，存乎一心"。另一方面，复杂性或非线性的军事科学更需要 HW 的军事创新发展。

博弈智能（GI）：是支持双方博弈的智能工具，如知识、想定、预案、策略、决策等智能战法。GI 是一个涵盖博弈论与人工智能等方向的一个交叉领域，但不仅仅是简单地"博弈 + AI"，重点研究个体或组织间的交互作用，以及如何通过对博弈关系的定量建模进而实现最优策略的精确求解，最终形成智能化决策和决策知识库。博弈智能的本质是对抗性角逐，即要摧毁对方的博弈意志，损人为本，研究的对象是对手的认知、思维、智能种种，博弈智能主要是实现更高价的觉、察并实施诈和反诈，是人机环境系统融合的深度态势感知，是人机融合的难点，是实现"敌变我变，与敌对口，先敌求变，高敌一筹"的有效方法。在雷达组网协同探测群战中预案微调流程中，"感知变化、评估效能、决策微调、实施微调预案"就是典型的预警领域博弈智能。

自然，非常容易理解其他智能的特征，军事智能就是对军事活动处理的能力；机器智能是机器辅助人类改变世界的能力，特性等同于人工智能；如果机器用于作战，装备智能等同于机器智能，就是装备自动处理作战事项的能力；计算智能就是装备大数据计算处理能力；决策智能就是智能化决策能力；认知智能就是智能化认知世界的能力；雷达智能就是雷达自动感知、研判、检测、跟踪和识别空天目标的能力。本书所指的机器智能主要是指智能化组网协同探测群的智能化能力，主要包括智能化组网融控中心系统与智能化组网雷达两种装备。

6.1.2 人机协同与人机交互

人机协同概念外延较为广泛，其内容既包括人机交互，也包括人机融合智能，其发展最为基础和悠长。人机协同是指人类与机器之间的合作、协调与相互补充，旨在通过人类的智慧和机器的计算能力相结合，实现更高效的感知和创造力的提升。在人机协同中，计算机主要负责处理大量的数据采集、计算及部分推理工作（例如演绎推理、归纳推理、类比推理等），人主要负责选择、决策及评价等工作，充分发挥人的灵活性与创造性，人与计算机密切协同，可更高效处理各种复杂问题。

人机协同的基本结构包括任务、交互、反馈等要素。一是要明确人机共同理解认识的任务，二是要明确人机要交互方式及传递的信息，三是要明确交互中的反馈通路和机制。反馈任务进展情况、解决问题方案等是人机协同的关键环节，能相互影响与作用人机之间的协同质量和效能。具体有：①指战员通过操作交互影响雷达，指战员的行为可以通过操作控制来影响雷达的工作模式和参数，例如，指战员通过键盘、鼠标等输入设备控制雷达计算机；②雷达的反馈影响指战员的决策，雷达通过反馈信息，给指战员提供建议和可选项，从而影响指战员的行为和决策，例如，当指战员操作雷达时，雷达显示器通过图像、声音等方式向指战员反馈信息，指导指战员的优化操作和决策；③指战员的知识和经验影响雷达的设计和技术改进，提高雷达性能，例如，指战员通过对机器学习算法的调整和改进，提升雷达的学习能力和智能水平；④雷达的功能和性能影响指战员的行为和决策,雷达通过提供更好的工具和技术,影响指战员的行为和决策,例如,随着人工智能技术的发展,雷达可以通过提供更准确的数据分析和决策支持,影响指战员的决策行为。简单而言,人机协同中的因果关系是一个相互作用的过程,人和雷达之间通过相互影响、相互作用来实现共同的目标和提升整体的性能和效益。

人机交互强调的是人类与计算机之间的交流和互动,通过用户界面和交互设计来提高用户体验和效率。人机交互主要从操作交互开始,也贯穿于人机决策融合与脑机认知融合,是人机智能融合的开端和基础,未来人机协同发展也离不开人机操作交互,未来智能人机交互也是目前装备研制中需要发展的方向之一。

通俗理解,人机交互就是人与机器的交流互动。作为术语,人机交互首次使用在《人机交互心理学》中,主要研究用户与计算机之间交互关系。在军事斗争中,人主要指各层级的指战员,机主要指各类武器装备;在预警协同探测领域,装备主要是组网雷达与组网融控中心系统。指战员通过显控交互界面与预警装备进行交流,并进行操作。按照人机交互的深度与内容,人机交互可分成低阶人机交互与高阶人机交互。低阶的人机交互通常是指简单直接的交互方式,主要依赖于人类用户对界面或设备的直接操控。如:键盘和鼠标、触摸屏、物理按钮、语音命令等。相比之下,高阶的人机交互更加智能、自动化和自适应。它利用如机器学习、自然语言处理和计算机视觉等先进的技术,使机器能够更好地理解和响应人类用户的需求。如:自然语言处理、个性化推荐、情感识别、自适应界面等。"交"是通过"看、听、触、碰"等浅层动作实施,"互"是"共感、处理、学习、判断"等深入渗透融合。受早期技术水平的制约,传统的雷达显控界面往往是"交而不互"或"交而难互",只能支持操作层面的简单交互,也就是典型的低阶人机交互形态,智能化性能比较弱化或严重缺乏,难以支持对组网雷达资源精细化管控,也就制约雷达组网敏捷组网运用能力。人机决策融合就是典型的高级人机交互,可为指战员提供辅助决策支持,帮助其做出更准确、高效的决策,不仅仅关注当前的状态和局势,还能够预测未来的发展趋势和可能的变化。

1973 年,计算机嵌入了宙斯盾 AN/SPY - 1 无源相控阵雷达系统中[2],得到了实装应用,把现代雷达系统分成雷达设备与雷达控制器,使雷达具备搜索、跟踪、识别、制导等多功能,通过雷达波束捷变,满足多种空天目标的预警监视。图 6 - 2 展示了当时人机交互的应用场景,指战员通过鼠标、键盘、显示器与雷达进行人机交互,通过键盘输入指令,雷达通过显示器界面显示探测结果及有关工作参数,提供指战员操作依据。显然,当时的人机交互是极其简单的，智能化的要素与能力几乎没有，但通过指战员与装备的操作交互，不仅能发挥和挖掘装备的能力，更能提升装备的作战效能。

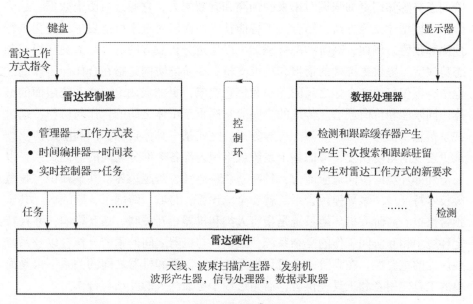

图 6 – 2　AN/SPY – 1 无源相控阵雷达系统中的人机交互

在 AI 技术高速发展时代，智能人机交互技术也快速发展，情感、生理、心理、语言、图片、手势等都为人机交互提供了新的交互方式，充分利用人类较强的判断力、创造力和情感认知能力，以及机器擅长重复、高速、精准处理大量数据的能力，基于预案式作战管理与探测资源精细化管控已实装应用。宙斯盾系统的雷达从 AN/SPY – 1 无源相控阵雷达发展到双波段有源相控阵雷达系统（AMDR – S 的 SPY – 6 雷达与 AMDR – X 的 SPQ – 9B 雷达），作战管理系统软件从基线 0 发展到基线 10[3]，弹道导弹防御能力提升至 BMD 6. x 版本，人机交互也从低级到高级。不仅具备了防空反导一体化（IAMD）能力，能够同时应对空中目标和弹道导弹目标的威胁，对弹道导弹目标还具备了远程发射（LOR）、远程交战（EOR）多种新型协同能力，拓展了舰载雷达探测视距限制，可在其探测视距外实现跟踪制导，提升了 SM – 3 拦截弹有效拦截距离，作战灵活性显著提高，是实现"以决策为中心、以预案为主线、以管控为重点、以资源为基础、以效能为目标"的敏捷组网协同运用的典型案例，也是人机智能融合实装应用的典范。

与高阶人机交互概念对应，形成了高阶态势感知、高阶协同、高阶人机环境系统等概念。高阶的态势感知是指在对环境进行感知和理解时，不仅关注当前的状态和局势，还能够预测未来的发展趋势和可能的变化。传统的态势感知通常是基于当前的数据和信息，通过分析和推断得出当前的状态和局势。而高阶的态势感知则更加强调对未来的预测和判断能力，它通过对历史数据、趋势分析、模型建立等方法，结合人工智能技术，能够对未来可能发生的变化进行预测和预警。例如，高阶的态势感知可以通过分析敌方的行为空天突防模式和态势演变，提供更准确的情报和决策支持。高阶的协同是指在合作与协作的过程中，不仅仅关注个体之间的互动和信息交流，更加强调组织和系统层面的整体协同效能和价值创造。传统的协同通常侧重于个体之间的合作与协作，通过共享信息、任务分工、资源配合等方式，完成某个具体目标。而高阶的协同则从更宏观的角度出发，考虑整个系统或组织内部各个部分之间的协同关系，以及与外部环境的协同适应能力，具有系统整体性、跨越边界、共享知识与智慧等技术特征。国家导弹预警系统就要全球预警，跨域、跨国家、跨战区，共享预警情报。高阶人机环境系统是指将人类和机器相互关联、相互影响，并在特定环境中相互协同工作的复杂系统，强调人与机器之间的紧密合作，以及系统整体性的重要性。在高阶的人机环境系统中，人类和机器之间的关系不再是简单的工具使用者和工具提供者，而是形成了更加深入的互动与合作。

6.1.3　人机智能融合与融合智能

人机融合概念具有宽泛的意义，目前还缺乏严格的定义，一般指人与机器的结合过程[4-7]，如早期的人机操作交互就是最简单的人机融合。在军事领域，人机融合就是指战员与武器装备的融合，人机融合的目的就是更好地完成指定的作战任务。理解性定义可描述如下，将人类智慧（HW）与装备（计算机）人工智能（AI）紧密结合的过程称之为人机智能融合，生成新的智能称之为人机融合智能（FI）。FI 是一种结合人类智能和机器智能的新型智能形态，也是一种广义上的"群体"智能形式。

在雷达组网协同探测群中，这里的"人"，指组网融控中心系统和组网雷达的各级指战员，包括指挥员、作战参谋、指令员与各类技术人员等，从广义上看，"人"不仅包括个人还包括众人。"机"指组网的协同装备，主要是组网融控中心系统和组网雷达等，从广义上看，"机"不但包括装备还涉及机制机理，除此之外，还关联自然和社会环境、真实和虚拟环境等。AI 是组网融控中心系统和组网雷达内部设置的模型、算法、规则等，相对比较固化；HW即指战员的智慧，因人而异。所以，要提升装备作战运用效能，既要关注装备设计研制时 AI 的基本内核，即算法、规则、模型等等；更要注重指战员的HW 水平及其两者融合的过程，这就要全面培养、训练指战员一体化协同探测能力，人机共同成长。从这个视角看，组网协同探测群是一个人机环境高度融合的人机融合智能系统，具备探测资源调度控制与探测信息融合两大功能。

通常，人类具有较强的判断力、创造力和情感认知能力，HW 擅长处理弹性、模糊和变化的环境，而机器 AI 则擅长处理大量的数据和执行重复任务。人机智能融合是主客观的结合，是人的认识能力与机器的计算能力的结合，是灵活的意向性与精确地形式化的结合。生成的新智能具有以下特点：①在智能输入端，它是把设备传感器客观采集的数据与人主观感知到的信息结合起来，形成一种新的输入方式；②在智能的数据/信息中间处理过程，机器数据计算与人的信息认知融合起来，构建起一种独特的理解途径；③在智能输出端，它把机器运算结果与人的价值决策相互匹配，形成概率化与规则化有机协调的优化判断。所以，通过人机合作、互补与交互等方式生成的新智能，比原来单一人类智慧 HW 或机器人工智能 AI 都要强大，这就是所谓的"智能＋"。

实现人机智能融合难题主要原因：①时空和认知的不一致性，人处理的信息与知识能够变异，其表征的一个事物、事实既是本身，同时又是其他事物、事实，一直具有相对性，机器处理的数据标识缺乏这种相对变异性；②人意向中的时间、空间与机形式中的时间、空间不在同一尺度上（一个偏心理一个侧物理）；③在认知方面，人的学习、推理和判断随机应变，时变法亦变，事变法亦变，机的学习、推理和判断机制是特定的设计者为特定的时空任务拟定或选取的，和当前时空任务里的使用者意图常常不完全一致，可变性较差，其本质是计算—算计的平衡。

6.1.4　人机混合智能与人机融合智能

人机融合内容、方式与层次深度的差别，会产生不同层次的融合智能。如果人与机器相加式结合，即"人＋机，或 HW＋AI"，生成人机混合智能（MI）。MI 侧重事实性数理物理结合，价值性结合较少。如果人与机器相乘式融合，即"人　机，或 HW　AI"，生成人机融合智能（FI）。FI 既包括事实，也涉及价值，既有数理物理交互，也有心理伦理交流。可以理解为，FI 比 MI 融合层次更深，MI 是 FI 的低价和初级阶段，FI 是 MI 的发展结果。但在许多应用场景中 FI 与 MI 意义比较接近。在有些文献中，往往不细分 FI 与 MI 的差异，表达基本相同的意思，所以也常常混用。

需要说明的是，在有些文献中，人机融合描述为人类智能 HI 与人工智能 AI 的融合，而不强调人类智慧 HW 与人工智能 AI 的融合。但在本书中，强调人机融合智能 FI 是人类智慧 HW 与装备人工智能 AI 的深度融合，而且 FI 不等于 MI，FI 不同于 HW 或 HI，也不同于 AI。FI 是 HW 与 AI 的深度融合物。

6.1.5　人机决策融合与人机融合决策

若人机融合的内容以决策为主，融合的方式是基于装备辅助决策基础的指挥员最终选择决策，生成的是人机融合决策（FD），即优化决策，其融合过程是人机决策融合（DF），所需要的技术是 DF 技术，这是人机智能融合的细化深化分支。组网协同探测群的 DF 更加注重指战员与装备之间的深层次渗透，主要指各层次指战员的综合 HW 与预警装备系列 AI 的深度融合。DF 充分发挥了人和装备的优长，是由人、装备、环境系统相互作用而产生的新智能，表达人类与机器各自特点的新的、更高级的智能，即大家俗称的"智能＋"，也就表达装备作战运用的水平、能力和效能，FD 的高低就表达了探测群战斗力大小。

在雷达组网协同运用中，主要决策内容包括组网雷达选型、数量、部署、协同模式与参数等选择，即选择组网形态与资源管控预案。人机融合内容既包括人的情感、生理、心理、语言、图片、手势等非逻辑要素，又包括预警装备优化部署、任务规划表、优先级、工作模式参数、健康管理与维修保障等信息和建议。FD 发挥了装备内核系列 AI 潜能及大数据运算、关联与判断等逻辑处理优势，又发挥了指战员非逻辑的理解、思考和决策，是各种"有限理性"与"有限感性"相互叠加和往返激荡的结果。

实际上，人机决策融合不仅仅是做出简单选择，而更需要实施一系列人机交融迭代的与人机长期训练的过程。人是有认知的，不会像物理实体那样只遵从物理定律，指挥员在对作战问题进行分析时也不会只是简单地机械重复，指战员最终决策也是遵循决策"备选、期望、偏好、规则"等基本逻辑。具体表现在以下几方面：①要基于实际情况设计出足够好、足够多的备选方案，并初步判断这些方案的可能性和可行性；②要预期推算出各个备选方案会产生怎样的结果，以及每个结果出现的概率是多少；③根据各个备选方案产生的结果及可能出现的概率，评估各个备选对目标的实现有多大的价值，也就是说，需要评估各个备选方案能在多大程度上实现目标，要付出多大的代价和成本；④还要考虑决策规则和机制等问题，也就是作战规则、应对策略、触发机制、评估模型指标、任务优先级排序规则等。

有效的人机决策融合还需价值和事实两个基本要素来支撑。价值要素主要是指决策者的价值观，是 HW 的一部分；事实要素是指决策者面临的决策环境、条件等基本情况，是装备 AI 处理的结果。价值要素决定了决策者的价值目标，约束了备选方案的评估和选择，是决策的起点—基于价值观需要实现某个目标因而提出方案，也是决策的终点—评价备选方案能在多大程度上满足价值目标并实施中选方案以实现目标。事实要素支持决策者根据事实进行思考，设计出备选方案，在选定方案时也需要考虑决策的环境和条件是否具有可行性。人机决策融合的本质在于同时控制事实和价值，装备可以通过处理大量的事实信息来提供决策支持，指战员则根据自身的价值观和判断能力来对装备提供的辅助决策进行解读和优化决策。在人机决策融合过程中，事实和价值相互作用，相互影响，共同推动决策的优化，所以，人机协同的本质在于同时控制事实和价值。

6.1.6　脑机认知融合

大脑是我们思想、情感、感知、行动和记忆的源泉，大脑的复杂性赋予我们人类智慧，同时使我们每个人都独一无二。脑机认知融合就是把人脑想象、思考、决策等意识让机器演示其过程、结果与实施方案等。采用 VR、元宇宙等先进技术，依托雷达组网协同运用仿真、孪生、平行等作战支持系统，基于假设的空天场景与对策，在机器上直接呈现协同运用预案的优劣、实施流程、所需边界条件等，具有比人机融合全面、直观、快捷、深化、试错容易等优点，可解决弹道导弹时敏性与弹头群复杂性等协同运用资源管控难题。

实现脑机认知融合的关键技术是脑机接口[8]。脑机接口技术是在脑与外部设备之间建立直接通讯和控制通道的人机交互技术，可用大脑活动所产生的生物电信号操控外部设备，或以外部的电、磁、声等信号调控大脑的活动，被称作是人脑与外界沟通交流的"信息高速公路"。脑机接口是实现智能人机交互高阶形态的关键途径，在无人装备操控、辅助情报分析、战场静默通信等领域具有重要军事应用价值。

脑机接口技术主要包括采集技术、刺激技术、范式编码技术、解码算法技术、外设技术和系统化技术，在美国已得到高度重视，成为生物技术和信息技术深度融合的下一个主战场。根据脑电信号获取的方式，脑机接口可以分为三种类型：非侵入式、半侵入式和侵入式。非侵入式不需要外科手术，只需要贴附头皮表面的可穿戴式设备记录脑电信号，直接进行采集和处理，但信号衰减严重、信噪比低、难提取；半侵入式将电极贴附在颅骨或大脑皮层表面，信号分辨率明显优于非侵入式，且具有更高的信噪比；侵入式通过神经外科手术将电极植入大脑组织内，其信噪比和分辨率最高，但手术创伤和长期损伤风险最高。侵入式脑机接口需要神经外科手术，电极长期植入始终需要面对物理损伤和免疫反应问题，技术门槛高、难度大，因此目前基于侵入式技术的脑机接口公司仅占不到5%。在军事应用方面，脑机接口代表了一个新兴的颠覆性技术领域，如战士可以通过佩戴脑信号采集帽对相应武器发出作战指令，达到降低人员伤亡，加强作战能力的目的，还可以监测作战人员的生理和心理状态，利用监测到的数据及时分析战士情绪、注意力、记忆力等生理心理指标，从而增强相关作战人员军事技能的表现。

脑机接口系统应满足"准确、高效、稳定、易用和安全"五大需求。脑机接口系统应具有准确的大脑意图解码算法；高效的信息解码效率，快速地反馈响应和执行任务；稳定的设备性能与抗干扰能力；易用、轻便、舒适的使用体验；安全的植入、采集和信息传送保障。脑机接口应从性能指标与可用性指标两个方面有效衡量脑机接口系统是否满足五大需求。性能指标主要体现在响应时间、识别正确率、可输出指令数量和菲茨吞吐量（Fitts Throughput）四个易量化指标；可用性指标主要体现在易用性、长效性、鲁棒性、安全性和互操作性五个指标。

6.1.7 自主决策与自动执行

1.3.3节介绍了探测群能力特征，自主决策与自动执行是探测群重要的智能化特征。在探测群作战运用中，在决策生成与实施过程中，涉及协同装备辅助决策自主生成、最终决策指战员选定、决策自动执行等概念。为了避免误解和混用，本节先作简要介绍，为后续流程描述奠定基础。

自主，简单理解就是根据信息自我决断和决策，实现自我管理、自我指导和行动，自主程度可粗分为人操作、人派遣、人监督、全自主四个等级。自主与自动概念既有区别，又有联系，有些文献经常交替使用，但严格理解两者并非同义词。装备可具有初步自动（Automatic）、自动化（Automated）或自主（Autonomous）能力，这取决于装备内部认知过程与智能程度，其之间的递进关系如图6-3所示。

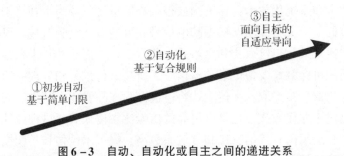

③自主
面向目标的
自适应导向

②自动化
基于复合规则

①初步自动
基于简单门限

图6-3　自动、自动化或自主之间的递进关系

初步自动一般基于简单的门限值进行判断，通常基于固定的控制策略、算法和预设的参数来执行控制操作，只能处理特定类型的数据和信息，一般难以进行自主学习和优化；较高水平的自动化一般基于多项规则进行综合判断。对

任何形式的自动系统，自动操作必须受一系列规定性规则和算法的制约，不能偏离这些规则和算法，也就是软件约束，例如，经常看到的各种无人机集群表演，往往只是自动飞行，而非自主飞行。而自主系统则要依据要实现的任务目标，在感知、理解和解释其运行环境的基础上，最终根据实际情况决策最佳行动方案。因此，相对于给定的边界，自主系统的行为更加多变，可预测性更低，这也是将自主系统称为自适应执行任务（Goal - oriented and Self - directed）系统的理由。例如，美军正在验证的协同作战飞机，是具备一定智能化水平的无人机，依据作战任务与空天环境自主飞行，无人机的自动飞行到自主飞行，是一个技术跨越。目前，美军"毒液"（VENOM）项目就是实现人监控下的智能自主技术，正在验证各类自主技术的可靠性，基本具备实战能力。需要注意的是，在人机协同中，一方面指战员的需求和意图常常是复杂、多变的，而装备 AI 能力仍然有限；另一方面装备的自主程度越高，越容易脱离指战员的控制。所以，在人机协同中装备的自主程度不一定越高越好，需要考虑装备自主和指战员控制之间的平衡。

自动选择与自主选择的最大区别在于，自动选择的结果几乎是确定的，比如自动化机器按程序执行规定操作；而自主选择的结果要考虑多种不确定因素，比如各种随机应变和言外之意、弦外之音等，其自主选择结果往往也是不确定的。自动化产生式一般是事实性推理，因果关系是秩序的；通常工业自动化有明确的数学模型与边界条件，由软件精确控制，规定动作长期实施。自主决策就是按自己感知、处理和判断进行决策，不受别人支配。武器装备自主决策依据战场感知结果、AI 内核模型、设置规则等进行自主决策，选择武器装备作战模式和参数自动实施，整个过程不需要指战员的干预，只要条件触发就自动实施。武器装备要实现自主决策与自动执行，首先需要自主系统与自动系统支持，也就是武器装备要具备自主与自动能力，更重要的是给于自主和自动的权力权限，一般在有限的战术动作中会实施预案自主决策与自动执行，实际上自主级别是分层分权的，在一定环境条件下，自主决策与自动执行。

针对复杂空天威胁突防环境，及预警装备资源、预警任务要求等影响辅助决策的要素，考虑雷达感知可能不全面、不及时、不准确，协同装备自主辅助决策只能比优与选优，是全局概略最优的模糊处理，难以精确建模，实际应用中也不一定需要精确建模。这也就是智能技术的优势所在，能解决系统整体优化问题，能解决异常处理问题，能解决系统缓慢变化带来的问题，这就是组网协同探测群需逐步应具备的"设变、知变、应变、求变"的自主能力。美军在马赛克作战概念设计中，基于 AI 与自主系统来实现决策中心战[9]，实现低成本、快速、致命、灵活和适应性强的核心思想。

实现协同装备辅助决策自主推送，组网雷达与组网融控中心系统要有自主辅助决策能力，这也是对探测群一体化设计要求的一部分。对组网雷达来说，主要有：①空天目标环境等场景的自主感知、处理、研判等能力；②雷达本身资源开支及工作状态上报能力；③支持自主处理所需算法模型开放优化能力。对组网融控中心系统来说，主要有：①辅助决策目标灵活设定能力，基于探测任务设置决策目标；②协同预案制定能力，针对可能的空天突防想定，设计好分类分层系列化预案矩阵（库），能支持自主辅助决策需所的管控预案，适应空天突防环境的多种变化；③决策实施能力，不仅有坚定的决策信念和决策执行力，而且支持自主决策实施，当条件满足时，组网融控中心系统基于选定的预案对组网雷达实施资源的自动控制；④决策后果评估能力。

纵观目前各类武器信息处理系统的辅助决策能力，离全面实战要求差距还较大，自主辅助决策能力非常有限，且不好用。正由无自主辅助决策向半自主辅助决策、完全自主辅助决策发展。特别在宏观任务规划式辅助决策、仿真模拟式辅助决策、虚实联动式辅助决策等方面初见成效，像决策型兵棋形成的管控预案可实时传递到现实装备，给指战员提供实时参考，及有效的辅助决策。

6.1.8 人机融合技术发展现状

人机融合技术一般可按融合内容、方式和层次进行分类，按融合内容和方式可有以下三种典型技术，人机操作交互、人机决策融合与脑机认知融合技术。人机操作交互是人机智能融合的开端，脑机认知融合是人机智能融合的最新发展，人机决策融合是目前雷达组网协同运用中必须解决的关键技术之一，是目前研究要突破的热点之一。人机融合智能是人工智能发展的必经之路，是未来世界的宏伟蓝图。

人机智能融合的发展历史可以追溯到 20 世纪 50 年代早期，人机融合技术发展可梳理为传统人机协作、人机协同、人机融合、人机一体化四个典型阶段。第一，传统人机协作阶段。在这个阶段，人类和计算机各自完成自己的任务，通过简单的接口进行通信和交互，传统雷达的人机交互就是通过显控界面，实施操作层面的简单交互，如键盘、鼠标、光笔等输入设备，显示器利用图标和符号等方式来增强信息的可理解性。第二，人机协同阶段。在这个阶段，人类和计算机开始相互协作，将各自的优势结合起来，完成更为复杂的任务，这是目前军事装备智能化主要技术途径。例如，新一代雷达的健康管理系统，雷达内计算机能长时间检测雷达整机工作情况，经健康模型初判雷达的健康状态，供指战员决策与维护。又例如，在工业生产中，机器可以完成一些重复性、繁琐的工作，而人类则可以进行更加灵活、创造性的工作。第三，人机融合阶段。在这个阶段，人类和计算机深度融合，形成一种新的智能体。这种智能体可以更加高效地解决一些未来更复杂的任务。例如，雷达组网协同探测群的融控中心系统，就是人机融合的智能体，经过融控中心系统的感知、处理、研判，提出组网形态与管控预案等辅助决策，供指战员参考决策，来主动适应时刻变化的空天突防目标和环境。又例如，通过神经接口将人类的意识与计算机连接起来，实现人类智慧与计算机人工智能实时互相交流。第四，人机一体化阶段。这是人机融合未来发展阶段，如脑机融合。在这个阶段，人类和计算机已经彻底融合在一起，共同形成一种新的智能体。这种新智能体不仅可以完成更为复杂任务，还可以自我学习和自我进化，从而不断提升自身的智能水平。未来，随着人机融合智能技术的不断发展，可以期待更加智能化的人机交互方式和应用场景，人机融合智能发展路线图是一个不断进化和逐步融合的过程，需要通过不断的技术创新和实践探索来实现。

人机智能融合技术工程化应用仍受到许多瓶颈的制约。一是人工智能算法的瓶颈，二是传感器技术的限制，三是数据隐私和安全问题，四是人机交互的设计和优化，五是人机融合效能评估。为有效解决上述瓶颈难题，人机融合技术未来发展方向主要有：①智能硬件技术，也就是智能化预警网架构与智能化预警装备，即智能化协同运用柔性闭环构建技术；②智能算法技术，也就是预案设计方法、探测效能和资源利用率动态计算、优化策略、优先级排序规则等内容，即智能化协同运用资源管控预案设计技术；③云计算与数据安全技术，基于预警装备在多种场景中探测的大量已有数据，再加上实时探测的大数据，模板匹配、模型修正优化、效能比对等需要大数据学习处理环节，都需要云计算、存储来支持，并保证数据的安全；④前后台一体化技术，未来应用场景更加突出前后台一体化，不只是装备前台少数指战员在作战，参战装备可连着后台的作战实验室与孪生训练场，装备研制人员与战法研究人员也在实时研究分析数据，后台适时提出辅助决策建议，供前台指战员决策参考，这也是智能化雷达兵的重要特征之一；⑤人机决策融合有效性评估技术，通过人机决策融合，可提升决策的时效性与正确性，也带来决策实施后综合探测效能与资源利用率的提升，选择决定人机融合得益指标与建立得益评估综合计算模型是技术难题之一。

6.2　人机决策融合的必要性

在未来智能化复杂战争中，人在回路的指控模式依然重要，特别在战略与战役决策阶段，人仍然是不可或缺的主体，人机融合决策凸显重要作用。在组网协同探测群运用中，针对空天目标与环境、预警任务与装备状态等要素的实时变化情况，协同探测群的任务、指控与装备工作模式等都需要敏捷变化，人机融合决策的支持，即需要人机决策融合技术的支撑。下面分成多个维度来说明研究人机决策融合技术的必要性。

6.2.1 实现人控战争的需要

从人控制战争本质看，战争的本质仍然是人与人智慧、精神与意志的较量。人是作战形态演化的推动者，是智能武器装备的创造者，是战争行动的设计者和战争进程的控制者，在涉及大规模杀伤武器、战略核武器等关系人类命运的重大军事问题上，绝不能让机器代替人进行决策，人机决策融合的重要性显而易见，特别在战略决策与战役指挥上更显重要，这也就是"人在回路"或"人在环中"的指控模式。所以，具有自主功能的武器系统必须实施人在回环控制。

战争的复杂性、范围和速度驱使军事强国拥抱新技术以维持竞争力，成功的战术行动需要实现敏捷性、适应性、前瞻性以及快速思考和有效决策。例如，美军多样化作战概念设计及新版《联合作战概念》[10-12]，就是为了打一场让"对手看不懂"的战争，通过分布式部署、灵活性组合、智能化指控，整合传感器、平台和决策流程，让对手在认知上就对战场态势和作战机理不理解，无所适从。这是将战争对抗从机械化战争中比谁"力量大"，到信息化战争中比谁"速度快"，再到现代战争中比谁"决策对"的又一次转变。实际上，通过增加复杂性来扰乱对手的决策流程，逼迫对手引入新的决策参量，导致其决策变得更加复杂，从而改变因果关系和决策流程，最终使其走向混乱，难以正确快速决策。

美军为了保证己方决策的正确性与时效性，通过建立对手模型来描述对手理论上或常规情况下可能采取的作战样式，建立事件矩阵来提前判断对手将要采取的行动，来保证己方决策正确性与速度；另一方面，通过制造空天突防的复杂性，产生多重困境来扰乱预警对手的决策周期，并通过比对手更快更好地感知、理解、决定、行动和评估以建立决策支配地位，从而实现空天突防作战的敏捷性。例如，2021年美国陆军未来司令部发布编号为71-20-9的手册《陆军未来司令部2028指挥控制概念：追求决策优势》（AFCC-C2）中的核心内容[13]；2023年美国海军部长又签发了《决策优势愿景》[14]，这是美国海军部第三份优势愿景文件，提出了要从以项目为中心的传统管理模式向动态数据驱动、结果导向的管理模式转变，以有限的国防经费，加快决策流程的创新和现代化，巩固大国竞争优势。

6.2.2 满足协同任务敏捷转换的需要

针对复杂化、敏捷化与智能化的空天突防新威胁，协同探测群的任务也需要敏捷转换，来承担空天多目标截获、跟踪和识别等多任务，协同运用作战过程中，人机融合决策不可缺憾。主要理由如下：

①从预警作战复杂场景看。空天新威胁突防方式更加多样，多类多种空天威胁高低、快慢、密集、真假等灵活组合，样式复杂，变化快捷动态。在应对这种复杂空天突防场景中，要完成多空天目标截获、跟踪、识别、制导等多任务和多功能，预警资源的闭环管控需要人机决策融合，而且人机决策融合的模式也有差别。另一方面，几十年来世界多样化战斗表明，应对多样化的复杂战场，人机融合与自主机制如果使用得当，可提升作战效能；②从新型相控阵雷达资源优化分配看，新型二维有源相控阵预警监视雷达具备了广域监视、精确跟踪、准确识别、直接制导等多项功能，在广域搜索监视的基础上，可兼顾精确跟踪和识别，甚至直接闭环信火杀伤链。但单雷达探测资源有限，同时使用广域搜索、精确跟踪、准确识别、直接制导等功能时探测资源有限，探测资源冲突明显。破解此问题的有效方法是区域组网与资源协同运用，需要人机决策融合技术来解决最优决策，解决组网探测群资源的优化使用，共同完成广域搜索、精确跟踪、准确识别、直接制导等任务，提升组网探测群资源的利用率与协同探测效能；③从预警装备智能化能力看。在今后相当长的一段时间内，智能化技术的发展与工程化应用水平，还难以使组网融控中心系统与组网雷达完全满足自主模式的要求，其控制模式仍无法脱离指战员交互、操作、协助等形态，还采用人机融合的作战模式。实际上，空天突防与预警决策博弈是双方人与人之间的对垒，脱离人的因素谈智能化博弈也是不科学的；④从预警指战员智能化能力素质看。预警指战员智能化能力素质需要培养，组网协同探测一体化训练手段建设、协同预警作战规则制定、探测效能实时动态评估模型、探测资源管控预案（库）设计建设、智能化雷达兵建设都需要过程与时间。在未来智能化预警作战中，人机决策融合必不可少，实现人机共同成长。

6.2.3 适应闭环管控模式转换的需要

协同探测群的指控主要是指探测资源的管控，在这里，资源管控是预警指控的核心内容，等价于预警指控。协同探测群资源管控模式也可分成典型的"人在环中""人在环上"与"人在环外"三种情况，这里的"环"是指实施协同运用的资源管控闭环，也简称为"回路"，与第 1 章中"人在回路"意义相同。这种分法体现了指战员在资源管控闭环回路中对决策生成与决策实施的干预程度。

　　"人在环中"指控模式，就是指战员在资源管控闭环中，也就是人在回路。通过人机决策融合，最终决策组网形态与管控预案，并在战中决策预案的微调，适用于时效性要求相对较低与感知信息边界还不十分确定的防空预警作战活动中，这是预警作战的主要协同运用方式。"人在环外"就是决策完全自主生成、预案自动执行的自主指控模式，指战员短时间脱离协同运用资源管控闭环。一般适用于两种典型情况，一是突防场景简单、指控关系明确，感知信息完整、要素信息齐全，可以实现自动化指控；二是预警作战时效性要求高到没有指战员思考、决策与干预的机会，例如，弹道导弹二次拦截的预警、评估及决策场景，受时效性约束，往往只能由自主系统实施自主预警和拦截。"人在环上"指控模式，就是指战员干预程度介于"人在环中"与"人在环外"之间，有监督的决策自主生成和决策自动实施。指战员在资源管控闭环上实施全面监视感知、处理、决策和实施过程。如果需要，指战员可随时介入闭环中，实施"人在环中"的指控模式。主要适用于预案准备充分、战场边界较明确、要素信息感知较完整的预警作战活动中，如协同探测隐身飞机、巡航导弹、战术弹道导弹等较高威胁空天目标。

　　在实际协同运用中，这三种指控模式也难以绝对分离，往往混合使用，视空天战场情况而定。能否实施"人在环上"与"人在环外"指控模式，还取决于装备的智能化水平、指战员人机决策融合的水平、战前预案设计准备情况等。实际上，随着越来越复杂的空天突防场景与协同运用技术的发展，指战员需要从"人在环中"指控模式，逐步转型到"人在环上"与"人在环外"，人机决策融合的内容、方式和要求会随之改变。当前，由于受协同探测群智能化水平等多方面的制约，比较有效的指控模式是人在回路中。

6.2.4　人机融合决策的作战优势

　　通过人机决策融合，生成人机融合的优化决策，可制约敌方决策速度和正确性，主要包括削弱、拒止、破坏、损坏和摧毁突防方行使指挥控制的能力，实现比对手更快、更有效地理解、决策和行动。在协同探测"资源群、预案库、决策树"三要素制胜机理中，人机融合的优化决策起到中心作用，使指战员获得了组网形态与管控预案的决策优势，也获得了资源精准管控的行动优势，最终获得协同探测的预警信息优势，这就体现了组网协同运用的决策制胜的中心作用。优化的决策给敌方空天突防增加了更大的预警不确定性和复杂性，扰乱了敌方空天突防预案及侦察、干扰、摧毁的临战决策，能有效应对高复杂、强对抗、高动态、多时空、不确定、不稳定的空天新威胁，同时给予敌方更大的预警动态性、复杂性和不确定性，对消敌方非对称优势。

所以，优化的人机融合决策是预警不确定性和复杂性的源泉，是破解空天突防复杂性难题的出发点，能使组网协同探测群更加灵活和更加智能，也为解决人在回路的快速正确决策与资源管控奠定了理论基础，能在复杂空天作战场景多变快变灵活变条件下实现多雷达组网协同作战预案优选快调，能支持协同运用战法创新与实施，更能使协同探测群生成预警探测复杂性，使雷达兵更加智能。

6.3　人机决策融合的基本原理与闭环模型

在雷达组网协同运用中，通过人机"HW * AI"融合来生成 FD，存在多层次复杂的、交叠的闭环关系。对人机决策融合技术闭环的理解和建模，可从多个维度来看，可从人与机要完成的功能来看闭环，也可从预警作战主要环节来看闭环，还可从人机决策融合的作用来看闭环。

6.3.1　OODA 基础闭环模型

经典 OODA 闭环是由美国空军军官和战略思想家约翰·博伊德（John Boyd）提出的，它强调观察（Observe）、定向（Orient）、决策（Decide）和行动（Act）过程的有机循环，以快速响应和适应环境变化，用于指导指战员在复杂和快速变化的环境中进行决策和行动，是一种用于快速和灵活适应复杂环境的闭环决策模型，特别适用于在充满不确定性和博弈智能情况下的快速和准确决策。这一决策模型已在军事、商业和其他领域得到了广泛的应用，其目标是比对手更快地执行 OODA 循环过程，双方比拼的是己方的 OODA 环迭代速度，尽可能做到快速响应战场态势，并渗透扰乱敌人的决策周期。这也是人机决策融合闭环模型构建的指导和牵引，后续的人机融合决策多类型模型与经典OODA 非常类似，可对比理解。需要特别注意的是，OODA 循环并不是一个简单且单一的循环，而是一个迭代反馈的过程，信息在整个决策中通过多个反馈循环，而且每个环节也不是孤立的步骤，在整个反馈循环中相互联系，这些行为既可以同时发生，也可以按顺序发生。它是一种思维模型，一个学习系统，一种处理不确定性的方法，也是一种赢得正面竞争和竞赛的策略，这就是OODA 循环的底层逻辑。

观察通过所有感官获得态势感知，是一个持续的过程，用来获取所需的信息，在雷达组网协同探测群中就是对战场环境的全面感知，是判断和决策的基础；在观察阶段，一是观察到不完美或不完整的信息，二是信息过载，难以将信号与噪声分开。定向是整个 OODA 循环中最关键的步骤，它决定了 OODA 循环的特征，而当前循环则塑造了未来方向的特征。帮助指战员快速理解局势，生成下一步多个行动方案，供指战员决策选择。在雷达组网协同探测群中就是对感知的大数据进行处理分析，并估计特征、找出规律、判断战场环境现状及变化等，提出多个组网形态与管控预案建议，并进行优先级排序。决策是指根据定位阶段的分析结果，依据任务与战场条件选择最佳的行动方案，包括制定行动计划、优化资源分配、评估实施风险等，在雷达组网协同探测群中就是最终决策组网形态与管控预案，也就是选择最好的假设，即有根据的猜测。行动是指根据已经做出的决策，采取具体的行动来实现这些决策，来测试和验证这些假设。包括执行计划、调整行动、收集反馈信息，并根据情况进行相应的调整，在雷达组网协同探测群中就是依据选择的组网形态与管控预案，实时控制组网雷达参数，实现多雷达协同探测。显然，没有感知，就无法了解当前空天突防环境的状态和变化，没有准确的定向，就无法做出明智的决策。在充满不确定性、快速变化和潜在威胁的复杂空天突防环境中，协同探测群最终决策要具备适应性和灵活性，要具备更加及时和敏捷的观察和决策能力。在实际对抗条件下应用 OODA 环作战理论，可以得到决策中心战的核心思想，即决策中心战聚焦破击对手的"定向"环节，敌方即使掌握战场态势信息，也难以判断己方作战意图，进而难以确定打击重心和防御方向，做出有效的战场决策。

6.3.2　F2T2EA 杀伤链闭环模型

早在 2000 年，美国空天杂志给出了 F2T2EA 杀伤链闭环较完整的概念。杀伤链闭环被分成发现、定位、跟踪、瞄准、交战、评估六个主要阶段或环节，如图 6 - 4 所示。直到 2013 年此概念正式写入美军 JP3 - 60 联合瞄准作战条例《Joint Targeting》[15]，并规范了每个环节要实现的功能，分别在 2018 年与 2021 年对 JP3 - 60 进行了修订。很显然，六个环节都与协同探测、人机决策、信火铰链等要素密切相关。杀伤链闭环支持先进作战管理系统（ABMS）落地，也就实现联合全域指挥控制（JADC2），将传感器、网络、平台、指挥人员、作战人员和武器系统无缝集成到一起，实现快速信息收集、决策和兵力投射，通过决策与快速构建杀伤链来获得胜利。

在 2018 年新版 JP3 - 60 中，规范了杀伤链闭环每个环节的主要任务与要实现功能。在发现（Find）阶段：依据上级作战任务和命令，重点关注作战区域内的动态事件和动态目标，对出现在所辖范围内的目标进行探测，对传感器进行任务规划部署；在定位（Fix）阶段：对出现的目标进行分类、识别和定

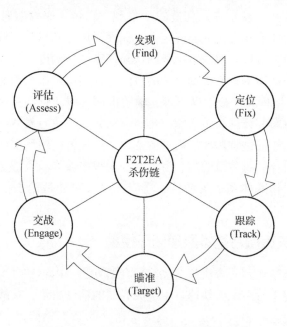

图 6 - 4　F2T2EA 杀伤链闭环概念示意图

位，对其是否为时敏目标（TST）、高价值目标（HVT）、高回报目标（HPT）进行初步判断，并进行信息分发及确定进一步信息获取的需求；在跟踪（Track）阶段：主要任务是对目标进行航迹维持，判定目标的价值、评估接近情况，并判定是否为 TST、HVI、HPT，并根据情况调整任务计划；在瞄准（Target）阶段：主要是确定目标优先级、迎敌时间线、评估打击窗口、天气影响，分析火力需求，制定交战方案和攻击方案等，这一过程相对复杂；在交战（Engage）阶段：主要是指令下发与执行、攻击目标、火力引导、效果评估等；在评估（Assess）阶段：评估打击效果，为后续决策提供动态评估结果。通过海湾战争应用验证，实施 F2T2EA 过程出现了时间分配问题，一定程度影响了闭环杀伤效能，后续优化打击时敏目标的杀伤链闭环时间要在 30min 内，并且前四个环节要在 5min 内完成，要把剩下的 25min 留给打击和评估。实际上杀伤链闭合实施的时间与实际作战目标和场景密切相关，随着 AI 技术与高时效作战需求的发展，杀伤链闭合实施的时间在不断缩短。例如，在美国陆军会聚工程 - 2020 作战实验中，成功将远程火力杀伤链"发现—打击"时间从 20min 缩短到 20s，实现指数级加速。这更加表明，人机决策快速准确融合显得特别重要。

在现代战争中，杀伤链的闭合速度已成为决定战争胜负的关键因素。美军通过积极应用 AI 技术，来显著提升杀伤链闭环中各环节的速度和质量，从而不断提高作战效能。特别在杀伤链的"发现、定位、跟踪"环节，针对战场环境的高度复杂性、动态性和不确定性，深度运用认知科学、机器学习等技术和方法，辅助指挥员提高对战场态势的认知速度和准确度。另一方面，美军更加注重通过算法推演提升其辅助决策的科学性，实施一系列智能决策计划，如"深绿计划"、"指挥官虚拟参谋"等，辅助指挥员拟制行动指令、填补行动细节、研发替代方案和评估决策影响。再一方面，美军重点发展动态可重构的智能杀伤网，根据作战进程和作战需求的变化，依托智能组网实现作战力量的动中拆分、动中组合，将分散的陆、海、空、天等多域作战资源优选组合、能力动态集成，增强作战体系的灵活性、适应性以及对冲抵消杀伤网节点的聚集效应。

6.3.3 人机决策融合基本原理闭环模型

从融合智能聚焦到融合决策，决策融合的方法、内容和过程等都有自己的特点，组网融控中心系统要快速自主生成有效的辅助决策，指战员要在机器辅助决策的基础上进行最终决策。人机决策融合的基本架构是"人谋机算与机辅人主"闭环，基本原理与闭环模型如图6-5所示，其功能与相互关系如下。

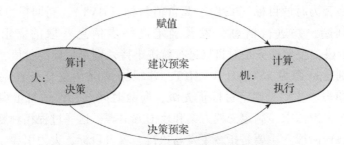

图6-5 人机决策融合基本原理与闭环模型

闭环中的人，主要承担非逻辑算计与研判等任务，更注重于策略、计划和判断，涉及更广泛的因素，如人的意志、道德等，要解决的是"做正确的事"；闭环中的机，主要承担逻辑计算处理等任务，寻找比较确切的答案或解决方案，要解决的是"正确地做事"；闭环，人机交互闭环或人机融合闭环，提供融合的基本环路，计算提供了需要的数据和分析结果，为算计提供支持和依据；而算计则指导计算的方向和策略，使其更加高效和准确，这是计算与算计在人机融合中的完美统一，也就实现了人机融合的"即时聚优"，寻找到了组网协同探测最佳策略或行动方案。寻找最佳协同策略或行动方案的过程，也被称作为空天态势感知。所以，态势感知和即时聚优都是应对复杂多变空天环境，快速做出正确决策和行动的关键能力。

实现计算与算计的完美统一需要人机之间的密切合作和相互信任,按照图
6-5人机决策融合基本原理与闭环模型,在协同探测群作战运用中,指战员
总体谋划空天预警作战策略,赋值预警装备使命任务;预警装备基于综合感
知、数据处理和初步研判,自主提出并推送辅助决策建议,再经指战员选择决
策,生成人机融合的优化决策,赋值预警装备执行,实现空天匹配探测。优化
决策具备了 AI 与 HW 的各自优势,既能快速高精度连续处理逻辑大数据,又
能处理情感、价值、观念等非逻辑问题,能用 AI 提升数据处理速度和精确性,
用 HW 去确保决策的有效性,体现了人机群体决策智能。可从多个维度来分析
研究人机决策融合的闭环模型,典型的有两种:基于人机分工的功能性闭环模
型与基于协同运用各作战环节作用性闭环模型。

6.3.4　人机决策融合的功能模型

在实现人机决策融合时,人与机各有分工,也有各自特色,人与机分工模
型如图 6-6 所示。人,包括研制协同探测群设计人员与使用协同探测群各层
级指战员;机,包括组网协同探测群的融控中心系统与各组网雷达,人机融合
构成闭环系统。在人机决策融合过程中,融控中心系统的主要功能是综合提出
组网形态与管控预案等辅助决策建议,供指战员参考;指战员的主要功能是最
终选择组网形态与管控预案,这也是典型的人机融合闭环模型。

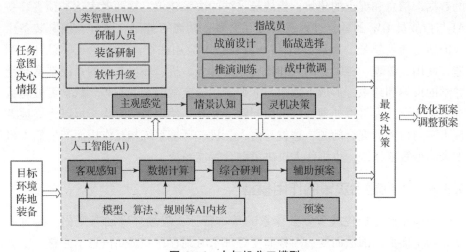

图 6-6　人与机分工模型

人类智慧 HW 主要来自装备设计研制人员与装备使用指战员两部分,设计
研制人员预制协同探测群各装备内部的 AI 系列模型和协同规则等内核,使协
同探测群具备智能化感知、处理与辅助决策建议输出等能力;指战员全程参与

协同探测群的使用，包括战前预案设计与推演训练，临战综合感知、协同探测形态与管控预案选择决策，战中情景感知与预案微调决策。此外，还包括设计研制人员对协同探测群的适时升级、指战员在战后对管控预案的优化归档等。AI 主要包括融控中心系统与各组网雷达内的系列模型、算法、规则、预案等，基于 AI 实施"感知—处理—辅助决策"宏观处理流程，对外部空天目标和环境、内部工作状态的感知，并进行大数据关联、特征提取、场景初判等处理，提出资源管控预案及实施条件、预测效能、优先级等辅助决策建议给指战员选择。这是感知信息、利用信息和加强信息的典型处理模式，也是信息域的优势来源。优化选择的管控预案再精准控制各组网雷达进行协同探测，即优化预案下的探测资源精准控制。所以，研制人员和指战员要共同信任，共同理解作战概念，制定规则，设计预案，把作战理念、想法、认知、战法、决策要转化为装备能自动执行的软件和指令；装备要在指战员控制或监督下，快速响应指战员的决策和命令，包括自动采集所需数据、分析统计、提出建议、实现控制等。从串并行视角看，人机决策融合处理包含串并行过程，人与机先并行感知和处理，再串行进行决策。

另一方面，各层次指战员也全面感知可能的先验知识，并理解多样化作战任务及其优先级，获得决策支持信息。所有建议经指战员的综合考虑，生成上报的综合态势与威胁评估，以及本级实施的多类型预案决策等。预警装备处理的数据、信息和提出的建议，指战员采纳的决策建议，这两者表达了预警装备 AI 与指战员 HW 的融合过程及其交互关系，两者智能融合越好，预警装备生成的新智能就越强。所以，AI 在预警装备中应用往往离不开论证、设计、制造、使用、管理、维护它的人和环境，这种人、机、环境共在的系统常常超越数学的束缚和约束，形成了数学与非数学领域交融混杂的态势。数学可处理数据事实问题，人可以处理理解价值问题，尤其是使用数学方法，可以更好地处理事实与价值的混合问题，这就是由人、机、环境系统相互作用而产生的人机融合新型智能系统，也称作人机决策融合智能系统。

6.3.5　人机融合决策的作用模型

不确定性是现代战争复杂体系的基本特征，战场环境动态变化，因时而变、因境而变、因法而变、因势而变等现象时刻存在，感知信息不完整、空天突防态势和威慑研判不确定始终存在。通常采取指战员在探测资源闭环回路中的方法，即"人在环中"指控模式，来尽量保证协同运用的决策正确性与时效性，同时给对手制造复杂性与不确定性，并避免完全自主化的决策风险，解决应变调案等难题，适应瞬息万变的战场要素，实现人主导制胜。指战员在实际决策中，还要进行必要的预测和推算，来应对出现的不确定性与不完整性，使最终决策更加科学和可行。预测强调的是根据过去的观察、经验和模式推测未来事件或未知数据的结果，而推算则更侧重于基于已知的信息和逻辑推理得出结论或推理未知的信息。

图 6-7 给出了组网协同探测群协同作战运用中各作战环节的人机融合决策的作用模型，细化描述了组网协同运用全过程中各作战环节人机决策融合方式、内容与反馈作用。在战前预案设计和任务筹划中，料敌从宽，预案设计尽量全面、周密、科学和可行；在临战组网形态与管控预案选择选择决策中，全面感知和理解面临的空天作战环境，谨慎决策，避免组网形态与管控预案选择决策错误；当预案在战中执行后，实时监视空天战场环境的变化，实时感知空天环境的变化，动态评估探测效能与资源开支情况，实时研判探测效能，及时作出预案是否需要调整及如何调整的决策。这个作用模型也称作 PREA 闭环模型[16]。与普通的 OODA 环理论相比，PREA 闭环模型更体现协同运用的决策特点，表征了融合决策对各作战环节的赋能，也表达"人人、人机、机机"闭环嵌套、环环相关的决策融合复杂过程。

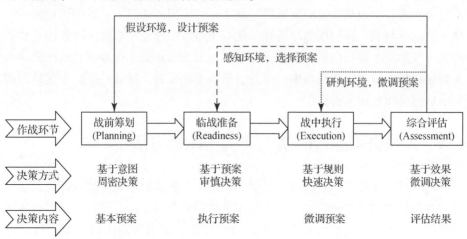

图 6-7　各作战环节中人机融合决策的作用模型

人机决策融合贯穿组网协同探测群作战全过程，通过这样的人机决策融合，既保证了人主导制胜，又缓解了人机时空矛盾。特别当出现感知信息不完整、不确定与不稳定等动态变化情况时，会影响装备辅助决策质量。必须发挥指战员随机应变与丰富作战经验优势，基于对先验知识、重要程度、决心策略的理解，实施预测、研判和决策，尽量提高最终决策的正确性，适应瞬息万变的战场要素。这就是协同探测群人在回路决策的特殊性，需要指战员在不确定与高度动态作战环境中对协同探测持续监控和决策，不同于普通自动化系统对确定性态势感知处理。另一方面，指战员二次开发与战法创新，研制人员对模型、算法、规则等软件的持续升级，也就进一步体现人主导制胜，提升智能管控能力。另一方面，在信息丰富的时代，不同程度存在人机交互的时空矛盾，如：要控制参数越来越多，操作步骤越来越复杂，操作速度越来越快，显示图表信息越来越多，容错能力可能越来越低，指战员操控的时空压力越来越大，这些都有可能影响快速正确决策。所以既要发挥 AI 在感知、处理、深度学习、辅助决策等方面快速、精确、重复性好、不疲劳的优势，又要充分发挥 HW 对全局的预测、判断和决策的优势，合理分配人机功能与反应时间，使人机界面结合达到最优，用优化的可视化数据与便捷人机交互界面来减轻指战员的脑体多方面的负荷。

6.3.6 闭环模型技术特征

总结 6.3 节人机决策融合闭环模型研究，可以看到，人机决策融合闭环存在于雷达组网探测群设计研制与协同运用中，不同用途多类多种闭环互相交叉、彼此交叠、层层嵌套、虚实相间、软硬关联，相互组合构成人机复合闭环，为实现智能人机决策融合提供了基本条件或闭环通路，获得协同运用敏捷性，给敌方制造了协同探测复杂性，使对手难以快速侦察组网区域各雷达承担的任务与协同方式、部署和数量，频率、波形和极化等工作参数，给己方带来了协同探测效能与资源利用率的提升，形成了正反馈。这就是不同于其他预警作战运用的闭环技术特征。

6.4 人机决策融合的基本架构与赋能方法

前面已描述清楚，人机融合，是人的主观与机器的客观相结合，是灵活的意向性与精确地形式化的结合。人的主观过程可分为记忆、理解、认知与决策等层级，机器可分为感知、处理和决策等层级，两者在对应的层级进行交互融合。

基于图 6-6 和图 6-7 基本原理与作用模型，图 6-8 给出了实现人机决策融合的基本架构、处理环节与赋能方法，是典型的"感知输入—综合处理—决策推送"基本架构[17]。该架构也可看成由"全面感知数据—精确提取特征—准确估计参数—科学推送辅助决策"四个技术环节组成。感知输入是目标、环境、装备、任务、人员等预警要素，实时感知空天目标环境的客观数据，各组网雷达构成感知大数据集。综合处理包括数据分析理解、特征提取、参数估计与场景研判等细环节，包括各级指战员、组网雷达、组网融控中心系统的交互操作、相互提示的共同理解和处理，实现从"数据到信息"的转换，必须从堆积如山的数据中筛选出最有用的信息特征。支撑的是指战员与装备的内核，主要包括装备内部模型、算法、规则、预案等 AI 内核与指战员具有的价值、经验、知识、理解、研判等 HW 内核。输出是人机融合决策，即优化决策，实现从"信息到情报、再到决策"的转变，最终实现"数据到决策"的转换，获得决策优势。

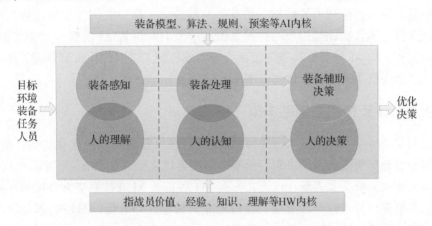

图 6–8　实现人机决策融合的基本架构、处理环节与赋能方法

从人机两个处理维度看，装备基于 AI 实施"感知—处理—辅助决策"宏观处理流程，指战员基于 HW 实施"理解—认知—最终决策"宏观处理流程，两个流程同时交叠进行，融合生成优化决策。装备对外部空天目标和环境、内部工作状态的感知，与指战员对任务、敌情、我情等理解研判相对应，两者交叉引导，互相支撑，实现最优感知与理解。装备大数据关联处理、特征提取、场景初判等处理，与指战员的认知研判相对应和交叠，实现最优处理。装备提出资源管控预案及实施条件、预测效能、优先级等辅助决策建议给指战员选择，指挥员基于对场景的理解和认知，最终选择决策实施的资源管控预案。

从图 6–8 基本架构可以看出，人与装备的决策融合处理环节相互交叠，存在人机迭代闭环与复杂的交互过程。HW 与 AI 互相赋能过程和方法主要包括 HW 赋能 AI、人与装备共同感知、AI 支持决策优化、HW 与 AI 迭代优化等，最终支持人机决策融合实施。

6.4.1　HW 赋能 AI

人要把正确的思想、知识、模板、理解、感知与动作等多种智能认知预先赋予装备，构成装备内部 AI 基本内核和模型，让装备能更好地理解 HW 的意图，模拟 HW 的行为，拓展人的处理能力，延伸人脑功能，是 AI 能力与增长的内核基础，也是未来升级的源泉。主要赋能的方式包括：①研制人员预置分类分层的大数据感知类型和要求、统计处理规则和模型、检测门限和研判准则等 AI 技术内核，是装备智能化的基础；②指战员设置的作战观念和价值取向、作战规则、触发机制、任务优先级排序规则、应对策略等作战运用 AI 内核，是装备智能化运用的基础；③指战员设计、推演、训练过的预案库和规则等；④有效的装备目标环境等模型、仿真和演练数据、典型案例等多层次数据库，是探测群一体化训练与作战的数据基础。这个 HW 设置 AI 内核、赋能装备的系列过程，为 AI 与 HW 决策深度融合与实现机辅人主的优化决策奠定了基础，提升了指战员决策的科学性和效率。

6.4.2 AI 支持自主辅助决策

AI 与 HW 共同作用，既支持临战组网形态与管控预案的优化决策，也支持战中形态与预案的微调决策。预案微调决策优化原理如图 6-9 所示，AI 支持自主辅助决策主要表现在以下几方面：①各雷达 AI 支持对空天目标和环境、阵地和装备自身进行全面感知，获得感知大数据，并进行针对性处理与学习，提取有关特征，识别空天目标数量属性，预测空天目标威胁，预估电磁干扰和阵地周边环境，评估雷达自身健康与资源开支状态，基于任务和有关先验知识研判探测效能。在此基础上，各雷达把感知的部分重要原始数据、提取的中间特征、装备状态信息与威胁预判结果送融控中心系统；另一方面，各雷达研判结果也能支持阵地参数优化、大气模型修正补偿、健康管理和维护等；②融控中心系统 AI 支持综合研判，推送出预案微调辅助决策建议，包括调整预案的内容、方式、条件、优先级等，也就是即时调整的协同探测参数，也可称作协同战术微调；③指战员基于辅助决策建议的基础上，最终决策微调预案，再由各雷达执行。所以，装备 AI 提高了对空天目标和环境研判的正确性，减轻了指战员对多环境的认知负荷，支持全面感知、准确研判、微调决策、资源管控等人在回路的预案微调决策过程，缩短了预案微调决策与响应时间，给突防方增加了协同探测复杂性，扰乱了敌侦察干扰决策，增加了敏捷组网协同探测制胜的可能。

整个自主辅助决策过程，也是人机融合的"即时聚优"过程，在实际应用中，态势感知和"即时聚优"紧密关联。态势感知提供了必要的信息和数据，而"即时聚优"则是在这些信息的基础上，通过分析和判断，推送最佳辅助决策。这是应对复杂多变环境中，快速做出优化决策和行动的关键能力。

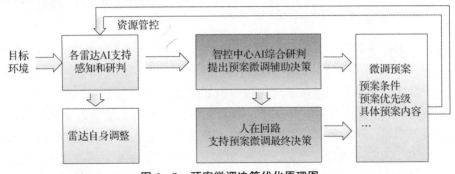

图 6-9　预案微调决策优化原理图

6.4.3　HW 与 AI 迭代优化

AI 来源于 HW，AI 是 HW 的"认知和算法"的表达与实现，而 HW 在实兵实装演练中不断升华，人的深思熟虑与最终决策不仅支持探测任务的完成，还可不断优化装备内部的预案、算法、规则和模型等 AI 内核。基于数字孪生系统或模拟训练推演系统，通过系列学习与训练，指战员不断提升了对组网协同运用概念和流程的理解，转型体系作战观念，创新协同运用战法，具备能正确感知空天战场环境、全面理解协同运用流程、准确研判可能出现的情况、优化选择组网形态与预案、随机应变与灵机决策等指挥素养和能力。在指战员在做出快速决策时，心中应该明白实施条件、可能效能、风险与代价等作战成本要素，即"人决心明"，支持决策制胜。HW 设置预案、算法、规则和模型等 AI 内核越精细，装备提出的辅助决策建议会越具体、越全面、越实用，边界条件越详细，也就 AI 对 HW 的赋能作用越大。这样形成的"HW-AI-HW-AI…"反馈迭代的人机智能融合的新型"人机智融"闭环，在实际使用中通过"人机智融"闭环不断迭代，可持续提升协同探测群智能化能力与作战水平。

6.5　人机决策融合生成/破解复杂性

空天突防与空天预警，是"体系对体系、敏捷对敏捷、智能对智能"的总体博弈，既是复杂性的源泉，又是破解复杂性的切入点。突防方要在侦察的基础上进行针对性突防决策，防御方要在感知的基础上进行预警决策，不仅要获得"敌变我变、与敌对口"的快速优势，更想获得"先敌求变、高敌一筹"的先发优势，在博弈中获胜。本节在理解战争复杂性的基础上，研究雷达组网协同群运用人机决策融合技术，生成协同探测复杂性，破解空天突防复杂性。

6.5.1 理解空天新威胁突防复杂性

在大国竞争背景下，强敌已把复杂性视为一种为对手制造多重困境的武器。2021 年，美国兰德公司空军项目组发布《在大国竞争和战争中利用复杂性》[18]系列研究报告，探讨了现代战争的复杂性问题。"战争的迷雾""战争的偶然性""战争结果的不可重复"等经典术语，说明了战争的复杂性特征。随着战争形态、作战方式、军事技术的不断发展，空天武器突防在作战空间、突防样式、指控决策等多方面，体现出多维、多样、多类、多变等作战复杂性。现代防空变得异常复杂[19]，特别是高超声速临空目标的预警和拦截。

宏观上，战争复杂性可从以下两方面来进一步理解。一方面，战争具有"不可重复"性质。简单系统的结构通常比较稳定或者不变，结果具有确定性，因果对应清楚，可重复、可预测、可分解还原等，已经成为我们默认的科学思维方法。世界上还存在很多复杂系统，这些系统存在着整体性质，像人体、社会、经济、战争等，都属于这一类。复杂系统变化因素多，而且往往与人类相关，系统结构不够稳定或者可变，具有适应性、不确定性、涌现性、非线性等特点，导致系统输出结果不可预测，往往也不重复。社会、经济、战争、城市等系统都是典型的复杂系统。现代多样化混合战争是人类最复杂的实践活动，也是一个复杂巨系统。所以，战争具有"胜战不复"的特点，其实反映的就是战争复杂系统的"不可重复"性质。正是因为复杂系统存在复杂性，原因和结果不能——对应，会导致经典的相似性原理失效，所以也就无法用传统方法对其进行建模和研究。

另一方面，战争复杂性与物理复杂性不同。物理复杂性的来源往往在于其物理运动规律是复杂的，在当前的技术条件下，简单物理实体变化一般遵从物理定律，其变化规律一般可预测、可描述、可建模。人类不是杂乱无章、没有思想的粒子，也不是只有简单生命逻辑的低等生物，具有判断和决策认知能力的智慧生物，不会简单地照搬物理思维去思考人类社会的事情，会通过因果关系对结果进行反思、总结经验再调整，然后决定后面如何行动。所以，认知对抗与指挥艺术造成了战争的复杂性，战争复杂性来源于人的认知和决策，指战员的认知对社会或战争带来的影响往往是难以预测的，拿物理思维去思考人类社会与战争复杂性会常犯错误，而且人的认知还会不断发展，这又会进一步影响后续的认知，但由于认知具有很大的不确定性，所以未来的行动也就难以预测。

针对第 1 章 1.1.1 节详细描述的空天新威胁，突防方基于事先和临战的侦察情报与要达成的突防目标，会制定敏捷和灵活的突防决策。突防复杂性主要体现在空天威胁突防时间、方向、规模、类型、数量、威胁程度等要素的敏捷变化，给预警方制造了空天突防时间、方向、规模、类型、数量、威胁程度等要素正确研判的复杂性。在雷达组网协同运用上，也就难以快速正确决策组网形态与管控预案，难以实现空天目标的匹配探测。

6.5.2 生成协同探测复杂性的机理

雷达组网协同探测群是一个人机环境高度融合的人机融合智能系统，在雷达组网协同探测群中，组网融控中心系统推送组网形态、资源管控方案、优先级排序、预测效能、实施条件等辅助决策建议，供指战员决策时参考，在此基础上，指战员决策组网形态，选择资源管控预案，并在战中决策预案微调，这就是协同探测群生成的最终人机融合决策。

纵观整个雷达组网协同运用作战流程，随着作战时间的推进，探测任务、空天目标、战场环境、探测群装备、指战员数量和能力素养等预警多要素会发生不同程度的变化，当某一或多要素改变时，人机决策融合的时刻、内容和方式都会发生相应的变化，决策的结果也是有差别的，这实际上是"HW - AI - HW - AI…"反复迭代的结果。这就是人机决策融合具有明显的时间关联性和事件关联性特征。时间关联性即在不同的时间需要不同的筹划内容和组织形式，事件关联性即战场不同的事件需要不同的筹划决策方式，这就是协同运用灵活性、敏捷性、复杂性的基本源泉。除了上述涉及要素的差别，不同指战员好存在认知水平与指挥艺术的差异，生成的优化决策往往是不同的，这也是协同探测群智能化在人机决策融合上的具体表现。正因为人机感知与理解的差异性，再加上人机决策的敏捷性和灵活性，制造了雷达组网协同运用的人机融合决策的多样性和复杂性，也就是协同探测复杂性，使对手难以快速侦察组网区域各雷达承担的任务与协同方式、部署和数量，频率、波形和极化等工作参数。

可以认为，协同探测复杂性来自敏捷组网的"排兵布阵与对策"的敏捷变化，即决策组网形态与管控预案。不让突防方侦察清楚，不让突防方决策跟上预警方变化的速度。这种基于辅助决策建议基础的决策融合方法，具有明显的决策优势，不仅能提升预警优化决策的速度与正确率，通过协同运用敏捷性，对敌制造了协同探测复杂性，更是破解突防方空天威胁复杂性的有效途径，还可避免决策的盲目性，能有效应对敏捷空天突防。

6.5.3 破解空天突防复杂性机理

针对空天新威胁突防的复杂性，就必须围绕认知与决策这个核心特点，在人机融合决策上下功夫、找方法。把认知复杂性与决策灵活性相结合，运用科学思维与优化决策的方式来破解复杂性问题。所以，破解空天威胁突防复杂性的总体思路就是采用通过人机决策融合技术，首先是通过协同运用敏捷性来生成预警探测复杂性，同时破解空天新威胁突防复杂性。

在雷达组网协同探测群运用中，指战员决策组网形态与选择管控预案，不仅要考虑以前的有效决策、最新的任务要求、可能的探测资源状态及准备好的预案（库）等，而且要全面感知和实时研判当前面临的空天威胁，判明空天突防的时间、方向、规模、类型、数量、威胁程度等核心要素。从作战时间维度与决策生成要素看，人机决策融合前后贯穿战前筹划、临战准备、战中执行、动态评估、战后优化等多个环节，涉及感知、处理研判所需的 AI 系列内核等技术要素。最终决策组网形态与管控预案，支持预案设计、选择、执行、微调与优化的实施，实现战前预案选择与战中预案微调的正确决策，原理示意如图 6-10 所示。组网融控中心系统与各组网雷达都要全面感知战场环境，实时处理感知的各种数据，研判面临的空天威胁，动态评估目前的探测效能，提出资源管控预案微调方案，供指战员选择决策。组网融控中心系统推送的辅助决策建议包括组网形态、各组网雷达优化部署及工作模式参数、管控预案、优先级等。经指战员选择决策，得到人机融合优化决策，即敏捷组网形态、优选的管控预案与预案微调方案，这也是"以决策为中心"的显著理由。这一原理与上述图 6-6 至图 6-9 表述，其本质是一致的。

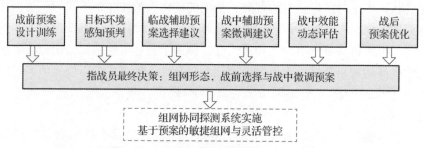

图 6-10　生成人机融合决策涉及的要素

6.6　人机决策融合的流程模型

流程模型是流程的逻辑结构，用于对应流程的步骤、规则和决策。按照 6.3.5 节图 6-7 所示的人机融合决策在探测群协同运用的作用模型，人机融合要在两个阶段进行决策，一是临战阶段作出组网形态与管控预案的决策，可理解为"临案选择"。在战中要作出组网形态与管控预案是否微调及如何微调的决策，实际上往往是预案实施分叉选择，可理解为称为"战案微调"。从预警作战任务管理的视角看，作为一个执行的任务，战案微调一般只考虑管控预案微调，暂不考虑组网形态的微调。本节先描述探测群协同运用人机决策融合的全流程模型，再分成辅助预案推送与指战员决策预案生成两条支路，重点分析辅助预案与决策预案生成的流程模型。

6.6.1　人机决策融合的全流程模型

在雷达组网协同运用作战全过程中，以预案为主线，人机决策融合的核心内容是预案优化决策，其决策过程自然贯穿预案设计、选择、执行、微调等多个环节，所以，本节以预案优化决策为例进行描述。按照 1.5.2 节图 1－13 所示的基于预案的协同运用闭环流程，协同运用优化决策具体环节包括：①战前人机反复交互进行预案设计、仿真、推演和训练等；②临战时刻，组网融控中心系统先自主推送将要实施的"粗预案"，可以理解为准备预案，供指战员决策用。随着感知的全面和深入，推送的预案不断细化和优化，有关管控参数进一步明确，逐步迭代生成"细预案"，可以理解为执行预案；③按照决策选择的细预案，自动管控各雷达的探测资源，实施多雷达组网协同探测；④战中人机融合决策预案微调，并自动执行；⑤战后优化时刻，人机复盘研讨，优化预案。

图 6－11 给出了实现"以决策为中心、以预案为主线、以管控为重点、以资源为基础、以效能为目标"的协同运用人机融合优化决策详细闭环流程模型，共细化成 23 个小环节。

纵向是战前、战中和战后时间维度，横向是实施流程小环节，构成了矩阵模式，也称为矩阵模型。矩阵前 3 行表达了临战前组网形态与管控预案决策选择流程，即临战的临案选择流程，矩阵第 4 行表达了战中的预案微调流程，矩阵第 5 行表达了战后预案优化，全部 5 行是完成整个协同探测任务的预案优化决策流程及模型。在每行中都表述了一个典型的闭环，目的是让设计的预案、做出的决策、入库的预案尽可能最优，实际中闭环数量可能会超过 1 个。在流程实施的具体过程中都有可能多次反馈，实现流程最优。

1－1 假设想定：考虑可能的探测任务假设想定，细化敌情我情等场景，细化仿真模型。

1－2 准备粗预案：针对某想定假设及可能的变化场景，基于已经设计的预案，梳理和优化要用的预案，概略选择 10 个左右的预案簇（粗预案）进行推演训练；预案编号采用三级：Ax－By－Cz，ABC 分别表示类号，大中小三类，逐次嵌套；xyz 表示层次号，逐层细化。准备的预案数量要能适应该想定

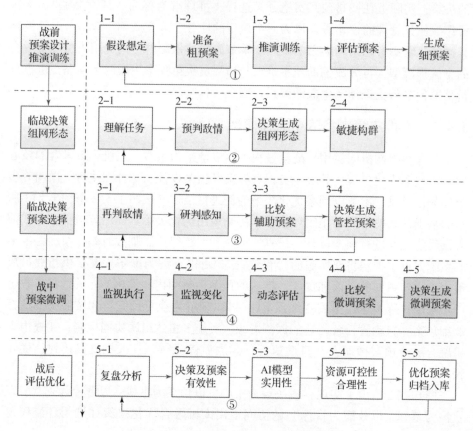

图 6-11　人机决策融合的全流程模型

可能出现的变化；如果预案不够，则进行补充设计。

1-3 推演训练：基于概略选择的 10 个预案簇，进行全员一体化推演训练，熟悉每个环节人机交互内容、使用条件及可能出现的问题，最大限度减少不确定性。

1-4 评估预案：对推演训练的预案簇按优先级进行评估排序，给出使用条件、决策时机和内容、可能效能、注意事项、待确定边界等。

1-5 生成细预案：进一步细化评估好的预案，选择满意的预案作为预案辅助决策输出。如果感到不满意，继续反馈优化过程，直到满意为止。

2-1 理解任务：分析理解上级下达的探测任务，特别要理解支持决策综合态势图与支持拦截的信息保障图（TOM）之间的差别。

2-2 预判敌情：综合分析航天、技术、谍报等多元先期和当前的侦察情报，预测敌弹道导弹可能的发点、弹道、弹头数量、突防场景与突防时间等。

2-3 决策生成组网形态：基于上述敌情预测，综合考虑上级意图、已有部署、装备状态与其他任务等要素，定下组网协同探测群的形态，包括规模（主战、备用等）、指控权限、信息交互关系等作战决心与宏观决策，概选预案簇，如 A1 簇和 A3 簇等。

2-4 敏捷构群：依据定下的作战决心和决策，敏捷构建组网协同探测群，并检查校对协同探测群的时空一致性与通信链路；如有可能，基于构建的探测群与概选的预案簇进行适应性训练。

3-1 再判敌情：在预判敌情的基础上，依据临战前最新的敌情通报，持续研判敌情及变化情况。

3-2 研判感知：指战员持续分析研判组网雷达与组网融控中心的综合感知结果。

3-3 比较辅助预案：基于敌情变化与综合感知结果，指战员分析比较由融控中心辅助生成的优化预案建议，包括预案的使用条件、有效性、可行性及优选级等。

3-4 决策生成管控预案：在上述研判的基础上，指战员从优化预案建议中决策选择一个资源管控预案，如 A1-B3-C5 号预案，作为执行预案，决策生成管控预案。

4-1 监视执行：组网融控中心形态基于选择的预案（如 A1-B3-C5 号预案），实时控制各组网雷达探测资源，进行协同探测，指战员监视此预案的执行情况。

4-2 监视变化：指战员持续监视空天目标和环境的变化，一方面在预案实施流程分叉点进行必要的决策，另一方面为预案是否调整提供依据。

4-3 动态评估：组网融控中心实时动态评估协同探测效能，为指战员提供探测效能研判结果。

4-4 比较微调预案：类似于 3-3，战中分析比较由组网融控中心系统推送的辅助调整预案建议，包括预案的使用条件、有效性、可行性及优选级等。

4-5 决策生成微调预案：指战员持续监视敌情变化、综合感知结果与效能动态评估结果等要素，从调整预案建议中决策生成调整预案，例如由 A1-B3-C5 号预案微调成 A1-B3-C6 号预案，微调探测资源以适应空天目标和环境的变化，完成调整预案决策流程。

5-1 复盘分析：此协同探测任务完成后，实施作战过程复盘分析，主要检讨预案有效性、决策正确性、装备 AI 内核模型实用性、装备架构和接口格式适应性、作战规则合理性等情况。复盘与数据分析研讨评估结果都反馈给探测群，实现装备软件与预案战法同步优化升级、指战员共同进步提高，既支持预案"设计—使用—评估—优化"战术闭环，也支持装备"使用—评估—升级"技术闭环。闭合了指战员在预案设计、选择、执行、微调与优化的回路。

5-2 决策及预案有效性：评估指战员实时决策的准确性及决策流程合理性，及用过的组网形态与预案，探寻问题，达到优化流程、预案及预案库的目的。

5-3 AI模型实用性：全面评估AI内核模型的实用性，包括装备预置的模型、算法、规则和门限等技术内核，指战员设置的作战规则与触发机制等作战运用内核。

5-4 资源可控性：全面评估探测资源管控闭环架构的合理性，及雷达探测资源的可控性，提出技术改造建议。

5-5 优化预案归档入库：基于复盘情况，进一步优化预案，归档有关预案。

需要说明的是，2-3 决策生成组网形态与 3-4 决策生成管控预案是相关的，不同的组网形态承担不同的协同探测任务，需要对应的资源管控预案配合。所以，辅助组网形态与管控预案推送是联动的，指战员最终决策也是一起的。

基于图6-11的基本流程模型，在数字孪生系统进行仿真推演，可验证协同搜索、跟踪、识别、制导等策略，进一步认识了预警装备体系协同运用的机理、策略、效能和边界等，获得以下有用的结论：

1. 针对跟踪资源有限问题，采用前置雷达搜索任务优先、后置雷达跟踪任务优先的协同搜跟策略，可显著提升目标跟踪数量。

2. 针对单雷达弹头识别资源有限问题，采用卫星发射事件估计、低频段早期预警雷达弹头群目标粗分类、中频段跟踪雷达弹头粗识别、高频段精跟识别雷达弹头精识别的弹头序贯识别协同策略，充分挖掘了体系识别潜能。

3. 针对精跟精识资源开支大的问题，采用精确识别、高数据率跟踪任务先分担、结果再融合的协同制导策略，可显著提高制导目标数量。

4. 针对雷达抗主瓣干扰能力弱问题，采用协同对消技术和策略，能有效抑制或降低主瓣干扰。

通过数字孪生系统的仿真推演结果，在实际试验与演练中都得到了实装验证，协同策略有效，协同效能显著。

6.6.2 辅助预案生成的流程模型

辅助预案是辅助决策预案的简称，是组网雷达与融控中心系统建议推送的预案。依据协同探测任务与选定的组网形态，考虑组网区域装备具备的探测资源，如何合理推送辅助决策预案仍然是技术难点。图 6-12 给出了辅助预案生成的流程模型，其原理和流程概略如下。

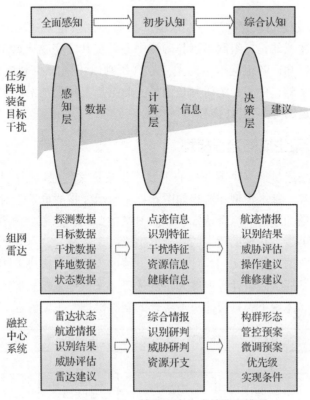

图 6-12　辅助预案生成的流程模型

组网雷达与组网融控中心系统分别基于自己内置的 AI 内核共同作用，按照"全面感知—初级认知—综合认知"的处理流程，分别获得"数据、信息、建议"产品。组网雷达与组网融控中心系统的主要功能如下。

（1）组网雷达感知和处理：各组网雷达对目标、环境、阵地、装备等进行全面客观感知，获得空天目标特性、干扰和阵地特征、装备资源和健康状态等大数据；基于内置 AI 模型、算法和规则，计算和处理感知的大数据，经初步认知获得如点迹、识别特征等有价值的信息，生成该组网雷达当面战场环境的基本感知信息；再经综合认知，获得如航迹情报、识别结果、调整预案、操作指南、抗干扰策略和维修等精细化决策建议，报送组网融控中心。这些决策建议往往带有优先级、预测效能、可信度等边界条件，报送的信息主要包括空天目标位置信息（点航迹）、识别和干扰特征、雷达资源和健康信息等。

（2）组网融控中心系统综合：组网融控中心系统收到各组网雷达报送的

感知信息，经综合分析研判，触发辅助预案的输出，从预案库中匹配数个预案作为辅助预案，随预案一起推送的还包括优先级、可能的效能、实现条件与注意事项等。

（3）共同触发辅助预案推送：推送辅助预案，也就是推送辅助决策预案建议。需要特别注意的是，组网雷达与融控中心系统共同完成从感知到辅助预案的推送，客观感知以各组网雷达为主，综合研判以组网融控中心系统为主，组网雷达感知是基础，中心系统研判是结果，此结果是辅助预案推送的主要依据，辅助预案质量的好坏与 AI 内核密切相关。

6.6.3 决策预案生成的流程模型

决策预案是指战员最终决策选择的预案。决策预案生成以指战员为主体，以辅助预案为参考，基本模型和流程如图 6 – 13 所示。指战员基于对战场情景的主观感觉、知觉和理解等综合认知，以及 HW 的归纳、思考、预测和反馈等环节，进行灵机决策，在辅助预案的基础上生成决策预案。具有客观感知与主观感觉相结合、数据计算与认知算计相融合、辅助决策与灵机决策相匹配的智能技术特征，既发挥了装备计算速度和精度优势，又发挥了指战员认知理解与灵机决策的优势，体现了人机智能决策融合的制胜机理。主要流程节点如下：

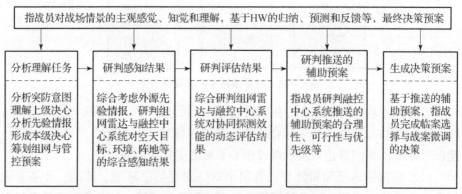

图 6 – 13　决策预案生成的流程模型

（1）分析理解任务：分析空天目标突防态势，评估预测意图与威胁，理解上级决心，分析先验情报，形成本级决心，筹划组网形态与管控预案；

（2）研判综合感知结果：综合考虑外源先验情报，研判组网雷达与融控中心系统对空天目标、环境、阵地等的综合感知结果；

（3）研判评估结果：综合研判组网雷达与融控中心系统对协同探测效能的动态评估结果；

（4）研判推送的辅助预案：指战员研判融控中心系统推送的辅助预案的合理性、可行性与优先级等；

（5）生成决策预案：基于推送的辅助预案，指战员完成临案选择与战案微调的决策。

从图6-13模型和流程可以看出，指战员要最终做出优化决策，前提条件较多，而且前面的处理结果往往是后续的条件，宏观看这些条件主要包括：①组网融控中心系统推送的辅助预案合理可行、要素齐全；②指战员自身的感知与研判能力较强、思维正常、理解正确；③探测群人装合一、理解一致、融合透彻、配合密切、指控到位；④协同运用要素整体一致，包括装备AI模型、战前预案设计、人员一体化训练、协同作战规则、感知全面、处理精准、研判正确等多方面要素，再次诠释了预警体系作战转型建设与协同运用环环相扣，需要全面发展，要避免出现"木桶短板"效应。

6.6.4 人装合一决策的流程模型

上述两节分布讨论装备之路与指战员之路的决策生成流程，本节考虑组网雷达、融控中心系统与指战员三者之间的关系，细化研究战中微调预案决策生成的模型与流程。图6-14给出了人在资源管控闭环的DPPDE微调预案决策过程流程模型[20]，即"探测、处理、推送、决策、执行"闭环模型，清晰表达了组网雷达、融控中心系统与指战员三要素在预案设计、优化、推演、选择、实施、调整中的人机深度交互过程，即战技深度融合过程。依据指挥员选

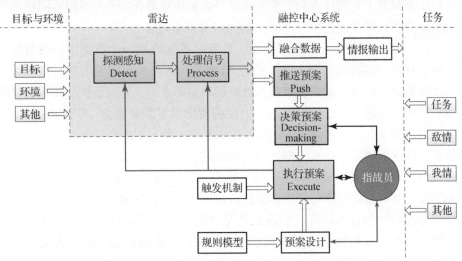

图6-14 人在资源管控闭环的DPPDE流程模型

择的预案，用控制指令对各雷达的工作模式和参数实施精细化的控制；雷达依据控制指令对空天目标和环境进行全面感知，获得雷达探测的回波信号/点迹/航迹、识别特征、威胁初判、装备状态等多类型信息，送融控节点集中处理。

在预警作战中，各级指战员一般都在 DPPDE 闭环中，临战前，指战员与融控中心系统都要不断感知任务、敌情、我情等多方面变化情况，作为预案选择的决策基础。在辅助预案推送的基础上，指战员人工选择预案。战中，在指战员监视下，装备半自动或自动方式执行预案，对协同探测群的时空频能等探测资源进行实时控制，获得所需要的探测信息。在装备自动、动态评估协同效能的基础上，最后由指战员分析研判，形成效能评估报告和建议，作为预案调整的重要依据。

6.6.5　流程模型技术特征

进一步梳理分析本节提出的流程模型，还可归纳得到如下结论：

（1）人机决策融合的全流程模型，具有"空天威胁假设与实际感知、组网雷达与融控中心系统、装备感知与指战员理解、预案战前设计战中微调战后优化、静态与动态效能评估"的一体化技术特征，也体现了"人人、人机、机机"等闭环交互特征。其中流程还表达了"预案"与"人机融合"的内在机理与交互关系，由组网融控中心系统负责辅助预案推送，由指战员负责预案决策，由组网雷达负责预案实施，由预案指导资源管控与信息融合，由 AI 和 HW 负责赋能预案。所以，预案是人机智能融合过程的载体，人机决策融合技术应用在预案上得到体现和实现，也就是人机决策融合技术在组网协同探测中的落地应用，即多雷达组网协同探测的"决策中心战"。

（2）辅助预案生成的流程模型，具有"感知全面—计算自主—预测综合—触发建议"的技术特征，基于装备 AI 模型、算法和规则等内核，序贯生成标准化数据、信息、知识和智慧，触发辅助预案推送，能满足辅助预案建议快速、正确、合理等作战使用要求。生成的辅助预案要素完备、管控粒度可控，既能满足指战员最终决策预案的实际需求，也能满足多类型组网雷达实际可控状态，体现了融控中心系统推送辅助预案的合理性与有用性。

（3）决策预案生成的流程模型，具有"装备客观感知与指战员主观感觉相结合、装备数据计算与指战员信息认知相融合、装备辅助决策与指战员灵机决策相匹配"的技术特征，能满足"敌变我变、与敌对口，先敌求变、高敌一筹"的智能化预警作战使用要求，初步实现了正确感知、优化决策、敏捷组网、灵活管控的智能化协同探测，体现了人机智能决策融合的制胜机理，能给敌方制造协同探测复杂性。

（4）提出的这些流程模型，经数字孪生系统推演验证，合理可行，效果显著，能适应复杂空天作战场景多变、快变、灵变的新威胁，目前该流程模型已在多种协同探测群中验证可行性与有效性，为多雷达组网协同探测能力发挥和潜能挖掘奠定了较好的技术基础。

6.7　综合评估融合决策有效性的方法

在探测群协同运用中，以决策为中心，决策的有效性会直接影响组网协同运用的作战效能。所以，要对融合的决策进行实时或动态评估，评估决策有效性，避免决策错误，降低决策风险。在作战行动各环节效能评估中，决策有效性评估是比较难的。

6.7.1　决策博弈模型及要素

实际上，预警方与突防方的决策博弈是时变的、多因素的，是与指战员能力与探测（突防）群性能密切相关的，博弈模型如图 6 – 15 所示，模型中主要因素（简称"要素"）包括 FD 时效性、正确性、可用性、灵活性、韧性、稳健性、安全性等，这个模型体现了"敌变我变、先敌求变"原理思想。需要特别说明的是韧性与稳健性。韧性是指探测群面对不确定性和变化空天突防场景时，能够快速适应和恢复正常工作的能力，体现了探测群灵活地处理用户输入，自动适应用户需求和意图变化。稳健性体现为探测群处理并纠正用户可能出现的错误输入，或者在探测群出现故障时有备份措施或自动修复机制。在探测群设计中，往往采用柔性架构、适应性算法、多样性和冗余性等技术来保障。韧性与稳健性的区别是：韧性强调探测群的适应性和恢复能力，能够应对不确定性和变化，往往是"事后诸葛亮"；而稳健性则侧重于探测群的稳定性和抵抗能力，能够抵御外部干扰和攻击，常常是未雨绸缪。所以，韧性与稳健性表达了探测群稳定应对敏捷变化空天突防场景的能力，是 FD 的重要因素。

6.7.2　决策有效性评估模型及要素

据图 6 – 15 模型，评估 FD 有效性模型与要素可从以下几方面理解：①FD时效性，主要由装备辅助决策时间与指战员决策时间合成，表达决策的速度，时效性既可提出要求，也可测量得到；②FD 正确性，表达针对探测任务与空天目标环境的组网形态和管控预案的合理可用性；③FD 可用性，就是辅助决策内容要素齐全，都能在雷达中进行资源控制，可用性也难以精确度量，但要素是否齐全可考量；④FD 灵活性，就是给对手制造的复杂性，通过已方决策

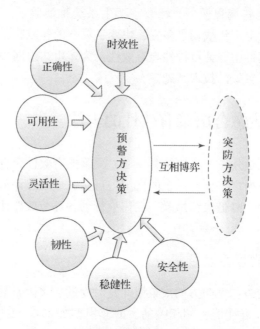

图 6 - 15　预警方与突防方决策博弈模型

实施，干扰或瓦解对手决策系统，延缓对手决策时间和正确性。灵活性也可理解为 FD 的约束条件，生成的 FD 不仅要既快又好，还必须给对方更大的复杂性；⑤FD 韧性，就是面对不确定性和变化时能够快速适应和恢复正常工作的能力，能自动适应用户需求和意图的变化；⑥FD 稳健性，指系统能够在面对各种异常情况和故障时依然能够维持正常工作的能力；⑦FD 安全性，就是要规避智能化辅助决策自主生成的风险。此外还要考虑博弈双方复杂性带来的干扰性，即对 FD 的干扰性，就是突防方施加的干扰，来扰乱预警方的协同决策。所以，FD 有效性（A）有效性评估模型要综合考虑上述要素，是时效性（T1）、正确性（C）、可用性（U）、灵活性（F）、韧性（T2）、稳健性（R）、安全性（S）等因素的综合函数，即

$$A = F\{T1\ C\ U\ F\ T2\ R\ S\} \tag{6.1}$$

式 6 - 1 可称作人机融合决策有效性综合评估理解模型，模型表明，FD 有效性受多种要素制约，而且互相约束。受大部分要素难以精确度量的影响，FD 有效性难以用明确的参数型数学模型来表达，也就难以精确计算 FD 的有效性。在实际综合评估中还要特别注意三点，一是 FD 有效性是综合的，多个要素之间互相制约，要折中考虑和选择，一味追求某要素最优，难以获得 FD 综合最优，要兼顾好局部与全局、速度与可用之间的关系。例如，片面追求决

策时效性与正确性会陷入"死胡同",需要指战员综合平衡,这也是人机决策融合实施的难点。二是 FD 有效性是相对突防方的,是与突防方斗智斗勇博弈的度量,只要能给对方造成决策困难就是好 FD,绝对值度量意义并不大。三是在实际协同运用中 FD 有效性评估主要考量主要在战中的灵机决策能力,即应对敌变我变的能力,即战中的斗智斗勇能力。

6.7.3   决策有效性评估方法

检索公开文献,几乎没有查询到精确计算 FD 有效性的方法,目前还是需突破的技术难题。作者认为可采用直接法与间接法来评估 FD 的有效性。一是直接法:既然 FD 有效性难以全流程精确评估,考虑采用分时段、分层级、分要素等多维度的方法实施,分时段就是分别考虑在战前、临战、战中、战后时段,进行决策效能综合评估,可参考 6.3.5 节图 6-7 所示的各作战环节多时段;分层级就是多层级中分别进行决策综合评估,如组网总体决策与雷达某参数控制决策的有效性;分因素指评估模型只考虑有关的要素,甚至只计算一个要素。例如,战中只考虑 FD 时效性与正确性,计算模型就相对简单。二是间接法:也就是战后综合评估方法,通过复盘重演分析,对照作战效能,考量融合决策方法、流程、要素是否正确合理。如果作战效能好,至少表明融合决策不差,没有制约作战效能生成。例如,临战决策有效性,主要评估临战选择的组网形态与管控预案的有效性;战中预案微调决策有效性,可直接挂钩战中综合动态效能评估,即综合探测效能与探测资源综合利用率;灵机决策有效性,可评估应对敌方新型威胁的变化能力。实际上直接法与间接法的两者本质是一样的,微调决策优,综合探测效能好,资源利用率高。

6.7.4   决策有效性评估牵引性指标

人机融合生成的 FD,需要人机决策融合系统的支持,从评估人机融合系统的综合性能的视角出发,再结合具体任务来评估 FD 的有效性,也是一条有效途径。所以,从人、机和任务三个维度考虑牵引性评估指标。

从人的维度看:①人的认知负荷大小,衡量人在与机器合作执行任务时所承受的认知负荷;低认知负荷意味着任务对人的认知能力要求相对较低,使人能够轻松理解和处理信息;②用户满意度程度,评估用户对人机融合系统的满意程度。这涉及系统对用户需求的满足程度、用户体验的舒适度以及操作的便捷性等方面的考虑;③工作效率高低,衡量人机协作的效率和生产力。这包括任务完成时间、工作速度、错误率等指标,反映了人机协同工作的效率水平。

从机的维度看：①自动化程度，衡量机器在任务中的自动化程度；高自动化意味着机器能够自主地执行任务，减轻人的工作负担，提高效率；②可靠性高低，评估机器的稳定性和可靠性；这包括机器的故障率、可用性，以及系统的容错能力，确保任务能够在机器的参与下可靠地完成；③适应性能力，衡量机器对不同任务需求和环境变化的适应能力；机器可以根据任务要求进行灵活调整和学习，提高机器的自主决策和适应性。

从任务的维度看：①任务完成时间大小，评估任务在人机协作下的完成时间；这是衡量任务效率和响应速度的重要指标；②任务质量水平，衡量任务完成的质量水平；这包括任务的准确性、一致性和符合要求的程度，确保任务的正确执行和达到预期的结果；③分工协调度，衡量人和机器之间的分工协调程度；这包括任务的合理分配、沟通协调和信息共享，以实现任务的高效执行。

6.8 人机决策融合的一体化协同训练

组网协同探测群是由多雷达与多中心集成的"体系装备"，是一个人机环境高度融合的人机融合智能系统，具备决策优化、组网敏捷、预案翔实、管控精准等协同运用能力。要发挥和挖掘探测群协同探测能力，基于预案的人机一体化协同训练是重要的一环，支持人机共成长。本节介绍以人机决策融合为重点的人机一体化协同训练内容、模式和要求等。

协同运用战斗力生成需要人与装备紧密结合，人是不可缺惑的要素，指战员要在战前设计预案与推演训练，临战理解空天战场环境、决策组网形态、选择管控预案，战中研判探测效能与情景、决策预案微调内容等。通过人机融合训练，不仅能解决人机决策过程磨合和协调性问题，还能解决协同探测群中心与雷达两级中"人人、人机、机机"等一体化，检验管控预案和闭环的合理性、可行性和有效性。所以，人机融合协同训练显得特别重要，这是传统单雷达操作使用训练的发展和飞跃。

6.8.1 协同训练特点

与单雷达独立的操作训练相比，组网协同探测群的训练特点如下：①训练内容综合，从单雷达使用训练转型到包括预案设计、仿真推演、协同战法创新等过程的综合训练，而且以人机决策融合为核心；②训练依据明确，训练以预案为依据，聚焦人机交互，检验预案的合理性、可用性与有效性，试验指战员干预的时机与程度；③训练模式灵活，从雷达站指战员独立训练转型到探测群指战员基于预案的一体化训练，而且组训灵活，可以组织探测群整体、融控中心系统整体、多个席位、多部雷达等多种形式的一体化训练；④训练场景多样，从单一防空预警作战扩展到防空、反导、防空反导、反临、反卫等多种场景；⑤训练工具孪生，传统单雷达模拟训练设备以操作为主，技术较为简单，协同探测群一体化协同训练基于实装孪生，技术与功能比实装探测群更加复杂，比实装具备更能试错、比较、评估、展示等优点；⑥训练成果丰硕，从单雷达操作熟练转型到多雷达协同战法研究创新，可检验探测群 AI 算法、模型和规则等内核，优化典型预案、熟悉人机决策融合过程、丰富预案库等，全面支持人机在训练中共成长。

6.8.2　协同训练内容

训练内容可从多个维度分类，在具体的实施过程中，推演系统一体化协同训练模块需要具有针对反导预警情报保障、反导拦截信息支持、战略核反击情报支持、空间目标监视情报支持、远程防空预警情报支持、空间攻防情报支持等任务下的五种训练模式：

（1）中心本身的一体化协同训练。

（2）中心与预警装备的一体化协同训练（与单一预警装备、与多个预警装备）。

（3）中心与武器系统的预警装备一体化协同训练（与火控雷达、导引头）。

（4）中心组织全系统预警装备的一体化协同训练。

（5）参与整个反导系统的一体化协同训练。

针对日常值班、反导作战、专项任务等，一体化协同训练功能又具体化为：为反导预警中心系统及其与各型预警装备的指挥员、参谋人员、指令员、技术保障人员，提供操作训练、专项演练、推演验证、综合测试和战法研究五项子功能。

（1）单席位独立操作训练或多席位协同操作训练：席位训练分成单席位的操作训练和多席位协同训练两种层次，主要目的是提高操作人员操作实装系统的熟练程度、培养操作人员席位的实战能力（如目标识别能力、异常空情分析能力、突发情况处置能力等）、提高相关席位的协同能力。

（2）反导预警的专题或专项演练：针对反导预警的特定专题或专项任务，组织以中心系统为主，以预警装备情报为主要支撑，以武器装备的反导拦截为目的的演练。主要内容包括想定任务生成、作战演练预案生成、演练、演练效果评估等；并据此修订战法、提出装备技术改造升级建议等。

（3）对反导演习或其他导弹发射试验进行基于实际数据的推演验证：反

导演习或导弹发射试验等实际数据弥足珍贵，训练系统应能加载各种实际数据，进行反导预警作战的推演验证，发现实际装备、实际演习中存在的问题，研讨对策，并再次验证确认，循环反复，提高装备水平和部队作战能力。

（4）模拟或实际系统部署后的综合测试：模拟系统部署，进行功能测试、评估，优化部署方案；对实际部署后的系统进行初步综合测试，以不影响在值班系统的正常运行。

（5）不同反导预警作战想定或实际数据的战法研究或设计：基于不同导预警作战想定或实际数据，开展反导预警作战的战法研究，并进行效能评估，建设战法库。

6.8.3 协同训练功能设计要求

实施一体化协同训练通常需要研制协同探测群的数字孪生体，有时也称作实装平行系统、影子系统、兵棋推演系统等，支撑协同运用的仿真评估与推演训练。在雷达组网协同探测群数字孪生系统设计中，通常按照"雷达数字模拟＋中心实装＋模型支撑"的整体架构设计，应用软件包括协同想定、协同预案、效能评估、推演导调、仿真共用支撑等多个模块；需要集成所需的预警装备模型与空天目标模型库、针对假设想定的分类分层资源管控预案库、作战和触发规则库等。

设计基本要求主要包括：①训练业务要求，就是要明确一体化协同训练的对象、目标、层次、模式、流程、科目、实施、效能评估与总结，也就是要明确训练要素；②训练席位要求，根据反导预警作战环节要求，孪生的融控中心系统应提供以下席位：指挥员席位、预警征候情报参谋席位、预警作战规划参谋席位、空间目标监视参谋席位、反导预警作战参谋席位、防空预警作战参谋席位、特种预警装备席位、技勤保障技师席位等；③专题训练要求，针对抗复杂电磁干扰、目标识别、资源管控、信火贯通等专题训练要求，必须在席位训练的基础上开展多目标、多环境、多雷达的一体化协同训练；④专项任务训练要求，除一般训练之外，还可承担预案验证、人机交互测试、战法创新研究等任务。针对以上不同任务，应开展专项任务训练，以提高部队战斗力。此外，依托模拟和实装数据，孪生系统能低成本、直接转化成院校教学与研究平台，满足在校学员操作、演练和战法研究的需要。

此外，训练功能设计还需要遵循以下五项原则：①一体化协同训练不能影响实装系统的日常值班，更不能影响作战值班，具备相对独立性；②一体化协同训练必须包括实装值班系统的全部功能、流程、界面等主体内容，具备一致性；③能实现操作训练、专项演练、推演验证、综合测试和战法研究五项基本功能，具备完备性；④能支持人机共成长，通过仿真推演，评估探测群 AI 算法、模型和规则等训练内核的合理性，验证管控预案与协同战法的可用性，磨合人机决策融合过程，检验 FD 的有效性，具备评估检验和优化功能；⑤训练分系统必须模块化、插件化，可以灵活组合、替换和扩展，具有强大的可实现性；⑥一体化协同训练结果或成果能方便保存和移植到实装系统，即具有良好的可移植性。

6.9　本章小结

通过研究人机决策融合原理、模型、方法、流程等内容，为破解组网协同探测群人机决策融合工程实施难题奠定了理论和技术基础，能支持"设变、知变、应变、求变"智能化博弈能力的生成，进一步诠释了"指挥员需要决策科学家支持""技术决定战术"等经典问题。人机融合决策使组网协同探测群更加灵活和更加智能，组网形态与预案选择优化决策更加快捷和有效，给敌方空天突防增加了更大的不确定性和复杂性，可扰乱敌方空天突防预案及侦察、干扰、摧毁的临战决策，可为智能化雷达兵建设奠定了技术基础。主要结论如下：

（1）FD 具备了 AI 与 HW 的各自优势，既能快速高精度连续处理逻辑大数据，即高速计算问题；又能处理情感、价值、观念等非逻辑问题，即算计问题；能用 AI 提升装备数据处理速度和精确性，用 HW 确保决策的有效性，体现了人机群体决策智能。

（2）人机决策融合处理环节相互交叠，存在 HW 与 AI 互相赋能、指战员与装备共同感知、HW 与 AI 迭代优化等人机迭代闭环与复杂的交互过程，要求指战员与装备共训练同优化，实现指战员与装备共成长，提升优化决策速度与正确率，避免盲目性，降低自主与自动指控的风险，适应未来智能化战争，是制造协同探测复杂性的有效途径。

（3）提出的基于人机融合的预案优化决策模型与流程，表达了"预案"与"人机融合"的内在机理与交互关系，由组网融控中心系统负责辅助预案推送，由指战员负责预案决策，由组网雷达负责预案实施，由预案指导资源管控与信息融合，由 AI 和 HW 负责赋能预案。所以，预案是人机智能融合过程的载体，人机决策融合技术在预案上得到体现和实现，也就是人机决策融合技术在组网协同探测中的落地应用，即多雷达组网协同探测的"决策中心战"。在复杂空天作战场景多变快变灵活变条件下，实现协同运用预案优选快调，是破解空天突防复杂性与敏捷性的有效方法。

（4）人机融合决策使组网协同探测群更智能，能给敌方空天突防增加更大的复杂性和不确定性，扰乱敌方空天突防方案及侦察、干扰、摧毁的决策。但在空天突防与空天预警的博弈中，探测群要正确快速作出有效的 FD，目前还是战技难点，有效度量 FD 的时效性与正确性，也是技术难点，需要继续技术攻关与实践检验。

参考文献

［1］李德毅，何雯．智能的困扰和释放［J］．智能系统学报，2024，19（01）：249 – 257.

［2］Richaed A. Baugh. Computer Control of Modern Radars［M］. RCA. 1973.

［3］贾晨阳．"宙斯盾"基线 10 将于 2023 年形成初始作战能力［J］．航天防务技术瞭望，2019.03.

［4］刘伟．人机智能融合 – 超越人工智能［M］．北京：清华大学出版社，2021.

［5］王宏安．人工智能：智能人机交互［M］．北京：电子工业出版社，2020.

［6］刘伟．人机融合智能的现状与展望［J］．国家治理，2019，（04）：7 – 15.

［7］刘伟．人机混合智能：新一代智能系统的发展趋势［J］．上海师范大学学报（哲学社会科学版），2023，52（01）：71 – 80.

［8］于淑月，李想，于功敬，等．脑机接口技术的发展与展望［J］．计算测量与控制，2019，27（10）：5 – 12.

［9］Bryan Clark, Daniel Patt, Harrison Schramm. Mosaic Warfare：Exploiting Artificial Intelligence and Autonomous Systems to Implement Decision – Centric Operations［R］. Washington：CSBA. 2020. 02.

［10］蔡润龙，孙诚，王溪平，等．从现代战争复杂性探究联合作战制胜机理［J］．军事文摘，2023，（03）：17 – 20.

［11］陈士涛，孙鹏，李大喜．新型作战概念剖析［M］．西安：西安电子科技大学出版社，2019.

［12］杨继坤，鲁培耿，齐嘉兴，等．美军作战概念演进及其逻辑［M］．北京：电子工业出版社．2022.

［13］AFC Pamphlet 71 – 20 – 9. Army Futures Command Concept for Command and Control 2028：Pursuing Decision Dominance（AFCC – C2）［R］. Austin：AFC, 2021.

［14］U. S. Navy. Decision Superiority Vision［R］. Washington：Department of the Navy Performance Improvement Office，2023.

［15］Joint Chiefs of Staef. JP3 – 60. Joint Targeting［M］. Washington. D. C：Joint Chiefs of Staff, 2013.

［16］阳东升，朱承，肖卫东，等．宏观尺度 C2 过程机理：多域多 PREA 环及其冲突协调模型［J］．指挥与控制学报，2021，7（1）：11 – 27.

［17］丁建江．敏捷组网对智能管控技术的需求［J］．现代雷达，2023，45（6）：1 – 7.

［18］RAND Corporation. Leveraging Complexity in Great – Power Competition and Warfare［R］. Volume I and II. Calif：RAND, 2021.08.

［19］Tom Karako, Masao Dahlgren. Complex Air Defense［R］. Washington. CSIS, 2022.

［20］丁建江．组网协同探测闭环与预案的设计［J］．雷达科学与技术，2021，19（1）：7 – 13.

第7章 动态效能评估技术

在预警作战运用中，效能评估是一个经典、不可或缺、不断赋予新内涵的重要环节，融入预警作战全流程。协同运用效能不仅由装备自身性能决定，同时受到战场环境、空天突防目标及协同探测预案等的影响[1]。而随着组网协同运用的发展，装备间的相互影响、控制与决策系统的复杂化使得协同运用效能评估越来越困难。

本章主要研究雷达组网协同运用动态效能评估技术。动态效能评估是一个比较新的研究领域，大多是针对单装来进行。而在协同运用中，只要组网形态与管控预案有变化（包括雷达部署、工作模式、参数、融合算法等），都要进行动态效能评估、对比，给指战员提供实时决策参考，因此动态效能评估是协同运用闭环中的重要环节。针对协同运用动态效能评估的问题，本章第1节概述了相关概念，厘清了什么是协同运用动态效能评估的问题；第2节分析了协同运用动态效能评估的必要性，回答了为什么要动态评估的问题；第3节重点研究了协同运用动态效能评估的指标体系，通过建立指标体系，为破解协同运用动态评估奠定基础；第4节研究了协同运用动态效能评估流程和方法，提出了仿真推演实时评估的方法，总结了在线评估法，回答了如何进行动态评估的问题；第5节结合实际案例分析了协同运用动态效能评估的运用过程。本章通过研究协同运用动态效能评估技术，为协同运用提供动态评估的方法和指导。

7.1 概述

效能评估是一个重要的研究方向，本节主要对动态评估涉及的相关概念、动态评估技术的发展现状等进行了阐述。

7.1.1 相关概念

研究协同运用动态评估时，经常要接触到效能的概念。因此对效能的相关概念进行了总结。

（1）效能：我国军用标准 GJB451A - 2005《可靠性维修性保障性术语》的定义为系统在规定条件下和规定的时间内，满足一组特定任务要求的程度。

它与可用性、任务成功性和固有能力有关。

(2) 单项效能：军事装备的单项效能是指装备在特定条件下运用时，达到单一使用目标的程度。

(3) 系统效能：系统效能的定义尚未统一。美国航空无线电研究公司的定义："在规定条件下使用系统时，系统在规定时间内满足作战要求的概率。"美国海军的定义："系统能在规定条件下和在规定时间内满足作战需要的概率。"美国麻省理工学院在评价 C^3I 效能时定义："系统与使命匹配的程度。"美国工业界武器效能咨询委员会的定义："系统效能是预期一个系统能满足一组特定任务要求的程度的度量，是系统有效性、可信赖性和能力的函数。"

(4) 作战效能：作战效能是在规定作战环境条件下，运用装备系统执行规定的作战任务时，所能达到预期目标的程度。显然，作战效能是装备在特定条件下由特定的人使用时所表现出来的，是装备、人和环境综合作用的结果。

协同运用效能评估主要是对系统效能或作战效能的评估。协同运用效能评估技术包括静态评估和动态评估，如图 7-1 所示。有学者将评估分为先验评估、实时评估和后验评估。静态评估为先验评估或后验评估，针对能够完成给定任务的程度进行评估，主要用于装备论证、试验总结等方面，属于一种非实时评估。动态评估考虑到时变性，属于实时评估。现有的效能评估方法多针对最终完成给定任务的程度进行静态效能评估，而鲜有对作战过程中随着作战目标、环境与预案变化的动态效能进行评估。动态评估包括动态效能评估和在线评估。动态效能评估是对作战过程的评估，考虑装备、战场环境、预案、作战目标等因素的变化，而产生的综合效能变化。在线评估主要通过实时监测、采集数据，然后进行性能计算和效果评估，偏向于某一核心指标的评估。比如干扰效果在线评估，航迹质量在线评估等。

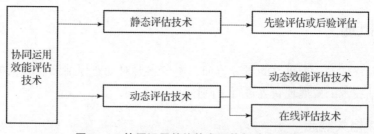

图 7-1　协同运用效能静态评估与动态评估

7.1.2　动态评估技术发展现状

动态评估技术在各个方面都有一些研究，本节主要总结了学者在雷达装备运用方面的动态评估研究。

1. 动态效能评估技术

传统的效能评估方法，如 ADC 法、多属性决策分析法、解析法、指数法、试验法等，从装备自身特性出发，通过分析作战过程中装备自身表现出的可靠性、可用性、作战能力等特性，通过指标加权来评估其作战效能。然而，这些效能评估方法多针对完成给定任务的可能性进行静态效能评估，而未对作战过程中实时变化的动态效能进行评估。考虑到作战全过程中，装备在不同阶段体现出的特性会因作战环境因素的变化而变化。文献［2］提出了效能的动态评估，分析装备的有效性、可靠性等性能。考虑作战过程中环境变化及对抗因素的改变对装备作战能力的实时影响，文献［3］研究动态效能评估方法，从而帮助直观显示武器作战全过程中外部环境、对抗条件的变化对作战效能的影响程度，直观显示作战过程中作战方案对作战效能的影响曲线，分析影响武器作战能力的关键作战阶段，从而在实际作战前辅助优化作战方案等。文献［4］针对传统效能评估中指标权重相对固定的不足，基于变权理论和灰靶理论，提出了一种动态效能评估方法，解决了指标评价值为精确实数、区间数和三角模糊数的混合型多属性指挥控制系统效能评估问题。为了研究快速、准确的动态效能评估方法，适合采用基于仿真推演的方法[5]。该方法的评估准确性高，并能分析所有因素对效能的影响，可以用于动态效能评估。

2. 在线评估技术

在线评估技术在干扰效果评估方面得到较多关注。传统干扰效果评估一般采用离线的方式，即通过敌我双方雷达和干扰机的参数进行评估，这种评估方法可以在平时指导武器装备的研制和战法的论证，但不利于战时即时判断。随着雷达装备呈现智能化和多功能化，干扰效果评估也趋于在线化，即利用干扰实施方雷达侦察系统所侦收到的信息来评估干扰效果。因侦察信号参数（频率、重频、脉宽等）的变化大多可以反映雷达受扰情况或采取的抗干扰行为，所以干扰前后明显的雷达信号参数变化可以作为初步评估的依据。为此，2010年起，美国发布自适应雷达对抗（ARC）[6]、行为学习型自适应电子战（BLADE）[7]、认知干扰机[8]、极端射频频谱条件下通信（CommEx）[9]等项目，进行干扰效果在线评估方法研究。国内学者也展开了相关研究，文献［10］分析了根据雷达信号参数和波束回访率是否产生明显变化估计雷达工作模式的可行性，提出了相控阵雷达干扰效果评估方法的基本原则。文献［11］针对利用雷达侦察信号进行干扰效果在线评估时参数冗余、信号变化程度判别不清的问题，提出雷达干扰效果在线评估参数筛选与特征表示方法，结合支持向量机实现对未知威胁的干扰效果在线评估。文献〔12〕根据雷达受干扰行为及参数变化规律，设置干扰效果评估知识库，结合支持向量机（SVM）实现干扰效果在线评估。文献〔13〕通过分析电子战主要过程及环节，将威胁度的变化作为干扰效果的评估指标，建立了基于 Q - 学习模型的智能对抗策略模型。文献〔14〕提出一种基于 SVM - DS 融合的干扰效果在线评估方法，对特征参数利用支持向量机分类，并将分类结果转化为 DS 证据的基本信度分配，最后根据 DS 证据理论的评估分数及判决门限输出在线评估结果。文献〔15〕总结了已有的干扰效果评估方法，并对未来在线评估技术的发展方向进行展望。

在线评估技术也运用于探测效能评估等方面。文献〔16〕研究了基于多粒度网格划分的雷达威力在线评估方法。目前，在目标航迹质量评估方面，主要包含完整性、精确性、清晰性和连续性等指标，但是大多数指标仅能用于目标航迹质量的离线评估，难以支撑目标航迹质量的实时评估。随着监视技术的不断发展，目前可通过多种方式获取目标的航迹信息，如基于二次监视雷达和 ADS - B 的民航飞机航迹监视等，得到航迹的真值信息后可以进行实时评估。但在战时，往往面对的是非合作目标，无法获得航迹的真值信息，这就需要通过可以监测的数据来进行评估。文献〔17〕将航迹质量定义为评估窗内点迹质量的总和，根据单个点迹的质量完成一定评估时间窗内的航迹质量评估。文献〔18〕提出了一种基于位置信息的目标航迹质量实时评估方法，将航迹质量定义为对目标运动状态稳定性的度量，实现了对单一目标航迹质量的实时评估，能够为目标运动状态监测和航迹实时融合等应用提供有效支撑。

这些研究大多是在单装层面的动态评估，鲜有协同运用方面的效能评估。而协同运用动态效能评估既要综合考虑作战过程，评估作战过程中装备、战场环境、预案及作战目标等对整体效能的影响，即对动态效能进行评估；又要实时监测重点指标，通过真值或者监测的数据变化进行在线评估。协同运用动态效能评估要从体系的层面进行考虑，受影响的因素更多，评估更复杂。

7.1.3 组网探测效能与协同运用效能

在本书 1.2 节中，详细描述了对协同运用概念的理解，以及与雷达组网的关系，与协同（组网）探测的关系。协同（组网）探测更偏重于技术解决，而协同运用包含技术与战术，往往与人有关，主要是涉及指战员参与的设计、推演、感知、研判、决策等运用环节。因此，协同运用效能包含协同（组网）探测效能，协同运用需要在雷达组网平台的基础和条件上来研究。

在本书 2.3 节中，对协同运用的制胜机理进行了详尽的分析，构建了

"群—案—策"协同运用制胜机理模型，协同运用效能提升的机理也来源于此。协同运用效能，主要表现在探测效能的提升、资源利用率的提升以及最终预警任务的完成。

协同运用效能的表现之一是探测效能的提升。用探测范围、数据率、航迹精度、航迹连续性、时延、处理容量等进行衡量。协同运用效能具备综合性、动态性、涌现性和对抗性特点，是体系效能评估，突出体系相对于个体在效能上的提升，体现出"1+1>2"的效果。

协同运用效能的表现之二是资源利用率的提升。用目标容量、任务执行成功率、搜索资源占用时间、跟踪资源占用时间等进行衡量。通过协调不同雷达资源的实时调度和处理，形成雷达波形、波束指向的雷达控制指令，完成对指定空域的搜索、跟踪和识别，在时间约束和资源约束条件下实现目标处理能力的提升。

协同运用效能的最终表现是预警任务的完成。协同运用并不强调单一系统的性能最优化，而是强调所集成系统紧密协同下的综合效能。因此，协同运用并不拘泥于局部细节，而是关注最终整体预警任务的完成。

7.1.4　协同运用动态效能评估内涵

协同运用动态效能评估是一个比较新的领域，需要结合时间变量选取合适的评估对象和指标。在雷达组网协同运用作战全流程中，动态评估主要有两个方面，战前的推演评估与战中的实时评估。战前基于预案的仿真推演评估，检验预案的合理性、有效性与人机结合性，实时比较多预案的效能与应用边界，为预案优化、预案库建设与预案决策优化等奠定基础。战中实时评估是在战中即时评估综合效能，获得指定时刻或时段的实际探测效能概况与资源开支情况，为战中预案微调决策提供即时依据。

协同运用动态效能评估目的是能够根据战场态势的变化辅助指挥员进行综合决策，包括执行选定的任务、确认上报情报、调整任务优先级以及调整探测资源等。

协同运用动态效能评估对象比单纯的探测效能评估体系更广，包含了目标、环境、装备、预案（运用）、情报、人等。而目标和环境的匹配程度、指挥员对综合态势的判断和采取预案的有效程度、操作员对装备操作的熟练程度等因素都直接影响到了协同运用。评估的过程更为复杂，需要紧紧围绕评估对象，灵活采用评估手段。

总结雷达组网协同运用动态效能评估，一是随着目标、任务、环境等边界条件的变化，引起整体效能的动态变化，从而指导预案的调整运用；二是在战中，随着时间或时间切片的变化，评估的核心指标、目的等都在随着态势变化，此时对重点关注核心指标进行在线评估。主要包含三个阶段：

（1）实时监视与态势感知。主要通过接收组网雷达上报的点迹、航迹信息对空情态势实时掌握，通过组网雷达上报的状态信息对雷达工作状态保持关注，还包括对作战任务、目标和战场环境的实时监视与感知。

（2）动态效能评估。若作战任务和态势发生变化，则交由分析与评估模块对作战能力和需求重新进行评估。首先根据作战任务进行运用能力需求分析，然后根据资源状态进行实际运用能力计算，最后综合评估需求与能力是否匹配。若综合效能满足需求，则继续沿用当前工作模式及参数；若综合效能不满足需求，则向预案设计模块发出信号，由该模块对当前工作模式及参数进行调整。

（3）在线评估与实时决策。在对战场情况和运用资源分析的条件下，根据实时监测的数据，对关注核心指标进行在线评估，并进行实时的决策与控制。根据决策生成由控制命令组成的控制指令集或控制时序，然后下发给相应的对象并执行。

组网协同运用动态效能评估既包括组网探测效能，又包括组网资源管控效能。具体评估内容包括组网雷达的开关机、波束扫描仰角/方位角范围、跟踪数据率、波束驻留时间、扫描方式、扫描周期、变频方式、变频区域、检测门限、信号处理方式等参数，还包括组网融控中心的工作模式、融合算法等。

7.1.5 协同运用动态效能评估的特点

雷达组网体系是一种"系统之系统"，具有交互性、涌现性和演化性，协同运用评估是一种体系效能评估，除了具备体系效能评估的特征，还具备如下一些特点。

1. 实时性

协同运用动态效能评估具有实时性。动态评估只有具有实时性，才能指导预案的实时调整运用。同时，在战中评估目的和对象也在随着时间根据态势的不同而发生变化，此时对核心指标进行在线评估，以支持指挥员的实时决策。

2. 阶段性

协同运用动态效能评估具有阶段性。由于协同运用涉及的因素众多，比较复杂，因此往往需要在战前进行仿真推演，以评估预案调整的科学性和有效性。而在战中，随着态势的变化，需要快速得到评估结果，此时由于时间的约束和算力的限制，选择对重点指标进行在线评估。

3. 针对性

协同运用动态效能评估具有针对性。在执行同一任务时，不同评估目的动态评估，针对的指标不一样。比如航迹质量评估关注的是精度等指标。而资源管控时，重点关注的是资源利用率指标。

4. 发展性

协同运用动态效能评估具有发展性。通过动态评估，挖掘潜在的效能，促进效能的不断提升。同时，效能提升到一定层次后，反过来促进协同运用动态评估进行适应性的更新、改进、完善。

7.2 协同运用动态效能评估技术的必要性

协同运用动态效能评估是由即时情报需求、预案调整需求、实时决策需求等多个方面决定的。

7.2.1 即时情报的需要

雷达预警情报很重要的一个特点是具有即时性。不管是从预警还是拦截的角度来说，一个过时的情报意义是不大的。正是因为情报的即时性，防御方才能及时发现快速、远程打击类空中目标，并组织积极防御，从而使己方获得保护。

传统的效能评估多采用静态评估或离线评估，无法满足作战需求。例如来袭目标的毁伤效果判断和评估必须尽可能快，做到实时评估，尽快组织二次拦截，否则将失去评估的意义。这就需要实时的监测数据，通过分析、挖掘数据特征和前后的变化，实时评估判断目标状态。

7.2.2 协同运用预案调整的需要

对于各种复杂场景下的协同运用预案，人工判断方式既缺乏说服力，又很难做到实时性。为构建复杂战场环境，开展对抗条件下体系协同作战效能评估，实兵演练手段代价较高。以计算机为工具进行动态仿真，能较为详细地考虑影响实际作战过程的诸多因素，如对抗条件、交战对象、各种装备的协同作用，探索出一套常态组织协同运用预案和作战效能评估的技术手段。

在进行作战效能评价时，需要预先建设一批符合评估需求的模型数据，建立作战效能评估指标体系，综合运用数据统计分析、效能评估等方法定量分析对抗条件下预警体系的作战效能，这样就能够以较低的代价进行协同运用预案比较，选择最佳预案，为合理运用预警力量提供参考。

7.2.3　实时决策的需要

OODA 环是一个杀伤链的循环周期，是联合作战中很重要的一个作战概念，现代军事强国都依托 OODA 环来进行作战，并在多场战争中进行了实践。作战中，OODA 闭环越快，就越容易抢占战场上的先机，取得作战胜利。可见，决策是现代作战中很重要的一个环节。

战争早已朝信息化、智能化发展，战场瞬息万变，时间资源紧张，需要快速决策。在 OODA 作战环中，快速决策有利于缩短 OODA 作战闭环时间，这是取得战争胜利很重要的一个因素。判断是以评估为基础的，正确的评估才能得到正确的判断。而判断是决策的前提，实时评估和判断是实时决策的先决条件，是实时决策的根本需要。

7.3　协同运用动态效能评估指标体系

从评估机理上讲，协同运用动态效能评估指标选取原则和静态评估类似。

7.3.1　评估指标体系构建的基本原则

在动态评估协同运用作战效能时，指标体系的选择应遵循以下原则：

1. 针对性原则

目前评估协同运用作战效能的指标多种多样，复杂环境下预警装备协同运用作战效能的指标选取必须要有针对性，评估的项目根据作战目的、作战需要和作战过程设计，考核的指标和评估的方法要考虑作战实际。

2. 完备性原则

完备的指标体系是全面、正确地平均装备作战效能的基础，依据不全的指标体系，必然产生对评价事物的片面认识。必须从预警运用系统整体的角度出发，主要从作战角度考虑所有可能的重要信息，对构成预警运用系统的各项指标进行多方面考虑，以全面反映协同运用后整个体系的作战效能。实际评估时，为了提高计算速度和评估效率，可以有意识地省去一些虽有影响但属次要的指标。

3. 层次性原则

在多指标评估体系中，不同的指标关系密切，构成一个指标类。所以，在实际操作中往往把指标进行分类，构成不同层次，由评估总指标到下层指标，逐渐分解到下层子指标。一个指标进行分解，是为了得到更具体的指标，以便进行量化，分解到一般可以计算的子指标时，分解停止。在评估中，从不同的评估视角出发，有不同的分类结果，但都必须可形成一个递阶结构。

4. 可测性原则

效能指标的选取要便于定量计算，或通过定量方法进行度量。效能评估的目的就是要算出预警装备协同运用的效能，所以选取的效能指标一定是可以计算的，或者可以通过仿真模拟的方法，对定性的参量进行定量描述。否则，即使使用了科学、合理的效能评估模型，也因无法计算而得不到系统效能的评估结果。

此外，效能指标选取和指标体系的建立，还有其他一些原则，如系统性原则、敏感性原则、简明性原则、客观性原则、一致性原则、科学性原则、独立性原则等。

7.3.2　综合探测效能评估指标

设协同运用动态效能评估指标集合为 $\underline{U}$，而协同运用效能评估总的指标集合为 U，则有 $\underline{U}$ 隶属于 U。因此首先从协同运用效能评估的角度给出指标集合 U，而在实际的运用中，根据动态效能评估在作战过程的不同阶段关注的核心指标灵活选取计算评估。

7.3.2.1　防空预警装备协同探测指标体系

1. 指标体系

综合探测效能选择的评估指标包括发现距离、预警时间、态势更新周期、探测精度、航迹正确率、航迹漏情率、航迹连续性、识别准确率、抗干扰能力、预警范围、多重覆盖系数等 11 项指标，具体如图 7 - 2 所示。

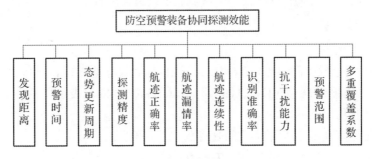

图 7 - 2　防空预警装备协同探测指标体系

2. 指标内涵

(1) 发现距离

预警体系或预警装备发出目标告警时目标距离受保护地的距离。

(2) 预警时间

预警体系或预警装备发现目标至目标抵达受保护区的时间。

(3) 态势更新周期

整个预警态势的更新周期。

(4) 探测精度

在多部雷达对同一目标协同探测情况下，评价预警体系对目标空间的探测精度，包括定位精度和速度精度。

(5) 航迹正确率

预警体系形成航迹中真实目标航迹的比例。

(6) 航迹漏情率

预警体系航迹中目标航迹占所有来袭目标数量的比例。

(7) 航迹连续性

目标一次进入预警运用范围内形成的航迹批号变更、短批等综合评估。

(8) 识别准确率

预警运用装备判明对目标的性质做出判别，用于识别飞机、直升机等目标的真伪、类型、数量和型别的准确率。

(9) 抗干扰能力

预警体系对抗有源干扰和无源干扰的能力。

(10) 预警范围

预警体系在不同高度层的运用范围。

(11) 多重覆盖系数

预警运用体系或装备对指定空域能够进行覆盖的数量。

3. 计算模型

(1) 发现距离

保护地域经纬度为$(\mathrm{Lat}_0, \mathrm{Lon}_0)$，发现目标时目标地面投影经纬度为$(\mathrm{Lat}_\mathrm{C}, \mathrm{Lon}_\mathrm{C})$，发现距离$D_\mathrm{C}$为$(\mathrm{Lat}_\mathrm{C}, \mathrm{Lon}_\mathrm{C})$与$(\mathrm{Lat}_0, \mathrm{Lon}_0)$间的地表距离。

(2) 预警时间

发现距离D_C，目标最大飞行速度为V_Max，预警时间

$$T_\mathrm{G} = D_\mathrm{C}/V_\mathrm{Max} \tag{7.1}$$

（3）态势更新周期

当前更新态势的时间点为 T_1，上一次更新态势的时间点为 T_0，实时态势更周期 ΔT：

$$\Delta T = T_1 - T_0 \tag{7.2}$$

设一定时间段 T 内的更新次数为 M，平均态势更新周期：

$$\overline{\Delta T} = T/M \tag{7.3}$$

（4）空间位置精度

对于航迹点 i，测量地心地固坐标为 (X_i, Y_i, Z_i)，对应时刻目标真实空间位置为地固坐标为 (X_{i0}, Y_{i0}, Z_{i0})，则航迹点 i 的空间位置一次差为

$$\Delta D_i = \sqrt{(X_i - X_{i0})^2 + (Y_i - Y_{i0})^2 + (Z_i - Z_{i0})^2} \tag{7.4}$$

对于时刻 t 周围一段时间 $t \pm \Delta t$ 内，有 $i_{t-\Delta t}$ 至 $i_{t+\Delta t}$ 共 M 个航迹点，则对于时刻 t 的空间位置精度评估为

$$D_t = \sqrt{\frac{1}{M} \sum_{i=i_{t-\Delta t}}^{i_{t+\Delta t}} \Delta D_i^2} \tag{7.5}$$

其中 Δt 可根据评估需要调整。

对于航迹点 i，测量速率为 V_i，对应时刻目标真实速率为 V_{i0}，则航迹点 i 的速率一次差为

$$\Delta V_i = V_i - V_{i0} \tag{7.6}$$

对于时刻 t 周围一段时间 $t \pm \Delta t$ 内，有 $i_{t-\Delta t}$ 至 $i_{t+\Delta t}$ 共 M 个航迹点，则对于时刻 t 的速度精度评估为

$$D_t = \sqrt{\frac{1}{M} \sum_{i=i_{t-\Delta t}}^{i_{t+\Delta t}} \Delta V_i^2} \tag{7.7}$$

其中 Δt 可根据评估需要调整。

（5）航迹正确率

预警体系在目标飞行过程中总共形成 M 批目标航迹，其中确为真实目标的为 N 批，其余 $M-N$ 批为杂波、干扰等，则航迹正确率为 N/M。

（6）航迹漏情率

进入预警监视区的目标数量与进入次数共计为 M 架次，其中形成航迹的目标数为 N 架次，则航迹漏情率为

$$P = (M-N)/M \tag{7.8}$$

（7）航迹连续性

一架目标一次进入过程中，统计目标航迹断批次数 M，目标航迹批号变更次数 N，目标总运用时长 T，结合飞行场景进行综合评估。

（8）识别准确率

真实来袭的空中目标批数为 M 批，其中正确识别喷气式飞机、固定翼飞机、螺旋桨飞机、临近空间飞行器等类型的批数为 N 批，则属性识别准确率为 N/M。

（9）抗干扰能力

探测全部来袭目标，未受到干扰情况下目标发现距离为 D_C，干扰情况下目标发现距离为 D'_C，则抗有源干扰能力为 D'_C/D_C。

（10）预警范围

预警范围是预警探测网覆盖严密性的指标，体系内各预警装备对某一类目标探测概率等于或大于规定的探测概率门限时（比如探测概率门限取 0.8）的预警探测范围的集合。

（11）多重覆盖系数

预警探测体系内装备的覆盖范围具有一定的重叠能力，空间中某一点的某一目标能够被覆盖的预警装备的个数。

7.3.2.2 反导预警装备协同探测指标体系

1. 指标体系

反导预警装备体系效能选择的评估指标包括发射告警时间、来袭告警时间、态势更新率、弹道覆盖率、弹道覆盖重复率、航迹跟踪连续性、航迹测量平均精度、弹头正确识别率、弹头误判率、弹头漏判率、制导成功率等 11 项指标，如图 7-3 所示。

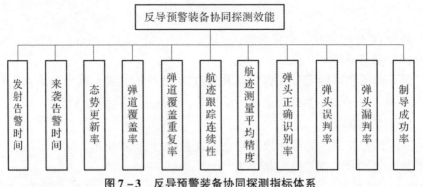

图 7-3　反导预警装备协同探测指标体系

2. 指标内涵

（1）发射告警时间

从弹道导弹发射，到预警体系确认发射活动并发出告警信息的时间。

（2）来袭告警时间

目标关机后，从雷达连续探测到目标的首点时刻到融控中心发出来袭告警信息的时间。

（3）态势更新率

在一定时间间隔内系统综合态势进行数据更新的频率。

（4）弹道覆盖率

反导预警体系对导弹目标形成航迹时间占导弹目标完整飞行时间的比值。

（5）弹道覆盖重复率

反导预警体系所有装备对弹道导弹目标探测时间段之和与预警体系对弹道导弹目标探测时间段之比。

（6）航迹跟踪连续性

反导预警体系对导弹目标形成航迹时间的最大连续时间占探测范围内飞行时间的比值。

（7）航迹测量平均精度

反导预警体系对弹道导弹目标全程飞行探测航迹中，弹道导弹目标位置测量值与实际值的空间距离偏差的平均值。

（8）弹头正确识别率

反导预警体系在目标飞行全程正确识别目标群中弹头的概率。

（9）弹头误判率

拦截弹导引头开机之前，预警体系最后一次发送给拦截武器的 TOM 图时刻给出的群目标识别结果中，被错误识别成弹头的目标数占被识别成弹头的目标总数的比率。

（10）弹头漏判率

拦截弹导引头开机之前，预警体系最后一次发送给拦截武器的 TOM 图时刻给出的群目标识别结果中，未被识别成弹头的目标数占弹头目标总数的比率。

（11）制导成功率

预警装备成功制导的目标数，用于衡量弹头等目标制导的成功率。

3. 计算模型

（1）发射告警时间

记弹道导弹发射时刻为 T_0，反导预警体系确认发射活动并发出告警信息的时刻为 T_C，发射告警时间为 T_G。

发射告警时间为

$$T_G = T_C - T_0 \tag{7.9}$$

（2）来袭告警时间

目标关机后，从雷达连续探测到目标的首点时刻为 T_0，到融控中心发出来袭告警信息的时间为 T_A 则来袭预警时间为：

$$T_G = T_A - T_0 \tag{7.10}$$

（3）态势更新率

当前更新态势的时间点为 T_1，上一次更新态势的时间点为 T_0，实时态势更新率为 R，R 的计算公式为

$$R = \frac{1}{T_1 - T_0} \tag{7.11}$$

设一定时间段 T 内的更新次数为 M，态势更新率为 R，计算公式为

$$R = \frac{M}{T} \tag{7.12}$$

（4）弹道覆盖率

记预警体系对导弹目标形成航迹的时间分别为 $T_1, T_2, \cdots, T_n$，导弹目标完整飞行时间为 T，弹道覆盖率为 R_A，R_A 计算公式如下

$$R_A = \frac{\sum\limits_{i=1}^{n} T_i}{T} \tag{7.13}$$

（5）弹道覆盖重复率

记预警装备对弹道导弹目标运用时间段分别为 T_i，预警体系对弹道导弹目标运用时间段为 T，弹道覆盖重复率为 M_0，则

$$M_0 = \sum\limits_{i} \frac{T_i}{T} \tag{7.14}$$

（6）航迹跟踪连续性

记预警装备对目标形成航迹的时间分别为 $T_1, T_2, \cdots, T_n$，其中最大连续时间为 T_{max}。首次发现目标的时刻记为 t_0，目标运用末点时刻为 t_{end}，运用范围内飞行时间为 $\Delta T = t_{end} - t_0$。跟踪连续性为 R_A，R_A 计算公式如下：

$$R_A = \frac{T_{max}}{\Delta T} \tag{7.15}$$

（7）航迹测量平均精度

记预警体系对弹道导弹目标形成的总航迹点数为 M，第 i 个点弹道导弹目标当前位置地心地固坐标为 (x_{i1}, y_{i1}, z_{i1})，弹道导弹实际位置地心地固坐标为 (x_{i2}, y_{i2}, z_{i2})。

记 D_i 为第 i 个点的位置测量值与实际值的空间距离偏差，则

$$D_i = \sqrt{(x_{i1} - x_{i2})^2 + (y_{i1} - y_{i2})^2 + (z_{i1} - z_{i2})^2} \qquad (7.16)$$

记航迹测量平均精度为 D_A，则 $D_A = \sum_{i=1}^{M} \dfrac{D_i}{M}$。

（8）弹头正确识别率

预警体系探测到多批目标数据，经事后综合研判有 M 批目标数据为弹头数据。与其他批（非弹头）数据相比，若某批数据点中一个点在对应时刻的置信度最高，则认为预警体系在该点对应的时刻正确识别弹头。记正确识别弹头的时间点个数为 N，得到弹头识别正确率 P_A 为

$$P_A = N/M \qquad (7.17)$$

（9）弹头误判率

记拦截弹导引头开机之前，预警体系最后一次发送给拦截武器的 TOM 图时刻给出的群目标识别结果中，被错误识别成弹头的目标数量为 N，被识别成弹头的目标总数量为 M，则弹头误判率为 N/M。

（10）弹头漏判率

记拦截弹导引头开机之前，预警体系最后一次发送给拦截武器的 TOM 图时刻给出的群目标识别结果中，未被识别成弹头的目标数量为 N，真实情况下群目标中弹头目标总数为 M，则弹头漏判率为 N/M。

（11）制导成功率

真实来袭的弹头目标批数为 M，其中正确制导弹头的批数为 N 批，则制导成功率为 N/M。

7.3.3　资源利用率评估指标

1. 指标体系

资源管理通常指的是雷达资源的实时调度和处理，形成雷达波形、波束指向的雷达控制指令，完成对指定空域的搜索和跟踪波束照射。该层面的处理要求的实时性、可靠性高，直接调度雷达资源和工作方式，是雷达系统控制和数据处理的重要组成部分。利用率选择的评估指标包括目标容量、任务执行成功率、搜索资源占用率、跟踪资源占用率弹头识别增加率、弹头制导增加率等指标，具体如图 7-4 所示。

2. 指标内涵

（1）目标容量

在一个较大的搜索间隔时间内，可以同时跟踪的目标数量。

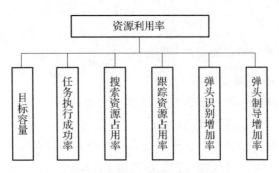

图 7 – 4   资源利用率指标体系

（2）任务执行成功率

成功跟踪的目标数与实际存在的目标数之比值。

（3）搜索资源占用率

在一个较大的搜索间隔时间内，用于搜索的时间与搜索时间间隔之比值。

（4）跟踪资源占用率

在一个较大的搜索间隔时间内，用于跟踪的时间与搜索时间间隔之比值。

（5）弹头识别增加率

在相同的时间间隔内，采用协同预案操作前后弹头识别数增加之比值。

（6）制导成功增加率

在相同的时间间隔内，采用协同预案操作前后弹头制导数增加之比值。

3. 计算模型

1）目标容量

$$n_i = (T_{\mathrm{S}i} - T_{\mathrm{S}}) \frac{T_{ti}}{T_{\mathrm{S}i}} \frac{1}{N_t T_r} \tag{7.18}$$

式中：$T_{\mathrm{S}i} - T$ 表示搜索时间间隔与搜索时间之差，即用于跟踪的时间；T_{ti} 为跟踪时间间隔；$N_t T_r$ 为波束驻留时间；显然，减少搜索时间 T_{S}，降低跟踪数据率或者说增加跟踪间隔时间 T_{ti}，降低跟踪波束驻留时间，都可增加跟踪目标数 n_i。

2）任务执行成功率

实际存在的目标数是 M_i，跟踪目标数 n_i，则任务成功率为

$$P = \frac{n_i}{M_i} \tag{7.19}$$

3）搜索资源占用率

$T_{\mathrm{S}i}$ 表示搜索时间间隔，T_{S} 表示搜索时间，则搜索资源占用率为

$$P = \frac{T_{\mathrm{S}}}{T_{\mathrm{S}i}} \tag{7.20}$$

4）跟踪资源占用率

$T_{\mathrm{S}i} - T_{\mathrm{S}}$ 表示用于跟踪的时间，则跟踪资源占用率为

$$P = \frac{T_{\mathrm{S}i} - T_{\mathrm{S}}}{T_{\mathrm{S}i}} \tag{7.21}$$

5）弹头识别增加率

相同的时间内，采用协同预案操作前，正确识别弹头数为 n_1，采用协同预案操作后，正确识别弹头数为 n_2，则弹头识别增加率为

$$P = \frac{n_2 - n_1}{n_1} \tag{7.22}$$

6）制导成功增加率

相同的时间内，采用协同预案操作前，弹头制导数为 n_1，采用协同预案操作后，弹头制导数为 n_2，则弹头制导成功增加率为

$$P = \frac{n_2 - n_1}{n_1} \tag{7.23}$$

7.3.4　协同运用动态效能评估指标

协同运用动态效能评估指标体系包括指标的选取、定性指标定量化、指标的归一化处理等方面。

1. 指标的选取

动态效能评估目的是执行预警作战任务过程中状态、目标和任务完成度等的监测评估，支持资源管控等作战指挥、装备运用实时决策。评估要求是能够快速准确反映当前阶段和时刻目标情况、资源情况和任务情况等，并能进行一定时长的前推预测，支持实时判断决策。评估要点可归纳为快速、预测、判断。

静态评估的评估目的是用于战斗总结分析，通过归纳提炼主要影响因素和影响关系，为后续开展作战训练提供改进和优化行动的决策支持。评估要求是综合利用交战数据、统计数据和特情数据及处置措施数据等，进行作战输入因素与作战效能等因果追溯分析，提取主要影响因素并排序，支持作战方案、措施改进和优化决策。评估要点可归纳为统计、追溯、优化。

因此，从上述角度来说，静态评估与动态效能评估遵循的基本原则是类似的，影响因素也是类似的，可以在同一个大的指标体系框架下根据需要选择具体的分指标。

协同运用动态效能评估指标体系隶属于综合探测效能评估指标和资源利用率指标集合。具体选取时依据评估目的和采用的动态评估方法，同时要看指标能否进行实时测量或计算。

如评估目的是航迹质量，则评估多选择与航迹精度相关的一些指标。同时要能够进行实时计算和评估，如在没有真值的条件下，就不能选择航迹精度等指标，而需要选取其他可以实时测量或计算的指标。如评估目的是资源利用率，则选择与资源利用率相关的一些指标。

2. 定性指标的定量化

一般效能评估中定性与定量分析都是不可或缺、不可偏废的两个方面。定性与定量在一定条件下可以互相转化，但并不能互相替代。定性方法常常用一些较笼统、较"模糊"的词语来描述事物的性质、方向，或评判事物，如："机动性好"、"影响大"、"威力大"、"识别准"、"可靠性低"等，定量方法常常用准的、精确的数据来描述事物。但定性与定量不是有绝对的鸿沟，有些时候可以互相等价，例如，在某一特定问题背景下，可设定某雷达保证完成任务的可靠发现概率为0.8，则定性描述"可靠性低"可等价为定量描述：发现概率<0.8。

定量分析必须以定性分析为指导和基础，有了定性分析的基础才能开展定量分析，否则定量分析就会变得盲目，甚至走向错误。定量分析首先可对那些定性定量都能表述清楚的事物进行描述，并往往试图去刻画定性分析描述得不够清楚或很难描述的事物。对这些定性描述上还不够清楚的事物进行定量分析工作，得到定量分析结果后，定量分析结果反过来完善、验证、修改甚至变更对该事物原有的定性分析结论，进行新的定性分析并得到新的定性分析结论。新的定性分析结论为更深入、更准确、更精确的定量分析提供指导，这是一个不断发展的过程。定性与定量要结合，要兼顾，要互相推动、互相促进。

方法论和实践论上，要克服两种偏差：①认为定量分析越多越好；②认为如果定量分析很难做，就不要努力尝试各种方法以寻求突破，定性分析多做些就可以了。第一种偏差轻视了定性分析的指导作用；第二种偏差轻视了定量分析的反作用，错误地认为定性分析可以替代定量分析，实际上，它们不能互相替代。当遇到定量分析很难做的情况，首先要看定量分析所需的定性分析的积累是否足够，如果定性分析做得还不够充分，就要在定性分析上再下功夫，达到能为定量分析提供足够的指导。如果定性分析做得比较充分，定量分析工作就要知难而进。

3. 定量指标归一化方法

指标数据根据其类型主要可分为成本型、效益型、固定型等。成本型指标是指数值越小越好的指标。效益型指标是指数值越大越好的指标。固定指标指越接近某一固定值越好的指标。对于不用类型的指标，可按下述公式进行规范化。设有 m 个待评方案，n 个评价指标，其指标矩阵为 $R' = (r'_{ij})_{m \times n}$，转变为规范化矩阵 $R = (r_{ij})_{m \times n}$，$R$ 的元素为

对于成本型指标

$$r_{ij} = \frac{(\max_j r'_{ij} - r'_{ij})}{(\max_j r'_{ij} - \min_j r'_{ij})} \tag{7.24}$$

对于效益型指标

$$r_{ij} = \frac{(r'_{ij} - \min_j r'_{ij})}{(\max_j r'_{ij} - \min_j r'_{ij})} \tag{7.25}$$

对于固定型指标

$$r_{ij} = 1 - \frac{|r'_{ij} - r_j|}{\max |r'_{ij} - r_j|} \quad (r_j \text{ 为一固定值}) \tag{7.26}$$

7.4 协同运用动态效能评估流程与方法

静态评估不能反映作战过程的动态变化，所以需要随着作战过程的演变，研究动态评估。若作战目标和战场环境发生变化，则要对作战能力和需求重新进行评估，判断需求与能力是否匹配。若实际运用能力满足需求，则继续沿用当前工作模式及参数。若实际运用能力不满足需求，则对当前工作模式及参数进行调整。同时对重点关注的探测信息进行实时监测和在线评估。

静态评估不能反映作战过程的动态变化，所以需要随着作战过程的演变，研究动态评估。若作战目标和战场环境发生变化，则要对作战能力和需求重新进行评估，判断需求与能力是否匹配。若实际运用能力满足需求，则继续沿用当前工作模式及参数。若实际运用能力不满足需求，则对当前工作模式及参数进行调整。同时对重点关注的探测信息进行实时监测和在线评估。

7.4.1 协同运用动态效能评估模型

雷达组网协同运用的动态效能可以抽象为一个函数，目标函数为组网雷达协同运用效能与各要素之间的关系表达式，即

$$E = \| (S_r(t), S_t(t), S_e(t), A) \|, s.t. \; \Theta \tag{7.27}$$

式中：E 为雷达组网协同运用效能；$S_r(t), S_t(t), S_e(t)$ 分别为当前组网雷达、目标和环境状态向量；A 为根据当前情况所采取的预案；Θ 为约束条件，包

括：目标的可探测性、雷达的探测能力、雷达可同时处理的目标数量、当前可用资源数量及类型、分配给某一目标的最大资源数量限制等。

全面、系统、客观地对协同运用效能进行定量分析和综合评估是一件相当困难的事情。目前，普遍采用的效能评估方法主要可以分为 3 类：性能参数法、解析法、作战模拟法。

性能参数法采用系统的某些典型性能指标，并进行适当综合来描述系统效能，主要包括性能对比法、专家评分法、性能指数法等。

解析法以排队论、对策论、军事运筹学、兰彻斯特方程等数学方法为基础，求解系统效能，主要包括层次分析法、SEA 方法、灰色评估法、WSE IAC 模型方法等。

作战模拟法通过真实的或模拟的作战对抗来检验系统的作战效能，包括实兵演练和计算机模拟仿真。

每种方法都有其局限性，对反导预警作战效能评估应综合使用此 3 类方法。性能参数法因其简单易行，可以用于系统综合效能的初步分析。用计算机模拟仿真进行对抗分析，是计算机仿真技术发展的必然趋势，通过仿真建模技术构建仿真测试系统，根据系统的战技术性能和系统功能，制作不同的想定，全面、重点测试系统所达到的性能指标。解析方法可以对系统的综合效能进行评估，并为预案的选优和优化提供依据。

7.4.2 协同运用动态效能评估流程

对雷达组网协同运用效能进行全面分析，不仅要定性和定量评价相结合，还要系统技术战术单一指标和多项指标相结合。协同运用效能的验证评估过程必须相当细致和周密，总体流程如图 7-5 所示。

（1）获得数据。明确雷达组网系统任务需求，通过实际系统或者仿真系统采集实时数据。实时获取组网雷达上报的点迹、航迹信息，通过组网雷达上报的状态信息获取雷达工作状态信息，还通过对作战目标和战场环境的实时监视与感知获取数据。注意数据的特点、属性、规律以及有效性、可信度等问题。

（2）分析评估系统进行评估。定性与定量指标相结合，战术与技术指标相结合，确立组网系统协同运用动态指标体系。确定效能评估方法。根据不同层次指标或不同属性指标，选择适当的评估方法，得到综合评估结果。

（3）对评估结果进行汇总和分析，并输出反馈决策。

（4）由于雷达组网协同运用的动态性，当边界条件发生变化时，协同运用效能也随之发生变化，重复上述步骤，完成动态评估过程。

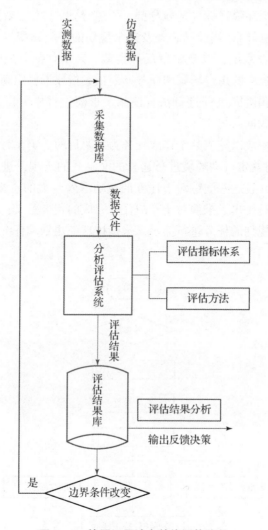

图7-5　协同运用动态效能评估流程

7.4.3　基于问题驱动式的仿真推演闭环评估

　　为了满足实时需求，需要研究快速、准确的动态效能评估方法。基于仿真实时评估的方法已被许多学者采用，该方法的评估准确性高，并能分析所有因素对效能的影响，可以用于动态效能评估。

　　仿真推演系统是开展预警装备组网协同运用的仿真平台。基于计算机仿真技术，仿真推演系统设计遵循核心引擎自主研发、推演功能柔性重组、推演机制符合实战、模型架构体系统一、规则数据开放透明、战场环境辨识精细等原则。系统能够模拟导弹目标（巡航导弹、弹道导弹）、空中威胁目标（隐身飞机、高超音速飞机等）、当前已装备及未来规划的各类预警卫星系统、预警雷达装备和预警中心系统，以及中段反导拦截、防空作战、战略反击等作战场景。系统能够在统一的想定场景和任务筹划预案指导下，驱动各类仿真模拟器对体系作战能力和协同过程进行仿真演示。推演过程中可以进行动态导调控制、状态监视和数据采集。

传统的推演一般以完成某个作战任务为主要目的。美军就对任务推演进行过定义，"通过对既定行动环境进行逼真的交互式的表现，进而完成功能与计划任务的演练，并且这些演练对于任务的成功有着巨大的意义"。这句话包含了两层意思，一是指出了推演对于作战任务完成的积极意义；二是点明了推演的主要作用是将规划的任务进行演示，来衔接任务规划和任务的执行。传统推演的一般流程如图7-6所示。

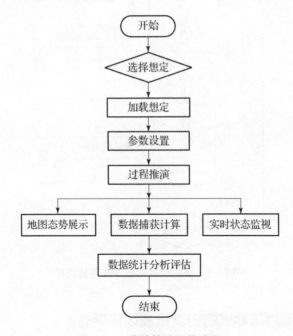

图7-6　传统推演评估流程

根据传统推演评估流程，提出问题驱动式推演研讨，具体流程如图7-7所示，主要包含引出问题、构设场景、筹划预案、仿真推演、评估分析、迭代优化等步骤。

一是引出问题。首先，问题紧贴实战。推演所研究的问题一般来源于部队日常训练的凝练总结、演习演练中暴露的问题，以及基于对未来作战的研究预

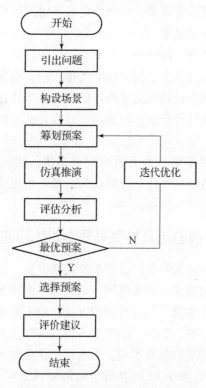

图 7 - 7　问题驱动式推演研讨流程

判等，这些问题往往制约着战斗力的生成和提高，必须要深入地开展研究、提出相应对策。其次，问题可以是多方面的，可以是顶层规划的，例如装备发展、型号论证等；也可以是具体场景下的短板问题，例如抗弹载干扰问题、引导交接问题、信火铰链问题等。再次，从预警装备协同推演本身来说，预警对抗主要体现在预警装备与威胁目标之间，且威胁目标的突防多以提前规划、事先装订为主，只要设定威胁目标及其攻击场景，即可构成推演条件，因此推演过程中可以直接基于已有研究成果，采取现场出题的方式驱动推演。

二是构设场景。针对具体问题，通过设置典型场景实施系统推演。预警装备作战运用场景包含作战背景引入、来袭目标、可用装备、临机导调等，其中来袭目标的种类、数量、打击样式、攻击方式都需要在推演仿真系统中提前设定。系统中设定的场景，如来袭目标，对于预警运用装备体系可以是未知的，仿真系统支持背靠背推演。

三是筹划预案。场景设置完成后，可以根据导调信息开展作战装备协同运用预案研究和筹划，综合分析各种因素，提出多套预警装备协同运用预案以及每种预案的设计考虑。

四是仿真推演。对研究筹划的多套预警装备协同运用预案，利用推演系统进行推演验证，输出推演结果。

五是评估分析。在推演过程中，开展动态效能评估，实时给出推演评估结果，得出每种预案具体优缺点，探讨预案优化方向，给出预案具体优化建议。

六是迭代优化。结合前期推演分析评估，进一步优化预警装备协同运用预案，通过仿真系统不断迭代推演，根据动态效能评估获得现有装备体系下协同运用最优预案。

采用问题驱动使得推演目的更为明确和具体，能够更深入地指导推演实施。预案从筹划到评估再到优化，反复迭代，最终得出最优预案，形成了评估反馈闭环。

7.4.4 基于并行计算的仿真推演多预案对比评估

考虑到推演系统一般能够支持多种条件灵活设置、仿真推演耗时较长等因素，预警装备协同运用推演过程采取了不同策略不同预案相比对、前台与后台多个预案同时并行计算仿真、并行研讨的方式，将不同协同运用预案效果并行比较。前台主要完成态势、预案、结果等内容的高效友好可视化展示，系统后台主要完成多种预案的并行仿真实现，为前台提供数据支撑。

如图 7 – 8 所示，在图 7 – 7 的基础上对筹划预案到评估阶段进行了拓展，前台对预案 1 进行过程推演和效果评估，后台则同步开展预案 2 到预案 n 的过程推演和效果评估。通过综合对比 n 个预案的效能，从中选出最合适的预案。在单个预案过程推演阶段，仍然可以按照图 7 – 7 流程进行单个预案的优化修正。多个预案的对比研讨可以在过程推演阶段根据预案实施的实时效果同步展开，整体效能评估对比分析则是确定最终预案的最后一环。

多预案对比研讨之后选择确定其中一个预案，同时也给出了对多个预案的评价和建议，包括预案执行的条件、执行的效果、执行的注意事项等等。

采用前台与后台相结合的并行计算仿真方式可以大大提升推演效率，多样本进行数据统计还可以提高评估结果的置信度。采用多预案对比研讨的方式则可以针对问题进行深入的研究，提出最优化的解决预案。

7.4.5 利于分析决策的仿真推演可变速评估

协同运用推演流程可适用于多种场合，根据不同的需求结合推演系统开展探索式推演、评估式推演、修正式推演、复盘式推演。这四种层次的具体推演流程都是在一般流程上进行全过程推演或裁剪式推演而实现的，列出了不同层次的推演实施特点和相应的应用场合，如表 7 – 1 所列。

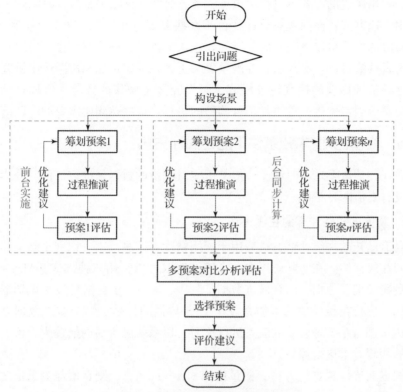

图 7-8 并行计算仿真推演流程

表 7-1 不同层次的推演流程特点

推演层次	实施特点	应用场合
探索式推演	预案没有确定，场景需要构设，处于筹划阶段，在战前准备阶段或者日常战法研究阶段实施，多采用全过程推演模式，关键节点展开研讨，最终结果需要反复迭代	作战概念演示、装备建设论证、预案设计
评估式推演	既有预案进行评估，不一定需要反复迭代，需要输出评估分析报告	预案效能验证
修正式推演	既有预案进行优化调整，需要反复迭代	预案调整、一体化训练
复盘式推演	既有想定重演，必要时可暂停研讨	一体化训练

对于不同的推演需求，为了方便决策，采用变化的仿真速度，可以加快速度，放慢速度，也可以暂停，简称"快、慢、停"。按照作战进程，推演耗时

较长，采用快进的方式可以突出重点，节省时间；由于关键过程时间较短，可以采用慢速方式；而问题焦点往往位于某些重要节点，为了便于分析和决策，采用暂停的方式可以将关心的关键问题深入分析，详细介绍，重点呈现。

仿真推演过程，也是联合开展预警装备体系顶层设计和协同运用研究的过程。这种仿真推演的研究论证模式，可以充分考虑作战环境、作战目标、装备、预案等因素，进行可重复、可调整的仿真，最终达到所需要的验证结果。

7.4.6 真值已知/未知条件下的在线评估法

在线评估法要求实时性，一般基于实时测量的数据来进行评估，分为有真值和没有真值两种情况。

1. 真值已知条件下的在线评估

真值已知的在线评估方法适用于探测精度、探测范围、识别正确率等典型指标的在线评估。在实际应用中，真值的选取可以采用三种方式：ADS - B 数据，敌我识别器数据，综合航迹数据。其中，ADS - B 数据与敌我识别器数据作为真值进行在线评估的本质是基于 GPS 数据的评估。综合航迹数据是指把单雷达航迹与系统融合后的航迹进行比对，以系统融合后的航迹为真值，对单雷达的探测效果进行评估。

假定航迹位置真值为 a_0，测量值为 $x_i, i = 1, \cdots, n$，则真值与测量值之间的误差为

$$\delta = \frac{1}{n} \sum_{i=1}^{n} (x_i - a_0) \tag{7.28}$$

在只有随机误差的情况下，可以用算数平均值作为真实值的估计

$$\bar{x} = \frac{1}{n} \sum_{i=1}^{n} x_i \tag{7.29}$$

将测量值与真实值的差值称为残余误差

$$r = \frac{1}{N} \sum_{i=1}^{N} (x_i - \bar{x}) \tag{7.30}$$

则标准差为

$$\sigma = \sqrt{\frac{1}{N} \sum_{i=1}^{N} (x_i - \bar{x})^2} \tag{7.31}$$

通过误差和标准差的计算，可以对航迹的精度进行评估。

2. 真值未知条件下的在线评估

然而，对于非合作目标来说，获得其真值很困难，性能参数也是未知，这种情况下在线评估就比较困难，精确性指标很难用于实时评估。因此对于在线

评估，明确评估对象后，在没有先验信息的情况下，就需要通过实测数据进行挖掘，找到可以达到评估目的的指标。

当评估对象为干扰效果时，没有任何蓝方雷达的信息，此时可以通过实时侦收蓝方雷达的信号，通过实时分析信号前后的变化特征，评估判断蓝方雷达受干扰程度，如图 7-9 所示。

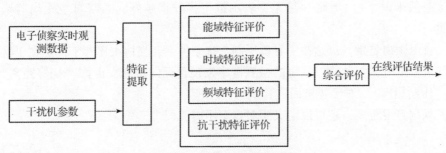

图 7-9 干扰效果在线评估

当评估对象为航迹质量时，一般航迹质量评估指标方面，主要包含完整性、精确性、清晰性和连续性等，但是大多数指标仅能用于目标航迹质量的离线评估，难以支撑目标航迹质量的实时评估。目标航迹包括目标的位置、速度等运动状态信息以及国别、型号等属性信息。因此，目标航迹质量评估可从多个维度出发，如目标位置或速度的精确性、目标属性的准确性、航迹平滑度等。在实际中，目标位置、速度以及属性的精确性评估依赖于目标真值，而目标真值往往难以得到，这导致精确性指标很难用于目标航迹质量的实时评估。所以如何建立与评估目标相一致、不涉及真值的评估指标体系是其核心。根据选定的评估指标进行综合评估，最后得到评估结果，如图 7-10 所示。

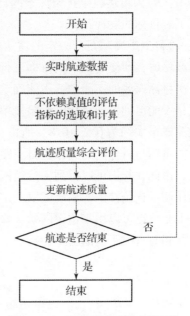

图 7-10 目标航迹质量在线评估

7.4.7 基于功率准则的在线评估法

干扰效果评估的基本思路是利用有或无干扰条件下系统的某些性能或效能参数作为评估指标，比如信干比、最大探测距离、探测区域、压制系数、发现概率、欺骗概率等变化来度量干扰效果；也提出了诸如信息准则、功率准则、效率准则、概率准则等一系列评估准则。在雷达组网抗干扰中，也可以利用基于准则的评估方法。

功率准则又称信号损失准则，它通过干扰条件下，系统干扰与信号的功率比（"干信比"）或信号与干扰功率比（"信干比"）的变化来评估干扰效果。一般来说，"信干比"越大，表示抗干扰效果越好，通常自卫距离等来表示。

自卫距离是指，雷达在受有源压制干扰条件下，当信干比等于雷达在干扰中的可见度时，雷达能以一定的检测概率发现目标的距离，也称"烧穿距离"或"压制距离"（对干扰机而言）。

根据自卫距离，还可以定义相对自卫距离，即

$$R'_z = \frac{R_z}{R} \tag{7.32}$$

式中：R_z 为雷达在干扰条件下的自卫距离；R 为无干扰时，雷达在相同检测概率下对目标的发现距离。

"自卫距离"是与一定的雷达检测概率相对应的，通过预先设置不同的检测概率值，即使是同一次目标飞行，也可以得到不同的自卫距离。事实上，在一次目标探测的实践中，不能确定雷达究竟是以多大的概率来发现目标的，也就是不能得到检测目标的后验概率，而只能认为在发现目标的临界状态，雷达检测概率大约为 $0.2 \sim 0.8$。所以，比如可以选取 $P_d = (0.2 + 0.8)/2 = 0.5$ 对应的雷达与目标间距离作为自卫距离取值。

由此，我们可以得到雷达组网自卫距离的相关定义，也即雷达组网系统在受压制干扰条件下，系统能以一定的融合检测概率发现目标的距离。雷达组网自卫距离也可以用雷达组网融合检测概率 $P_{d,\text{net}} = 0.5$ 对应的距离来取值，雷达组网相对自卫距离的公式为：

$$R'_{z,\text{net}} = \frac{R_{z,\text{net}}}{R_{\text{net}}} \tag{7.33}$$

式中：$R_{z,\text{net}} = R \mid_{\tilde{P}_{d,\text{net}} = 0.5}$ 为雷达组网自卫距离；$R_{\text{net}} = R \mid_{P_{d,\text{net}} = 0.5}$ 为雷达组网系统在相同检测概率下对目标的发现距离。

除自卫距离外，功率准则还有其他的表现形式，如：雷达抗干扰改善因子（EIF）、雷达抗干扰有效改善因子（EEIF）、抗干扰品质因素（Q_{ECCM}）和抗干扰综合度量能力（AJC）等。

功率准则在理论分析和实测方面都很方便，因此是目前应用最广泛的准则，主要适用于遮盖性干扰（包括隐身）的干扰和抗干扰效果评估，因为有

源遮盖性干扰的实质就是功率对抗。由于欺骗性干扰不是以功率为主要对抗手段，因此功率准则并不完全适用于组网系统抗欺骗性干扰的效果评估，且功率准则也不能全面反映雷达组网系统抗压制性干扰能力，因此功率准则也有其局限性。

7.5　协同运用动态效能评估案例

协同运用动态效能评估，在实际运用中，多是以监视评估某一核心指标，比如探测精度、航迹连续性、探测范围等的实时变化，来进行评估，相对比较容易实现。而根据目标、环境、装备、预案（运用）、情报、人（决策）等来进行动态效能评估，则相对比较复杂。

本节基于仿真推演系统来进行评估。主要采取基于问题驱动式的仿真推演闭环评估和可变速评估方法，来完成战役/战术反导预警协同探测效能评估任务，主要评估目的是采用协同预案后的探测效能。

1. 基本想定

蓝方打击基本想定：从某岛发射 XX 枚玄武弹道导弹，以高低弹道搭配，携带弹载干扰，对红方核心地区进行集火打击。

红方典型装备：天基装备包括高轨/中低轨预警卫星，实现周边覆盖和弹道全程跟踪。陆基装备包括远程预警雷达、机动相控阵预警雷达、机动多功能雷达、精跟识别雷达等多频段、多梯次部署。

2. 协同预案

战役战术反导预警有多重覆盖特点，预警资源足够丰富，具备全程协同的资源基础。因此，整个战役战术反导预警协同探测呈现"深度铰链、快速切换"特点：远程预警雷达、机动预警雷达等装备深度铰链，分工合作，合作完成好预警跟踪任务；机动预警雷达、机动多功能雷达等装备之间深度铰链，合作完成好跟踪识别任务；机动多功能和精跟识别雷达等装备深度铰链，完成好目标指示和制导工作。融控中心系统根据空天威胁变化、预警情报信息质量和我方力量情况，统一进行资源调度，相关预警雷达根据融控中心要求进行快速功能切换。

具体将反导预警协同探测分成三个阶段，分别筹划每个阶段的协同预案，即：预警监视协同、跟踪识别协同、支持拦截协同。①协同搜跟：针对"全部跟踪难"问题，融控中心系统预先对所有预警装备进行搜索和跟踪任务分配，并实时调整；②协同弹头识别：针对"弹头识别不足"问题，通过融控中心协同接入装备，实现弹头序贯识别，挖掘体系识别潜能；③协同制导：针对"制导数不足"问题，融控中心系统融合精跟识别雷达识别结果与机动多功能雷达的跟踪信息，生成制导信息。

3. 仿真推演实时评估

按照给定的想定，在仿真推演系统进行协同环节的推演，主要采取基于问题驱动式的仿真推演闭环评估和可变速评估方法，选取的指标是跟踪目标数，识别弹头数，实际制导数（制导成功数），这三个指标直接反映了完成反导预警任务的程度。实时显示推演结果如图 7–11 所示，主要通过实时推演数据的统计分析得到。从动态评估结果对比情况看，采取协同搜跟、协同识别、协同制导等协同预案后，跟踪目标数、识别弹头数、实际制导数都得到明显提升，证实采取的协同预案有效。

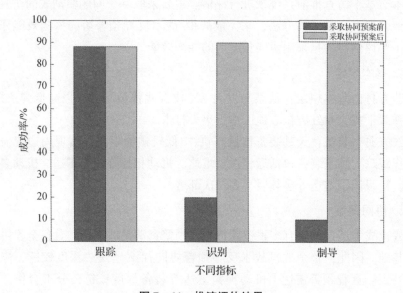

图 7–11　推演评估结果

根据图 7–11，在资源一定的情况下，保持跟踪性能不变，通过采取协同预案，弹头识别增加率为

$$(90\% - 20\%)/20\% = 3.5(倍) \tag{7.34}$$

制导成功增加率为

$$(90\% - 10\%)/10\% = 8(倍) \tag{7.35}$$

可见，通过采取协同预案，弹头识别数增加了 3.5 倍，弹头制导成功数增加了 8 倍。

7.6　本章小结

　　通过协同运用动态评估技术研究，研究了预警装备组网协同运用动态评估指标建立、流程、方法等方面的难题。在分析预警装备组网协同运用需求和发展现状的基础上，建立了协同运用动态评估指标体系，研究了仿真推演评估法、在线评估法、基于准则的动态评估法等，为分析评估协同运用作战效能和支持协同运用训练等提供了手段和方法。

参考文献

[1] 胡晓峰，罗批，司光亚. 战争复杂系统建模与仿真 [M]. 北京：国防大学出版社，2005.

[2] Dou J. Ship – to – air missile system operational effectiveness evaluation credibility analysis [C]. Shenzhen, China, April, 2016.

[3] 南熠，伊国兴，王常虹，胡磊，等. 概率有限状态机在动态效能评估中的应用 [J]. 宇航学报，2018, 39 (5): 541 – 548.

[4] 张壮，李琳琳，魏振华，等. 基于变权—投影灰靶的指控系统动态效能评估 [J]. 系统工程与电子技术，2019, 41 (4): 801 – 809.

[5] Gim Y K, Kang J H. A study on the operational test and evaluation in applying modeling and simulation to guided weapon systems – Focus on Hyun – Gung project [J]. Journal of the Korea Association of Defense Industry Studies, 2013, 20 (1): 20 – 44.

[6] DARPA. Adaptive radar countermeasures (ARC) pro – gram homepage [EB/OL]. http://www. Fbo. Gov.

[7] DARPA. Behavioral learning for adaptive electronic war – fare (BLADE) program homepage [EB/OL]. http://www. Fbo. Gov.

[8] Air Force. Cognitive jammer [EB/OL]. http://www. Fbo. gov.

[9] DARPA. Communications under extreme RF spectrum conditions [R/OL]. http://www. Fbo. Gov.

[10] 安红，杨莉，高由兵，等. 基于作战应用的相控阵雷达干扰效果评估方法初探 [J]. 电子信息对抗技术，2014, 29 (3): 42 – 46.

[11] 刘松涛，葛杨，温镇铭. 干扰效果在线评估参数筛选与特征表示方法 [J]. 系统工程与电子技术，2020, 42 (12): 2755 – 2760.

[12] 邢强，贾鑫，朱卫纲，等. 基于干扰方的雷达在线干扰效果评估 [J]. 电子信息对抗技术，2018, 33 (6): 57 – 62.

[13] 张阳，司光亚，王艳正，等. 体系对抗条件下认知电子攻击行动建模与仿真 [J]. 中国电子科学研究院学报，2019, 14 (5): 543 – 552.

[14] 雷震烁，刘松涛，陈奇. 基于 SVM – DS 融合的干扰效果在线评估方法 [J]. 探测预控制学报，2020, 42 (3): 92 – 98.

[15] 冉小辉，朱卫纲，邢强. 电子对抗干扰效果评估技术现状 [J]. 兵器装备工程学报，2018, 39 (8): 117 – 121.

[16] 张秀伟，夏斌，马建朝. 基于多粒度网格划分的雷达威力在线评估方法 [J]. 空军预警研究学

报 2022，36（2）：99 – 103.

［17］刘红亮，周生华，刘宏伟，等 . 一种利用幅度信息的航迹质量评估方法［J］. 西安电子科技大学学报，2017，44（1）：65 – 70.

［18］张海瀛，贺文娇，王伟，王成刚 . 利用位置信息的目标航迹质量实时评估方法［J］. 电子科技大学学报，2020，49（6）：812 – 817.

第8章 协同运用技术集成应用

本书第 2 章至第 7 章分别对组网协同运用的六项关键技术进行了详细的阐述，它们之间既有个体的独立性，又有相互的关联性，每一项关键技术的突破都为组网协同探测潜能发挥提供了有力支撑，同时又需要有一个强有力的"黏合剂"将各项技术有机地结合在一起，产生"1 + 1 > 2"的涌现效益。这个"黏合剂"就是"集成"。协同运用技术集成应用是结合具体的应用领域与需求背景，把上述六项关键技术按照一定的框架组合起来，目的是更好地发挥技术与技术之间的加成效果，更好地挖掘组网体系的协同探测效能。

研究协同运用技术集成应用，首先要在清晰界定组网协同运用技术集成概念与内涵的基础上，搭建组网协同运用技术集成的研究框架，点明集成应用的价值；其次要提出组网协同运用技术集成的一般流程及注意事项，并给出典型案例，为组网协同运用技术集成的实施提供具体方法指导；最后通过典型案例验证协同运用技术集成应用流程的有效性。

8.1 协同运用技术集成应用的基本理念

在开展雷达组网协同运用技术集成应用之前，首先要搞清楚什么是协同运用技术集成，它与系统集成、信息系统集成、综合集成等概念有什么区别，又蕴含着什么样的原理。搞清楚这些问题，才能更好地指导后续具体的集成流程实施。因此，本节围绕这些问题对协同运用技术集成的基本理念进行探析。

8.1.1 协同运用技术集成应用的概念界定

集成就是一些孤立的事物或元素通过某种方式改变原有的分散状态集中在一起，产生联系，从而构成一个有机整体的过程。协同运用技术的理论基础是"多域融一"原理，也就是说协同运用技术在研发过程中涉及了多个领域的内容；同样地，协同运用技术的集成也不是简单的集成，其中既有物理域的集成，又有认知域的集成。因此，要准确定义协同运用技术集成应用的概念，就要从系统集成、智慧集成、综合集成这些相关概念[1-5]入手，清晰界定协同运用技术集成应用的范畴。

8.1.1.1 系统集成

1. 系统集成

系统集成，就是通过结构化的综合布线系统和计算机网络技术，将各个分离的设备（如个人电脑）、功能和信息等集成到相互关联的、统一和协调的系统之中，使资源达到充分共享，实现集中、高效、便利的管理。

系统集成的本质就是最优化的综合统筹设计，一个大型的综合计算机网络系统，系统集成包括计算机软件、硬件、操作系统技术、数据库技术、网络通信技术等的集成，以及不同厂家产品选型，搭配的集成，系统集成所要达到的目标——整体性能最优，即所有部件和成分合在一起后不但能工作，而且全系统是低成本的、高效率的、性能匀称的、可扩充性和可维护的系统。

系统集成实现的关键在于解决系统之间的互联和互操作问题，它是一个多协议和面向多种应用的体系结构。这需要解决各类设备、子系统间的接口、协议、系统平台、应用软件等与子系统、建筑环境、施工配合、组织管理和人员配置相关的一切面向集成的问题。

系统集成有以下几个显著特点：①系统集成要以满足用户的需求为根本出发点；②系统集成不是选择最好的产品的简单行为，而是要选择最适合用户的需求和投资规模的产品和技术；③系统集成不是简单的设备连接，体现更多的是设计、调试与开发的技术与能力；④系统集成包含技术和管理等方面，是一项综合性的系统工程。技术是系统集成工作的核心，管理活动是系统集成项目成功实施的可靠保障；⑤性能性价比的高低是评价一个系统集成项目设计是否合理和实施是否成功的重要参考因素。

2. 信息系统集成

信息系统集成，是在信息化时代背景下的系统集成，就是按照信息化作战要求，以信息技术为纽带，以信息能力为主导，达成各级指挥要素、作战单元、保障系统的横向一体化，消除"信息孤岛"和"纵强横弱"的格局，并通过与武器装备、作战方式、体制编制的良性互动，让战斗力形成拳头，实现作战效能的整体聚集和有效释放。

从以上定义可以看出：信息系统集成是为实现某一应用目标而进行的、基于计算机、网络、数据库系统、大中型计算机应用信息系统的建设过程；是针对某种应用目标而提出的全面解决方案的实施过程；是各种技术的综合实现过程；是各种设备的有机组合过程。这个过程由技术咨询、方案设计、设备选型，到网络建设、软硬件系统配置、应用软件开发、维护支持和培训等一系列活动组成。

信息系统集成需要解决的几个关键问题：①跨平台问题：现在和将来的软件实际上是分布在各种机型的平台上的，大型机、小型机、笔记本、带程序的电视机、录像机、传感器、报警器等，信息系统集成必须解决多平台的应用问题；②跨语言问题：目前编程使用的程序设计语言各式各样，没有一种通用的、万能的计算机编程语言供人们使用，如何解决跨语言编程也是系统集成面对的实际问题；③跨操作系统问题：在 Internet 上连接了无数的计算机，这些计算机的操作系统多种多样，系统集成必须考虑如何能够把它们有机地联系起来，以实现软件、硬件和信息资源的共享和分布式处理；④跨协议问题：Internet 是一个异构网络，在不同的区域可能具有不同的网络结构、传输协议。为了使软件运行时具有资源和方法共享性及互操作的透明性，集成时必须解决由于协议的不同带来的不便；⑤跨版本问题：用户对软件功能的需求总是在逐步增加，每次变化都会要求开发者改变程序模块，分布式软件开发必须考虑软件版本的变化，在 Internet 上集成软件必须实现版本的透明性等。

实际上，无论是以什么样的软、硬件产品为基础，无论采用何种技术手段，也无论实施的是何种系统开发方案，信息系统集成的核心目的只有一个，就是实现资源共享。即通过实现信息系统内设备之间的信息交换，软件之间的信息传输以及不同数据库之间的数据共享，以达到"在正确的时间，将正确的信息以正确的方式传给正确的人（或机器）以做出正确的决策或操作"的目的。

3. 系统集成蕴含的军事意义

系统集成，不是一个单纯的技术问题，它包含着一种新的军事观念和方法论。在不断发展的军事变革中，美军提出的"系统的系统""系统集成""横向技术一体化""网络中心战""马赛克战""多域战"等理论，都不是单纯的技术问题，而是大系统思想和方法在军队建设和作战指导中的运用。美军前参联会副主席欧文斯认为，"这场军事革命是一种把我们的注意力从作战平台引开的革命。系统集成指的就是如何设计一个架构，以便综合运用各个系统大幅度增加军事能力"。可见，以信息化建设为重点，以系统集成为途径，已经成为新军事变革的重要内容，从这个意义上说，信息化的一个重要特点就是集成化。

8.1.1.2　智慧集成

1. 数据集成、信息集成与知识集成

数据，通常是指具体、客观的事实和数字；它们没有经过分析、处理，是

产生信息的基本原材料；信息，是有组织的数据，是对数据进行分析处理后所获取的有意义的消息；信息中包含了数据的上下文，被用于有限的时间和范围内；知识，是结合了经验、背景上下文和解释的信息，包含了对信息的理解，使信息具有实践中的可操作性。从这些概念上看，数据在具体的环境中才有意义，信息是对数据进行某种解释的结果，知识是信息在应用过程中结合经验、经过头脑处理的结果。

数据集成是将位于不同数据源中的数据合并起来，为用户提供关于这些数据的统一视图。数据集成的主要目的是为分布异构数据提供统一的表示、存储和管理，通过集成形成一个整体，使用户可以以透明的共享方式访问数据[3]。

信息集成是一种或针对某个目标或面向某项特定服务对信息进行组织和管理的理念，集成的核心是以资源作为大系统，采取技术于一段进行整合，实现资源共享[3]。

知识集成是运用科学的方法对不同来源、不同层次、不同结构、不同内容的知识进行综合，实施再建构，使单一知识、零散知识、已有知识集成起来，以实现共享和互操作。知识是信息的升华，知识的主要获取方式是对信息的数据挖掘和专家经验的形式化。知识的集成依赖于信息的集成[3]。

2. 智慧集成

智慧在《辞海》中是这样解释的：对事物认识、辨析、判断处理和发明创造的能力。也有词典中这样解释：生命所具有的基于生理和心理器官的一种高级创造思维能力，包含对自然与人文的感知、记忆、理解、分析、判断、升华等所有能力。

对比数据、信息、知识和智慧这四个词的含义可以看到：从事实和数字的加工程度来说，数据最为原始，信息次之，知识加入了理解，而智慧则可以在理解的基础上再创造。换句话说，从数据到信息、再到知识、最后到智慧，人赋予最原始事实和数字的拓展意义越来越多。对于智慧来说，知识是一种外在的智慧，是智慧的产物，具有某种程度上的被动性。而只有人头脑中的智慧，才是主动的，具有生命力的智慧，而这种头脑中的智慧是创造力的源泉，才是创新的物质基础。

智慧集成不是知识、经验的简单叠加，而是在已有知识、经验的基础上，通过群体内的分工与协作，让智慧不断碰撞产生新的智慧，并且随着研讨、验证等多种形式进程进行循坏迭代，群体对问题的认识不断深入，新的智慧不断进化与合理化。智慧集成强调群体内智慧的互补性、进化智慧的创新性，同时也强调集成过程中的工程性。

智慧集成与数据集成、信息集成、知识集成之间既有联系，也有区别。它们的联系主要表现在数据集成、信息集成、知识集成对智慧集成的支持上：智慧集成过程中的研讨形式、验证手段等，都是在个体知识、经验以及相关领域知识、信息、数据以及计算机的支持下进行的。它们的区别主要体现在集成对象、集成目标、集成方式与集成理论基础的不一样上[3]。以集成方式为例，数据集成、信息集成以及知识集成一般都是在一定的系统环境支持下，通过给定的规则，实现资源的集成。而智慧集成则主要通过开放环境下领域专家的交流，这种交流，使得各领域专家可以基于已有的知识、经验以及研讨过程中认识的不断深刻，实时地产生创新性的、原创性的知识。前三者的理论基础都是形式逻辑，而智慧集成更多的是建立在非形式逻辑基础上。前三者集成强调的是理性推理的集成，而智慧集成则强调理性和感性结合的集成，包含了人的创造性思维和灵感。

3. 智慧集成蕴含的军事意义

在信息化战争中，作战双方的对抗本质上是群体智慧的对抗，是对抗双方干预策略的对抗[1]。战争系统是一个复杂巨系统，它具有复杂巨系统的所有特征[2]。军事对抗在整体上呈现"零和"特征，对抗双方都是尽其所能寻求最好的干预策略以达到制胜目标，所以和一般人工系统相比，战争系统中干预策略的创新性和对抗性更加激烈，战争系统干预策略的不确定性造就了战争系统的不可重复性。沙基昌教授在《复杂巨系统与战争设计工程》[2]一文中就提出"不可重复性是复杂巨系统最重要的特征"。这种干预策略来源于人类智慧，要让作战过程中干预策略的不确定性趋向于合理性、有效性方向良性发展，将群体智慧（甚至是领域专家智慧）进行集成是一种行之有效的方式。

8.1.1.3　综合集成

综合集成，是一个具有多层含义的概念，它或是系统科学理论中的一种方法，或是应用于某一具体领域的一种实践和技术，也可以表明某种系统的具体状态[4]。中国工程院前院长朱光亚认为："综合集成既是一门工程技术，也是一门艺术。它是我们面临复杂工程系统挑战的工具，是方法论，也是实现工程技术向现实生产力转化的重要手段和途径。其实质是把科学理论和经验知识结合起来，人脑思维和计算机分析结合起来，个人决断与群体决策结合起来，发挥综合系统的整体优势"。全军信息化办公室认为："从工程技术的角度看，综合集成是利用信息和信息技术的渗透性、共享性、融合性，将原本没有联系或联系较弱的分散系统，集成为一个联系紧密、结构优良、机能协调、整体效能最佳的巨系统的过程"[5]。在《军语》中,这三种内涵都有所体现。比如,将综合集成与矛盾分析、系统分析、定性与定量分析、军事运筹和军事试验等,都看成军事科学研究方法;在装备研制和军事信息系统的建设中,综合集成通常被看作一种技术或实践活动;比如军事信息系统综合集成技术,是为提高整体作战能力和实现信息资源最优配置,将多种军事信息系统综合构建为一体化信息系统的技术。综合集成技术,可以分解为信息系统体系结构技术、信息系统互操作技术、软件综合集成技术、通信网络综合集成技术、信息系统联调实验技术和信息系统综合管理技术。

不同的领域,对综合集成的理解也不相同。军事领域的综合集成是实现作战要素、作战单元、作战体系等多个层次的一体化,使两个或多个集成要素,能够发挥效能并产生涌现,实现"1+1>2"的效果。

8.1.1.4 协同运用技术集成应用概念界定

本书第1章中对雷达协同运用进行了定义:雷达协同运用就是研究协同探测的最优对策,决策组网最优形态与管控预案,应对空天新威胁复杂化、智能化与敏捷化的变化。同时也明确了协同运用与协同探测最大的区别在于:协同运用技术往往与人有关,主要是涉及人去设计的技术,如:人机融合技术、闭环架构设计技术、预案设计技术、显控界面设计技术等,解决敏捷组网难、翔实预案难、精准管控难等协同运用难题,提升协同探测的敏捷性、灵活性和适应性,更好地支持保障协同探测。所以,协同运用技术不完全等同于协同探测技术,协同运用技术需要在雷达组网平台的基础和条件上来研究。

从这个意义上来讲,协同运用技术集成应当既包含了雷达组网平台涉及的组网信息系统、入网雷达、通信网络等物理域的系统集成,又包含了以预案为表现形式、以管控为实施方式的认知域的人类智慧集成,可以说协同运用技术集成是一种典型的综合集成。在这个理念之下,如果把协同运用技术集成应用的范畴进行一个界定,可以这样去描述协同运用技术集成的概念:协同运用技术集成,是在预警装备组网协同作战背景下的综合集成,是实现组网信息系统、入网雷达、通信网络等系统集成与实施匹配管控决策、绿色探测决策等智慧集成的有机结合,通过计算机分析和人脑思维的协同融合,实现武器装备与战术战法的有机结合与良性互动,实现组网探测作战效能的更优聚集和更优释放。

从这一定义中可以引申:协同运用技术集成应用过程中包含了系统集成和智慧集成双向的活动,由网络搭建、装备选择、接口贯通、软硬件系统配置、应用软件开发、维护保障以及技术研讨、预案设计、规则凝练、推演评估等一系列活动组成。

协同运用技术集成既需要解决信息系统集成中跨平台、跨语言、跨操作系统、跨协议、跨版本的问题，实现系统内外部的互联互通、资源共享、信息交换等；又要解决智慧集成中的表现形式、实施方式、开展模式、使用条件等，实现智慧的可工程化；最终达到"在正确的时间，将正确的信息以正确的方式传给正确的人或机器，以人机协同的方式做出正确的决策，并将决策生成的指令传给正确的机器执行"的目的。

协同运用技术集成的实质是将人的智慧、情报数据和预警雷达以及预警信息系统有机结合起来，构成一个人机结合系统，是一个人网结合体系，是将计算机系统强大的信息处理能力和推理计算能力与人的形象思维、逻辑思维和创造性思维能力有机结合，以从定性到定量综合集成的方式从整体上研究和解决预警装备组网体系协同探测问题。通过人机融合，把人的思维、思维的成果、人的经验、知识、智慧以及各种情报、资料和信息集成起来，从定性认识上升到定量认识，发挥体系的综合优势、整体优势和智能优势。

8.1.2　协同运用技术集成应用的独特内涵

怎样进行雷达组网协同运用技术研究才不会停留在表层，不会只得到理论性结果，不会无法指导具体实践？要解决这几个问题，开展雷达组网协同运用技术研究过程中，就需要在技术层面以协同运用技术的工程化方法为指向，在作战层面以提升雷达组网体系作战效能为目标，集成各层次人类群体的智慧，采用定性与定量相结合、推理与实验相结合的方法，形成"从理论到技术再到实践"的研究闭环，对未来雷达组网装备、战法及其结合模式进行创新，实现从"装备＋技术"的提高到作战能力的跃升。这就是本书中实施协同运用技术集成应用的独特内涵。

8.1.2.1　面向的是未来预警作战战场

雷达组网协同运用技术中"预案"是灵魂、"管控"是核心、"融合"是基础，也就是说把"基于预案的管控"引入到组网装备体系中去研究，在技术发展许可范围之内研究组网装备、战法以及结合的理论、方法、技术与实现方式，始终是把预警作战战场要面临的威胁和环境作为研究的出发点，把提升预警装备体系整体作战效能、应对未来预警作战战场变化为归宿。

8.1.2.2　体现的是装备与战法的结合

信息化战争中，信息化武器装备构成复杂，信息化战争作战样式多变，武器装备和战法结合的优劣将决定战争胜负。对于预警作战也是一样，协同探测作为一种新的预警作战理念，其作战概念、战略战术的研究必须是在新型预警装备条件下进行研究，包括现在已有的新型预警装备以及在未来几年内可能建设与发展的预警装备条件下的研究，还要注意预警装备体系内的整体布局。与此同时，预警装备要实现协同探测这一作战理念，就必须放到在这种新的作战理念包含的作战理论体系中去考察，不断地发展、改进、更替。协同探测技术集成应用过程中既有对装备的要求，也有对战法的要求；既是对装备建设与发展的促进，也是对战法理论实践的丰富，其中充分体现了组网装备和作战理论相互影响与决定的关系。

8.1.2.3　注重不同人类群体智慧的集成

本书中一直强调预案是协同运用的灵魂，其重要意义就在于预案是把包含军事理论专家、军事应用专家、技术研发人员、雷达操作人员等不同层次的人类群体思维、经验、知识、智慧集成起来。协同运用集成又是把预案和各种情报、资料、雷达、信息系统等再次集成起来，对组网装备如何进行协同探测这个复杂问题进行分析研究，从而解决问题。

可以说，不同人类群体是组网协同技术工程化中最重要的组成部分，是预警作战过程中敌我双方相互干预策略和态势发展演化趋势的预测者或设计者；他们的智慧集成是战场演变合理性、干预策略准确性与作战任务完成度的重要前提。

8.1.2.4　采用定性与定量相结合的方法

从前述多章可以看到：雷达组网协同运用技术中无论是资源管控技术、预案设计技术，还是效能评估技术，都采用了定性与定量相结合的方法。从这两种方法本身来说，定性分析与定量分析是辩证统一的关系，它们既相互对立，又相互统一。不能将定量分析与定性分析对立起来，在分析过程中既需要定量分析方法，也需要定性分析方法。针对不同问题的特点以及不同的分析阶段，定性与定量方法各有优势，两者之间不存在孰优孰劣的问题，而是如何结合的问题。定性分析与定量分析是对同问题从不同方面进行研究，两者结合，才能得出比较科学、完整的结论，才有可能克服各自的局限性，最大限度地发挥各自的优势。从组网协同运用技术特殊性来说，以预案设计技术为例，在流程的第一个步骤对输入的任务进行分析时，需要利用观察、调查、文档技术等多种非结构化的数据收集方式，需要进行多任务之间的比对等等这些都是定性分析方法；而在具体约束条件下，建立了目标函数进行多个子任务的执行序列排序时又需要有定量的计算来支撑。应该说，组网协同运用技术在集成应用时强调定性分析与定量分析相结合是很有现实意义的。

8.1.2.5　融合仿真与实证相结合的反馈

协同运用技术集成应用的效果如何是需要检验的，既要验证作为协同运用技术逻辑起点的作战概念是否合理，又要评估各项技术结合在一起后发挥的效益是否有效；特别是应用领域是军事作战领域，直接关系到作战任务能否完成。因此，单纯依靠建模仿真技术来反馈效果是不够的，还需要通过训练、演习、实战等多种手段进行更深层次的检验。

协同运用技术集成应用中采用了仿真与实证相结合的手段，通过虚拟和现实两种途径的场景模拟、过程推演、实际训练等，得到协同运用技术集成后的效果反馈，能够指导后续技术、战术的优化完善，有助于协同探测效能的更好发挥。

8.1.3　协同运用技术集成应用的主要原理

从协同运用技术集成的对象来说，既包含了多种传感器，又包含了信息系统，同时还包含了信息网络，是多种元素的综合运用；从协同运用技术集成的基础来说，所需要的技术本身就是面向协同运用的，不是简单的叠加，而是通过技术手段实现系统之间、元素之间的有机融合；从协同运用技术集成的应用领域来说，现代战争早已不是某种力量、某种武器的单一对抗，而是高度集成的系统与系统、体系与体系之间的综合较量。因此，根据现代战争理论、系统论理论等，可以将协同运用技术集成的原理概括为体系编成原理、整体效应原理、系统优化原理与人机融合赋能原理。

8.1.3.1　体系编成原理

在军事领域，体系的合理与否成为直接影响作战效果和战争胜负的关键。体系的作战能力不仅表现为高、中、低档武器数量的比例关系，更表现为内在质量配置，尤其表现在装备信息化程度的高低和链接装备的信息系统的优劣。

雷达组网体系编成，就是将雷达组网体系内不同传感器、信息系统、人员等要素进行科学、合理的组合，以满足不同作战环境、任务和作战阶段的预警探测需要。雷达组网体系编成原理，也形象理解为"新木桶原理"。

传统的木桶原理强调"短板原理"，是指一个完整的体系在各要素（或各分系统）之间保证相对均衡（或协调一致）时，才能获取最大的整体效益。木桶中短板的高度决定了最终整体效益。

新木桶原理在"短板原理"的基础上进行了拓展，包含了四个部分，分别是长板优势、短板劣势、基础能力（桶底）和耦合能力（箍力）。在雷达组网协同运用中，概念开发、资源管控、闭环构建、预案设计、动态评估等多项技术是构成木桶的木板，通信网络是木桶桶底，集成原理与技术是桶板箍力。当前现状是技术发展不均衡，有的技术相对成熟先进，而有的技术尚且起步，存在着长板优势与短板劣势并存的现象；同时，距离"随遇入网，即插即用"还有一定差距，基础能力有待提升。因此，除了在体系建立时，雷达组网体系各传感器之间以及传感器内部配套的性能相互均衡之外；还需要在体系运用时，各项技术发展才能相对均衡，才能更好地发挥体系的整体效能。

耦合能力强调的是体系建设与运用的整体性与协调性。雷达组网体系通过协同运用技术进行体系设计，注重加强和优化组网体系的内在联系、采用基于任务的敏捷构群方式、实施基于预案的精准管控与基于情景的预案微调模式，就会增加其"内聚力"和"黏合度"，使每个要素、每个环节在作战运用中高度协调，每个资源释放出最大利用率，形成性能强大的体系能力，极大地增进其整体预警探测效能。

8.1.3.2 整体效应原理

整体效应，是以系统的观点对雷达组网体系运用进行综合性、系统性分析的理论。雷达组网体系是多种雷达传感器、信息系统等组成的有机整体，尤其需要发挥体系的整体高效能。因此，整体效应是雷达组网成体系运用必须遵循的重要原理。

（1）整体效应是系统原理的重要思想。一切从整体出发，把整个系统的最优化作为奋斗方向，是系统原理的中心思想。要实现雷达组网体系运用整体优化，首先，必须明确运用的目标。以反导预警为任务的雷达组网探测群为例，是运用预警卫星、远程预警相控阵雷达、地基多功能雷达，以及信息系统等多种预警装备构成的整体力量。对蓝方弹道导弹目标，能及时发现、连续跟踪、准确识别，为反导拦截力量提供可靠的反导预警信息支撑。各类反导预警装备都需围绕、服务于实现对弹道导弹目标拦截的总目标，明确具体任务和目标，并把实现目标变为反导预警的实际行动。其次，要运用系统的方法。系统原理认为，任何系统都具有整体性、层次性、结构性、相关性和目的性等原则特性。系统运用管理就应根据这些特性，分析反导预警各要素及其性质、特征，把握各要素在反导预警行动中的地位，寻求构成反导预警作战诸要素间的最佳结构，掌握反导预警作战的发展方向，实施有效的控制，使反导预警装备体系整体与反导预警各装备要素辩证地统一起来。

（2）整体效应是全局观念的理论依据。系统论的基本思想是整体性和综合性。"整体大于部分之和"是系统论最重要的观点，即整体效应。因为雷达组网体系的整体，具有单个雷达在孤立状态运用中所没有的新特性、新功能等新质作战能力。而不同种类的雷达形成体系，体系化运用，其整体性能却有优劣之分。这就是我们强调整体大于、高于局部，局部要服从全局的道理。因此，雷达组网协同运用技术集成要达成的目的就是通过协同实现全局的胜利，最紧要的是把自己的注意力放在关照全局、抓好整体效应上。

8.1.3.3 系统优化原理

协同运用的目的就是为了整体探测效能的提升，也就是实现整体优化，这也是整体效应的集中体现。要达到这一目的，就必须具备系统优化的基础条件，形成系统优化的有效运行机制。

（1）信息共享。对给定的组网雷达，其探测能力与探测距离、信号处理能力有关。若需增大装备的覆盖面积，需对每部装备的部署配置进行优化，单部装备有针对性地覆盖一片特殊的区域。针对不同方向、不同数量、不同种类的弹道导弹目标，实施反导预警装备的协同探测即体系运用，要考虑既要避免对同一区域的重复探测，节省探测资源；又要保证对目标的连续掌握和跟踪识别，使体系内的装备做到信息共享。

（2）优化资源分配。当目标过于密集时，单部传感器很可能不能有效完成预警任务，或者无法兼顾完成搜索、识别、跟踪等任务，需要合理组织体系内多部传感器，减轻超负荷工作传感器的任务负担，补充其他传感器来承担。

（3）提高预警探测整体效能。在协同运用技术中，数据融合技术是一项基本技术。通过数据融合，发挥"补、校、强"的优势，提高雷达组网体系的整体探测能力、探测精度、抗干扰能力、反隐身能力等，从而达到提高预警探测整体效能的目的。

8.1.3.4 人机融合赋能原理

协同运用技术集成体现的是装备与战法的结合、注重不同人类群体指挥的集成，这一特点决定了协同运用技术集成中蕴含着人机融合赋能原理。

未来战争的智能化属性将不断增强，时刻需要根据敌情、我情和战场环境的变化快速做出最优决策。单纯的人脑决策已经难以适应现代战争节奏，需要积极借助人工智能，通过人机协同互补，实现军事指挥决策的快速高效。有学者指出，未来人机融合决策包含三种模式：①数据驱动式决策：着眼大数据资源进行数据挖掘与综合研析，从中发现数据关联、未知规律并据此辅助指挥员进行决策；②自主式决策：依托大数据分析平台，感知、认知和决策支持相结合，在确保时效性基础上，精确生成并优选决策方案；③预先实践式决策，通过利用决策模拟系统，在作战决策结果未转化为作战行动之前，对作战方案进行实验、检验、论证和优化，从中萃取最佳行动方案。换句话说，人工智能将成为战场的"全源分析师"，人机融合赋能战争，以其强大的数据和算法优势，拓展指挥员对战场的认知广度和深度，可以实现更精准的态势感知、更可信的战局研判、更迅速的指挥控制。

本书中协同运用集成过程中的人机融合赋能主要体现在：把传统的文档化的预案转化为装备能执行的模型、软件、指令、时序等形式，在雷达装备中自动实施（人不在回路）或者在指战员监督控制下实施（人在回路），将战前预案设计与战中临机处置有机地联系起来，将战前预案设计的结果落实到战中装备或指挥行动中，快速、便捷、实时地实现组网体系探测资源与空天目标/环境变化的绿色匹配和精确匹配。

8.2 协同运用技术集成应用的四维框架

协同运用技术集成应用的理论基础是思维科学，技术基础是信息科学，哲学基础是实践论和认识论。集成应用的背后体现的是一种研究问题的思想，从不同的维度去理解和解决问题，从而形成研究复杂问题的有效途径。

8.2.1 四维框架描述

协同运用技术集成应用的四维框架是指从四个维度来理解协同运用技术集成、指导协同运用技术集成、实施协同运用集成、衡量协同运用效果。四维框架如图8-1所示，形成了一个三角体。

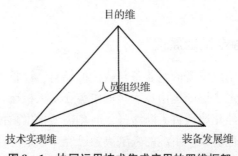

图8-1 协同运用技术集成应用的四维框架

三角体的顶点是目的维，是协同运用技术集成的实现目标，也是其他三个维度形成合力的基本遵循。

三角体的底面三个维度分为技术实现维、人员组织维、装备发展维，与目的维度结合在一起，回答了"协同运用技术集成研究什么？怎么研究？谁来研究？研究价值在哪里？"等问题。其中，技术实现维更多地侧重于本书前面提到的预案设计、资源管控、效能评估、人机融合等技术如何有效集成在一起；人员组织维更多地侧重于集成的不同阶段参与的人员、组织的形式、聚合的方式等；装备发展维聚焦于技术和战术在装备建设与发展中的作用；"技术实现＋人员组织"有效合力，必将带来体系的良性发展；体系的不断发展又催生新技术、新理念的产生，促进人类智慧与机器智慧的进一步融合。"技术实现＋人员组织＋体系发展"必将推动整体目标的实现。

8.2.2　目的维——打通战斗力生成全链路

协同运用技术研究致力于寻求系统性解决组网"四难"的思路和方法，探索协同探测机理与"案控融"紧耦合技术架构和体制，将这些技术集成在一起，其目的是通过"需求—概念—技术—装备—能力"的全过程研究，打通雷达组网体系战斗力生成的全链路。

"需求"是指雷达组网协同运用的需求；更具体地说，是"基于探测任务敏捷组网、基于协同预案精准管控、基于情景快准微调预案"的协同探测需求；是空天预警面向复杂化、智能化、敏捷化空天新威胁突防现状，必须突破传统预警网技术局限，寻求新概念、新能力、新装备、新战法等的新需求。"概念"是指雷达组网协同探测作战概念，是通过剖析协同探测制胜机理、建立协同探测作战体系模型、梳理协同探测实现条件、提出协同探测技术体制来指导协同探测技术突破与集成运用的核心理念。"技术"在本书中主要是指探测资源管控技术、管控闭环构建技术、管控预案设计技术、人机决策融合技术和动态效能评估技术，这些技术是协同运用技术集成的基础，也是骨干力量。"装备"是指雷达组网体系，包含传感器、信息系统以及通信网络等，是协同运用技术集成的实施对象。协同运用技术在装备上的集成要得以实现，就对装备提出了接口、数据、体制等多方面的新要求，从这个意义上来说，协同运用技术集成对于装备建设和发展来说是起到了推动作用的。"能力"是指新概念、新技术、新战法等在装备上应用带来的组网体系整体作战效能的提升。

基于设计的预案与所建的协同探测群，来协同训练多层级指战员与协同战法创新，能提升人机深度交互与人机智能融合能力，创新预警装备组网协同作战运用战法，发挥和挖掘预警装备协同探测潜能。预警装备组网协同探测作战概念，既能满足重点地区预警协同探测战斗力快速生成的急需，也能满足今后战略预警装备体系智能技术发展和应用的长远需求。与此同时，牵引预警装备协同运用规则、机制、编成等设计制定，继续推动协同探测部队实装实兵协同运用训练与演练、快速提升协同探测实战能力。也就是说，雷达组网协同运用技术集成的过程中，"概念得以实现、能力得以生成"必定会带来装备建设、战法运用、组织建设等多方面的得益。

8.2.3　技术实现维——战术技术结合

自 20 世纪 90 年代开始，美军以"联合"为主要背景，以智能化、大数据、深度学习、云作战等新技术为支撑，美军陆续提出了网络中心战、空海一体战、多域战、算法战以及决策中心战等多层次新作战概念，并开展了理论研讨、仿真推演、逐步试验的先期研究工作，在未来装备发展论证和规划中起到越来越大的作用。这对美军的作战方式、技术变革以及能力构建都具有重大而深远的影响。美军已逐步形成了"理论研究—仿真评估—兵棋推演—实装演示—实战检验—修改完善"的闭环式作战概念到战斗力生成的研究思路，并作为牵引未来装备发展的逻辑起点，走在了前列。本书编著团队借鉴美军先进作战概念研究思路，创新实践了"基础理论研究—概念建模开发—关键技术突破—效能仿真推演—典型应用验证"技术研究新途径。

首先，从单个关键技术的突破来看：针对每一项关键技术，本书编著团队实践了"从技术研究到应用验证"的"V 型双线九环节"关键技术突破新方法。根据系统工程方法论，将每个关键技术的具体研究过程划分为九个环节或步骤，如第 1 章中图 1-21 所示。这种关键技术突破方法在本书第 1.8.2 节中进行了详细阐述，整个技术突破过程形成了一个动态研究闭环，丰富发展了协同探测关键技术研究方法论。

从图 1-21 中可以看出协同运用每一项关键技术的突破都是在技术研究的基础上，结合不同的应用场景和应用方式进行验证，整个过程中技术与战术铰链在一起。

以图 8-2 中管控预案设计技术为例，技术上提出了预案设计基本流程与算法，包括基于最优原则的预警任务分配、基于网络计划的探测任务分解、基于时间约束的参数计算、基于完成概论的任务工时优化、基于特征约束的任务规划方法等，这些方法大多基于军事运筹学基本原理，是在约束条件下的寻优问题的具体化，是典型的运用数学模型与公式解决问题的思路。与此同时，在预案设计流程中，目标分配、参数设置、特征选择等都有一定的规则。以特征选择为例，特征是一种约束，特征选择则是一种战术，反映的是不同特征在不同场景不同阶段下的有效度，是基于经验与计算双重角度考虑的。也就是说从管控预案设计技术实现本身就是技术与战术的综合考虑。

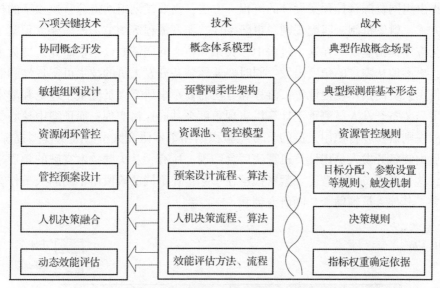

图 8-2　关键技术中的战技结合示例

　　其他几项关键技术中也是一样，不是仅仅从技术的角度上去研究，而是要结合模型构建的底层战术逻辑、资源管控规则、人机决策触发机制、指标权重确定依据等这些依赖于战斗经验与战争规律等方面来共同考虑。所以，从这个意义上来说，协同运用技术集成中的技术实现必定是战术与技术相结合的产物。

　　其次，从多项技术集成的角度来说，从概念开发到闭环构建、到预案决策、效果评估等环节，技术是实现基础，同时结合具体的应用场景、应用对象、应用方式、应用场景等有战术上的考虑则是关键。不同的目标、不同的环境、不同的传感器配置、不同水平的操作人员等等都会影响预案的生成、决策以及管控的具体实施，最终必将影响到任务的完成效果。因此，从这个意义上来说，将协同运用多项关键技术进行集成必定是一个战术与技术综合作用的过程。

8.2.4　人员组织维——群体智慧集成

　　协同运用技术集成大致包括三个方面的人员：军事研究人员、装备使用人员、装备开发人员。这三类人员在关键技术研究中不是孤立开展研究的，在集成应用中更是这样。

　　以图 8-3 中管控预案设计关键技术为例，这项技术的研究需要理清预案与资源管控、预案与体系探测效能之间的关系，找到预案设计的核心问题；需要提出组网资源管控预案设计的流程、方法；需要规划组网资源管控预案的执行方式、触发机制、匹配规则、更新条件、实现流程等细节；还需要为预案工程化应用提出建议。在这个过程中，关系和核心问题需要以军事研究人员为主导，更多地从需求的角度出发，同时要兼顾装备开发人员的技术可实现性和装备使用人员的操作便捷性等；流程和方法需要军事研究人员侧重于理论和战术角度、装备开发人员侧重于计算机实现角度来共同探讨实现；而预案中核心的作战规则需要装备使用人员的日常经验积累和军事研究人员的战术模型提炼，最后由装备开发人员用计算机算法后台实现。所有，从关键技术突破的角度来说，这三类人员的智慧需要紧密铰链在一起，在不同的阶段由不同的人员作为主导，其他人员辅助，共同研究创新。

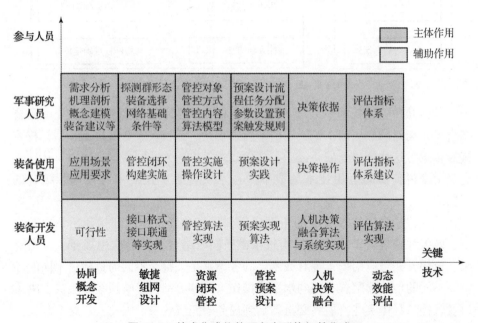

图8-3　技术集成依赖于多方群体智慧集成

协同运用技术的集成应用更是这样，因此集成应用的一个典型特点就是战术与技术结合，在集成过程中六项关键技术都嵌入到了集成应用过程中，每一个环节都需要军事研究人员的军事理论指导、装备开发人员的工程设计实现和装备使用人员的经验提炼建议等。只有对协同探测作战概念的理念深刻理解，并创造性地、工程化地嵌入到装备设计与开发中，运用到作战实施的基本流程里，才能更好地发挥军事研究人员、装备开发人员、装备使用人员集体智慧集成的效果，对未来预警组网协同作战产生积极影响。

8.2.5　装备发展维——能力螺旋演进

从国际上来看，装备建设与发展呈现出"概念先行，顶层规划，螺旋迭代"的典型特点。以美军为例，"概念先行"是指从作战概念内涵出发，分析作战理念，剖析作战要素，重点对作战问题、力量构成、装备能力和技术手段内容进行清晰界定，为战争模拟提供了"实体画像"。近年提出的"多域战""马赛克战"等作战概念在具体装备运用与体系构建中得到了逐步落地。"顶层规划"是指武器装备坚持统一标准，规范集成，突出全域化、敏捷化和一体化。"螺旋迭代"是指装备发展以螺旋计划为基础，阶段性开展研究，例如 C2BMC 就采用"一边设计、一边应用，一边部署、一边了解"的方法，实现稳定、可持续发展。

从这个角度上来说，本书中提出的协同运用技术集成应用以协同概念开发为先导，正是与"概念先行"的理念不谋而合；在管控闭环构建技术中装备互联互通互操作以及一体化设计/改造建议正是基于现有条件对装备体系进行顶层规划的具体表现；而"预案—管控—评估—反馈—改进"形成的迭代闭环，能够在一定程度上发现装备能力上的短板，提出装备软件、硬件等方面的改进建议，正是使得装备能力能够螺旋演进的有力推力。因此，可以说集成应用能够对装备能力的发展起到迭代推进的正向作用。

8.2.6　四维框架中的集成应用价值体现

协同运用技术集成的目的是通过"需求—概念—技术—装备—能力"的全过程研究，打通雷达组网体系战斗力生成的全链路。这一目标的达成离不开装备、人员、技术以及战法。换句话说，四维框架中目标的实现是人员能力提升、战术技术突破与装备改进发展共同作用的结果，如图 8-4 所示。

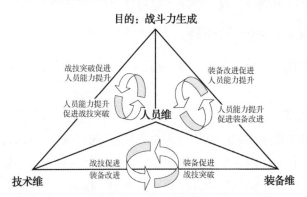

图 8-4　协同运用技术集成四维框架的价值体现

在未来信息化战争、空天新威胁、新技术发展等大背景下，在"人员组织—技术实现"的二维平面中，战法更新完善与技术突破创新对三类人员能力提出了需求，三类人员通过智慧集成碰撞提升了各自的能力反过来促进了技术与战法的突破。同样地，在"人员组织—装备发展"的二维平面中，装备论证、建设、发展等对三类人员能力提出了需求，三类人员通过智慧集成碰撞提升了各自的能力反过来促进了装备体系的建设。在"装备发展—技术实现"二维平面中也是一样。三个维度结合起来，通过集合不同领域人员和科学技术的共同智慧，创新预警领域协同作战概念，更新预警装备体系运用策略，提供战法工程化平台环境，实现装备与人员更好的战技集合模式，挖掘人机融合决策潜能，使得体系具有更好的作战能力，能够更好地适应未来复杂作战场景，产生更好的作战效果、实现"人装共成长"。

8.3 协同运用技术集成应用的一般流程

根据 8.1.1.4 节中对协同运用技术集成的概念界定，协同运用技术集成应用是在具体的应用场景下，组网融控中心、入网雷达、通信网络等系统集成与优选匹配预案、实施管控决策等智慧集成等一系列活动的有序组织过程，是前述 2-7 章关键技术在具体场景与具体装备中的组织运用过程。理清和捋顺协同运用技术集成应用的一般流程问题，能够为具体任务下的集成应用提供有效参考。需要说明的是，本节提出的协同运用技术集成应用一般流程是建立在一定基础之上，首先组网融控中心、入网雷达、通信网络等系统集成具备了敏捷构群的条件；其次预警组网体系中具备了基本预案库，库中有面向多种不同任务的一定数量的预置预案；最后预警组网体系具备了构建管控闭环的基础条件，通信与信息格式等具有一致性、可达性与可解析性。

8.3.1 集成应用的一般流程

协同运用技术集成应用的一般流程如图 8-5 所示，主要包含以下五个环节：

1. 场景构建

指界定基本作战想定或分析当前作战任务下的背景、目标与环境等。作战背景可以包括任务起因、蓝方企图、进攻方向、打击目标、参战兵力类型、规模等。目标具体参数以反导预警作战场景为例，包括弹道导弹发点、落点、射程、弹道运动参数、弹头参数、突防战术技术等。环境可以包括电磁环境状

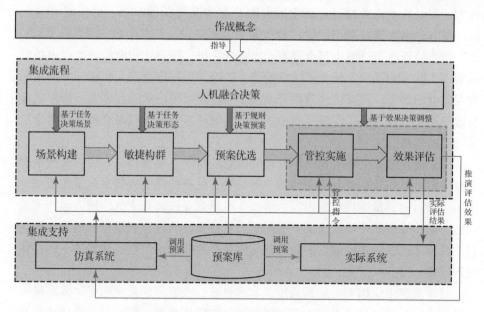

图 8 – 5　协同运用技术集成一般流程

态、作战保障要求、自身防护要求等。

2. 敏捷构群

指基于对当前作战任务与区域内红方可支配装备情况的分析，确定参与作战的融控中心节点、探测节点等，快速构建能满足任务需求的协同探测群，并明确探测群内的信息服务关系与指挥控制关系。

3. 预案优选

指在当前任务与探测群能力分析的基础上，按照一定的规则采用人机融合决策的方式从预案库中优选预案，并调用该预案对协同探测群内的节点进行任务分配。

4. 管控实施

指任务执行过程中，根据优选预案、按照时间序列，指战员实施相应的资源管控操作，各节点执行相应的资源管控指令。必要时（探测效果没有达到所选预案预期值），采用人机融合决策的方式对当前预案进行微调。

5. 效果评估

效果评估包含两方面含义：①事后静态评估：主要是指任务执行完成后，对任务完成情况、综合探测效能、资源综合利用率等指标进行评估和展示，验证所选预案有效性和人机决策正确率；②实时动态评估：主要是指任务执行过程中，实时显示任务执行过程中的资源开支情况与探测效果，必要时（探测效果没有达到所选预案预期值）给予人工干预。

整个流程五个环节中都贯穿着人机融合决策。场景构建阶段需要根据仿真试验或实际试验不同的任务来决策场景，敏捷构群阶段重点是根据任务决策组网探测群的形态，预案优选阶段需要基于一定的规则决策选择预案，管控实施与效果评估本身构成了实施过程中的一个小闭环，需要人机融合基于效果来决策管控的调整。

整个流程中五个环节都离不开作战概念的指导。场景构建对应到作战概念模型中的主要作战场景分类中的某一类场景；敏捷构群的依据来源于作战概念中的协同目的；预案优选的内容是解决作战概念在该场景下的协同内容与方法问题，是作战概念中要解决的关键问题；管控实施的过程就是作战概念在该场景下具体运用的体现；最后的效果评估则是作战概念价值在具体场景下的具体表现形式。

整个流程中也需要有仿真系统、实际系统、预案库、数据库等集成环境与条件的支撑。通过仿真系统上不同场景的集成应用集合，能够检验和修正作战概念，能够丰富和完善预案库，为实际作战提供支撑。实际系统中的集成应用，则可信度更高，更贴近于实战，能够为指挥员决策提供更可靠的辅助。

在运用上述一般流程开展集成应用时要注意到：集成应用一般流程给出的五个环节是一般步骤，在实际运用过程中集成应用验证的方式具有灵活性，使得集成应用过程中的输出以及集成应用效果的体现并非完全一样，在不同的场景、不同的作战目的、不同的集成条件、不同的装备组成等情况下，会有细节上的差异。

8.3.2 集成应用验证方式

1.5 节指出实施敏捷组网的协同运用基本方法，就是"以决策为中心、以闭环为依托、以预案为主线、以管控为重点"，这也是不同于其他预警作战运用方法的本质特征，是敏捷组网协同运用研究的基本逻辑。

从集成应用角度出发，仍然是以预案为主线。预案全生命周期中的不同环节对应了不同的集成应用验证实施方式。如表 8 - 1 所列，从作战进程的战前、临战、战中、战后不同阶段看，自预案设计好形成了基本预案之后，优化、推演、训练、调整、应用等各个环节会相应地产生优化预案、训练预案、实施预案、执行预案和验证预案等多种成果，这些成果被具体场景下的集成应用过程调用可以通过数字仿真、推演仿真、训练、实战等多种方式手段。

表 8 – 1　预案全生命周期中主要环节与集成应用实施方式的对应关系

作战进程	主要环节	集成应用方式	获得成果	集成应用实施与验证
战前	预案设计	仿真评估	基本预案	数字仿真
	预案优化		优化预案	
	预案推演	模拟推演	训练预案	数字模拟器或半实物模拟器
临战	预案选择	实装训练	实施预案	实装环境
	预案训练			
战中	预案实施	实战应用		
	预案调整		执行预案	
战后	预案归档	归档管理	验证预案	

1. 战前基本预案优化。给定边界条件，继续细化预案使用的边界条件，通过预案仿真计算与对比评估环节，对设计的基本预案进行理论上的优化，寻求体系探测效能最大解，把基本预案转化成优化预案，最后生成分类分层的雷达组网体系探测资源优化预案库。

2. 基于优化预案进行的模拟推演。通过装备模拟器对优化预案进行全过程模拟推演，在作战实验或训练室模拟检验预案的多种协同程度，主要包括"人人、人机、人网、机机"等的协同程度，预案与指挥员的协同程度，组网雷达之间的协同程度，各级指战员之间的协同程度，组网融控中心、组网雷达、通信网络等分系统之间的协同程度，把优化预案转化成训练预案，最后生成雷达组网体系探测资源训练预案库。

3. 临战预案实装训练。考虑战中可能会出现的目标和环境，首先要选择对应的训练预案，进行实装训练。通过全员、全装集成训练，在实装条件下进一步检验预案的多种协同程度，主要包括"人人、人机、人网、机机"的协同程度，预案与指挥员的协同程度，组网雷达之间的协同程度，各级指战员之间的协同程度，组网融控中心、组网雷达、通信网络等分系统之间的协同程度，把训练预案转化成实施预案，最后生成雷达组网体系探测资源实施预案库。

4. 战中实时调整。首先依据临战前的态势研判，决策选择一种实施预案作为实战之用。按照选择的实施预案在雷达组网探测系统中实施，指挥员实时监视预案的实施并在线动态评估雷达组网探测系统探测效能。考虑空天目标、环境与任务的变化，按照预案实时调整网内可用的探测资源，使探测资源匹配空天目标与环境，尽可能获得雷达组网探测系统最佳探测效果，满足探测任务要求。这个过程，把实施预案转化成执行预案，最后生成雷达组网体系探测资源执行预案库，这是指挥员认知/社会域与物理域的深度交互。

5. 战后验证评价。基于采集的多种数据，战后对实际使用过的探测资源预案有效性、适应性、边界条件进行用后对比分析评价，详细注解使用条件与要点，提出修改与下一步使用建议，并进行分类分层归档管理。这种经过实际使用的预案称之为验证后预案，简称为验证预案，最后生成雷达组网体系探测资源验证预案库。

因此，可以说集成应用验证具有多种方式，包括数字仿真验证、推演仿真验证、一体化训练验证、实兵实装演训验证等，具体方式的选择既与条件平台可获得性相关，更重要的是要与不同环节的预案成果联系起来。

8.3.3 集成应用过程输出

集成应用的每个环节都有输出：装备一体化设计、组网形态与优化部署、雷达模式参数设置、系统一体化训练等工程实现技术要求和建议等。这些输出直接与"闭环构建"息息相关。

以装备一体化建设建议为例，通常是集成应用过程中敏捷构群环节的输出，反映出在集成应用过程中实现敏捷构群的问题点在哪，从而针对性地提出组网融控中心系统、某具体型号雷达在互联互通互操作接口上的改进意见，能够为构建灵活的多层次闭环提供支撑。

再以雷达模式参数设置工程实现技术要求和建议为例，通常是集成应用过程中预案优选或管控实施环节的输出。通过集成应用发现雷达功能、性能、人机界面等不同方面在实施管控中没有开放、不够智能、不够友好等问题，提出针对性的改进意见或创新模式，能够为实施更便捷的控制提供支持。

8.3.4 集成应用效果体现

协同运用技术集成应用的效果有多种体现，包括综合探测效能、资源综合利用率、决策综合效率。依据预案、做出决策、实施管控、实现协同探测，期望的结果是通过人与装备、装备与装备、人与人之间的协同达到：

（1）预警组网体系探测范围有扩大、探测精度有提高、数据率有加快、抗干扰能力/反隐身能力等有改善，从而体系的综合探测效能得到提升；

（2）能够实现绿色探测、匹配探测，提高资源综合利用率，包括同样时间内相同资源下任务完成度更高、相同任务下达到同一水平的资源开支更小、相同任务下资源转换的时间更短等；

（3）以预案的形式，通过计算机大数据、快运算以及推理机的助力，辅助指挥员做出更快、更准的决策，降低决策有效性对人员素质的依赖程度。

从集成应用效果的体现方式来看，首先体现了实施敏捷组网的协同运用基本方法中"以决策为中心"的思想。无论是综合探测效能提升，还是资源综合利用率提升，都是正确决策的结果；而决策综合效率则是对决策的直接度量。其次，体现了实施敏捷组网的协同运用基本方法中"以管控为重点"的思想。资源利用率既包含了实时监控的动态指标，又包含了事后评估的静态指标。在作战过程中，当依据优选预案实施管控时，预期效能应该往期望值发展；当资源利用率发生变化，例如出现搜索资源不足或识别资源不足等情况时，也就是战中管控动作的触发点。换句话说，集成应用过程中的效果输出始终与"此时是否需要实施/调整管控"密切相关。

8.4　协同运用技术集成应用典型仿真案例

本节结合预警装备组网探测战术弹道导弹的一个仿真案例，对协同运用技术集成应用过程进行具体阐述。

8.4.1　典型场景下的作战概念

战术弹道导弹具有射程近、速度快、时间短特性，常采用集火突击、"干扰＋诱饵突防"、高中低不同弹道结合等突防手段，给当前战术反导预警体系带来巨大挑战。

具体在集火突击、"干扰＋诱饵突防"、高中低不同弹道结合等复杂场景下，战术反导预警又面临以下四个难点问题：①全部跟踪难：在集火场景下，多枚导弹迅速产生数百批目标，预警系统难以全部跟踪；②弹头识别难：众多目标中，仅有个别是弹头；③抗主瓣干扰难：干扰机释放主瓣干扰后，雷达难以对弹头进行连续跟踪。四是稳定制导难；雷达识别出目标来后，很多不能成功制导。因此，战术反导预警协同探测需要重点解决这些难点问题。

与战略反导预警不同的是，战术反导预警有望实现多重覆盖，预警资源足够丰富，具备全程协同的资源基础。整个战术反导预警协同探测作战概念呈现出"深度铰链，快速切换"特点：远程预警雷达、机动预警雷达等装备深度铰链，分工合作，合作完成好预警跟踪任务；机动预警雷达、机动多功能雷达等装备之间深度铰链，合作完成好跟踪识别任务；机动多功能和精跟识别雷达等装备深度铰链，完成好目标指示和制导工作。预警融控中心根据空天威胁变化、预警情报信息质量和红方力量情况，统一进行资源调度，相关预警雷达根据预警融控中心要求进行快速功能切换。

8.4.2 典型场景下的集成应用流程

在 8.4.1 节作战概念基础上，构建具体的作战场景，根据 8.3.1 节中提供的一般流程，对该场景进行集成应用过程分析。

8.4.2.1 作战场景

假设蓝方企图从军事基地 X 发射 10 枚战术弹道导弹攻击红方要地 A，采用高低弹道结合的集火攻击方式，并采用诱饵加干扰的方式进行突防。

根据红方掌握的目标特性和先验情报信息，蓝方发射的 10 枚弹道导弹通过高低弹道搭配形成复杂场景，高弹道最高点为 H 千米（$200 < H < 300$），低弹道最高点为 L 千米（$100 < H < 200$），分 5 个波次发射，每次 2 枚，发射间隔 t 秒。导弹在突防过程中，不断会释放出伴飞物，每枚弹形成 1 个弹头、1 个弹体、a 个诱饵或干扰机、b 个碎片，并且在最高点左右释放干扰机对红方雷达实施主瓣压制干扰。具体作战场景如图 8 - 6 所示。

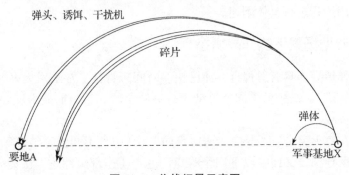

图 8 - 6   作战场景示意图

8.4.2.2 敏捷构群

采用基于任务的"敏捷构群"柔性设计方法，分析当前面临的任务需求、能力需求和功能需求，从而确定节点装备以及探测群形态。

1. 任务需求分析

从构建的场景来进行分析，可以得出以下几点：①需要预警探测的目标比较明确，是战术弹道导弹，射程相对较短，飞行时间相对较短；②采用的打击方式是高/低弹道与集火攻击，即集中使用战术弹道导弹力量，对一点目标（要地）实施多波次、不间断地密集攻击，达成攻击效果。实施攻击的弹道导弹弹头数量为 10 枚，意图通过提高弹头数量超过防御方反导拦截系统饱和拦截能力，从而提高突防成功率；分为 5 个波次，各波次攻击间紧密衔接，协调一致，意图不给防御方反导系统以喘息之机，尽可能造成反导系统漏情、误情和反应不及，从而提高弹道导弹突防概率；③突防方式采用"诱饵＋干扰"模式。诱饵能够通过有源或无源模拟方法，引诱或欺骗防御方无线电雷达和红外探测设备；干扰通过使用电磁能量削弱或破防御方雷达系统正常工作；两种手段综合使用给防御方反导预警系统准确识别提高了难度。

因此，该场景下的任务需求可简单概括为：预警探测多波次带干扰集火攻击战术弹道导弹目标，尽可能多地掌握目标，尽可能准地识别弹头，尽可能有效地抑制干扰，为后续稳定制导提供情报保障。

2. 任务能力需求分析

在本案例场景下，针对多波次带干扰集火突击战术弹道导弹目标，要达到上述任务需求目标，需要进一步对预警能力需求进行分析，包括：弹道导弹早期告警能力、弹道导弹远程预警能力、多信息源目标综合识别能力、战场态势分析能力、预警情报分发能力、预警资源协调管控能力、作战任务规划协调能力。其中，针对本案例重难点问题需要重点关注：①对射程相对较短的战术弹道导弹力争整体覆盖；②力争全程掌握，尽多掌握；③具备弹头识别能力；④具备抗弹载干扰能力。

3. 功能需求分析

要满足上述的任务要求，协同探测群必须具备的功能为：以较高的检测概率实现对弹道导弹目标的准确告警与尽早截获、以较高的识别概率实现对多枚弹头的识别、以较稳定的精度实现对弹道导弹目标的全程跟踪等。

4. 节点装备的筛选与选型

基于上述三个步骤的分析，①要实现整体覆盖，就需要有弹道导弹目标的早期告警传感器、远程预警传感器、精确识别传感器等设备同时存在协同探测群内；②多枚战术弹道导弹集火突击，要力争尽多掌握，对远程预警资源的要求比较高，就需要多部远程预警雷达进行合理的任务分配；③要具备弹头识别能力，协同探测群内就需要有至少一部弹头识别性能优的雷达；要保证较高的识别概率，就需要实现从告警到截获到跟踪再到弹头识别的全过程识别；④要具备抗弹载干扰能力，协同探测群内的单部传感器，特别是地面雷达，要具备良好的抗干扰性能；⑤要具备资源协调管控能力，就需要有融控中心对资源进行统一管理和合理分配，同时兼具整体态势分析以及全局态势上报等功能。

因此，考虑本案例协同探测群中主要包括以下预警装备：天基红外预警卫星 1 颗（WX）、X 波段地基相控阵雷达 1 部（X）、S 波段地基相控阵雷达 2 部（S1 - S2）、P 波段预警相控阵雷达 4 部（P1 - P4）作为协同探测节点，1 个融控中心节点（RK Sys），各节点相互协同配合，共同完成既定的反导预警任务。

5. 确定协同探测群形态

依据基于任务"敏捷重构"的设计思路，在来袭方向上基于已有的预警装备，考虑单装的探测能力、弹道与装备的相对位置等约束条件，选定具体型号以及阵地位置雷达，快速构建一个面向当前任务的反导预警协同探测群。该协同探测群形态如图 8 - 7 所示。

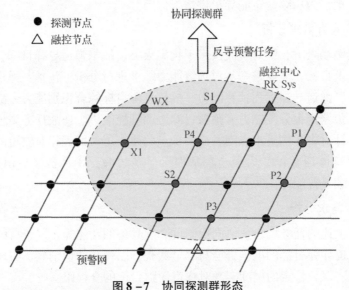

图 8 - 7　协同探测群形态

6. 协同探测群的即插即用与快聚快散问题考虑

首先需要申明的是，第 3 章中提到的预警网体系架构柔性化设计、预警网组成要素一体化设计、预警网探测资源服务化设计是敏捷构群的三个基本条件，是敏捷构群的前提。

在协同运用技术集成流程中，敏捷构群重点在"构群"，包括"构什么样的群？群内包含哪些设备？群内如何信息组织与指挥控制"等问题，其中重点解决的是群的形态问题，默认具备敏捷组网的基本条件。换句话说，在本案例中，我们的基本假设包括：预警网体系架构具备柔性特征；基础网络设施支持资源聚合；可选择节点与融控中心节点实现一体化设计。我们选择的天基红外预警卫星 1 颗、X 波段地基相控阵雷达 1 部、S 波段地基相控阵雷达 2 部、P

波段预警相控阵雷达 4 部以及预警信息系统均本来就存在于柔性架构的预警网中，能够实现节点的即插即用以及入网。

本案例中构建的协同探测群实际上是依托柔性架构预警网的一个虚拟网。在日常值班状态下，群内所有节点按照既定的编组和栅格通信网络实现互联互通和态势共享；在接到本案例任务时，通过上述一系列分析后确定协同探测群形态，就迅速构建图 8 - 7 所示虚拟探测群，完成当前任务。任务完成之后，在接到上级通报指令后，自动恢复到日常编组模式，虚拟探测群自动解散。通过这样的方式，实现任务与任务之间的快速转换。

8.4.2.3　预案优选

一般来说，预案优选前默认预案库中已经有足够丰富的预案供选择。基本预案应包含以下作战流程：①在导弹发射阶段，天基红外预警卫星对重点关注发点区域进行监视，出现异常情况将情报上报，再选用相关预警探测雷达对目标区域进行重点搜索、跟踪识别；②头体分离阶段，识别雷达利用特征比对识别方法，分辨导弹主体目标及碎片，将研判意见上报，并给出初判意见，再将情报传给跟踪雷达进行掌握跟踪；③干扰舱分离阶段，综合多源情报信息进行识别弹头，开机雷达继续重点跟踪识别；④干扰舱开机阶段，针对干扰情况，积极采取抗干扰措施，在完成识别后上报指挥员进行目标截获。

结合图 8 - 7 中构建的协同探测群，本案例预案优选的要点突出针对 8.4.1 中提出的前两个难点问题进行重点解决，具体如下：

（1）针对全部跟踪难问题，可采用协同搜跟方法。融控中心预先对所有预警装备进行搜索和跟踪任务分配，并视情实时调整。前置部署预警雷达，搜索任务优先；后置部署预警雷达，跟踪任务优先。前置部署雷达搜索到目标后，通过融控中心协同，交给后置雷达进行跟踪，并视情调整跟踪任务。

（2）针对弹头识别不足问题，可采用协同识别方法。通过融控中心协同接入装备，实现弹头序贯识别，挖掘体系识别潜能。

根据仿真平台预案库匹配情况，对预案与任务匹配度进行了排序，提供了匹配度最高的前几项供指挥员决策。指挥员从预案库中调取上述预案，并进行分析，最终选择其中一个预案，记为协同预案 XTYA。

协同预案 XTYA 的基本内容如下：

1. 任务分配

天基红外预警卫星 WX，主要用于弹道导弹发射告警，判明发射事件数。4 部 P 波段预警相控阵雷达（P1 - P4），主要用于早期搜索和跟踪，同时逐步建立弹头群，实现弹头群粗分类。其中前置部署的 P1 和 P2 搜索任务优先，后置部署的 P3 和 P4 跟踪任务优先，前置部署的 P1 和 P2 搜索到目标后，通过融控中心协同，交给后置部署的 P3 和 P4 进行跟踪，并视情调整跟踪任务。2 部 S 波段地基相控阵雷达（S1 – S2）主要用于精密跟踪，并进行弹头粗识别。X 波段地基相控阵雷达（X）主要用于精密跟踪和弹头精识别。

图 8 – 8 重点对本场景下预警装备协同识别任务时序进行了示意。红外预警卫星首先要依据告警信息准确判明发射事件数；早期预警雷达基于卫星识别的事件数，在截获跟踪的基础上准确建立对应的弹头群，并尽可能剔除弹体群及碎片目标；精跟粗识雷达基于分类的弹头群，在精跟群内目标的基础上概略识别出高疑似弹头目标，并对弹头群内不断产生的干扰机、诱饵等分离物，持续优化识别结果，并继续尽可能剔除弹头群内的碎片目标；精跟精识雷达基于对弹头粗识的高疑似结果，采用宽带等精确识别资源，综合识别出弹头目标，并报知精确位置信息，提供给拦截武器系统。

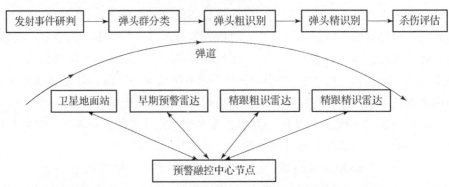

图 8 – 8 预警链各装备协同识别任务和概略时序

2. 模式参数设置

根据上述任务分配，P1 和 P2 以搜索任务优先，设置稍大的搜索屏，相对宽和厚，覆盖的范围更大，在一定的范围内确保截获。P3 和 P4 以跟踪任务优先，有前置两部雷达的引导信息作为先验信息，可以设置相对较小的截获屏，覆盖的范围较小，确保精准跟踪的同时节省资源开支。

8.4.2.4 管控实施

为对比"深度铰链、快速切换"协同探测概念的好处，按不协同 NXT 和资源管控预案 XTYA 两种方式在仿真系统中进行推演。

1. 不协同方案

（1）提前将红外预警卫星 WX 凝视相机调转，重点监视导弹发射场；

（2）所有雷达进行自主探测，即在自己责任区内独立进行搜索和跟踪，对可能来袭方向，长期设置较大方位俯仰覆盖的搜索屏；

（3）由精跟识别雷达 X 引导截获目标，进行跟踪和弹头识别；

（4）融控中心融合处理群内所有传感器多源预警信息，生成反导预警态势。

2. 协同探测方案

（1）将优选的预案下发到各传感器端；

（2）提前将红外预警卫星 WX 凝视相机调转，重点监视导弹发射场；

（3）根据 8.4.2.3 节预案具体内容，各雷达设置工作模式、搜索屏、法线方向等参数；

（4）融控中心融合处理群内所有传感器多源预警信息，生成反导预警态势；

（5）融控中心负责 WX 与 P1、P2 之间的协同，P1、P2 与 P3、P4 之间的协同，P3、P4 与 S1、S2 之间的协同，S1、S2 与 X 之间的协同指控；

（6）融控中心密切关注综合探测效能，视情对当前执行预案进行调整。

8.4.2.5　效果评估

通过仿真系统效能评估模块进行效果评估。仿真系统中效能评估模块具有实时评估功能，首先能够对红方和白方的四个主要指标进行展示。白方指标包括产生目标数，产生弹头数，要求制导数和要求拦截数；红方指标包括实际跟踪目标数，实际识别弹头数，实际制导数和实际拦截数；其次能够对各部雷达的资源利用率进行实时展示，包括搜索资源占比、跟踪资源占比和识别资源占比。

8.4.3　典型场景下的集成应用效果与结论

推演结果表明：

1. 不协同方案中，跟踪目标数量与实际产生目标数量之比不到 50%，跟踪目标数量远小于产生目标数；识别弹头数量占实际弹头数量的 50%，识别弹头数量远小于产生弹头数；实际制导数量与制导数量之比为 20% 左右，远小于要求制导数数；X 波段雷达抗主瓣干扰弱，在受到干扰后，弹头识别能力和实际制导能力都进一步下降。

2. 协同探测方案下，通过综合运用协同搜跟、协同识别、协同制导和协同抗干扰等措施，推演结果有了很大提升，具体为：跟踪目标数量与实际产生目标数量之比接近 90%，二者数量比较接近；弹头数量全部识别；实现全部弹头制导成功；X 波段雷达受主瓣干扰后，采用协同抗干扰措施后，探测能力恢复。

根据以上对典型场景下协同运用技术集成应用的流程分析以及在仿真系统中对比推演的具体表现，可以得出以下结论：

（1）运用协同探测技术能够提高预警装备组网体系探测效能；

（2）8.4 节中提出的协同运用技术集成应用的一般流程是可行且有效的。

8.5　本章小结

本章在界定协同运用技术集成应用概念、内涵和原理的基础上，构建了"技术 + 装备 + 人员→目的"的协同运用技术集成应用四维框架模型，提出了集成应用一般流程，并结合实验室仿真环境下典型场景集成应用案例详细阐述了集成应用流程、效果，验证了协同运用技术集成应用流程的有效性。研究成果为预警装备组网协同技术集成应用的实施提供了理论支撑、方法指导与典型范例。

参考文献

[1] 沙基昌. 复杂局系统与战争设计工程 [C]. 军事运筹学会"2005 年会议论文集——一体化联合作战与军事运筹研究"，2009. 12：3 - 11.

[2] 赵晓哲，郭锐. 军事系统研究的综合集成方法 [J]. 系统工程理论与实践，2004，23（10）：127 - 131.

[3] 沙基昌，毛赤龙，陈超 著. 战争设计工程 [M]. 北京：科学出版社. 2009.

[4] 马亚平，温睿 著. 军事训练信息系统 [M]. 北京：国防大学出版社. 2016.

[5] 顾基发，王浣尘，唐锡晋 著. 综合集成方法体系与系统学研究 [M]. 北京：科学出版社. 2007：1 - 40.

[6] 邓宏怀，张辉 著. 集成训练基本问题研究 [M]. 北京：海潮出版社. 2014.

[7] 姜林林. 美军提升高超声速防御能力的最新技术升级 [EB/OL]. （2022 - 11 - 07）[2024 - 07 - 18]. https://www.163.com/dy/article/HLIJI5 KA0552V9YV.html.

[8] Two Interceptors Launched From California To Swat ICBM In Most Ambitious Missile Defense Test Yet [EB/OL]. （2019 - 05 - 26）[2024 - 05 - 03]. https://www.thedrive.com/the - war - zone/27144/two - interceptors - launched - from - california - to - swat - icbm - in - most - ambitious - missile - defense - test - yet.

第9章　新兴信息技术赋能协同运用

新兴技术对现代战争的影响越来越大，美国战略界认为，随着新兴技术的军事运用，不仅会威胁战略稳定，还可能使人类逐渐失去对武器使用和战争本身的控制。本书在雷达组网协同运用技术进行了开创性的探索与研究，但协同运用的理想目标远未实现、研究方兴未艾。必须紧跟前沿，及时吸收新兴信息技术研究成果，持续推进创新与应用研究，从而促进"优化决策难、敏捷组网难、翔实预案难、精准管控难"等协同四难问题和"跨机器联通鸿沟、跨人机理解鸿沟、跨军兵种控制鸿沟"等协同三大鸿沟的深入解决。本章在概述协同运用技术发展趋势与挑战、新兴技术的基础上，重点论述数字孪生及其应用展望、生成式人工智能及其应用展望、元宇宙及其应用展望、边缘计算及其应用展望等主要新兴信息技术。

9.1　概述

近年来，雷达组网协同运用技术发展迅猛、令人瞩目，但挑战依然巨大。必须及时吸收新兴信息技术研究成果，持续推进创新应用研究。

9.1.1　协同运用发展需求

雷达组网协同运用技术的主要发展趋势和挑战主要为：

1. 协同架构：从"系统之系统"向"复杂自适应体系"发展

2021 年 1 月，前 DARPA 战略技术办公室主任蒂姆·格雷森阐述了马赛克战三大波次的作战体系演进构想：①基于单体结构，人工构建静态的"系统之系统"；②基于任务规划，动态构建作战体系架构；③以任务为中心的随需应变式获取新质能力。该演进构想很好阐释了协同作战体系架构的未来发展趋势。

不同于传统目标相对单一、架构相对固定，未来雷达组网协同架构将更加复杂、更加具有适应性，可按需构建灵活新颖的探测群、探测网，乃至杀伤网。体系架构上，传感器组网、传感器与拦截武器组网、传感器与作战系统组网将取代指控系统组网，将按照特定作战任务、特定战争按需构建任务书网络。如 DARPA 依托"任务集成网络控制"项目，实现"任务需求与信息需求映射的半自主任务驱动组网"。体系要素上，未来雷达组网不仅仅有高性能有人平台，还会有更多小体积、低价值、功能聚焦的无人探测单元或系统，通过复杂网络和作战管理系统连接，通过用整体架构取代整体平台、以"功能解耦"实现体系重构，从而形成自适应作战体系。如美军的"先进作战管理系统"，原来为替换 E－3A、E－8C 等大型预警机系统而开发，当前目标是实现区域内任意传感器与任意射手的连接，并成为美军全域指挥与控制作战概念的主要支撑性项目。体系组织上，推动"单一、线性的探测情报网"转向"多路径、网络化的电磁作战网"，根据需求柔性组合、灵活应用，创造出不可预见、出其不意的电磁作战链。正如 2023 年 5 月，美国米切尔航空航天研究所发布《规模、范围、速度和生存能力：赢得杀伤链竞争》报告指出，可通过先进战斗管理系统设计多条杀伤链，构建包含动目标指示卫星、隐身战斗机、协同作战飞机等节点的杀伤网，摆脱单一装备在特定时间段内只能专注于单个杀伤链的制约。

实现从"系统之系统"向"复杂自适应体系"发展的主要需求为：①体系节点之间统一接口、统一标准；②体系节点之间能直接连通、甚至全连通；③支持动态调整兵力，甚至基于任务临时设计兵力、即时生成兵力。其中，制约发展的突出瓶颈为：跨机器通信鸿沟。美军同样面临该问题，2023 年 4 月，美国海军研究生院《联合全域指挥控制的机遇》文章称，"美军各军种都开发了各自的战术指挥控制网络，在跨武器系统、平台和作战领域等方面不兼容。因此，时敏数据传输存在速度慢、数据冗余等一系列问题，限制了跨军种应对威胁和共享信息的能力，美军需要付出巨大的努力来实现联合作战"。我军在指挥系统之间的互联互通基础较好，但不同雷达系统之间，特别是跨军兵种的雷达系统之间的互联互通存在巨大鸿沟。

2. 协同管控：从"人人闭环"向"人机融合"

传统由指挥人员和条令条例驱动的指挥控制流程，环节复杂、运行缓慢、反应迟钝，已不适应现代战争，更无法适应以快节奏著称的现代空天作战、电磁对抗。

未来雷达组网协同运用，将着眼构建面向"以决策为中心"的全域协同体系，发展人机融合决策技术，实现人类指挥、机器辅助控制，促进现有管控体制向"统一指挥、分布控制、自主执行"的任务式指挥转型。人类以"人在回路上"、而不是"人在回路中"模式指挥控制有一定自主权的作战系统，自主作战系统在交战空间自组织、自适应、自协同遂行作战行动。人类指挥，重在为机器控制系统设定界限和目标，制订任务计划，发布作战指令，确立预警探测兵力态势；机器辅助控制，重在提出行动建议，利用可用探测资源构建探测群、探测网，实现指挥员意图。如 2022 年 6 月，美军在"勇敢盾牌 22"演习中，使用基于人工智能的"钻石盾"战斗管理系统完成探测、识别、定位，优化"武器—目标"配对，辅助指挥员确定最佳行动方案，加速杀伤链快速闭。通过人机融合决策，充分利用了人的灵活性、创造性和机器的速度、规模等优势，力求提高决策速度、扩展行动范围、增加同步行动，强加对手更大复杂性，从而实现任务式指挥转型发展。

从"人人闭环"到"人机融合"主要需求为：①要机器能够辅助决策；②机器能够密切配合指战员进行管控；③人能理解、相信机器，人的决策能跟上机器运行速度。其中，制约发展的突出瓶颈为：跨人机理解鸿沟。一方面，人类很多知识、很多常识，机器很难理解；另一方面，机器的计算过程不透明、计算结果人很难理解。人与机器很难理解，往往导致很难沟通、很难相互信任，人与机器很难协同、更谈不上人机融合。

3. 协同运用：由"单域集中式"向"多域分布式"发展

现代战争的本质是体系与体系对抗。海湾战争、伊拉克战争开创了以精确打击取代规模打击、以追求效果取代追求摧毁的体系对抗新方式。美军近年来提出的"分布式作战""多域战""马赛克战"等新型作战概念，是着眼大国竞争、应对我军体系破击战的重要对策，核心是探索以分布对集中、以跨域对单域、以无人对有人的体系对抗新模式。

随着高超声速武器、无人机和认知电子战武器的快速发展，预警雷达网的对抗方式已经从传统的信号层级的物理域对抗，事实上成为"社会—认知—信息—物理"的多域对抗，对时间、复杂性的要求也越来越高。相应的，未来雷达组网协同运用，正逐步以协同控制为中心的精准运用，向协同决策为中心的智能运用发展。雷达组网协同运用未来作战概念开发，将更加注重寻求体系创新概念，突出兵力设计，面向未来威胁、基于技术预测，以柔性、灵活组合的快响式架构应变蓝方威胁；在基于预案控制的基础上，更加注重以人类指挥、机器控制相结合的任务式运行己方体系，以适应性应对不确定性、以智能化应对复杂性；更加注重仿真推演与作战实验，为新质战斗力的快速生成提供理论牵引与全程支撑。

实现由"单域集中战"向"多域分布战"发展的主要需求为：①各军兵

种之间能够高效指挥与协同；②从认知域到信息域到信号域能高效协同，即人机能高效沟通理解与协同；③能实现分布式协同。理论上，可以追求实现全要素全节点协同，当然近期看来不现实。其中，制约发展的突出瓶颈为：跨军兵种控制鸿沟。"多域分布战"要求从作战规划初期就考虑所有作战域力量，需要在执行过程中动态调整各作战域的作战任务，对当前以军种为中心的"烟囱式"作战指挥模式形成巨大挑战。对此，美军深有体会，2021年2月，美国米特公司《为全域作战构建一种新的指挥控制体系架构》报告称，"美军采用以军种为基础的指挥控制与作战方式，各军种组成部队不愿将自身作战域的资产控制权交给另一作战域的指挥员"。

总的说来，雷达组网协同运用技术发展前景光明，但显然，在其发展过程中，不可避免面临诸多挑战。"优化决策难、敏捷组网难、翔实预案难、精准管控难"等协同四难问题，"跨机器联通鸿沟、跨人机理解鸿沟、跨军兵种控制鸿沟"等三大鸿沟，在未来十年内仍将是雷达组网协同运用技术发展的重大挑战。

9.1.2 主要新兴信息技术

新世纪以来，新一轮科技革命和军事革命正在加速发展，科学技术、特别是信息技术对军事竞争和现代战争影响越来越大。战争形态正在从以平台为中心的火力对抗转变为以网络为中心的信息对抗、以决策为中心的智能对抗，夺取和保持信息优势、决策优势成为打赢信息化战争的关键，信息技术对现代战争起到主导性和决定性作用。当前,,信息技术正孕育着新的变革，其快速发展必将催生出一系列难以预料的颠覆性技术成果，并对未来军事信息装备和系统发展和军队建设产生难以估量的影响。

其中，有一些新兴信息技术对雷达组网协同运用有重要、直接影响，特别值得关注的技术主要有：数字孪生技术、人工智能技术、元宇宙技术、边缘计算。数字孪生技术赋能协同装备研制与兵力快速生成，有望弥合跨机器鸿沟，支撑协同架构从"系统之系统"向"复杂自适应体系"发展。人工智能技术赋能协同指挥决策，有望弥合人机沟通鸿沟，支撑协同管控由"人人闭环"向"人机融合"转变。元宇宙技术赋能协同体系构建，有望弥合跨军兵种指挥鸿沟，支撑协同运用由"单域集中式"向"多域分布式"转变。边缘计算技术赋能协同基础支撑，与云计算、下一代通信等技术一起夯实雷达组网运用的底层物质基础。当然，技术一旦应用，带来的用途往往具有普适性、甚至改变战争形态，而不仅仅是上述某个应用点带来的益处。

9.2　数字孪生与协同运用

9.2.1　数字孪生技术

自"数字孪生"概念提出之后，"数字孪生"技术逐渐发展成为全球信息技术领域的焦点[1,2]。近年来，随着物联网、云计算、人工智能、虚拟现实、增强现实等新兴科学技术的发展和应用，数字孪生技术由概念走向现实。数字孪生技术是上述新兴科学技术的集成，是未来智能化战争的核心支撑技术之一。

9.2.1.1　概念内涵

美国航空航天学会将数字孪生技术定义为：模拟单个物理资产或一组物理资产的结构、背景和行为的一组虚拟信息构造，在其整个生命周期中使用来自物理孪生的数据进行动态更新，并为实现价值提供决策所需的信息。

中国移动、中移物联网研究院等单位联合出版的《数字孪生技术应用白皮书》定义为：是一种数字化理念和技术手段，它以数据与模型的集成融合为基础和核心，通过在数字空间实时构建物理对象的精准数字化映射，基于数据整合和分析预测来模拟、验证、预测、控制物理实体的全生命周期过程，最终形成智能决策的优化闭环。

百度百科定义为：充分利用物理模型、传感器更新、运行历史等数据，集成多学科、多尺度、多概率的仿真过程，在虚拟空间中完成映射，从而反映相对应的实体装备的全生命周期过程。

数字孪生技术，简而言之，即为真实的物理世界搭建的一个高度镜像化的数字世界。具体说来，即利用物理实体抽象模型、传感器反馈数据、运行生成数据等信息，在虚拟世界中构建一个镜像数字模型，并通过两者的实时连接、映射、反馈，从而实现对物理实体的了解、分析和优化。

数字孪生技术的基本要素为：物理实体、数字孪生体、连接交互、服务等。因此，一个简单的三维可视化镜像或独立的模拟不能被认为是数字孪生技术。

按照应用对象分类，数字孪生技术的应用层次可划分为三级：①单元级孪生，主要针对雷达网融控中心、节点的主要功能单元，以及协同功能组件等；②系统级孪生，主要针对融控中心和探测装备节点等；③体系级孪生，可以是整个雷达网，也可以是针对某特定任务、特定区域一系列系统孪生的集合，更关注各个系统之间的关系以及运转流程，而非实体本身。

9.2.1.2　发展历程

数字孪生概念由美国密歇根大学迈克尔·格里菲斯教授在 2003 年提出，一开始主要用于产品全寿命周期管理。但由于当时技术和认知水平的限制，概念提出后并未受到重视。直至 2011 年，美国空军研究实验室为解决复杂服役环境下的战斗机维护及寿命预测问题，首次提出开展数字孪生应用研究。2012 年，美国航空航天局（NASA）和美国空军研究实验室联合提出了未来飞行器的数字孪生范例。2013 年，美国空军在《全球地平线》顶层科技规划文件中，率先将数字孪生列为改变游戏规则的颠覆性机遇之一。2018 年 6 月，美国国防部发布《数字工程战略》，将数字孪生作为数字世界和物理世界的核心纽带之一，要求不断扩展数字孪生的应用。美国高德纳公司（Gartner）更是连续 4 年（2016—2019 年）将数字孪生列为十大战略科技发展趋势之一；洛克希德·马丁公司亦将数字孪生技术列为 2018 年影响军工领域的六大顶尖技术之首。从此，数字孪生由概念模型阶段进入战略规划与工程实施阶段。

近年来，美国的洛克希德·马丁、诺斯罗普·格鲁曼、波音公司等军工巨头率先开展一系列应用研究，并陆续取得成果。据美国《航空周报》预测："到 2035 年，当航空公司接收一架飞机的时候，将同时还验收另外一套数字模型。"加拿大软件开发商 Maplesoft 公司、微软、Bentley 软件公司等均推出数字孪生工具平台。我国的中国电子信息产业发展研究院发布了《数字孪生白皮书（2019）》，工业互联网产业联盟发布了《工业数字孪生白皮书》；我国航天科技集团、航发商用航空发动机有限责任公司等单位在中国空间站、火箭、航空发动机、航天飞行器等领域开展了数字孪生技术研究与应用。

9.2.1.3　主要特点

数字孪生技术主要有以下特点：

（1）虚实互映。数字孪生体和物理实体之间能够实现双向映射、数据连接和状态交互。

（2）实时同步。数字孪生体和物理实体两者之间实时交互状态、行为和进程等动态数据，根据彼此的动态变化做出即时响应。

（3）共生演进。数字孪生体随着物理实体的生命进程演变而相应演进，贯穿物理实体的论证、研制、生产、装备乃至报废整个周期，甚至还可覆盖物理实体的早期创意和后期优化迭代阶段。

（4）实体优化。数字孪生体通过对物理实体进行实时映射和未来推演，发现规律、明确趋势，形成对物理世界的优化决策与调整，从而反作用于物理世界。这往往是建立数字孪生体的根本目的。

9.2.2　数字孪生技术赋能协同运用

应该说，数字孪生技术作为一项新兴信息技术，源于军事领域应用，总体来说尚处于起步阶段，但对作战训练和装备技术的重要影响正在逐步显现，在节省资金资源、提升实战能力、提高作战效能等方面潜力巨大。预期将对雷达组网协同运用发挥巨大赋能作用，有望弥合机器与机器之间的联结鸿沟，在雷达网融控中心和节点系统的研制、雷达组网协同作战运用训练、雷达协同作战系统维护与优化等方面应用前景光明。

1. 支撑预警协同装备研制与使用

雷达组网协同运用技术系统结构复杂、模块众多、信息交互频繁，测试过程较慢，导致研发困难、周期较长。借助数字孪生融控中心、数字孪生雷达系统、数字孪生雷达网等可进行设计优化、快速迭代，有效提升装备性能与质量。类似的项目有：波音公司在波音 777 客机研发的整个过程全靠数字仿真推演，随后直接量产。据报道，数字孪生技术帮助波音公司减少 50% 的返工量，有效缩短 40% 的研发周期。如美军正在研制的陆基战略威慑（GBSD）计划，从早期方案设计框架到目前真正进行中的工程和制造研发阶段等项目全寿命周期都有真实系统的虚拟模型。"虚拟宙斯盾"系统将全套"宙斯盾"系统代码存储在便携式计算机上，可随舰即插即用，执行作战系统的全部任务功能，使舰艇能够在部署期间完成软件升级更新。2022 年诺斯罗普·格鲁曼公司与美国空军签署了一项业界首创的数据权利协议，启动 B−21 轰炸机数字孪生共享环境建设，并在整个项目中开放数据访问和协作，从而显著降低工程与开发制造阶段风险，实现快速能力升级并降低维护成本。

典型的雷达组网协同运用技术孪生系统主要包括雷达装备孪生系统、融控中心孪生系统、雷达协同组件孪生系统、预警雷达网孪生体系等。

2. 应用于预警协同作战训练

数字孪生技术可用于预警协同作战模拟训练，让虚景实训成为可能。预警协同作战训练因涉及复杂作战场景、多个协同装备、多种通信组网，现实中往往很难进行专门训练。应用数字孪生技术，可构建预警协同作战孪生体系，依据实物建模、传感器采集和实际运行产生的数据，通过数据映射，在数字空间中模拟预警探测实况，从而实现室内或小场地全流程、全要素的预警协同作战训练，让每名预警指战员尽早熟悉和适应探测协同、信火协同等任务环境与战法，促进人机协同、机机协同。

典型的预警作战孪生战场，可综合运用3R（VR、AR、MR）、实景三维建模、大数据、云计算、分布式互联、可拓展仿真引擎等技术，开发目标、环境、装备、人员等不同种类的数字孪生体，并将现实和虚拟空间中的指战员、预警装备和系统、空天威胁目标和战场环境有机结合，形成虚实结合、动态交互的作战训练环境，为部队提供全要素、全过程的预警协同作战训练支撑。

3. 应用于预警协同作战筹划与管控全过程

数字孪生技术为预警作战筹划与管控提供直观认知基础。通过在虚拟空间创建空天威胁目标、预警装备、信息系统、作战环境等战争实体的数字镜像，集成所有实体镜像模型，为指挥员展示最全面、最实时的战场真实情况，从而使指挥员形成对战场情况最直观的认识，为其作战方案设计与过程管控奠定认知基础。

数字孪生技术可以显著改善融控中心、雷达系统、协同套件的维护效率。平时，数字孪生体可以通过日常按需维修减少相关系统、装备、套件进厂维护的次数，从而降低维护的资金成本和时间成本。战时，技术人员可以在数字化空间及时了解装备情况，确定故障源，远程组织抢救抢修，从而快速恢复作战能力。美国空军于2022年3月21日宣布，已在佛罗里达州廷德尔空军基地启用数字孪生全息实验室，以数字模型形式展示空军基地，使飞行员能够在虚拟环境中测试技术。美国空军2022年宣布启动了支持民兵-3导弹维护的数字孪生系统。

数字孪生技术还可为预警作战筹划与管控提供决策支持。各类预警作战的数字孪生体能够反映和预测它们在真实空间中的行为，并仿真推演出不同预警作战方案所能实现的作战效果；进而在学习算法的辅助下，迭代优化，形成最佳决策，帮助指挥员在最短时间内选择最佳预警探测行动方案。

典型应用为预警作战数字孪生与并行决策系统，图9-1所示为一种典型的系统架构和仿真推演运行示意图。可以发现，并非每个仿真要素均为数字孪生系统。很显然，空天威胁目标不可能做到孪生，仅能尽可能仿真模拟。预警装备、融控中心可根据需要建设数字孪生体，或接入实装/半实装。拦截武器因非预警作战关注重点，一般进行功能级模拟或孪生即可。

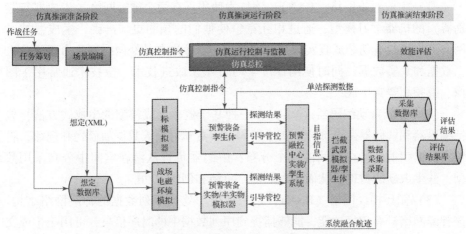

图 9 – 1　预警作战数字孪生与并行决策系统

9.3　生成式人工智能与协同运用

人工智能作为具备变革性和颠覆性的新兴技术，在作战领域具备巨大的应用潜力，成为各国军事科技竞争的焦点。以 ChatGPT 为代表的生成式人工智能，尤其令人瞩目。不同于过去分析型人工智能，生成式人工智能具有文本、图片、音频、视频等内容生成能力，在雷达组网协同运用指令生成与转换、威胁评估、预案生成、算法设计与改进、决策支持等方面应用前景广阔。

9.3.1　生成式人工智能

9.3.1.1　概念内涵

生成式人工智能，是指通过各种机器学习方法从数据中学习抽取对象的内核特征，进而生成全新的、完全原创数据、语音、图像、视频和文本等内容的人工智能[3]。

生成式人工智能的目的是通过机器学习和神经网络，学习世界的潜在模式和规律，然后生成新的、原创的信息内容。这使其在创意任务和内容生成方面具有巨大的应用潜力。生成式人工智能在海量数据集上进行训练时，能够以文本、图像、音频和视频的形式生成内容——所有这些都是通过预测下一个单词或像素来实现的。通常，它从一个简单的文本输入（称为提示）开始，用户在其中描述他们想要的输出。然后，各种算法根据提示的要求生成新内容。

生成式人工智能的基本技术主要有：

（1）生成对抗网络（GAN）：该技术使用具有两个神经网络（生成器与鉴别器）的机器学习模型，通过相互竞争使他们的预测更加准确。生成器神经网络人为地制造伪装成真实数据的虚假输出，鉴别器神经网络则致力于区分人工数据和真实数据，同时使用深度学习方法来改进技术。该技术通常用于图像、视频和音频生成。

（2）变分自动编码器（VAE）：一种基于概率生成模型的生成式方法，包括编码器和解码器两个部分。其中编码器负责学习输入数据的模式和规律，将输入数据映射到潜在空间的一个分布；解码器负责从潜在空间中分布采用数据，并生成新的数据，从而实现翻译、总结和创作等功能。

（3）循环神经网络（RNN）：是一种用于处理序列数据的神经网络结构。该神经网络具有记忆功能，能够捕捉到序列数据中的时序信息，可用于生成文本、音乐等序列数据。

（4）转换器（Transformer）模型：是一种基于自注意力机制的神经网络。与循环神经网络和卷积神经网络相比，转换器模型的主要优势在于能够捕捉全局信息，并进行并行计算，支持处理和分析大型结构化数据集，适用于自然语言处理任务。

9.3.1.2　发展历程

从人工智能的发展历程看，生成式人工智能是弱人工智能，向强人工智能/通用人工智能迈进途中新生出来的技术分支。但其历史可以追溯到1960年代，麻省理工学院教授 Joseph Weizenbam 创建了一个简单的模拟与治疗师讲话的聊天机器人 ELIZA。自2010年代初深度学习问世以来，人工智能进入到第三次浪潮。2014年，生成对抗网络（GAN）模型出现。谷歌公司于2017年首次推出 Transformer 模型，用于改进自动语言翻译，将深度学习推向了大模型时代。OpenAI 建立了 GPT 家族模型，2022年11月发布了基于 GPT – 3.5 架构的 ChatGPT，迅速火爆全球，国防大学胡晓峰教授认为是"朝解决通用智能问题又迈进了一大步"。

9.3.1.3　最成功的生成式人工智能产品——ChatGPT

ChatGPT（Chat Generative Pre – trained Transformer，基于生成式预训练转化器的聊天）是一款由美国 OpenAI 公司开发的聊天机器人。该系统2022年11月30日发布后，仅用两个月活跃用户就突破1亿，是迄今为止人工智能领域最成功的产品和历史上用户增长速度最快的应用程序。

ChatGPT 是 OpenAI 公司基于 GPT 模型开发的前端聊天工具。而正式发布的 GPT 系列模型主要包括 GPT-1（2018 年）、GPT-2（2019 年）、GPT-3（2020 年）和 GPT-3.5（2022 年），还有 2023 年 3 月 14 日最新发布的多模态大语言模型 GPT-4。

ChatGPT 作为聊天机器人，其本质是一种自然语言人机交互工具，其具体功能主要有语言回答、语言翻译、文本生成、绘画生成、视频生成、编辑、自动文摘等。

现代人工智能的三大要素为数据、算法和算力。具体到 ChatGPT 之所以成功，其关键在于"三大支柱"：

（1）"高质量的大数据"。GPT-1 使用了约 7000 本书籍训练语言模型；GPT-2 收集了 Reddit 平台 800 多万个文档的 40GB 文本数据；GPT-3 使用维基百科等众多资料库的高质量文本数据，数据量达到 45TB，是 GPT-2 的 1150 倍。OpenAI 公司聘用了大量数据标注人员，让这些标注人员撰写或标注训练模型的数据，这些精标的数据涉及问答、生成和头脑风暴等多种类型任务，标注的数据多样化、内容丰富且质量高，使得 ChatGPT 能够实现有效高质量的学习。

（2）"大语言模型"。所谓"大语言模型"（Large Language Model），指参数量庞大、使用大规模语料库进行训练的自然语言处理模型。从 GPT 到 GPT-3 到 GPT-4，参数量从 1.17 亿增加到 1750 亿。大语言模型使用大规模预训练语言模型，从大规模文本语料学习到丰富的知识，并拥有强大的语言理解和生成能力；大语言模型还使用基于人类反馈的强化学习的方法，使得语言模型在已有的知识和信息基础上不断理解用户的意图、学习用户的偏好，同时合理调整自身的输出。

（3）"大算力"。以 GPT-3 为例，采用 1 万颗英伟达 V100 GPU 组成的高性能网络集群，单次训练用时 14.8 天，总算力消耗约为 3640PF-days（即每秒一千万亿次计算速度，需运行 3640 天）。

9.3.2　生产式人工智能赋能协同运用

生成式人工智能在学术界、商业界引发强烈反响的同时，也引发了该技术在国防领域应用到热烈讨论。2023 年 1 月，美国国防信息系统局将以 ChatGPT 为代表的"生成式人工智能"技术列入"技术观察清单"，该名单曾包括 5G、零信任网络安全、边缘计算等。美国国防部研究和工程副部长办公室可信人工智能和自主性主管金伯利·萨布隆认为：GPT 这样的大语言模型，可用于强化情报分析，大幅加速军事软件的开发，未来可能颠覆各职能部门的工作方式。美国中央情报局人工智能主任拉克西米拉曼透露：目前该局正探索如何将生成式人工智能移植到机密环境中，改善该机构的日常工作职能和情报工作组织。空军首席信息官劳伦·克瑙森伯格于 2023 年 2 月表示，ChatGPT 可高效查找文件、回答常见问题、挖掘关联信息、知识管理，以及完成其他琐碎任务，节省时间成本。

具体到协同运用领域，预期生成式人工智能将在以下方面发挥重要作用：

（1）提升协同预案设计效率

利用生成式人工智能技术开展协同作战预案设计，能够按照用户需求，自行查阅并理解相关法规制度、条令、通知命令等精神，草拟作战预案，为预案设计与制作人员启发思路，并避免其遗忘部分内容，提高预案设计与制作的工作效率。

类似应用场景如 ChatGPT，市面上已出现将其嵌入 Word 的插件，可帮助用户草拟各种文件，提升办公效率。又如，美国国防部数字和人工智能办公室正在开发一种人工智能软件，帮助各类企业熟悉烦琐的国防采办法规、流程、起草和审查采办合同内容，大幅降低非传统军工企业争取国防订单的难度。

（2）促进人机协同决策与管控

以 ChatGPT 为代表的生成式人工智能，既能理解人的语言，又能理解机器语言，还能支持决策，是一种理想的人机协同决策与管控系统技术。应用该技术，开发人机交互、多源情报数据分析和决策辅助等工具，有望帮助准确分析预警指挥员提出的作战需求，帮助指挥员观察、判断、决策，快速检索、匹配、微调生成参考作战行动方案，并实时调度探测和对抗资源，从而解决复杂对抗背景下难以快速合理配置雷达网作战资源的问题。

类似应用主要包括三个方面：①多源情报分析方面：美国海军 SeaVision 海上态势感知工具已集成 MAPLE 数据挖掘与分析工具，采用机器学习技术分析海上活动探测数据；美国海军"弥诺陶洛斯"（Minotaur）多兵种 ISR 数据融合系统簇，计划装备航母、大型两栖舰、P‑8A 海上多任务飞机、MH‑60 直升机等平台，能够将态势感知数据快速分发至战术边缘，以支持"远程火力"（LRF），在"海军体系架构"（NOA）杀伤链闭合中扮演越来越重要的角色；2023 年 9 月 26 日彭博社报道，美国中央情报局正在加快开发一种类似于 ChatGPT 的 AI 赋能开源情报分析工具，以增强其对中国的开源情报分析能力；②辅助决策模型方面：麻省理工学院林肯实验室基于 COVAS 开发的决策辅助软件能够根据来袭反舰导弹的数量、类型、方位、速度等信息，快速推荐软杀伤防御措施方案，仿真效果优于专家判断；海军研究生院学者采用全球信息网络架构创建了通用决策模型，可用于海军陆战队网络健康诊断、车队遇袭、阵地防御等场景；③训练数据生成与收集方面：海军研究署资助 MIT 林肯实验室开发"打击群守卫"软件，随机生成作战场景，收集第三舰队战法教学与演练数据；海军研究生院信息战训练大队利用"威胁识别决策环境"收集信息战、水面战、空战学员演练采取舰艇防御措施的数据，该环境还可用于训练舰艇作战信息中心警戒战位和战术行动战位的操作员据 C3 公司网站介绍，该公司已于 2021 年 9 月与导弹防御局签订合同，开发生成式 AI 软件，用于高超声速导弹弹道的建模和仿真，并基于多个物理约束条件进行评估，快速生成大型弹道数据集，建模仿真能力将得到百倍提升。另外，海军不断扩大 LVC 演训规模和复杂程度，积累了大量近实战数据。

（3）促进雷达敏捷组网和算法软件即时更新

由于对安全、保密、可靠性的要求较高，以及型号装备研制与部署等制度的约束，军用软件的更新迭代速度往往不及民用软件。生成式人工智能能够按照用户提出的功能要求，快速改变网络参数、快速生成程序代码，有望用于解决雷达组网难、软件更新慢等问题。特别是使用专用代码数据训练后，生成式人工智能的编程能力与"数字孪生"系统的软件测试能力相结合，有望实现随时随地的软件升级，进一步加快新质作战能力生成，满足紧急作战需求。

9.3.3　应用风险与挑战

2022 年 5 月，美国大西洋理事会《洞察人工智能：为国家安全和国防发展人工智能》报告称，"人工智能军事应用的最大问题是脆弱性，当输入的数据发生变化或遇到未知情况时，人工智能可能难以可靠运行；由于缺乏可解释性，人类通常难以理解人工智能输出推理、结论、建议、行动的过程，从而影响人类对人工智能的信任"。

生成式人工智能在雷达组网协同作战中应用同样面临脆弱性、可解释性和可信任问题，但同时还面临以下现实问题与挑战：

（1）缺训练数据

ChatGPT 之所以能够为用户带来媲美真人的交互体验，关键在于采用了基于海量真实数据的强化学习与训练。不仅是采用大规模的公开、真实的语料数据，还通过大量人工标注数据，进行以人类主观偏好引导下的有监督学习，从而实现对人类认知与对话的"逼真"模拟。然而在预警作战层面，普遍缺少现代化战争的实战经验，来源于日常训练和演习数据因种种原因很难共享；有限的训练数据大多没有开展人工标注工作，数据的可用性和可解读性非常差，难以有效支持强化学习与训练。

（2）缺迭代机制

软件是用出来的，人工智能软件更是用出来的。国内往往缺乏迭代机制，总喜欢推倒重来。实际上，ChatGPT 建立了 GPT 模型以后不断迭代丰富、优化参数，直至 GPT3.5 模型才得到大众认可，当前 GPT4 拥有了多达 1750 亿个模型参数。这些参数的优化、补充、完善，需要大量与专业型用户的频繁交互。然而，在雷达组网协同作战运用领域，开展开展如此大规模的交互调参工作有巨大难度和工作量。实际上，在当前我军工作机制上，很难有领域能够做到这一点。

（3）缺理解信任

ChatGPT 存在人工智能技术的通病，即技术复杂性和不透明性造成的"黑箱"困境，其无法清晰展示输出与输入之间的因果关系，难以阐明在特定条件下会输出何种结果，导致用户始终无法完全信任其输出的结果。战场环境瞬息万变，在对抗环境下很难及时、全面掌握战场形势，很可能因某关键传感器失联导致关键信息缺失、因对手欺骗导致学习样本中毒，得出截然相反的错误推断。甚至无法保证机器真的有智能后，会不会主动欺骗、攻击人类。

解决这些问题与挑战，要建立数据共享、标记与分析机制，塑造良好开发与迭代生态，打造合理审慎的人工智能伦理与治理框架，从而构建人机和谐共生的未来。

9.4 元宇宙与协同运用

9.4.1 元宇宙技术

1. 元宇宙概念

元宇宙（Metaverse）是一种描述虚实互动一体化的概念。2021 年被称作"元宇宙元年"，国际顶尖的互联网企业，如苹果、微软、脸书、腾讯、网易等，均开始重视并纷纷布局元宇宙赛道[4]。

Metaverse 一词于 1992 年在尼尔·史蒂芬森的科幻小说 *Snow Crash* 中出现，中译本《雪崩》中将其译作"超元域"。这部小说中描绘元宇宙是"计算机生成的宇宙，他们的计算机在他们的护目镜上绘制并注入他们的耳机……一个被称为元宇宙的虚构地方"，这里的元宇宙是对人类居住的未来数字模拟世界的科幻幻想，同时可以对现实世界产生影响，但是史蒂芬森并未给出元宇宙的标准定义。从字面看，"meta"是"本原，在……之上"的意思，因此元宇宙指向的是更高层的宇宙，是一种"宇宙的宇宙"，也就是很多"宇宙"组成的更大的"宇宙"。由于元宇宙是还没有实现的未来概念，如同 21 世纪初的

"赛博空间"和近些年的"新零售"概念一样，其含义也会随着理论发展和认知理解而不断变化；目前来看，业界、学界对元宇宙概念的定义尚未统一，表9-1从不同侧面列举了几种典型的元宇宙定义。

表9-1 元宇宙的典型定义

序号	出处	对元宇宙的定义
1	亚马逊工作室前全球战略主管、"元宇宙商业之父"马修·鲍尔	大规模、可互操作的网络，能够实时渲染3D虚拟世界，借助大量连续性数据，如身份、历史、权利、对象、通信和支付等，可以让无限数量的用户体验实时同步和持续有效的在场感
2	英伟达CEO黄仁勋	互联网的下一场革命……是3D互联网，一个连接的、持久的虚拟世界网络……人类将通过拓展现实设备进入虚拟世界，而AI将作为物理机器人进入我们的世界
3	微软CEO萨提亚·纳德拉	使我们能够将计算嵌入到现实世界中，并将现实世界嵌入到计算中，从而为任何数字空间带来真实存在
4	Roblox公司CEO大卫·巴斯祖奇	其必要元素与Z世代和Alpha世代的社交和游戏偏好和愿望相似：身份、朋友、沉浸感、普遍性、多样性、易上手、经济、信任与文明
5	Improbable公司总裁、军事元宇宙专家赫尔曼·纳德拉	一系列相互关联、持续且身临其境的虚拟世界，为用户提供代理感和存在感
6	清华新媒沈阳团队	整合多种新技术而产生的新型虚实相融的互联网应用和社会形态，基于扩展现实技术提供沉浸式体验，基于数字孪生技术生成现实世界的镜像，基于区块链技术搭建经济体系，将虚拟世界与现实世界在经济系统、社交系统、身份系统上密切融合，并且允许每个用户进行内容生产和世界编辑

马修·鲍尔认为可以用如图9-2所示的8个元素表示元宇宙的特征。在元宇宙中，用户可以体验到与现实世界相同的逼真感，同时创造出永久保存的数字资产，例如虚拟地产和虚拟艺术品等。除此之外，用户之间可以进行高度互动的交流、社群参与、商业交易等活动，并且该环境和现实世界有着紧密的联系，是一个自主的、可访问的虚拟世界，并对所有人开放。

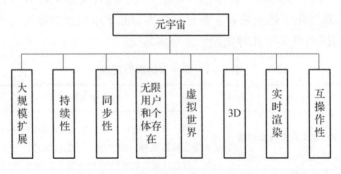

图 9-2 "元宇宙"的 8 个特征要素

综合以上论述,元宇宙是一个聚焦于实现多虚拟世界间互操作的去中心化网络,用户通过拓展现实设备进入虚拟世界并接受虚拟世界的反馈,实现虚实相融;通过数字孪生技术建立现实镜像与逼真世界,通过区块链技术建立可信的经济、身份和社交体系,可以为用户提供持续的真实感、沉浸感和存在感,并允许用户对虚拟世界中的内容进行专有的创作、编辑与转移。

2. 元宇宙的发展

对元宇宙概念的理解和发展有比较明晰的 3 条脉络,即文学影视、游戏娱乐和概念投入。①文学影视脉络主要是文学艺术创作者的科学幻想,史蒂芬森的小说《雪崩》提出了"元宇宙"的概念,而类似创意则可以追溯到更早;如 1984—1988 年威廉·吉普森的"矩阵三部曲"描述了人类生活在 AI 统治的赛博空间中,类似的概念直接影响了热门科幻电影系列《黑客帝国》的创作;创作者进行的此类创作,得益于虚拟现实、人工智能等技术发展带来的科幻灵感,是对元宇宙概念的文学描述;②游戏娱乐脉络基本对应大型多人在线(massive multiplayer online,MMO)游戏的发展脉络,2003 年推出的《第二人生》(Second Life)则被认为首次描绘了可行的虚拟世界的愿景,玩家可以使用化身、进行创作和互动;此类游戏与现实世界连接,并可反作用于现实,如线上虚拟组织直接指挥线下活动;③概念投入脉络则是伴随 2021 年脸书改名 Meta 前后的"元宇宙"热潮。微软此前已开发的包括 Minecraft 游戏和增强现实(AR)设备 hololens2 在内的协作平台 Mesh,在热潮中更名为 Mesh for Teams,宣称要打造元宇宙平台。韩国首尔市在 Meta 更名后跟进宣布要建设"元宇宙首尔"并推出五年建设计划等。然而,元宇宙建设还处于概念阶段。因此更多值得关注的是"原型元宇宙"(Proto - Metaverse),即元宇宙的早期形式,此处选取了部分有代表性的原型元宇宙进行描述,如表 9-2 所列。

表 9 – 2　部分原型元宇宙

公司/机构	产品	描述
微软	Mesh for Teams	支持跨多设备和 Microsoft Metaverse Apps Stack 的虚拟协作和通信平台
英伟达	Omniverse	用于 3D 仿真和设计协作的可扩展实时参考开发平台
Meta	Horizon	依托先进的虚拟现实设备 Oculus Quest2、libra 代币等的虚拟现实协作平台
Decentraland	Decentraland	基于以太坊区块链的虚拟现实平台，使用 MANA 代币进行数字藏品的拍卖与交易
Roblox	Roblox	世界最大的 MMO 虚拟创作游戏，月活跃用户超 2 亿
Epic Games	虚幻引擎	《堡垒之夜》游戏引擎，可商用，能提供可迁移的混合现实服务，实现通用画面渲染
Soulmate Inc	SoulMATE	基于社交 app Soul，打造区别于线下社交关系，并在社交基础上进行消费、游戏等多元化场景融合的社交空间
百度	希壤	国内首款元宇宙产品，旨在打造跨越虚拟与现实、永久续存的多人互动空间
韩国信息与通信产业振兴院	元宇宙联盟	成员包括 450 多家公司（如 SK 电信、友利银行、现代汽车等），通过政企合作打造元宇宙生态系统

9.4.2　元宇宙赋能协同运用

元宇宙用于军事的三大优势是：连接不同地点的更多的人、高保真度仿真带来对现实的新认识以及身临其境的沉浸感。北约近期提出了军事元宇宙作战概念，认为元宇宙技术的进步，在军事上可以加强集成、协调和共享，相关数据将被视作战略资产并具有持续性，从而在各类军事活动中发挥潜力，其益处包括：增强军事准备能力、改进对多域集成的支持、获得更经济高效的协作能力、降低地理距离带来的影响、减低对周边环境的影响等。

具体到协同运用领域，预期元宇宙将在以下方面发挥重要作用：

（1）改进协同运用资源管控训练

军事训练通过对受训对象进行知识教育、技能教练等活动使其获得相应军事能力，而元宇宙可以使用沉浸式 UI 交互带来体验式学习，加快训练周期、实现人机协同训练、扩展训练空间。元宇宙提升预警协同运用训练效果，主要来自 4 个方面：①真实复杂广阔的战场环境；②更低的成本和伤亡风险；③更多更个性化的训练；④连续的沉浸感。

协同运用资源管控训练中，如图 9 - 3 所示，人通过现实扩展设备进入元宇宙，元宇宙中有作战场景（装备，目标等），可以自动给出敏捷组网的建议，结合人给出的建议，进行人机决策融合，从而进行资源管控和效能评估，最后输出结果数据。在作战过程中，人根据态势不断给出建议，也有优先的权利直接对资源进行管控。

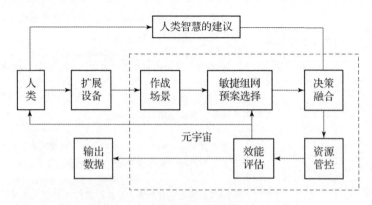

图 9 - 3　协同运用训练中的元宇宙

类似的运用有，美国 Red 6 公司的 CARBON，全称"联合增强现实战场作战网络"，其功能是将户外或在空的多架实体飞机连接到同一 AR 环境中，实现多机在虚拟环境中的信息通信、作战态势共有，并能够开展多机协同作战演练。另一个典型案例是美国陆军的合成训练环境（Synthetic Training Environment，STE）。这一项目起源于 2016 年，当时并未采用"元宇宙"的叫法，其构设的目标是刻画多域环境的复杂性，为士兵创立具有沉浸感和挑战性的战场，实现训练能力和作战能力的结合；融合游戏、云计算、AI、VR 和 AR 等多种技术，实现陆军士兵在实战中杀伤能力的快速提升。

（2）改进人机融合决策

从 20 世纪末起，网络中心战概念一直扮演着指控中的关键角色，其核心在于通过庞大的指挥所、集中的人员和技术来引接各类情报信息或数字信号以生成通用作战图，用于协助指挥员做出及时有效的决策。然而作战日益复杂、数据量过载，继续维持这一通用作战图变得愈发艰难，指挥所庞大的体量和频繁的电磁交互极易被侦察发现，并成为对手高精度武器的打击目标。而构建合理的元宇宙模型可以解决这一问题。借助元宇宙，通过必要的人员和设备联网，在物理世界可以实现指挥所人员和设备分离，而在虚拟世界中聚集，达到人机融合决策的效果。

国外类似的运用有，波兰战争研究大学的 SANSAR，一款三维虚拟世界平台，用户通过头戴设备进入以实现沉浸式体验，通过使用涉及危险环境的模拟和游戏活动来加强体验学习。美国 Improbable 公司的 Skyral，构建了元宇宙平台生态系统，支持合成环境协作开发，已完成两万台机器密集仿真和交互的压力测试，将具备多域作战规模计算和网络能力。

（3）改进协同运用互联互通互操作能力

协同运用中，很大的一个障碍就是互联互通互操作存在困难。由于数据信息资源建设问题本身的复杂性和起初认识的局限性，都经历了由分散建设到寻求统一标准框架以实现逐步集成的过程，目前仍然都存在"烟囱林立""信息孤岛"的情况，这导致数据信息资产建设缺乏统一标准、数据信息资源交流不畅等问题，影响了互联互通互操作。而元宇宙的全连接性和互操作性要求其内在具有数据标准的统一性。各种类型的数据资源想要接入元宇宙，必须建立在统一数据标准之上，或开发能够自动按元宇宙数据标准转化的接口，将在一定程度上缓解数据信息孤岛的现象。而为了数据信息资源的更顺畅交流，则可以借助区块链技术，引接各类数据信息资源的同时即采用分布式记账方式记录资产归属。这些技术的运用有助于提高协同运用互联互通互操作能力。

典型案例是美国陆军的合成训练环境（Synthetic Training Environment，STE）。这一项目起源于 2016 年，其构设的目标是刻画多域环境的复杂性，为士兵创立具有沉浸感和挑战性的战场，实现训练能力和作战能力的结合；融合游戏、云计算、AI、VR 和 AR 等多种技术，实现陆军士兵在实战中杀伤能力的快速提升。这一项目最突出的是 OWT，这是一个真实、通用、可访问和自动化的 3D 地形数据集，可用于战场上的模拟训练、任务演练。在 OWT 中，美军摒弃了"烟囱式"解决方案，将过往 57 种地形格式数据归并为一种，可以为多种系统使用，建立了一次构建重复使用的模式。

虽然元宇宙概念处在起步阶段，存在技术成熟度低、脱实向虚、缺乏治理等问题，其未来发展仍不可限量。目前各类元宇宙的建立也处在构想和研发初期，可以预见，随着支撑技术发展和潜在应用场景开发，元宇宙在未来协同运用中可能扮演更重要的角色。

9.5 边缘计算与协同运用

9.5.1 边缘计算技术

1. 边缘计算概念

边缘计算（Edge Computing）是指在靠近数据生成点的网络边缘对数据进行分析处理的一种新的计算模式，是一种分散式计算模式。其概念诞生于世纪之交，最初旨在应对互联网因数据爆发式增长导致的网络拥堵和缓慢问题。近年来，随着物联网的发展，数据计算需求快速增加，云计算模式因其集中处理数据而在一些应用场景中发生响应迟缓等问题，而边缘计算模式正好可以满足此类问题需求[5]。

边缘计算架构从上到下分为云计算中心、边缘节点和物联网终端三个层次，如图 9-4 所示。其中，边缘节点居于中间层次，它涵盖了从数据源到云计算中心路径之间任何具有计算与网络资源的节点，如网关、工业计算机、微数据中心等。边缘节点向上与云计算中心相连，请求中心提供内容和服务，向下与终端设备相连，执行终端设备请求的诸如数据缓存、数据处理、设备管理和隐私保护等计算任务。

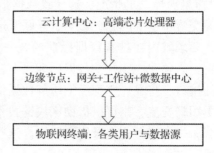

图 9-4　边缘计算架构图

与云计算模式相比，边缘计算模式在速度、安全、成本、能效上具有优势：①速度方面，由于是在近端处理和返回数据，无须像云计算模式那样需要远端上传下载数据，可大大减少网络延迟，提高响应速度；②安全方面，由于数据在本地存储和处理，不会上传到云计算中心进行集中处理，可减少隐私泄露的风险；同时，由于支持核心功能运转的计算在附近边缘节点进行，不易受针对中心节点的分布式拒止服务等网络攻击的影响，且受攻击后也容易隔离；③成本方面，企业可以通过物联网设备和边缘数据中心的组合，低成本地扩展计算能力，较传统数据中心更廉价，且也不会产生诸如需增加网络带宽等额外开支；④能效方面，边缘计算可减少远程上传数据等产生的能耗，一方面可提高电池供电物联网设备的使用寿命，另一方面可极大降低整个计算系统的能耗。边缘计算的优势和重要性已引起有关国家和企业高度重视。美国、日本、中国等国家成立了边缘计算联盟和标准化工作组等推进组织，亚马逊、谷歌、阿里、华为等纷纷推出边缘计算相关产品。

2. 边缘计算发展

分布式计算和存储作为敏捷、精准行动控制的关键技术之一，是人工智能和大数据时代解决算力和存储能力不足的有效方式。美国国防部在国家大数据研发框架内，积极部署了多项大数据研发项目，整体上构成了比较完整和全面的大数据研发布局。其中，一些基础技术涉及机器学习、数据挖掘、并行计算和可视化方面的前沿课题，虽尚未成熟，但美军持续资助以促进这些研发不断取得进展，维持其大数据技术的领先优势。其中，由 DARPA 支持的 XDATA 项目旨在开发用于分析大量半结构化和非结构化数据的计算技术软件工具，以便对国防应用中的大量数据进行可视化处理。该项目是美国政府大数据研发计划的重要组成，是美军推进大数据研发计划的核心项目。美国佐治亚理工学院在 XDATA 项目的支持下承担的任务主要是研究在大规模数据集上具有可扩展性的机器学习算法，包括基于分布式计算架构的快速数据分析方法。

DARPA 于 2019 年 7 月 9 日发布了一份征集书，要求工业界研发集成嵌入式软件，以灵活应对军事行动中不断变化、不可预测的情况、任务要求或环境状态。DARPA 希望工业界开发一个分布式处理环境，该环境应能够管理收集、处理、存储和通信的资源调配，同时应保持对处理负载、电源使用、通信带宽可用性和数据存储的感知，并管理进程之间的通信。DARPA 后续将分别在有人和无人任务中测试系统功能，在任务之前和期间设计并部署新的处理流程。测试要求系统在平台之间传输传感器进程、数据和状态，以保持处理状态的持续性。软件必须提供足以证明集成性的传感器规划与处理能力。预计美国陆军、海军陆战队和特种部队很可能将成为这一新软件和计算系统的首批用户，用其执行情报、监视和侦察（ISR）任务。

基于移动节点的分布式计算架构是移动节点群组之间协作的基础。在控制架构方面，部分工作通过借助软件定义思想（SDN，Soft Defined Network）构建集中式控制器获取各节点实时状态从而分配任务。解决多处理器服务器与连接它们之间的网络链接之间的瓶颈对于分布式计算越来越重要。此类计算需要计算节点之间进行大量通信。它还越来越依赖于高级应用程序，例如深度神经网络训练和图像分类。为了加速分布式应用程序并消除巨大的性能差距，DARPA 于 2020 年启动了"快速网络接口卡"（Fast Network Interface Cards，FastNIC）项目。FastNIC 将通过创建全新的联网方法，力求将网络堆栈性能提高 100 倍。

随着物联网时代的到来，大数据特征不断突出，以云计算模型为核心的集中式大数据处理方式已不能完全满足应用需求。边缘计算作为一种新兴的分布式计算范式开始涌现。由于面向作战应用，战术边缘各种环境处于与敌方的持续高度对抗中。物理节点可能遭受敌方攻击，电磁环境会遭受敌方干扰，网络环境会遭受敌方入侵等。战术边缘敌对环境下，敌我双方的高度对抗，使得系统的各个环节的不可测因素急剧增多。这种不可测因素不仅会导致战术边缘通信中断，也可能导致系统的不可用。目前，利用边缘计算技术解决战场环境中的计算、传输和存储问题的公开资料较少，但在军事应用中发展边缘计算的需求已愈加迫切。

在边缘计算军事应用技术发展方面，现有公开资料主要来源于美国、加拿大、英国以及新加坡等军事部门和学术机构，例如美军军事研究院，美国国防分析研究所以及卡耐基梅隆大学以及佐治亚理工学院等单位对相关问题进行了研究，并且部分工作由美国国防部、美国陆军研究实验室（ARL）和美国自然科学基金资助。可见发达国家在这一方面已经走在了前列。加拿大，英国以及新加坡等国家国防部门也开始进行了相关问题研究。加拿大国防研究与发展局（DRDC）、英国帝国理工大学、新加坡国防科技局等也已经开展战术环境下的边缘计算技术研究，但目前这些研究仍处于起步阶段。

9.5.2 边缘计算赋能协同运用

军队由于作战环境复杂多变、数据传输保密要求高等特点，加上集中式数据中心建设不完善，云计算应用大大受限，海量数据处理需求无法满足。使用边缘计算在靠近数据源的位置进行处理，可以很好地解决这一问题，展现出良好的应用前景。

1. 有助于提高协同运用决策速度

边缘计算在数据捕获点进行计算和处理的能力，不需要发回原始数据进行分析，可以节省宝贵的时间，使战场上的部队知情度更高、反应速度更快，有助于提高协同运用决策速度。这类计算方式具有"神经末梢"式的特点，在边缘进行通信的人和事越多，整个平台就会变得越强大。未来的武器装备、作战个体和战场环境的状态信息与特征都可通过网络进行实时感知和快速反应，边缘计算为每一个作战节点提供更强有力的"作战大脑"，提高决策速度和能力。

军用领域的应用场景较为多变，在战车等移动密闭场景中，资源较为受限，对边缘设备的数据处理能力和自主性提出了更高要求。边缘计算与人工智能相结合，能够实现具有自我判断力的智能自主系统，它们能判断何时何地需要发送、接收和处理信息，从而加快并优化决策过程，达到在资源受限的竞争环境下实现智能化边缘计算的目的。目前，VxWorks、Sylix OS等越来越多的嵌入式操作系统增加了对边缘设备智能数据分析的支持，也为边缘智能的落地提供了技术基础。

2. 有助于缓解协同运用中的时间延迟影响

在未来智能化战场环境下，大量传感器的部署、一体化作战指挥信息系统和军用物联网运用等都将产生海量实时数据。而战场的复杂环境使得网络延迟现象很难得到有效解决，1秒的数据延迟都可能造成严重后果。而边缘计算能够缓解这些问题。边缘计算所具备的低延迟等优势，能够在宽带、窄带有限的战争资源中及时对数据进行处理，为战场信息的输入、存储和输出提供实时计算，辅助作战人员进行作战信息处理、分析、规划及任务发布等，以此取得信息优势、决策优势和战场优势。

美国CONIX研究中心将边缘计算应用于大规模协作无人机集群，按需提供实时感知信息。这在一些对延时性容忍度极低的场景尤为适用，如无人机、无人车和无人艇的使用。边缘计算能够减轻通信延迟对无人机的影响，提升其数据获取能力和恢复能力，实现无人机的自主飞行控制，大大提升无人机的数据吞吐量和处理能力，甚至可以基于VMS或容器技术，在无人机上直接灵活地执行Windows或Linux应用程序，使无人机的功能在拍摄和数据存储之外又得到了较大的扩展。

3. 有助于精细化的资源管控

目前的协同运用，融控中心集中于一点，在基于预案进行资源管控时，由于涉及面大，预案难免粗略，很难实现精细化的资源管控。因此在协同运用融控中心的下一层级，可以设置一层边缘计算节点，作为下一级的融控中心节点，如图9-5所示。在靠近边缘计算节点附近，进行敏捷组网、融合计算、资源管控等。边缘计算能够在数据源头进行实时信息处理，执行精细化的资源管控功能。协同运用融控中心的重心将变成信息的长期存储和深度分析。这样既能采用细化的预案，减轻通信传输压力和云计算压力，还能降低受干扰、受打击的风险。

边缘计算与人工智能相结合，能够实现具有自我判断力的智能自主系统，它们能判断何时何地需要发送、接收和处理信息，从而加快并优化决策过程，达到在资源受限的竞争环境下实现智能化边缘计算的目的。

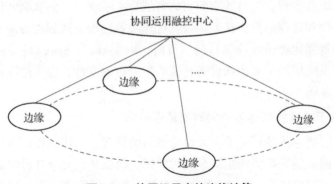

图 9 - 5　协同运用中的边缘计算

　　尽管边缘计算有着巨大潜力，但边缘计算平台如何协调好边缘节点与融控中心的关系，将融控中心与边缘设备高效协同、无缝对接，也是个巨大的难题。由于边缘设备分布广，硬件环境和周边环境均极其复杂，所以安全性也较为脆弱。尽管边缘计算面临诸多挑战，但这些问题得到逐一解决后，边缘计算将迎来广阔的应用前景。

9.6　本章小结

　　本章分析了新兴信息技术的发展和应用，包括数字孪生、生成式人工智能、元宇宙和边缘计算等。当前，新兴技术迅猛发展。面对协同作战三大鸿沟，必须对新兴技术始终保持好奇心，着力培塑数智时代协同思维，持续推进数字工程基础建设，小步快走推进大系统、小产品应用，利用边缘计算促进机器互联、数字孪生赋能虚实共生、人工智能赋能人机共享、元宇宙赋能体系共治，持续推进人人、人机、机机协同，从而有效推动雷达网跨越发展、不断提升预警系统在实战中的体系贡献率。

参考文献

[1] 李海英，译.科技趋势报告 2022 [R].纽约：未来今日研究所，2022.

[2] 张冰，李伟，马萍.数字工程与数字孪生发展综述 [R].哈尔滨：哈尔滨工业大学控制与仿真中心，2022.

[3] 张旭，王世威.ChatGPT 军事应用前景分析 [R].北京：蓝海星智库，2023.

[4] 赵坦，吴琳，陶九阳，李帅.元宇宙概念及其军事应用 [J].中国指挥与控制学会，2023.

[5] 卞颖颖，曾宪荣.美研究将边缘计算用于现代战争 [R].上海：中国电子科技集团第三十二研究所，2018.

附录：美军新型作战概念中
协同运用技术及应用综述

在系统概述美军新型作战概念基本内涵和发展脉络的基础上，具体分析各种新型作战概念中的协同运用技术及应用现状，论述典型协同运用作战系统，并以反导试验为典型案例，对协同运用技术集成应用主要环节进行解读，从而得出协同运用技术发展和应用的有益结论。

1 美军新型作战概念发展脉络

美军一直非常注重作战概念的研发，形成了比较成熟的作战概念体系，主要包括联合作战顶层概念、联合行动概念、联合一体化概念等三个层次[1]。近十年来，为继续谋求绝对军事霸权，美军以大国竞争为出发点，先后提出了"全球公域介入与机动联合""联合作战介入""分布式作战""远征前进基地""作战云""蜂群战""多域战""马赛克战"等众多新型作战概念[2]。透过这些众说纷纭的概念，有"多域作战""分布式作战""马赛克战"三条发展脉络非常值得关注。他们从不同侧面描述了相对一致的未来作战场景与作战转型方向，背后有共同的创新逻辑思路。其核心是协同运用一条主线；其实质为探索以分布对集中、以跨域对单域、以无人对有人的体系对抗新模式；其技术特点是利用美军多年来发展的网络化技术、协同技术、无人系统技术、作战计算技术、人机交互技术和人工智能技术等创新发展智能化协同作战样式。略有不同的是，"多域作战"概念突出跨域协同运用、"分布式作战"概念突出分布式协同杀伤链、"马赛克战"概念突出自适应协同杀伤网。目前美军已部分实现分布式作战能力，正在构建全域协同作战体系。预计未来，各武器系统将逐步具备自主与协同交战能力，可以与指控体系实现实时战场信息交互，与网络中的其他节点实现有限交互，并根据提前设定的任务规划算法应对可预见的战场环境变化体系架构，形成多重动态协同杀伤链、乃至杀伤网，提升作战灵活性和效能。

综合公开文献，"分布式作战""多域作战"（多域战、全域战）、"马赛克战"等一系列新型作战概念的简要情况如下。

1）分布式作战

"分布式作战"概念最早由美国海军于 2015 年初提出，主要含义是实施"分布式杀伤"。核心思想是将高价值大型装备的功能分解到大量功能简单、成本较低的小型平台上，多样化的小型平台组合使用形成综合功能。其本质是将各个作战平台的各种资源（如传感器、武器和指控系统）等进行深度共享（信号级铰链），并通过面向任务的自适应动态结构重组，从而产生新的作战能力或大幅提升装备体系的原有作战效能。该概念可以看作是在传统网络化作战概念的一次升级，由信息的互联互通和态势共享，升级为资源的共享和能力的集成。

对于"分布式作战"概念，美军各军兵种均积极响应，各自提出了适用于本军兵种的分布式作战概念，如海军的"海上分布式杀伤"，海军陆战队的"远征前进基地"，空军的"航空航天战斗云""空中分布式作战""蜂群作战"，陆军的"分布式防御"等。

2）多域作战

2016 年 10 月，美国陆军推出"多域作战"概念，简称"多域战"，仅半年就得到海军、空军和海军陆战队的认可和响应。此后，多域战概念快速迭代，逐步从概念走向现实。其核心思想是，打破各军兵种编制、传统作战领域之间的界限，最大限度利用空中、海洋、陆地、太空、网络空间、电磁频谱等领域的联合作战能力，以实现同步跨域协同、跨域火力和全域机动，夺取物理域、认知域以及时间域方面的优势。

概念提出后得到广泛认可和响应，但各军种在开发多域作战中各有侧重。如陆军进一步拓展为"多域作战"（MO），强调"任务式指挥"和"快节奏打击"，开展了大量演练检验与部队调整改革，2022 年 10 月份又发布新版作战手册《FM 3 - 0 作战》。空军则认为未来作战制胜的关键在于全域指挥控制，侧重于开发"先进作战管理系统"。海军陆战队则试图建立"全域合成兵种"，构建"海—陆—空—海"跨域协同作战圈；海军则持续推进"分布式作战"，并强化在"电子战和网络战"新领域中的领军地位。

3）马赛克战

"马赛克战"是美国国防部高级计划局下属的战略技术办公室于 2017 年 8 月提出的概念。其中心思想是人工指挥与机器控制相结合，通过对更为分散的美军部队的快速组合和重组为美军制造适应能力，为敌方制造复杂性和不确定性[3]。其目标是建成一个类似"马赛克块"的作战体系，从而实现作战体系从传统静态的"杀伤链"到动态的"效应网"的转变。

"马赛克战"概念已被美军和北约广泛接受，其技术成果已开始实用；乌克兰危机中美国及其盟国支援乌军的作战模式，初步显现了马赛克战高效动态协同的巨大潜能；"马赛克战"可能正深刻变革美军作战方式，成为美军设计"看不懂的战争"的重要支撑。

2 "分布式作战"概念中的协同运用技术及应用

"分布式作战"概念是美军着眼未来在强对抗环境下作战开发的一种新型作战方式。对于分布式作战概念，美军各军兵种均积极响应，各自提出了适用于本军兵种的分布式作战概念，即"海上分布式杀伤""空中分布式作战""航空航天战斗云""分布式防御"等。

2.1 "海上分布式作战"概念中的协同运用技术及应用

"海上分布式作战"概念是美国海军着眼未来在强对抗环境下作战开发的一种新型作战方式。2014 年，美国海军在兵棋推演中发现，分散部署有助于应对敌方"反介入/区域拒止"能力。2015 年 2 月 25 日，美国智库战略与预算评估中心发表《拨开层级：一种防空新概念》文章，对美国海军正在推动的最新概念——"分布式杀伤"进行了详细分析。"分布式杀伤"作战概念，是指"使更多的水面舰船，具备更强的中远程火力打击能力，并让它们以分散部署的形式、更为独立地作战，以增敌方的应对难度，并提高己方的战场生存性"。2017 年完成相关研究，正式提出"分布式杀伤"作战概念。2018 年，美国海军出台《维持海上优势 2.0》，进一步提出"海上分布式作战"概念，并将其确立为本军种的顶层作战概念。

"海上分布式作战"概念的基本内涵是发展多种小型作战编队，将各型作战编队广域、分散、动态部署。平时，用较少兵力控制关键海域，强化军事威慑效果。战时，广域协同构建杀伤链，实现集火打击，共同防御，结合电磁频谱对抗给敌方构建高度复杂、不确定的战场态势，增加敌方攻防作战难度。"海上分布式作战"具有"形散神聚、集约高效"的特点。核心制胜机理是"化整为零、以多打少、以快打慢"，其本质是进一步发挥美军网络化作战能力优势，通过结构去中心化，增加作战节点规模、强化攻防协同，降低敌方决策速度与质量。

"海上分布式作战"概念包含的协同运用思想主要有：①广域、分散、动态部署，按照前沿部署众多小编队，后置大编队的基本形式，在广阔的战场空间内分散部署一定数量的各类型作战编队，动态调整其数量和位置。美军本意是对敌方形成多方向、持续变化的进攻态势，但显然，同时构成了广域、分散、动态部署的协同运用体系；②广域构建杀伤链，美国海军将分散部署的传感器、火力等作战资源利用作战网络深度交联，面向任务动态组合，力求对同一目标同时组成多条杀伤链，实现集火打击、共同防御；③加强电磁频谱领域对抗能力，美国海军已从加强海上分布式作战体系整体的电磁辐射管理、通信安全、单舰/机电子攻防能力等多方面入手，持续提升信息传输、态势感知与电磁防护能力，以及自身作战行动的隐蔽性。

为了支撑分布式海上作战概念研究，美军启动了一系列项目研究，其中包含了协同运用技术应用研究。

（1）持续升级改造一体化防空—火控体系（Naval Integrated Fire Control - Counter Air，NIFC - CA）。最开始，美军一体化防空—火控体系计划主要由协同交战能力、E-2D 预警机、"宙斯盾"系统和"标准" -6 导弹组成，使得海军的网络化协同防空能力拓展到"标准" -6 舰空导弹的最大射程，攻击能力由 40 海里提高到 370 海里。为进一步拓展预警探测范围，美国海军又提出将 F-35C 舰载隐身飞机、EA-18G 电子战飞机、无人机等战斗阶段，形成航母舰队的一体化防空—火控能力，进而在整个海军范围内实现一体化防空—火控能力。2016 年 9 月，美军用实装对海军一体化防空—火控体系进行了演示验证，利用海军陆战队 F-35B 作为传感器探测目标，通过多功能先进数据链将目标数据发送至地面站，"宙斯盾"系统从地面站获取目标信息后，发射"标准" -6 舰空导弹，实现海军历史上的射程最远的舰对空拦截。

（2）推进单装系统改造。如推进"宙斯盾"系统渐进式升级，从基线 0 升级到基线 9。前期版本的"宙斯盾"系统主要是立足本舰，对全舰的传感器系统、火控系统、武器系统进行系统集成；最新的基线 9 则引入了分布式的信息来源，与其他陆海空天平台的传感器实现集成，综合利用协同交战能力，以及预警机、侦察预警卫星等多平台传感器提供的目标跟踪与制导数据，实现远程发射、远程拦截。

（3）启动"跨域海上监视与瞄准"（CDMaST 项目）。DARPA 于 2015 年 10 月启动"跨域海上监视与瞄准"项目。该项目的最终目的不是为了发展或验证特定技术，而是创新发展并演示验证新型跨域分布式海上作战概念，以"系统集成"方式提升美军在海上的能力优势。项目分两个阶段：第一阶段：通过建模、仿真、分析开发体系结构，完成海上"系统之系统"概念体系结构的开发，整个体系结构包含"探测、定位、分类、瞄准"四个功能模块；第二阶段，2017 年 9 月起，对体系结构进行实验室试验，开发并演示能够覆盖广阔海域的反水面战/反潜战杀伤链，该杀伤链包括了"探测—分类—定位—瞄准—交战—评估"等环节。据称，CDMaST 项目将彻底改变现有以航母战斗群为核心的防御态势，形成广域分布式灵敏探测网络，可覆盖 100 万平方公里。

（4）启动"海上列车"无人舰队项目。2020 年 1 月 6 日，DARPA 战术技术办公室发布"海上列车"项目公告，寻求利用相互连接或协同编队的中型无人水面艇组成"海上列车"系统，实现无人艇编队的远程部署及分布式作战能力。根据 DARPA 设想，"海上列车"以 4 艘或更多中型无人水面艇组成集群编队，主要目标是提高无人水面艇集群航程，实现无人水面艇集群分布式作战，从而未来可以更多地利用无人水面艇执行预警侦察、后勤保障和远征作战等任务。

2.2 "空中分布式作战"概念中的协同运用技术及应用

早在 2014 年初美国空军提出"航空航天战斗云"，是分布式概念依托现有装备实现的现实版，核心观念是跨域的优势协同。"航空航天战斗云"通过利用数据链网络，加速跨域的传感器和射手之间的数据交换，提升各自的效能，达到按需使用；通过跨域的协作，不仅提升各自的效能，还可以弥补各自的不足；通过跨域优势协同，产生自组织、自协同的综合作战联合体，能利用更少的资源，提供更多、更快捷的应用途径，并降低消耗和伤亡。

非常值得注意的是，在分布式空中作战概念的具体开发过程中，美军提出了蜂群战的作战概念，即蜂群并非攻击一个或两个关键节点，而是将蜂群武器系统作为小型攻击机动部队，同时在数百个弱点上攻击敌人，通过并行作战导致协同效应，从而出现一种击败对手的新形式的系统性目标或关键节点。并具体提出了蜂群攻破、蜂群区域防御、蜂群广域情报、监视与侦察、蜂群并行作战等四种作战概念。其中，蜂群广域情报、监视与侦察作战概念是指蜂群涌入竞争环境，并不攻击目标，而仅仅捕捉和存储图像，以便在返回基地后加以利用，或通过超视距通信传输图像，从而满足竞争环境中关键的情报、监视与侦察要求。

"空中分布式作战"概念的核心思想，是不再由当前的高价值多用途平台独立完成作战任务，而是将能力分散部署到多种平台上，由多个平台联合形成作战体系共同完成任务。这一作战体系将包括少量有人平台和大量无人平台。其中，有人平台的驾驶员作为战斗管理员和决策者，负责任务的分配和实施；无人平台则用于执行相对危险或相对简单的单项任务（如投送武器、电子战或预警侦察等）。

为实现"空中分布式作战"，美军启动了多项技术支撑研究项目，如"分布式作战管理""拒止环境中的协同作战""体系综合技术和实验""对抗环境中的通信"等项目，并安排了"小精灵"、无人机"蜂群"等装备项目的研发，很多项目均与协同运用技术有关。

1. 分布式作战管理。DARPA 在 2014 年提出分布式作战管理项目，开发合适的控制算法和机载决策辅助软件以及用于驾驶舱的先进人机交互技术，以提高分布式自适应规划和控制以及态势感知能力，协助机载战斗管理人员和飞行员在强对抗环境中执行空空、空地作战任务。与协同运用相关的关键技术主要是：

（1）分布式自适应规划和控制。主要包括任务权限分配、决策空间分配、无人机自主规划等技术，旨在协助飞行员和战斗管理员在通信受限的环境下实现对飞机、武器和传感器的实时管理，以达成指挥官的意图。

（2）分布式态势感知技术。主要包括不可靠网络信息传输、自动作战任务分解、多源数据融合等技术，旨在跨平台生成并共享数据，确定友军和敌军的位置，对其进行识别掌握其状态，以便支持分布式自适应规划和控制功能。

2017 年 9 月，BAE 系统公司和洛克希德·马丁公司与 AFRL 和 DARPA 合作，将有人驾驶的战斗机和无人机编队，进行为期 11 天的飞行测试。测试使用了现实和虚拟的飞机，都安装了 DBM 软件的两种系统，反介入实时任务管理系统（ARMS）和"网络对抗环境态势理解系统"（Consensus）。系统在试验中表现得很好，当通信中断后，任务还可以按照预期的试验参数继续向前推进。整个项目计划在 2019 年 7 月结束。

2. 拒止环境中的协同作战（CODE）。为增强现有无人系统（无人机、巡航导弹等）能力，使其更好适应拒止环境作战，DARPA 于 2014 年发展了"拒止环境中的协同作战"项目。与协同运用相关的关键技术主要包括：

（1）协同自主技术。具体包括协同感知、协同通信、多限制自动路径规划等技术，从而确保能够多来源数据融合（形成统一战场图像），具有共同决策架构（适应不同网络情况，通信带宽降低时给出传输任务优先级排序），能够动态组合编队和子编队，可在无天基/空基的支援下工作，能够适应高度的不确定性等技术。

（2）监控界面技术。主要技术包括：理解指挥官意图、上下文理解、不确定性表示、决策辅助、目标分类要求、编队和子编队可视化、编队和子编队任务规划、定义系统权限或自主水平、视觉和听觉的预警。最终目标为能使无人机管控人员的角色由操作者向监测者变更。

（3）开放架构技术。旨在实现不同类型无人系统功能的快速整合。2018年 1 月，洛克希德·马丁公司和雷锡恩公司领导的团队成功完成"拒止环境中协同作战"第二阶段的飞行测试。DARPA 将第三阶段合同授予雷锡恩公司，进一步开发系统能力，并进入最后的飞行演示验证阶段。

3. 无人机"蜂群"。该项目是分布式作战概念的面向未来发展的一种非常具体的支撑装备。2017 年 1 月 27 日，DARPA 发布了"进攻性蜂群战术"（OFFSET）项目的跨部门公告。项目愿景是促进蜂群自主性和人—蜂群编组取得革命性同步。包括蜂群自主性、人—蜂群编组、蜂群感知、蜂群网络互连和蜂群逻辑等 5 个关键使能元素。作战模式有侦察探测模式、诱饵模式、察打一体模式。其中，侦察探测模式主要是利用外部手段（例如天基探测）实现概略定位后，通过无人机"蜂群"内部之间位置共享、探测信息共享、多源多模信息融合，完成大面积覆盖式扫描探测与跟踪。与协同运用相关的关键技术主要包括：

（1）蜂群组网。通过数据链实现蜂群间的互联互通是实现群内协同的基础，需要针对强电磁干扰，研究抗毁网络、低可截获技术、抗干扰、身份识别等技术。

（2）蜂群协同态势感知与共享。为利用蜂群中的各类任务载荷搜集、分析信息数据，需研究协同目标探测、目标识别和融合估计、信息理解和共享等问题。

（3）协同任务规划与决策。为提高任务成功率和执行效率，降低风险和成本，需研究蜂群自主规划与决策技术，其核心是自主任务分配算法。

2.3 "分布式防御"概念中的协同运用思想

2018 年 1 月，美国智库战略与国际研究中心发布《分布式防御——一体化防空反导新型作战概念》报告，提出了"分布式防御"作战概念，旨在将美国海军的分布式杀伤概念应用于陆基防空反导系统。"分布式防御"对前期陆军一系列概念进行了集成和延伸，力图扩展到"萨德""爱国者""标准 - 3"等各类型拦截弹及打击武器；通过创建新型一体化防空反导体系，增强防空反导力量的灵活性和弹性，实现更加分散、模块化和一体化的未来防空反导力量。

其包含的协同运用思想主要有：

（1）网络中心。依据"任何传感器、最佳射手"理念，"以网络为中心，整合、融合、开发和利用所有可用的传感器信息，不论其来源或分类"；"支持作战指挥人员使用来自任何传感器的跟踪数据，并选择最佳的武器或射手进行拦截"。

（2）要素分散。"雷达、发射单元和指控单元模块化，可以定制体系设计或在更广泛的区域分散部署"。"地基雷达可进一步分散部署，将频率较高和探测范围更广的雷达与性能较低的雷达进行混合组网"。"无人机或系留气球上的机载红外传感器可能是一个很自然的补充"。

该报告还指出：有了充分集成，美国陆军就可以像美国海军一样，使用海军一体化火力控制系统（NIFC－CA）进行作战了；海军一体化火力控制系统将各种不同的传感器连接在一起，传感器的服务质量足以形成闭环火力控制，从而拦截系统能够在自身雷达探测之外对目标进行拦截；美国空军对 F－35 的设想，同样认为每架飞机都是一个独立的节点，能够充当射手、传感器与战斗管理单元，实现对多种来源数据的融合，成为"飞行作战系统"。

其典型项目为"一体化防空反导作战指挥系统"（IBCS），该项目同时支持"多域战"概念，将在下文中一并论述。

3 "多域战"中的协同运用技术及应用

近年来，随着新型传感技术、网络通信技术、云计算、人工智能等现代科学技术的快速发展，多域态势感知和跨域指挥控制系统成为可能，为"多域战"作战概念实现提供了强有力的装备与技术支撑。

3.1 "多域战"概念内涵与协同运用思想

2016 年 10 月，美国陆军高层在陆军协会年会上推出了"多域战"概念（MDB），仅半年就得到美国各军兵种和美军高层的广泛认可和主动响应。2016 年 11 月 11 日，"多域战"概念被写入美国陆军新版的《作战条令》，该条令为陆军两大基础条令，标志美国陆军乃至美军联合作战指导思想的重大转变。2017 年 2 月 24 日，美国陆军与海军陆战队发布《多域战：21 世纪合成兵种发展》1.0 版多域战概念文件，成为美国陆军的正式作战概念。2018 年 5 月，美国陆军训练与条令司令部宣布，多域战概念正式转变为多域作战（MDO）。2018 年 12 月 6 日，美国陆军训练与条令司令部发布《2028 多域作战中的美国陆军》1.5 版多域作战概念文件。2019 年发布的《陆军现代化转型战略》明确提出美国陆军向多域战部队转型的目标任务。2020 年 2 月，美国参联会副主席约翰·海顿表示，联合全域作战（JADO）是美军未来整体预算的重点，将赋予美军无法比拟的作战优势，美军应努力实现该概念，以在未来冲突和危机中无缝集成该能力，有效指控全域作战。

各军种在开发多域作战中各有侧重，结合自身特点加入了新的含义。如陆军在"多域战"中强调"任务书指挥"和"快节奏打击"，指挥控制的焦点是作战的目的，而不是执行的细节。空军则提出了"全域作战"相关概念，发布了《联合全域作战中的空军职责》条令和空军作战条令注释1-20《全域联合作战中的美国空军》；认为未来作战制胜的关键在于多域指挥控制（MDC2），关注指挥、控制、通信和计算机能力，通过协调各军种及盟友构建全球网络。海军陆战队力图借助"全域合成兵种"，构建"海—陆—空—海"跨域协同作战圈，并突出"人作战域"的重要性。海军则持续开展"分布式作战"，并强化"电子战和网络战"中的领军地位。

"多域作战"概念的核心思想是，打破各军兵种编制、传统作战领域之间的界限，最大限度利用空中、海洋、陆地、太空、网络空间、电磁频谱等领域的联合作战能力，以实现同步跨域协同、跨域火力和全域机动，夺取物理域、认知域以及时间域方面的优势。其核心理念是"作战域共享"。

分析发现，"多域作战"思想与协同运用的很多理念一致。具体表现在：

1. 均强调跨域协同。"多域作战"概念最重要的思想来源是美军2012年《联合作战顶层概念》中"跨域协同"概念，即"在不同领域互补性地而不是简单地叠加性运用多种能力，使各领域之间互补增效"。

2. 均注重运用体系工程解决问题。前期，人们认为，实现"跨域协同"的主要瓶颈在于多领域知识汇集、培训教育、人员配备、能力划分等与人密切相关的问题。"多域战"作战概念认为，"多域战"能否成功，取决于美军能否在概念与"条令、组织、训练、装备、领导力、培训、人员、设施等能力及装备现代化需求"之间实现"配对"。"多域战"解决"跨域协同"问题的方式方法可以用两个术语来概括。一是聚合。即"为达成某种意图在时间和物理空间上跨领域、环境和职能的能力集成"；二是系统集成，不仅聚焦于实现"跨域协同"所需的人和流程，还重视技术方案。按照，时任国防部副部长沃克的要求，打破现有的"烟囱式"方案，设计出背后有人机编队做支撑的新方案，是美军的责任。

3. 协同运用是"多域作战"概念实现的重要基础之一。《2028多域作战中的美国陆军》中的"多域作战"概念，首次引入多域指挥控制原则，并强调多域指挥控制是实现跨域聚能、多域编队和任务式指挥的基础。同时，美军认为，多域作战中，实现并全程保持对敌人和友军的态势感知至关重要；指挥官要依靠各领域通过特种渗透、网电侦察、新技术侦察等各种预警探测手段，准确获取战场态势，加强战场感知和理解分析；通过全程的态势感知，驱动指挥决策和管控，推进整个作战行动的运转，从而使各作战要素和作战单元发挥出最大优势。2019年2月，美国陆军的《实战化运用机器人与自主系统支持多域作战白皮书》进一步指出："重要功能是集成所有可用传感器，协同情报的收集、分析、协调和传播，机器人与自主系统将支持传感器集成功能的实现";"使用机器人和自主系统建立联合通用作战态势图,在各领域建立多频谱传感器,侦察敌方远程火力、防空系统、雷达与指控节点/网络"。可以发现,协同运用是多域指挥控制的基础,同时也是"多域作战"的重要基础。

3.2 "多域战"中的协同运用技术应用

美军十分注重加大投资力度,推进协同运用等先进技术的应用,从而推动"多域战"概念的落地。

3.2.1 美国陆军"多域战"中的协同运用技术应用

2017年10月,时任美国陆军代理部长的瑞安·D·麦卡锡和陆军参谋长马克·A·米勒将军共同签署了名为《美国陆军现代化优先事项》的公告,提出了6大优先发展的技术领域:远程精确火力、未来垂直起降飞行器、下一代战车、防空反导、网络、士兵杀伤力,围绕这6个领域调整规划,明确优先投资的技术领域。其中,与协同运用相关领域主要有远程精确火力和防空反导、网络C3I系统两个领域。

1. 对于远程精确火力和防空反导,优先投资以下关键技术领域:

(1) 合作和协同交战。使作战部队具备针对软、硬目标的协同精确打击能力,促成针对多个目标的同时或顺序协同交战,以使精确打击效能最优化。

(2) 武器火力控制、目标获取和传感器融合。在陆地域、空中域、海上域提供火力控制、目标识别和防止冲突。融合来自空中、陆地、海上、网络空间和基于作战人员的传感器数据,实现实时目标数据的整合和优化。

(3) 图像处理和目标跟踪。提高在高度复杂、高强度对抗环境下工作的能力;提高自主交战和安全数据链路的能力;为远程精确火力开发多用途传感器。

典型在研项目:"一体化防空反导作战指挥系统"(IBCS)。

该项目是"多域战"概念重要支撑项目。该项目于2008年9月启动,原计划2018财年具备初始作战能力,实现与"爱国者"PAC-2/3系统和"哨兵"雷达的一体化;2020年财年实现与"萨德"系统的一体化。但由于陆军扩大了其任务范围,以使其集成其他重要系统,如间接火力防护系统(IF-PC)、无人机或五代机集成,目前已初步形成作战能力。其最终目的是,通过集成网络路由、中继和服务器组件,实现传感器、雷达、发射装置的标准化,将陆军用于防空反导的所有武器平台,构建形成一个无处不在的传感器网络,整合生成一个单一的、综合的空中态势,从而提高能力,帮助降低自相残杀风险,并能选择、协调最佳发射器执行任务。

2018 年，美国陆军组织系统进行了为期 5 周测试，验证了该系统远程规模化、网络化作战能力。系统采用开放体系结构，拥有 20 多个节点，分布在白沙靶场、德州布利斯堡和红石兵工厂。IBCS 将多个子系统集成为一个作战系统，包括 9 个 IBCS 交战运行中心，12 个集成火力控制网络中继，多部"哨兵"雷达，"爱国者"防空导弹系统雷达，"爱国者－2""爱国者－3"和"爱国者－3"MSE 导弹。测试表明，系统技术成熟度进一步提升，将具备改变战场游戏规则的能力；与无人机或五代机集成，可填补当前防空系统的空缺，将形成支持多域战能力。诺斯罗普·格鲁曼公司项目负责人称，系统可在大区域范围内集成传感器和拦截武器，生成一体化空情图，为防御方和联合力量提供力量优势，是力量倍增器。

2. 对于网络 C3I 系统，将优先投资于以下关键技术领域：

（1）持久情报、监视、侦察。在该领域的科学技术计划侧重于为乘车作战和徒步作战士兵提供可负担的、精确的、远程目标识别和地理定位能力，对潜在威胁的自主感知，传感器互操作能力，多功能感知、自主目标获取和数据处理及合成。

（2）战术通信和组网。为确保在战场上的信息优势，陆军战术网络必须在充满对抗、信道拥挤、能力降级的环境中提供可靠的通信。这一领域的研究集中于研究与发展自动化和智能化网络、抗干扰语音和数据、自主平台通信、频谱态势感知和高带宽商业技术应用。

3.2.2 美国空军"多域战"中的协同运用技术应用

空军 2019 财年在"多域战"领域重点投资的 3 项，除了"更加灵活的采办与规划流程"外，余下 2 项均与协同运用密切相关：①"多域"态势，不仅包括机载传感器、天基传感器和网络传感器，还包括以正确的方式将这些传感器连接起来以获取指挥官所需信息；②先进作战管理。

典型在研项目：先进作战管理系统（ABMS）

美国空军于 2019 年 4 月宣布先进作战管理系统（ABMS）支撑多域指挥作战的新愿景。美国国会在 2019 财年预算中为 ABMS 拨款，正式开启新一代战场监视管理系统的研制，并逐步退役 E－8 和 E－3 预警机。ABMS 将利用人工智能、自动信息融合等前沿技术增强态势感知效能，缩短作战决策周期；同时集成各域传感器，提供安全连接和处理，确保随时随地为作战人员提供应用程序和数据支持，使美军和盟军高效协调所有作战域的军事行动。其开发未推倒现有系统，而是在现有系统之上，综合不同装备平台建立"系统之系统"。

ABMS 计划每四个月进行一次实验、并不断演进。这些实验是由作战司令部设计场景的面向任务的真实实验，与联合全域指挥与控制（JADC2）概念检验捆绑同步进行。JADC2 已经被包括美国空军参谋长戈德费恩将军在内的高级领导人作为一个关键工具接受了三年，但以前一直还局限于 PowerPoint 幻灯片或动画演示概念中。直到 2019 年 12 月 16 日至 18 日，美国利用新开发的 ABMS 系统对 JADC2 概念进行验证，完成陆海空平台快速信息共享的首次实地测试。测试中，检测到 QF - 16 靶机模拟的巡航导弹后，信息传送给墨西哥湾的"伯克"级驱逐舰"托马斯·哈德纳"号，空军的 F - 35A 双机编队和 F - 22A 双机编队，埃格林空军基地的指挥官、海军的 F - 35 双机编队、陆军部队和地面特种部队。通过先进战斗管理系统项目开发的技术，同时接收、融合和使用来自这些领域的大量数据和信息，从而实现 JADC2 概念。第二次演习于 2020 年 8 月 31 日至 9 月 3 日举行，规模比第一次演习试验更大，在美国太空司令部、北方司令部、战略司令部的组织下完成，作战空间扩展到太空和网络空间，实现了依托 ABMS，使用陆基 155 毫米榴弹炮击落来袭巡航导弹的突破。第三次演习试验于 9 月 14 至 25 日举行，由美国印太司令部等组织实施，随美军太平洋"勇敢盾牌"演习开展。演习中，前线多域作战中心依托 ABMS，与陆军多域特遣部队、航母战斗群以及空军各节点连接，实现了空军战斗机、指控设备与海军航母战斗群之间的通信。第四次演习试验于 2020 年 12 月 9 日举行，美军 F - 22A 和 F - 35A 两型第五代战斗机克服了长期以来的互联互通限制，首次以安全的数字式"语言"实现了作战数据多源共享；美国海军陆战队的 F - 35B、美国空军的 F - 22A 和 F - 35A 首次与号称"一号可消耗武器"（attritableONE）的 XQ - 58A"战神女婢"低成本可消耗无人机一起飞行。

3.2.3　军兵种联合"多域战"中的协同运用技术应用

为推进"多域战"理论落地，美国陆军和空军联合开展了"传感器到武器"原型研究，旨在将空军情报、监视与侦察（ISR）平台生成的目标解决方案整合到陆军远程精确杀伤火力中，以大幅缩短杀伤链。2018 年 8 月，陆军快速能力办公室、空军快速能力办公室和陆军网络跨职能小组联合举办"陆军—空军"峰会，确定重点开展开放式体系结构的原型研究，包括通用接口、更优的数据共享能力和更快的决策速度，以提高战场速度、精度和灵活性。计划于 2019 年春，美国陆军和空军将合作开展"传感器到射手"作战评估，以演示验证空中、地面和太空传感器如何提升陆军的远程精确火力。

4 "马赛克战"中的协同运用技术及应用

"马赛克战"是美军提出的最新作战概念，从某种意义上将，可谓是"分布式作战""多域战"的一种具体实现概念。其概念实现的很多关键技术，同时也是协同运用急需解决的关键技术。

4.1 "马赛克战"概念内涵与协同运用思想

"马赛克战"是 DARPA 下属的战略技术办公室（STO）于 2017 年 8 月提出的新型概念。2019 年 4 月，DARPA 发布"马赛克战"招标公告，寻求支持马赛克战的创新性理念和突破性技术，以构建快速、可扩展、自适应联合多域杀伤力的新作战模式。2019 年 9 月 10 日，美国米切尔航空航天研究所按照 DARPA 要求，完成并发布《重塑美国军事竞争力："马赛克战"》报告。2020 年 2 月 11 日，美国战略与预算评估中心发布研究报告《马赛克战：利用人工智能和自主系统实施决策中心战》，提出发展马赛克战作为具体形式，实施决策中心战的构想。

"马赛克战"的概念内涵是：借鉴马赛克简单、多功能、可快速拼接等特点，依托先进网络能力、人工智能处理、计算和联网、分布式指挥控制等技术，融合大量低成本、单功能的武器系统和无人系统，形成分布式、开放式、可动态协作和动态重组、类似于"马赛克块"的作战体系，实现从"杀伤链"向"杀伤网"的转变。其中心思想是低成本、快速、致命、灵活及可变，将小型无人系统与现有能力进行创造性和持续演变的组合，以利用变化的战场条件和临时出现的漏洞，而不是为打击特定目标建设最优化、成本高昂、精密的军事装备系统。

"马赛克战"强调美军要利用先进网络能力、人工智能处理、计算和联网技术的最新进展，实现从"杀伤链"向"杀伤网"的转变，并能根据作战任务需要进行动态重组。"马赛克战"兵力设计概念提出，未来美国的兵力设计要以现有高端武器系统优势为基础，加强大量分布式要素协作，以更加适应未来威胁环境和各种任务的需要。该概念强调三个方面：①构建由更多分布式平台和多功能高端平台组成的混合兵力，要求能够实现更加模块化的兵力结构，更好地定制任务部队，实现协同编队作战，减少作战体系的脆弱性；②提供决策优势，要求其网络信息架构具有灵活性、适应性和弹性，加快"观察—判断—决策—行动"循环；③兵力要素的互操作性，要求能迅速组合各种分布式能力，任何平台的损失都不会对作战效能造成重大影响。

"马赛克战"是对既有技术和概念，如当前广泛使用的"系统之系统"、"分布式杀伤"、"多域战"的传承与创新。从某种意义上来说，"系统之系统"、"马赛克战"是"分布式杀伤"、"多域战"的一种体系实现概念，而"分布式杀伤"、"多域战"是一种理想目标概念。"马赛克"概念与"系统之系统"有许多共同点，都将系统分解为各类子系统，再进行分布式集成；都使用了很多传统技术，如弹性通信、指挥与控制等。但"系统之系统"从概念设计到最终整体运作，都针对特定目标进行专门设计，子系统需专门设计、配置固定，系统构造需遵循特定标准、特定架构。一旦系统目标和需求更改，需要很长周期来评估分析模块的更改、架构的更改，甚至重新设计。因此，"系统的系统"的适应性、可扩展性和操作性受到很大限制。

"马赛克战"中的协同运用思想："马赛克战"实现的重点不在于单个元素，元素可以相对简单，可以是小型、廉价、灵活的传感器，如同马赛克中的单个瓷砖；重点在于"协同"，在于战斗网络的连接、命令与控制。而且，与传统协同思路不同，"马赛克战"概念不局限于任何一个组织、军兵种或企业的系统设计和互操作标准，而是寻求开发专注于实体之间可靠连接点的协同程序与工具，促成各种系统的快速、智能、战略性组装与分解，从而产生各种可能的战略、战役和战术"效果"网。特别是借助人工指挥和机器控制，"马赛克战"可使更加分散的美军能够迅速组合和重组，提升美军的应对能力，给敌军带来更大的复杂性或不确定性。

4.2 "马赛克战"中的协同运用技术应用

据不完全统计，"马赛克"作战概念提出后，近年来美军已布局相关项目近百个，并已经从最开始的理论探讨、技术研发，开始进入了成果转化应用阶段。主要从五个方面推进研究与应用：①在体系集成方面，美军2018年启动的"自适应杀伤网"（ACK）、2020年提出的"分解/重构"项目、2021年启动的"任务集成网络"、2022年启动的"权杖"等；②在指挥控制与作战管理方面，美军2019年5月启动的"空战演进"（ACE）项目、2020启动的"联合全域作战软件"、"支持快速战术执行的空域全面感知"、"必杀绝技"等；③在通信网络方面，2020年美军启动的"基于信息的多元马赛克"（IBM2）、2023年完成的"确保手持设备接入战术边缘的可靠性网络"等；④武器系统方面，主要研究如何开发功能解耦、低价可耗的武器平台，如2018年启动的"黑杰克"、"短程自主微型机器人平台"，2019年启动的"新型效应器变革飞机控制"、"魔鬼鱼"，2020年启动的"无人值守舰船"、"海上列车"，2021年启动的"远射"等；⑤基础技术方面，从目标识别、感知、瞄准、地理空间、后勤保障等方面启动了一系列技术研究，如 2018 年的"机器常识""太空环境开发""全源作战与瞄准"，2019 年启动的"确保 AI 抗欺骗可靠性""军事战术手段""通用微型光学系统激光器""高超声速材料结构与表征"，2020 年"移动目标识别" "安全先进建模仿真"，2021 年启动的"分布式雷达成像"等。

分析发现，这些项目开展研究的很多技术，同时也是协同运用的关键技术，主要有：

1. 自适应架构技术。"马赛克战"与"协同运用"均要求各作战平台依托易于扩展和快速升级的小型系统和接口，按需集成和扩展能力，平台间可动态组合、密切协作。DARPA 依托"任务集成网络控制""面向任务的动态自适应网络""系统之系统集成技术与实验""体系综合技术与试验"等多个项目，探索随需应变的网络架构、基于零信任的安全架构、跨域共享的数据架构等，支撑未来自适应作战体系架构构建。如"体系综合技术与试验"重点研发开放式体系架构和技术集成工具，该项目已开展一系列飞行试验，验证了一种名为"缝合"的全新电子系统集成技术，实现地面站、地面模拟器、指挥机和试飞飞机间异构系统集成。2023 年 6 月，DARPA 宣布，"确保手持设备接入战术边缘的可靠性网络"项目已完成，可利用软件实现安全、弹性的信息共享。

2. 实时作战管理技术。"马赛克战"与"协同运用"均要求在通信阻断或降级环境下，依然能对作战任务进行合理、自主分配，对作战单元灵活、有效管控。其关键技术包括：分布式态势感知、分布式自适应规划、分布式资源管控算法等技术。"自适应杀伤网"项目，旨在基于智能化辅助决策技术，通过不同作战领域中自主和最优化选择传感器、武器/平台和射手，自适应构建杀伤网。

3. 信息融合技术。"马赛克战"与"协同运用"均要求利用所有探测单元，生成统一态势，从而支撑作战决策、管控与行动。其关键技术包括：多域信号融合、统一态势生成、智能信息分发。"基于信息的多元马赛克"（IBM2），旨在研发网络和数据管理工具，用于自主构建跨域网络和管理信息流，以支持动态自适应效果网；将结合网络管理与信息开发和融合技术，根据信息需求和价值传输信息。

4. 人机协同技术。"马赛克战"与"协同运用"均要求人与机器间配合默契、高效协同。其关键技术包括：快捷预案设计、自主算法、自适应学习等。"空战演进"项目旨在通过训练人工智能来处理视距内的空中格斗，飞行员能够放心、动态将空战任务委托给驾驶舱内的无人、半自主系统，进而使得飞行员能成为指挥多架无人机的真正意义上的指挥官。

5. 新型通信组网技术。在对抗环境下能够快速、持续连接所有的作战单元，是"马赛克战"与"协同运用"的共同基础。主要关键技术有：复杂环境下通信、异构动态组网等。"满足任务最优化的动态适应网络"项目重点解决两方面问题：①机载通信不兼容问题，将通过发展新型网络架构，解决 F-22 和 F-35 隐身战斗机与 F-16、预警机等非隐身作战飞机间的互通互联；②网络无法动态更新问题，将发展自适应网络管理技术，可在强干扰环境或网络突然中断时，通过不同路由方式恢复通信。

5 具有协同运用特征的典型作战系统

具有协同运用特征的美军典型作战系统包括美国海军的 CEC 与 NIFC-CA、美国陆军的 JLENS、美国导弹防御局的 C2BMC。

5.1 C2BMC 协同作战系统

2004 年 C2BMC 指控系统应运而生，并打破了原先爱国者、萨德、宙斯盾等不同反导系统长期相互独立、分散割裂的局面。在 C2BMC 的支持下，原本分散在 NMD 系统和 TMD 系统内的信息与火力等防御资源被高度集成于单一系统之下，使得传感器与武器系统的使用更加灵活优化，作战信息的获取更加准确全面，作战指挥与决策的实施更加顺畅高效，从而使 BMDS 系统的防御能力得到了成倍的拓展。AN/TPY-2（FBM）雷达通常会根据上级指挥官的防御意图和优先级，在战前利用大量的时间进行作战筹划并制作任务预案。基于设计的预案，C2BMC 对 TPY-2（FBM）雷达实施探测资源管控。这就要求传感器系统自身和传感器系统之间应该针对潜在的作战场景、目标、信息和事件提前定制应对策略、计划、措施、协议，从而在实战中自动化和智能化的完成协同运用任务的组织实施和突发情况的处置。

当前，美军正在致力于通过与新的和增强的传感器功能集成，进一步提升 C2BMC 对高超声速等威胁的发现、跟踪和识别能力；把远程识别雷达（LRDR）以及为高超声速导弹等新兴威胁提供先进跟踪能力的传感器集成到弹道导弹防御系统中，并计划在未来迭代中基于软件升级，引入雷达滤波器，在不对系统进行重大更改的情况下实现跟踪高超声速武器的能力；研发部署与集成下一步拦截弹，有效提升高超声速防御的可靠性、弹性与有效性。

5.2 CEC 与 NIFC-CA 协同作战系统

1998 年，美国海军正式发布网络中心战概念，希望利用网络让所有作战力量实现信息共享，实时掌握战场态势，缩短决策时间，提高打击速度与精度。网络中心战现在被称为"网络中心行动"，主要用可靠的网络联络地理上分隔开信息充足的各个部队，让它们分享更多信息，开展更多合作，化信息优势为战场优势，达到集中统一的作战效果。经过多年的发展，美国海军所有作战平台都能融入信息化作战网络，其全球网络、战区网络和部队局域网均已完全体系化。该概念发展最突出的成果有两个，一是协同交战能力系统；二是海上一体化防空火控体系。

"协同交战能力系统"的发展始于 20 世纪 90 年代，是美国海军在冷战时期为防御敌方远程巡航导弹攻击而提出的，经过反复的作战测试之后，如今已经形成作战能力，部署到了所有航空母舰和大部分装备"宙斯盾"作战系统的巡洋舰和驱逐舰上。该系统解决的是防空反导问题。在"协同交战能力"系统服役之前，美国一艘舰船如果使用其防御性导弹对空中威胁进行防御性打击，它必须要依靠自身的雷达对其进行锁定，而如今的舰船可以依靠其他传感器来进行火力射击，即"让单艘舰船可以充分利用其他舰船的信息优势。"协同交战能力系统可使得物理上分散的编队/联合部队，作为一个完整的体系运作，极大地扩展了海军舰队的防御纵深，提升了对低空掠海反舰导弹和弹道导弹的防御能力。美国海军正在稳步推进协同交战能力系统的发展，计划装备全部作战舰艇、作战飞机以及岸上作战单位。

"海上一体化防空火控体系"是美国海军为实现远程交战和超地平线防空拦截能力，在协同交战能力系统、E－2D 预警机、"宙斯盾"系统和"标准－6"导弹等现役和在研阶段技术与装备基础上，发展而来的分布式、网络化编队防空作战体系，可对舰载雷达视距外的空中目标实施远程拦截。此体系的概念于 1996 年提出，美国海军从 2002 年起把该体系物化为采办项目并开始实施，目标是实现部署"可行且稳健的一体化火控"体系，2015 年该体系首次在"罗斯福"号航母打击大队实施作战部署。该体系解决了美国海军编队防人的超视距拦截问题，代表了海军防空反导装备的发展方向。随着美国海军舰艇改装和造舰计划的推进，"海上一体化防空火控体系"的装备正在逐步扩大，同时体系自身也在持续改进和升级，能力和功能将得到了进一步扩展。

5.3 IBCS 协同作战系统

作为陆军一体化防空反导系统的大脑，IBCS 旨在将战场各种传感器与射手高效连接，被认为是陆军推动联合全域指挥与控制发展的关键推手。

据防务新闻网 2022 年 3 月 17 日报道，美国陆军在新墨西哥州白沙靶场完成两次一体化防空反导作战指挥系统（IBCS）初始作战试验，成功拦截三个威胁目标。在首次试验中，诺思罗普·格鲁曼公司的联合战术地面站在地基传感器探测到目标前，就将天基传感器数据提供给 IBCS 系统，实现对高性能、高速战术弹道导弹目标的早期预警，并指示 IBCS 系统对该目标进行跟踪拦截，展示了多传感器协同探测能力。在第二次试验中，IBCS 展示了在电子干扰环境下对两个巡航导弹目标的拦截能力。在传感器和效应器都因受到电子攻击而能力降级的情况下，IBCS 系统通过融合多元化传感器数据，保证了"对目标的持续跟踪监视"，并提供交战方案，发射防空导弹拦截威胁目标。IBCS 系统计划进行三次初始作战试验，最后一次将在 2022 年秋季进行。

6 美军协同运用技术应用典型案例

为了更清晰、更全面地描述美军基于 C2BMC 的协同运用技术集成应用情况，本节以美军代号为"FGT-11"的一次反导试验为典型案例，对技术集成应用主要环节进行分析解读。

6.1 试验场景基本情况

美军"FTG-11"反导试验，官方全称为："Flight Test Ground-Based Midcourse Defense-11"，即"地基中段导弹防御飞行测试-11"。这一次反导试验是美国导弹防御局、综合导弹防御的联合功能部件指挥部美国北方司令部以及美国空军空间司令部第 30、50 和 460 个空间部合作，针对洲际弹道导弹（ICBM）级目标进行了一次成功的试验。这项试验是由两个地面拦截器（GBI）对一个具有威胁代表性的洲际弹道导弹目标进行的第一次"齐射"，使用"GBI-lead"和"GBI-trail"拦截器用于拦截测试。在实际的试验中，"GBI-lead"拦截器摧毁了再入飞行器，然后"GBI-trail"拦截器跟踪系统查看了由此产生的碎片和剩余的目标，没有找到任何其他再入飞行器情况下，选择了下一个它能识别的"最致命的目标"，并进行精确打击。

在此次反导试验中，具有威胁代表性的洲际弹道导弹目标是从位于马绍尔群岛共和国夸贾林环礁的里根试验场发射的，而两个 GBI 拦截器是距离发射场 7800km 左右的加利福尼亚州范登堡空军基地发射。据报道，在测试期间，位于空间、地面和海基弹道导弹预警传感器（BMDS）为指挥、控制、战斗管理和通信（C2BMC）系统提供实时目标捕获和跟踪数据。然后发射了两个 GBI 动能拦截导弹在大气层外成功将目标拦截。通过对这次反导拦截各个方面报道的分析结合美国 2017 年进行的"FTG-15"的首次洲际导弹拦截试验情况，有学者推测 FTG-11 反导试验拦截过程大概如附录图-1 所示。

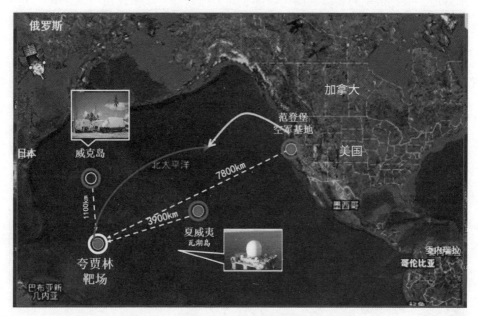

附录图 –1　FTG –11 反导试验推测图（见彩插）

　　试验中是从太平洋马绍尔群岛夸贾林环礁发射的飞行美国本土，该靶弹是ICBM（洲际弹道导弹）远程弹。在试验过程，天基、地基、海基多种传感器随后发现并对目标进行跟踪，向指挥控制、战斗管理与通信（C2BMC）系统提供了目标信息。具体的过程可能为：红外天基预警卫星发现并跟踪处于助推段的靶弹，前置部署在威克岛的 AN/TPY –2（萨德系统的雷达）参加了早期监视，其主要的任务是对目标进行了早期跟踪和识别，部署在太平洋上的 SBX 大型反导雷达（海基 X 雷达）也应该参与此次试验，其主要任务是精确跟踪，更新目标数据，该雷达成功发现和跟踪了目标，GMD 系统接收到目标跟踪信息后，制定了火控拦截方案，两枚反导拦截器从美国加利福尼亚范登堡空军基地相继发射（齐射），拦截器在飞行途中能够实时接收地面控制指令，拦截器的红外导引头能够主动捕获、跟踪和识别目标，最终拦截器成功摧毁了模拟洲际导弹的靶弹。

6.2　敏捷构群

1. C2BMC 的体系铰链能力

　　自 2004 年 C2BMC 系统具备基本能力开始至今，C2BMC 由最初几个相关部门内的若干数据终端，现已扩展到了：导弹防御集成与作战中心、施里弗空军基地、福特格里利堡、战略司令部、北方司令部、太平洋司令部、欧洲司令部、中央司令部、国家军事指挥系统，以及若干陆军防空反导司令部、空天作战中心等参与全球弹道导弹防御的重要指挥中心、基地和司令部，拥有超过70个C2BMC工作站点，对战略司令部、各战区司令部、陆军防空反导司令部、空天作战中心等分布在全球18个时区的12个重要导弹防御指挥机构实现了高度整合。依托C2BMC系统提供的BMD系统体系铰链能力和传感器、拦截武器技术的进步，美军已通过实际飞行试验验证了BMD系统具备拦截带简单突防措施的洲际弹道导弹、利用多拦截武器拦截多弹道目标等较为复杂的体系作战能力。以战区层C2BMC系统为例，其连接单元如附录图-2所示。

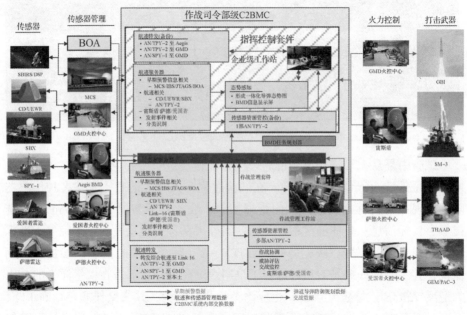

附录图-2 战区层C2BMC系统连接情况

连接SBIRS/DSP：SBIRS和DSP星座有两个任务控制站，分别位于巴克利基地和施里弗基地，任务控制站通过CNIP连接到C2BMC，从而使C2BMC直接获取卫星数据。2017年，MDA将BMD系统持续过顶红外监视架构加入C2BMC中，BOA作为C2BMC的一个分系统，能够接收助推段和中段目标的原始红外信息，并将目标航迹数据提供给C2BMC，用以支持BMD系统传感器及武器系统的目标指示和态势感知。除了C2BMC通信线路外，地基中段防御火控中心还可通过GMD专用通信网络与任务控制站连接。SBIRS/DSP的数据可以对所有的战区级C2BMC节点开放和共享，但其控制权在更高一级的指挥节点之下。

连接前置 AN/TPY‐2 雷达：每部前置 AN/TPY‐2 雷达可通过阵地通信车的 CNIP 接入 C2BMC 网络，之后再通过光缆或通信卫星接入对应战区的陆军防空反导司令部或空军空中空间作战中心，由该司令部或作战中心对雷达进行指挥控制。前置部署 AN/TPY‐2 雷达的数据可以向其他作战司令部级节点推送和共享，但其管控权限仅属于其特定的作战司令部级节点。该雷达的数据一方面进入航迹服务器进行航迹关联，另一方面也为其他的 BMD 系统传感器提供目标引导。美军将 SBIRS/DSP、AN/TPY‐2 雷达与 C2BMC 相联合，并称为全球/区域传感器/指挥控制架构，这标志着 C2BMC 向着传感器一体化管控的方向迈进，进入一个新的发展阶段。

连接舰载宙斯盾与陆基宙斯盾系统：目前，与 C2BMC 相连的宙斯盾 BMD 系统包括日本海和西班牙罗塔基地的宙斯盾驱逐舰，它们通过星载 Link‐16 数据链终端和 ADSI 接口将数据中继到 C2BMC 陆上节点。宙斯盾 BMD 系统的数据一方面进入航迹服务器进行航迹关联，另一方面为 AN/TPY‐2 等传感器提供目标提示。夏威夷太平洋导弹靶场的陆基宙斯盾已经接入 C2BMC 网络。在 2015 年 10 月的 FTO‐02 试验中，陆基宙斯盾借助 C2BMC 接收靶场内的前置 AN/TPY‐2 雷达数据，利用自身的 AN/SPY‐1 雷达捕获、跟踪目标，制定交战方案，验证了远程发射能力。

连接 GMD 系统：GMD 系统与 C2BMC 的接口位于施里弗基地和格里利堡的 GFC。上述传感器的数据将通过 C2BMC 传入 GFC，之后再中继给 GMD 专用雷达，以提供目标指示；GMD 雷达的数据也通过 GFC 中继到 C2BMC 航迹服务器中，以形成一体化导弹图像。

连接萨德系统与爱国者 PAC‐3 系统：萨德和爱国者作为两款末段防御系统，通过 Link‐16 数据链和 ADSI 接口与 C2BMC 相连，以接收前面所有传感器的提示信息。但 C2BMC 不具备控制萨德和爱国者系统的权限，仅能提供态势感知和作战管理功能。

连接 LRDR 雷达：未来，C2BMC 将直接与 LRDR 相连，并负责 LRDR 的管理、控制和任务分配。在 C2BMC 支持下，SBIRS/DSP 星座、前置 TPY‐2 雷达、宙斯盾 BMD 和 GMD 系统的传感器可为 LRDR 提供目标指示，LRDR 也可为 GFC、萨德和爱国者系统提供识别数据，LRDR 数据也可融合到 BMD 系统中以形成更精确的一体化导弹图像。

2. 本案例中构建的探测群

本案例中构建的探测群如下表 10‐1 所示，群内包含一个融控中心节点，三个探测节点。作为融控中心节点的 C2BMC 系统在作战过程中既是信息中心，又是指挥控制中心，为指挥员提供统一空情态势，并协调控制三个探测节点之间的交接。红外天基预警卫星、AN/TPY-2 雷达以及 SBX 雷达则承担了导弹飞行不同阶段的预警探测任务。

表 10-1　FTG-11 反导实验中构建的协同探测群

	群内定位	部署位置	发挥作用
C2BMC	融控中心节点		全程，统一态势与指挥控制中心
红外天基预警卫星	探测节点		发现并跟踪处于助推段的靶弹
AN/TPY-2 雷达	探测节点	威克岛	早期跟踪与识别
SBX	探测节点	太平洋	精确跟踪识别

对标第 3 章来看，这是一个面向战略弹道导弹预警任务的最简探测群组织形态，能够在作战过程中快速构建探测群，并实现互联互通互操作，一是得益于以 GIG 基础的 C2BMC 通信功能，允许相关作战部门共享弹道导弹防御系统数据集和数据库，并为作战单位提供通信连通能力。例如部署于威克岛的 AN/TPY-2 雷达就可以通过 Link16 战术数据链接收和共享通过 C2BMC 传递的探测群内其他两个传感器和应用程序的数据。二是得益于装备的一体化设计，让敏捷组网具备了可能。

6.3　预案优选

1. C2BMC 的作战规划能力与 AN/TPY-2 雷达内部任务预案

第 5.1.3 节中对 C2BMC 动态作战筹划器、AN/TPY-2（FBM）雷达的管理控制进行了详细阐述，这里不再展开。

从这两部分内容来看，动态任务筹划器（DDP）是实现 C2BMC 作战规划能力的核心软件，支持战前周密规划、危机应对预案规划和战中动态规划 3 种规划方式，具备强大的作战预案设计与编辑功能，能够生成不同层级的规划预案。ANTPY-2（FBM）雷达则在战前进行了大量周密和细致的任务规划活动，形成了系统完备的作战探测预案，使其有限的雷达资源发挥出了最大化的探测性能，并在实际作战中为 C2BMC 节点及整个防御系统提供强大的作战响应能力、任务执行能力、环境适应能力和应急处置能力。

C2BMC 的作战规划能力与 AN/TPY-2 雷达内部任务预案是美军基于预案的作战管控理念在 BMDS 系统全球一体化弹道导弹防御作战筹划中的工程化应用与实践，为协同运用技术集成应用提供了预案之源。

2. 本案例中选择的预案

根据 FGT – 11 反导试验情况的公开报道，结合表 10 – 1 中构建的协同探测群，可以大胆猜测在该试验过程中选择的预案要点如下：

（1）对于 C2BMC 来说，利用 DDP 制定作战任务预案，针对洲际弹道导弹目标，三个探测节点采用接替搜索跟踪模式，由红外天基预警卫星负责助推段的发现和截获，AN/TPY – 2 雷达负责早期监视与跟踪，SBX 雷达则负责中后段精确跟踪与识别任务。

（2）AN/TPY – 2 雷达从概略引导搜索计划预案库中进行优选，定义一个小范围的搜索扇区（包括每个搜索扇区的距离搜索范围、俯仰搜索范围、方位搜索方位和雷达能量资源分配等），并采用集中式的搜索波束来获得最大化的截获性能。一旦目标捕获，AN/TPY – 2 将通过 C2BMC 系统将相关情报数据推送给相关防御要素。

6.4 管控实施

1. C2BMC 的传感器管控架构

C2BMC 能够接收、处理和显示从各类传感器和 BMD 要素得到的目标航迹和战场信息数据，其传感器管控架构大致如附录图 – 3 所示。

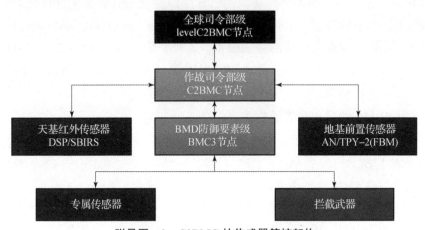

附录图 – 3 C2BMC 的传感器管控架构

其中，全球司令部级 C2BMC 节点指国家指挥当局和战略司令部，主要从下级节点接收全球一体化弹道导弹防御态势和威胁目标概略信息，并从战略层面统筹、规划、决策和执行全球弹道导弹防御的相关活动。但该级节点不直接参与具体的传感器管控，更多的是对下层节点的牵引和指导。

作战司令部级 C2BMC 节点指各大战区司令部、区域作战司令部、基地和中心，主要从指挥层面对所属的 BMD 防御要素和通用传感器进行管控，以维持相应的弹道导弹预警与目标信息获取能力，从而支持和保障全球 C2BMC 节点主导下的一体化弹道导弹防御评估、筹划和作战等活动。

BMD 防御要素级 BMC3 节点指 BMD 防御要素内部的 BMC3 指控单元，该指控单元为 BMD 防御要素所专用，主要从执行层面对要素内部的专用传感器和武器进行控制，从而获取弹道防御作战所需的情报信息数据。

专属传感器指 BMD 防御要素内部的专用传感器，如：Aegis BMD 系统内的 AN/SPY – 1D 雷达、THAAD 系统内的 AN/TPY – 2（TM）雷达和 GMD 系统中的 UEWR 雷达与 SBX 雷达等。此类传感器的管控权限仅属于对应的 BMC3 指控单元。

DSP/SBIRS 和 AN/TPY – 2（FBM）雷达是直接连接到作战司令部级 C2BMC 节点的通用传感器。但需要说明的是：①DSP/SBIRS 的数据可以对所有的作战司令部级 C2BMC 节点开放和共享，但其控制权在更高一级的指挥节点之下；②AN/TPY – 2（FBM）的数据可以向其他作战司令部级 C2BMC 节点推送和共享，但其管控权限仅属于其特定的作战司令部级 C2BMC 节点。

在这样的架构之下，依靠其强大的一体化通信能力和信息处理能力，C2BMC 可以对各个传感器节点获取的目标跟踪数据和态势数据进行收集、处理和融合，为不同级别、不同地区的指挥官提供统一的一体化作战视图，从而支持不同层面武器系统使用的协同决策。此外，依靠 AN/TPY – 2（FBM）雷达强大的探测能力和前置部署能力，C2BMC 系统对重点威胁区域的预警监视能力将更加灵活高效。

2. C2BMC 中的作战管理软件

作战管理涉及战时 BMD 部队控制的方方面面，包括基于传感器数据创建 BMD 作战行动、为各个 BMDS 系统分发航迹数据、管理 BMD 传感器、执行交战规划、监视 BMD 武器系统的交战状态等。

作战管理软件包括 IBMP 软件和全球交战管理器软件。IBMP 软件除了具有态势感知能力外，还能够用于确定单部前置 TPY – 2 雷达的状态、定义搜索参数、改变跟踪优先级、控制航迹中继、确定分辨范围、执行宽带分辨功能。在 IBMP 软件支撑下，BMDS 指挥官还可以与 TPY – 2 雷达的任务指挥官、操作员和维护人员进行协调。

GEM 软件提供先进的跟踪和分辨算法，为各类 BMD 单元的协同工作奠定基础，并赋予了 C2BMC 真正的 BMDS 作战管理能力。GEM 可控制多部 AN/

TPY－2 雷达，可指定特定传感器跟踪特定威胁，计算来袭导弹最大概率轨迹，然后推荐最有效的拦截武器，将杀伤概率提高到最大。自动化的作战管理辅助能够为 BMD 要素的作战管理员提供：威胁目标优先级排序、评估武器使用条件、推荐优先使用的资产和武器来应为威胁目标等手段。

C2BMC 中有三大层面的作战管理协同：

被动的协同：由事前规划的射击条令和交战规则定义，在武器系统间（防卫同样的防御资产）的信息交换最小，能够拦截同一个威胁目标。主要用于战区层面的交战。

点对点协同：是武器系统间（防卫同样的防御资产）主动、实时地协同，能够拦截同一个威胁目标。

定向的协同：是在全球、多责任区视角下，BMDS 内全局性的作战管理器之间，和担负消除公共威胁职责的武器系统间的协同。

3. 本案例中的资源管控实施

结合公开资料中 C2BMC 的作战和任务规划流程图（如附录图－4 所示），对本案例中的资源管控实施过程进行推测。

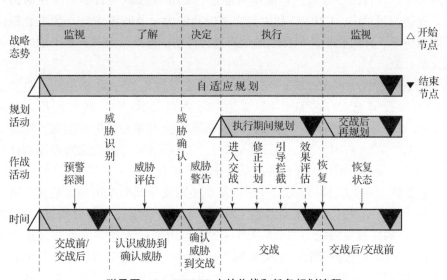

附录图－4　C2BMC 中的作战和任务规划流程

交战前到威胁识别时间段：在这段时间内，C2BMC 系统主要利用 DDP 进行规划工作。在此期间，C2BMC 要协调预警探测，包括组织天基、陆基等反导预警装备，开展协同预警行动，包括搜索、跟踪、识别等，形成战场态势，更新已有的情报，保证与作战部队之间的连通性，同时要监视和观察敌方和友方的作战能力。

威胁识别到确认威胁时间段：C2BMC系统的态势感知工具和情报更新将提供指示和警报，允许决策人员在必要时把导弹防御系统转入更高级别的戒备状态。当探测到威胁导弹发射时，C2BMC要进行威胁评估，识别出可能的威胁。

威胁确认、预警持续到交战开始阶段：确认威胁后，C2BMC系统利用高速通信网络组织将态势信息、反导预警情报信息上报和分发，优选确定应对方案，快速构建探测群，同时把规划后形成的作战预案下发到探测群内各探测节点；然后根据探测群内各探测节点上传的预警情报信息不间断地向受到影响的部队和地点发出威胁警告。各探测节点根据C2BMC系统下发的总体作战预案，优选探测预案，保持对目标的持续跟踪与精确识别。例如AN/TPY－2雷达从概略引导搜索计划预案库中进行优选，按照选中预案设置工作模式与参数，执行搜索跟踪任务。待SBX雷达准确报出威胁目标指示位置时，转入下一个阶段。

交战时间段：在初始防御决策做出后，C2BMC就会启动执行阶段。在这个阶段中，执行命令发布，作战部队通过拦截和摧毁威胁目标来实施防御行动。在防御行动中，C2BMC利用其交战控制能力，及时组织反导预警装备进行跟踪引导，并对初期防御作战的效果进行评估，并继续完善对各个威胁目标的交战计划。

在这一过程中，AN/TPY－2雷达的管理与控制这一重要功能，即通过C2BMC指控节点对AN/TPY－2雷达的远程自动化/半自动化管控，实现C2BMC系统对区域内弹道导弹威胁的快速感知能力和态势构建能力。这得益于AN/TPY－2（FBM）雷达内部建立的基于任务预案的雷达探测资源与任务管控机制，提高了雷达的作战性能及任务响应能力。

根据以上对C2BMC能力的分析以及在美军反导试验中的具体表现，可以得出以下四个结论：①基于GIG的C2BMC体系铰链能力是敏捷构群的基础；②C2BMC的作战规划能力与AN/TPY－2雷达内部任务预案是预案优选的基础；③C2BMC的传感器管控架构与基于任务预案的雷达探测资源与任务管控机制是资源管控实施的基础；④基于C2BMC的协同探测技术集成模式在反导预警作战中是可行且有效的。

7　美军协同运用技术与应用小结

综合上述分析，我们可以得到如下四点结论：

（1）协同运用是美军实施新型作战概念的重要支撑。从目前公开的资料，美军虽然没有明确提出"协同运用"作战概念，但在实施"分布式作战""多域作战""马赛克战"等新型作战概念时，与协同运用息息相关，离不开协同运用技术的支撑。当前出现了分布式作战、多域战、网络中心战和融合战等多种作战理念和作战方式，究其本质均可认为是一种"协同作战"。它涵盖了侦察、监视、情报、计算、通信、指挥、控制、杀伤的多个作战链条，从而实现"知己知彼，百战不殆"的作战协同。因此，未来战争将是一种态势感知、武器系统平台、指挥决策和效能评估的综合协同。

（2）美军持续推进协同运用技术研究，成熟度不断提升。支撑美军新型作战概念实现的很多关键技术，同样也是支撑协同运用实现的关键技术，主要有：①柔性架构技术，主要包括：通用体系架构设计、异构动态集成、开放计算环境等技术；②实时作战管理技术，主要包括：分布式态势感知、分布式自适应规划、分布式资源管控算法等技术；③信息融合技术，主要包括：多域信号融合、统一态势生成、智能信息分发等技术；④人机协同技术，主要包括：快捷预案设计、自主算法、自适应学习等技术；⑤新型通信组网技术，主要包括：对抗环境下通信、异构动态组网等。在先进探测、协同作战、人工智能、新体制探测等技术的快速发展与支撑下，未来战场加速向体系化、协同化、智能化、无人化战场过渡，战争将呈现无人、无边、无形的对抗形态，需要加强协同探测、协同识别、协同抗干扰等方面研究应用。

（3）协同内涵向装备深层发展。在"分布式作战""多域战""全域战""马赛克战"等新型作战概念中，协同是核心思想。协同的目标、层次、功能、内容、模式、架构都发生了深刻变化，向装备深层发展。①协同目标发生变化：传统单域"杀伤链"向多域/跨域"杀伤网"转型，使任意武器平台可跨域获得任何传感器的信息，更高效地制定决策和实施打击；②协同层次发生变化：从单一的编队协同，向单装分布资源协同、编队协同、系统协同、跨域协同等多层次协同转变；③协同功能发生变化：从同平台、同类型、同型号传感器协同，向多平台、多类型、多种类传感器、综合功能、同时多功能转变；④协同模式发生变化：从固定模式、预先规划的协同，向以任务为驱动的资源动态组织、灵活多变、按需集成模式转变；⑤协同内容发生变化：从目前的功能级协同向资源级协同转变，通过资源合理重组，在有限资源条件下，提供更多更强功能；⑥协同底层架构发生变化：随着各种系统实现软硬件的集成融合，传统 C4ISR 体系有望精简为"传感器、网络和人工智能"体系，整个作战体系甚至成为"人在环上"的"预警—打击"网。这些作战概念关于协同的发展特征，为我们开展协同运用作战概念研究提供了很好的借鉴与参考。

（4）美军加快协同运用系统研发与运用。传感器协同运用与资源管控的目的在于获得更加可靠全面的目标捕获能力、更加稳定连续的目标跟踪能力、更加准确快速的目标识别能力，从而更加迅捷高效地为拦截武器系统提供预警信息支持。2022 年 8 月，美国太空司令部将其他军种探测跟踪弹道导弹的雷达，如"AN/TPY－2 雷达""海基 X 波段"雷达和"宙斯盾"雷达等集成进太空监视网，对美全球导弹预警跟踪传感器实施一体化管控；2023 年 3 月，美国太空军第 4 德尔塔部队（负责导弹预警任务）称，将接管美国陆军的联合战术地面站，整合后太空军将统一运控天基传感器以及执行战略、战术任务的地面传感器，进一步提升导弹预警能力。2023 年 4 月，美国陆军新一代防空反导体系核心系统"一体化防空反导作战指挥系统"进入全速生产阶段，可广泛连接战场传感器和射手，以对抗巡航导弹、弹道导弹和无人机等复杂空天威胁。美国空军"先进战斗管理系统"聚焦体系工程、数字基础设施、软件与应用、空中组网等四类能力进行研发，以支撑联合全域指挥控制概念实现；同时，持续开展联合作战实验，从最初的小规模本土演练，拓展至多个作战司令部甚至多国参与的多领域、大区域、大规模演习。

综合以上研究分析表明，美军也正加快智能化协同探测技术的研究与应用，其发展思路与本书提出的"基于预警任务优化决策、基于战场条件敏捷组网、基于协同预案精准管控、基于情景研判快准微调"不谋而合。

参考文献

[1] 齐嘉兴，杨继坤. 美军作战概念发展及其逻辑 [J]. 战术导弹技术，2022，(01)：97－105.

[2] 陈士涛，孙鹏，李大喜. 新型作战概念剖析 [M]. 西安：西安电子科技大学出版社，2019.

[3] 布莱恩·克拉克，丹·帕特，哈里森·施拉姆著. 马赛克战：利用人工智能和自主系统来实施决策中心战 [M]. 知远战略与防务研究所，2020.

有关术语

1. 美国国防告警研究计划局（DARPA）：defense advanced research projects agency
2. 作战概念（OC）：operational concept
3. 协同：cooperation、coordination、synergy
4. 协同运用（SA）：synergy application
5. 组网雷达（RN）：radar networking
6. 雷达组网系统（NPS）：netted radar system
7. 敏捷组网（AN）：agile networking
8. 探测群（DP）：detection group
9. 协同探测群（SDP）：synergy detection group
10. 智能化探测群（SDP）：smart detection group
11. 融控中心（CFC）：center for fusion and control
12. 融控节点（NFC）：node of fusion and control
13. 融控中心系统（CSFC）：central system for fusion and control
14. 基站融控中心节点（BFC）：Base Fusion Center
15. 高层融控中心节点（SFC）：Senior Fusion Center
16. 协同交战能力（CEC）：cooperative engagement capability
17. 控制与报知中心（CRC）：control and reporting center
18. 数字孪生：digital twin
19. 逻辑架构：logical architecture
20. 智能管控：intelligent management and control
21. 情境认知（SC）：situation（al）cognitive
22. 敏捷作战部署（ACE）：agile combat employment
23. 联合全域指挥与控制（JADC2）：joint all domain command and control
24. 单一综合空情图（SIAP）：single integrated air picture
25. 平台中心战：platform – centric warfare
26. 计划中心战：plan – centric warfare
27. 人口中心战：population – centric warfare

28. 网络中心战：network – centric warfare

29. 行动中心战：operation – centric warfare

30. 知识中心战：knowledge – centric warfare

31. 决策中心战：decision – centric warfare

32. 社会中心战：society – centric warfare

33. 陆军防空反导工作站：Army Air & Missile Defense Workstation

34. 海军海上一体化防空反导规划系统：Navy Maritime IAMD Planning System

35. 对敌防空系统进行压制（SEAD）：suppression of enemy air defense

36. 下一代空中主宰（NGAD）：next generation air dominance

37. 下一代空中优势（NGAS）：next generation air superiority

38. 反进入/区域拒止（A2/AD）：anti – access/area denial

39. 高速反辐射导弹（HARM）：high – speed anti – radiation missile

40. 微型空射诱饵（MALD）：miniature air launched decoy

41. 微型空射诱饵 – 干扰机（MALD – J）：miniature air launched decoy – jammer

42. 联合防区外武器（JSOW）：joint standoff weapon

43. 联合空面防区外导弹（JASSM）：joint air – to – surface standoff missile

44. 联合直接攻击弹药（JDAM）：joint direct attack monition

45. 空射快速反应武器（ARRW）：air – launched rapid response weapon

46. 亮云：britecloud

47. 穿透性制空（PCA）：penetrating counter air

48. 穿透性情报侦察（PISR）：penetrating intelligence sruveillance and peconnaissance

49. 穿透性电子攻击（PEA）：penetrating electronic attack

50. 指挥控制、作战管理和通信（C2BMC）：command and control, battle management and communication

51. 国家导弹防御（NMD）：National Missile Defense

52. 战区导弹防御（TMD）：Theater Missile Defense

53. 地基中段防御（GMD）：Ground – Base Midcourse Defense

54. 海基 X 波段雷达（SBX）：Sea – Based X – band radar

55. 萨德（THAAD）：Terminal High Altitude Area Defense

56. 末端部署模式（TM）：Terminal Mode

57. 前置部署模式（FBM）：Forward Based Mode

58. 半自动地面环境防空系统（SAGE）：semi – automatic ground environment

59. 一体化防空反导（IAMD）：integrated air and missile defense

60. 一体化防空反导作战指挥系统（IBCS）：integrated air and missile defense battle command system

61. 先进作战管理系统（ABMS）：advanced battle management system

62. 弹道导弹防御系统（BMDS）：ballistic missile defense system

63. 全球司令部级 C2BMC 节点：global command level C2BMC

64. 作战司令部级 C2BMC 节点：COCOM – level C2BMC

65. BMD 防御要素级 BMC3 节点：BMD element level BMC3

66. 专属传感器（ES）：exclusive sensor

67. 早期预警雷达（EWR）：early warning radar

68. 地基多功能雷达（GBR）：ground – based radar

69. 自主搜索计划（ASP）：autonomous search plan

70. 区域引导搜索计划（FSP）：focused search plan

71. 天基红外预警系统（SBIRS）：space based infrared system

72. 国防支持计划（DSP）：defense support plan

73. 精确引导搜索计划（PCSP）：precision cue search plan

74. 作战任务预案/计划（OMP）：operational mission plans

75. 任务剖面（MP）：mission profile

76. 雷达搜索预案/计划（RSP）：radar search plan

77. 作战目标（OO）：operational objective

78. 任务式指挥（MC）：mission command

79. 战前精心设计与战中动态预案/计划生成器（DDP）：deliberate and dynamic planner

80. 战前周密规划：Deliberate Planning

81. 危机应对预案规划：Crisis Action Planning

82. 战中动态规划：Dynamic Planning

83. 遗传算法（GA）：Genetic Algorithm

84. 粒子群算法（PSO）：Particle Swarm Optimization

85. 果蝇算法（FOA）：Fruit Fly Optimization Algorithm

86. 区域防空指挥系统（AADCS）：Area Air Defense Commander System

87. 战区作战管理核心系统（TBMCS）：Theater Battle Management Core System

88. 指挥官分析与规划仿真（CAPS）：Commander's Analysis and Planning Simulation

89. 基于案例推理（CBR）：Case Based Reasoning

90. 输入—控制—输出—机制四要素模型（ICOM）：Input Control Output Mechanics

91. 卫星工具包（STK）：Satellite Tool Kit

92. 人机交互（HCI）：human – computer interaction

93. 人工智能（AI）：artificial intelligence

94. 人类智慧（HW）：human wisdom

95. 人机智能融合（IF）：human – computer intelligence fusion

96. 人机融合智能（FI）：human – computer fused intelligence

97. 人机混合智能（MI）：mix intelligence

98. 人机决策融合（DF）：human – computer decision fusion

99. 人机融合决策（FD）：human – computer fused decision

100. 博弈智能（GI）：game intelligence

101. 生成式人工智能（GAI）：generative AI

102. 机器学习（ML）：machine learning

103. 监督学习（SL）：supervised learning

104. 无监督学习（UL）：unsupervised learning

105. 半监督学习（Semi – SL）：semi – supervised learning

106. 自监督学习（Self – SL）：self – supervised learning

107. 强化学习（RL）：reinforcement learning

108. 深度学习（DL）：deep learning

109. 迁移学习（TL）：transfer learning

110. 零样本学习（ZL）：zero – shot learning

111. 决策优势愿景（DSV）：decision superiority vision

112. 国防部体系结构框架（DoDAF）：Department of Defense Architecture Framework

113. 综合定义方法（IDEF）：integration definition method

114. 一体化火控网络（IFCN）：integrated fire control network

115. 战斗组件（B – Kit）：battle – kit

116. 适配组件（A – Kit）：adaptation – kit

117. 面搜索三坐标雷达（SR3D）：Surface Radar 3 Dimensions

118. 面向服务（SOA）：Service – oriented Architecture

119. 开放式栅格服务架构（OGSA）：Open Grid Service Architecture

120. 任务能力包（MCP）：Mission Capability Package

121. 向量机（SVM）：Support Vector Machine

122. PREA 闭环：Planning – Readiness – Execution – Assessment

123. DPPDE 闭环：Detect – Process – Push – Decision – making – Execute

124. F2T2EA 杀伤链：Find Fix Track Target Engage Assess

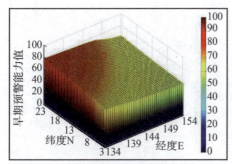

（a）EWR-1对常规弹道目标

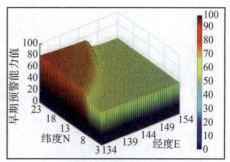

（b）EWR-1对高抛弹道目标

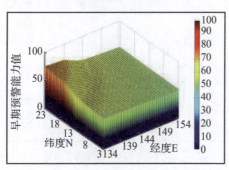

（c）EWR-1对干扰条件下常规弹道目标

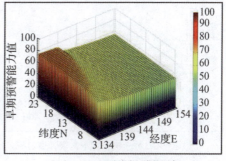

（d）EWR-2对常规弹道目标

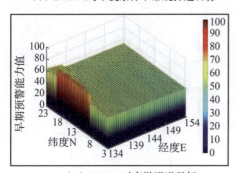

（e）EWR-2对高抛弹道目标

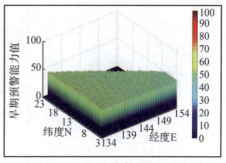

（f）EWR-2对干扰条件下常规弹道目标

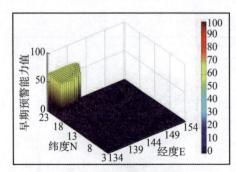

（g）EWR-3对常规弹道目标

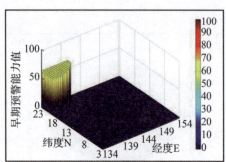

（h）EWR-3对高抛弹道目标

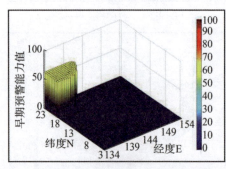

（i）EWR-3对干扰条件下常规弹道目标

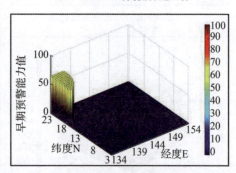

（j）EWR-4对常规弹道目标

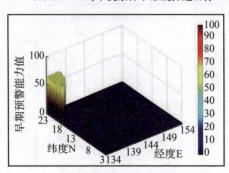

（k）EWR-4对高抛弹道目标

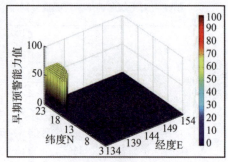

（l）EWR-4对干扰条件下常规弹道目标

图5-27　EWR对Attacker的早期预警能力评估结果

彩2

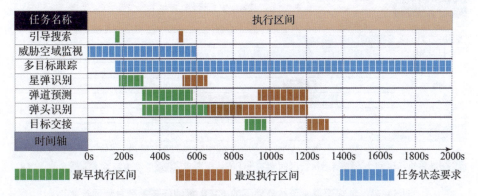

图 5 – 29   常规弹道来袭目标下的 EWR 探测任务序列甘特图

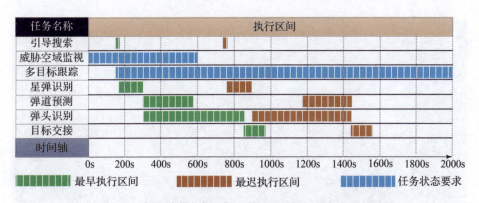

图 5 – 30   高抛弹道来袭目标下的 EWR 探测任务序列甘特图

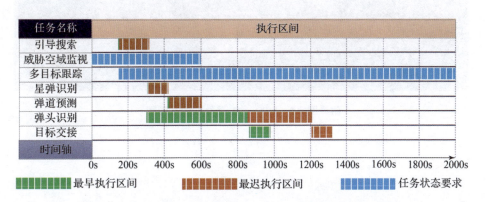

图 5 – 31   常规弹道 + 干扰条件下的 EWR 探测任务序列甘特图

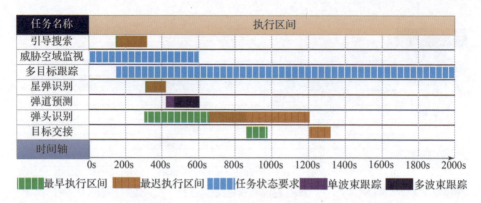

图5-32　常规弹道+干扰条件下的EWR探测任务序列甘特图优化

附录图-1　FTG-11反导试验推测图